Discrete Mathematics
離散數學

(附研究所試題與詳解) 鍾國亮　教授　編著

東華書局

國家圖書館出版品預行編目資料

離散數學：附研究所試題與詳解/鍾國亮編著．--
三版．--臺北市：臺灣東華，民103.08

420 面；19x26 公分

ISBN 978-957-483-781-6（平裝）

1. 離散數學

314.8　　　　　　　　　　　　　　　103010924

版權所有 ・ 翻印必究

中華民國一〇三年八月三版

離散數學
附研究所試題與詳解

編著者	鍾　　國　　亮
發行人	卓　劉　慶　弟
出版者	臺灣東華書局股份有限公司
	臺北市重慶南路一段一四七號三樓
	電話：(02) 2311-4027
	傳真：(02) 2311-6615
	郵撥：0 0 0 6 4 8 1 3
	網址：www.tunghua.com.tw
直營門市1	臺北市重慶南路一段七十七號一樓
	電話：(02) 2371-9311
直營門市2	臺北市重慶南路一段一四七號一樓
	電話：(02) 2382-1762
	（外埠酌加運費匯費．）

作者簡介

鍾國亮

學歷：

臺灣大學資訊工程學士 (1982)、碩士 (1984)、博士 (1987~1990)

現任：

國立臺灣科技大學資訊工程系教授

獎勵：

傑出教學獎 (2009，臺灣科技大學)

傑出學者計劃獎 (2009~2012，國科會工程處資訊類)

傑出研究獎 (2004~2007，國科會工程處資訊類)

傑出工程教授獎 (2001，中國工程師學會)

著作：

影像處理與電腦視覺導論 (第二版)，東華書局出版，2009

影像處理與電腦視覺 (第五版)，東華書局出版，2012

離散數學 (附研究所試題與詳解)(第三版)，東華書局出版，2014

自序

　　首先非常感謝教授們採用本書為授課教材與讀者們購閱本書。在第三版中，我們補充了不少新的內容：例如，在每一章章末，我們增加了近年研究所入學試題為習題並附上詳解。針對部份章節，我們加強了相關解釋與範例說明。另外，非常謝謝鄭傑、俊緯、子育、維辰與毓傑在閱讀本書後，提供的寶貴意見，希望教授們與讀者們仍不吝給予本書指正與建議，來信請寄至 klchung01@gmail.com。

臺灣科大資工系教授

鍾國亮 謹識

6月 2014 年

目 錄

Chapter 1　排列、組合與應用　1
　　1.1　前言　2
　　1.2　排列　2
　　1.3　組合　10
　　1.4　非負整數解個數問題　20
　　1.5　結論　24
　　1.6　習題　24
　　1.7　參考文獻　25

Chapter 2　機率論與應用　27
　　2.1　前言　28
　　2.2　期望值與變異數　28
　　2.3　知名的機率分佈　35
　　2.4　柴比雪夫不等式　47
　　2.5　結論　49
　　2.6　習題　49
　　2.7　參考文獻　51

Chapter 3　集合與排容原理　53
　　3.1　前言　54
　　3.2　符號與算子　54
　　3.3　可數性與不可數性　64
　　3.4　禮物問題與排容原理　70
　　3.5　結論　84
　　3.6　習題　84
　　3.7　參考文獻　85

Chapter 4　關係、函數與有序集　87
　　4.1　前言　88

4.2 關係　88
4.3 函數　93
4.4 有序集　101
4.5 結論　112
4.6 習題　112
4.7 參考文獻　113

Chapter 5　複雜度符號與數列和　115

5.1 前言　116
5.2 常用的上限和下限符號　116
5.3 求數列和　121
5.4 干擾法／歸納法求數列和　125
5.5 結論　127
5.6 習題　127
5.7 參考文獻　128

Chapter 6　遞迴式與求解　129

6.1 前言　130
6.2 遞迴式的表示　130
6.3 齊次遞迴式的求解　140
6.4 非齊次遞迴式的求解　148
6.5 結論　155
6.6 習題　155
6.7 參考文獻　156

Chapter 7　生成函數與應用　157

7.1 前言　158
7.2 生成函數　158
7.3 應用（一）：遞迴式求解　165
7.4 應用（二）：組合計數　169
7.5 結論　182
7.6 習題　182
7.7 參考文獻　183

Chapter 8 邏輯與推論   185

8.1 前言   186
8.2 命題邏輯   186
8.3 邏輯推論   191
8.4 述語邏輯   198
8.5 結論   203
8.6 習題   203
8.7 參考文獻   204

Chapter 9 正規形式與邏輯設計   205

9.1 前言   206
9.2 PNF 和 CNF 正規形式   206
9.3 DNF 正規形式和布林函數   209
9.4 邏輯設計   213
9.5 結論   223
9.6 習題   223
9.7 參考文獻   225

Chapter 10 圖論基礎   227

10.1 前言   228
10.2 尤拉迴圈、尤拉式和簡單平面圖   228
10.3 同構、可到達性檢定和樹   244
10.4 最短路徑   255
10.5 結論   264
10.6 習題   264
10.7 參考文獻   265

Chapter 11 圖論應用   267

11.1 前言   268
11.2 最小擴展樹   268
11.3 最大網流和最大匹配   274
11.4 三個應用例子   284
11.5 結論   292
11.6 習題   292
11.7 參考文獻   294

Chapter 12　自動機與正規語言　295

　　12.1　前言　296
　　12.2　有限自動機　296
　　12.3　正規語言　301
　　12.4　具輸出功能的自動機　309
　　12.5　結論　316
　　12.6　習題　316
　　12.7　參考文獻　318

Chapter 13　數論基礎　319

　　13.1　前言　320
　　13.2　質數的定義和性質　320
　　13.3　歐幾里得演算法　327
　　13.4　中國餘式定理　334
　　13.5　結論　342
　　13.6　習題　342
　　13.7　參考文獻　343

Chapter 14　數論應用　345

　　14.1　前言　346
　　14.2　RSA 加密法　346
　　14.3　RSA 加密法的正確性證明　352
　　14.4　兩個應用例子　355
　　14.5　結論　359
　　14.6　習題　359
　　14.7　參考文獻　360

Chapter 15　代數與應用　361

　　15.1　前言　362
　　15.2　群與子群　362
　　15.3　拉格朗治定理與商群　368
　　15.4　環與體　374
　　15.5　結論　380
　　15.6　習題　381
　　15.7　參考文獻　381

習題詳解　383

索引　405

Chapter 1

排列、組合與應用

1.1 前言
1.2 排列
1.3 組合
1.4 非負整數解個數問題
1.5 結論
1.6 習題
1.7 參考文獻

1.1 前言

本章的內容安排是先介紹排列 (Permutation) 與組合 (Combination) 的概念與計算。介紹完基本的概念與計算後，我們將進一步介紹非負整數解 (Nonnegative Integer Solutions) 個數問題的求解與應用。對排列與組合的觀念愈清楚，就愈容易瞭解其中的計數內涵，對後面章節的相關題材會更得心應手。

1.2 排列

讀者在之前應該或多或少都接觸過一些關於排列的內容。給定 n 個不同的物件，從中取出 r 個物件的排列數為

$$P_r^n = \frac{n!}{(n-r)!}$$

假定我們有 a、b、c 三個不同的 (Distinct) 物件，它們共有下列六種排列方式：

$$abc \quad acb \quad bac \quad bca \quad cab \quad cba$$

我們將上述的六種排列想成在下面的三個空盒子安放 (Arrange) 這三個物件的所有可能排列。

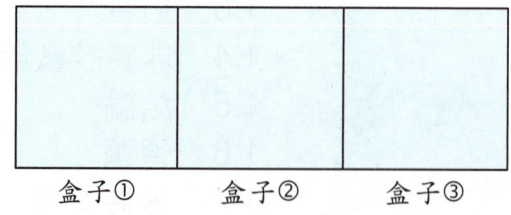

盒子①　　盒子②　　盒子③

在編號 ① 的盒子內，我們可安放 a、b 或 c 中的任何一種物件，故有三種安放法。當安放完三個物件中的某一個物件後，編號 ② 的盒子則可安放剩餘兩個物件中的任一個，故在剩餘的兩個物件中有兩種選法。編號 ① 和編號 ② 的

盒子皆安放好物件後，編號 ③ 的盒子只有唯一的一種物件安放法。透過上述的淺顯分析，共有如下 6 (= 3×2×1) 種排列方式

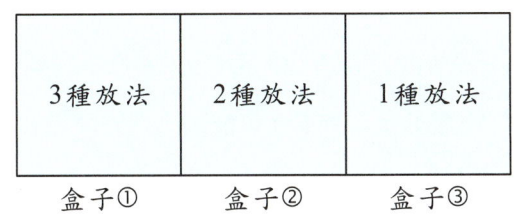

有時為簡便起見，3×2×1 也寫成 3!。n 階乘 (Factorial) 的一般表示式為

$$n! = n \times (n-1) \times \cdots \times 3 \times 2 \times 1。$$

範例 1.2.1（台大）

試求 7!。

解答 根據上述的階乘定義，馬上可算得

$$7! = 7 \times 6 \times 5 \times 4 \times 3 \times 2 \times 1 = 5040。$$

介紹完範例 1 中三個物件有六種排列的小例子，讓我們來看更一般的範例。

範例 1.2.2

假若有 n 個不同物件，則共有幾種排列方式？

解答 介紹完範例 1.2.1，很容易知道 n 個不同物件一共有

$$n \times (n-1) \times \cdots \times 2 \times 1 = n!$$

種排列方式。

前面的例子是將全部物件拿出來排列，我們來討論從 n 個不同物件中取出部分物件排列的算法。

範例 1.2.3

假若給定 4 個不同的物件 a、b、c 和 d，在這 4 個不同的物件中拿出 2 個物件來排列，總共有幾種排列法？

解答 仿照上述中盒子安放的討論方式，編號 ① 的盒子有 4 種可能的物件安放方式，安放完後，編號 ② 的盒子就只有 3 種可能的物件安放方式了，所以共 $4 \times 3 = 12$ 種安放方式，如下圖所示：

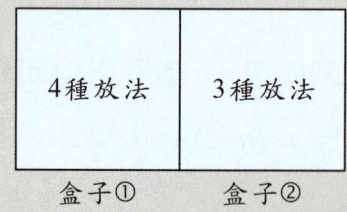

這 12 種排列方式可列舉如下：

$$ab \quad ac \quad ad$$
$$ba \quad bc \quad bd$$
$$ca \quad cb \quad cd$$
$$da \quad db \quad dc$$

有時為方便表示，我們將 $12 = 4 \times 3$ 寫成

$$12 = 4 \times 3 = \frac{4 \times 3 \times 2 \times 1}{2 \times 1} = \frac{4!}{2!} = P_2^4 \text{。}$$

接下來，我們將上一個範例予以一般化。

範例 1.2.4

假設有 n 個不同物件，我們任意取出 r 個物件，試問總共有多少種排列？

解答 仿照範例 1.2.2 的討論方式，總共的排列方式如下所示：

n種放法	$(n-1)$種放法	·	·	·	$(n-r+2)$種放法	$(n-r+1)$種放法
盒子①	盒子②				盒子$r-1$	盒子r

所以共有

$$P_r^n = n \times (n-1) \times \cdots \times (n-r+2) \times (n-r+1)$$
$$= \frac{n \times (n-1) \times \cdots \times 2 \times 1}{(n-r) \times (n-r-1) \times \cdots \times 2 \times 1}$$
$$= \frac{n!}{(n-r)!}$$

種排列方式。

當 $r = n$ 時，可得到 $P_n^n = n!$。

範例 1.2.5

在前面範例 1.2.3 的給定條件中，假設 $a = b$，則這 4 個物件共有幾種排列方法？

解答 由於 $a = b$，所以 $abcd$ 和 $bacd$ 可看成同一種排列，$acbd$ 和 $bcad$ 也可看成同一種排列。如此一來，我們可將給定的 4 個物件看成有 2 個物件是相同的，而另 2 個物件是相異的，所以共有

$$\frac{4!}{2!} = 12$$

種排列方法。

接下來，我們將上一個範例予以一般化。

範例 1.2.6

在給定的 n 個物件中，有 k 個物件是相同的，而其餘物件是相異的，請問共有幾種排列？

解答 在所有的 $n!$ 種排列中，可找到 $k!$ 種排列視為同一種排列（因為這 k 個物件是相同的），故共有 $\frac{n!}{k!}$ 種排列方式。

▶ 試題 1.2.6.1（台大）

考慮 n 個不同的物件，請問有多少種不同的環狀排列？

解答 所構成的環狀排列每轉一圈仍視為同一排列，可得

$$\frac{n!}{n} = (n-1)!$$

種環狀排列方式。

範例 1.2.7

在給定的 n 個物件中，有 k_1 個物件是相同種類，有 k_2 個物件是相同種類，而其餘物件是相異的。請問共有幾種排列？

解答 由於相同種類的那些物件的所有排列皆視為同一種排列（因為它們的排列次序是沒有關係的）。可得到一共有 $\frac{n!}{k_1! k_2!}$ 種排列。

範例 1.2.7 的分析可以應用在不同問題上，例如：走路問題。

範例 1.2.8

請問在下圖中，從 A 點走到 B 點共有幾種走法？

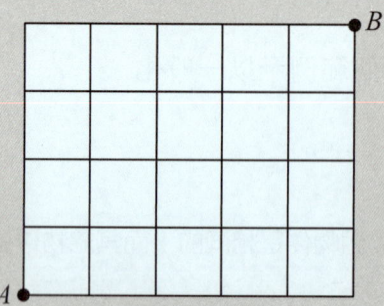

解答 從 A 點走到 B 點共需 9 步，在這 9 步中，水平的步伐有 5 步，而垂直的步伐有 4 步。令一次水平步伐為 H，而一次垂直步伐為 V。$HHHHHVVVV$ 代表先走 5 次水平步伐，再走 4 次垂直步伐。$HVHVHVHV$ 代表走完一次水平步伐後，接著走一

次垂直步伐，如此採用 H 和 V 交替的走法，一直到走完 9 步。這一種走路問題所牽涉的走法數可以和範例 1.2.8 的排列問題做一個對應：令 $n=9$、$k_1=5$ 和 $k_2=4$。仿照範例 1.2.8 的討論方式，從 A 點走到 B 點共有

$$\frac{9!}{5!\,4!} = \frac{9\times 8\times 7\times 6}{4\times 3\times 2\times 1} = 126$$

種不同的走法。我們在 3.4 節中會介紹如何利用排容原理求解限制性的走路問題。

試題 1.2.8.1（台大）

字串 AOABOBEB 有多少種不同的排列？(How many permutations of AOABOBEB are there?)

解答 我們將字母視為物品，則原題的求解等同於：在 8 個物品中，有 3 個 B、2 個 A、2 個 O 和 1 個 E，則共有

$$\frac{8!}{3!\,2!\,2!\,1!} = 1680$$

種排列。

試題 1.2.8.2（清大）

從下圖的 A 點走到 B 點共有幾種走法？

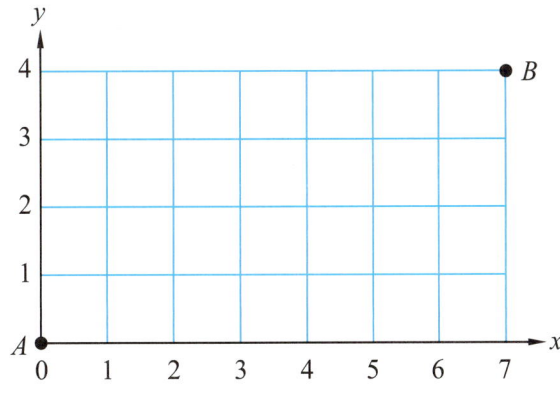

解答 $\binom{11}{7} = \dfrac{11!}{7!\,4!}$。

接下來，我們來談 重複排列 (Permutation with Repetition)。

範例 1.2.9

給定 4 個不同的物件，我們從中挑出 3 個物件，假設挑出的物件可放回後再被挑出，請問共有幾種重複排列？

解答 借助利用盒子安放的討論方式，3 個可重複取出的物件安放在 3 個盒子內，共有 $4^3 = 64$ 種安放法，如下圖所示。

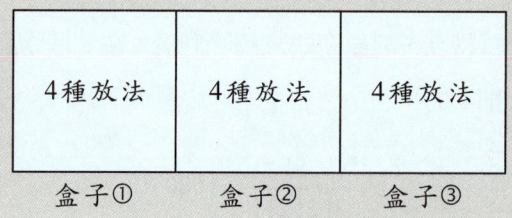

▶ 試題 1.2.9.1 (台大)

迴文 (Palindrome) 是一種符號由左到右或由右到左閱讀都是一樣的序列 (例如：ABCCBA 和 ABCBA 都吻合迴文的定義)。請問由符號 {A, B, C, D, E} 組成長度是 5 的迴文字串有幾種？ (A palindrome is a sequence of symbols that reads the same left to right as right to left (e.g. ABCCBA and ABCBA). Find the number of length-5 palindrome strings, where each character is from {A , B, C, D, E}.)

解答 要構成迴文需滿足第一個字元和倒數第一個字元相同，第二個字元和倒數第二個字元相同。依此類推，字串長度為 5 的迴文僅需考慮前三個位置所要放的字元 (第一個字元和第五個字元相同，第二個字元和第四個字元相同，第三個字元和自己)，且 A、B、C、D、E 可重複選取，則共有

$$5 \times 5 \times 5 = 5^3 = 125$$

個不同迴文字串。

▶試題 1.2.9.2（清大）

有三位學生在有八層樓的 EECS 大樓一樓準備搭乘電梯，試問三位學生到達不同樓層的機率為何？(Three distinct students got into the elevator on the ground floor of our 8-floor EECS building. What is the probability that they will all get off at different floors?)

解答　一樓不算（因學生們已搭上電梯），三位同學能選擇的樓層剩下七層，共 $7 \times 7 \times 7 = 343$ 種選擇。而三位同學各要到達不同的樓層，有 $7 \times 6 \times 5$ 種選擇，故三人到達不同樓層的機率為

$$(7 \times 6 \times 5) \div (7 \times 7 \times 7) = 30/49 = 0.61 \text{。}$$

▶試題 1.2.9.3（台大）

Consider all binary strings of length 12?

(a) There are _____ strings beginning with 110;

(b) There are _____ strings beginning with 11 and ending with 10;

(c) There are _____ strings having at most four 1's;

(d) There are _____ strings beginning with 11 or ending with 10;

(e) There are _____ strings having exactly four 1's.

解答　(a) 序列的長度為 12，下圖表示字串的頭三個位元已被 110 佔用，

由上圖可知，還剩下 $12 - 3 = 9$ 個 ○ 未填滿，每一個 ○ 共有 2 種選擇，故共有 $2^9 = 512$ 種。

(b)

同理，由上圖知，還剩下 $12-4=8$ 個 ○ 未填滿，每一個 ○ 共有 2 種選擇，故共有 $2^8 = 256$ 種。

(c) 最多有 4 個 1。共有 4 種可能：0 個 1、1 個 1、2 個 1、3 個 1、4 個 1。

∴共有 $\binom{12}{0}+\binom{12}{1}+\binom{12}{2}+\binom{12}{3}+\binom{12}{4}=794$ 種。

(d) 以 11 開始或是以 10 結束。∴ $2^{10}+2^{10}-2^8 = 2^{11}-2^8 = 1792$ 種。

(e) 恰好有 4 個 1。$\binom{12}{4}=495$ 種。

1.3 組合

組合可說是排列的某種特例。例如：我們針對 n 個不同物件任意挑選 k 個物件，如果不介意這 k 個物件的排列，那麼在這種條件下，我們稱其為在 n 個不同的物件中挑出 k 個物件的 組合數 (Number of Combinations) 為

$$C_k^n = \frac{P_k^n}{k!} = \frac{n!}{k!(n-k)!} = \binom{n}{k}$$

我們已知在 n 個不同的物件中任意挑選 k 個物件的排列數是

$$P_k^n = \frac{n!}{(n-k)!}$$

由於我們不在乎被挑出的 k 個物件之排列次序，所以在 P_k^n 種排列中，$k!$ 種的排列會被視為同一種排列。所以在 n 個不同物件中任意挑選 k 個物件的組合數為

$$C_k^n = \frac{P_k^n}{k!} = \frac{n!}{(n-k)!\,k!}$$

範例 1.3.1

在 4 個不同的物件中挑選 2 個物件出來的組合數是多少？

解答 令這 4 個不同的物件為 a、b、c 和 d。從這 4 個不同的物件中挑選出 2 個物件的排列有

$$4 \times 3 = 12$$

種，這 12 種排列分別是

$$\begin{array}{ccc} ab & ac & ad \\ ba & bc & bd \\ ca & cb & cd \\ da & db & dc \end{array}$$

在組合數的計算中，我們將 ab 和 ba 看成同一種。為方便表示，我們寫成

$$\begin{array}{lll} ab = ba, & ac = ca, & ad = da \\ bc = cb, & bd = db, & cd = dc \end{array}$$

所以，原問題所問的組合數為

$$C_2^4 = \frac{P_2^4}{2!} = \frac{12}{2} = 6$$

這 6 種組合可表示成

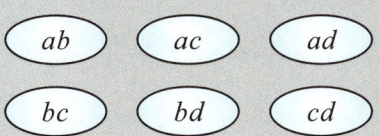

範例 1.3.2（台大）

給定 m 種不同的物件,今打算將它們放入 $(m-1)$ 個相同的盒子中,且每個盒子內不得為空盒子,試問共有幾種放法?

解答 根據本節中基本的組合定義,我們首先在 m 種不同的物件中,挑選 $(m-1)$ 個物件,然後一一放入各個空盒子中,共有

$$\binom{m}{m-1} = m$$

種挑法。不管哪一種挑法,我們仍剩下一個物件未決定放在哪個盒子內。這剩下的最後一個物件共有 $(m-1)$ 種放置法。但是會有重複的情況發生,例如把最後一個物件 a 放入已經有物件 b 的箱子,和把最後一個物件 b 放入已經有物件 a 的箱子,結果是一樣的,所以總共有

$$\frac{m(m-1)}{2} = \frac{(m^2 - m)}{2}$$

種放法。

範例 1.3.3

從 52 張撲克牌中挑出 11 張牌,最多共有幾副牌組?

解答 首先,我們瞭解到:在被挑出的 11 張牌中,它們的排列情形是不重要的,所以這個問題相當於在問:從不同的 52 個物件中任意挑選出 11 個物件的組合數。所以,共有

$$C_{11}^{52} = \frac{P_{11}^{52}}{11!} = \frac{52!}{11!\,41!}$$

副牌組。

試題 1.3.3.1（清大）

(a) 假設有 100 個不同身高 (Heights) 的學生，從裡頭挑選出 20 個學生分成兩群 (Groups)，每群有 10 個學生。有多少種挑選方法 (Selection Ways) 會使得第一群中最高的學生比第二群中最矮的學生還矮？(Assume that there are 100 students of different heights, from which two groups of 10 students each are selected. In how many ways can the selection be made so that the tallest student in the first group is shorter than the shortest student in the second group?)

(b) 使用組合的論點 (Combinatorial Argument) 來證明 $\binom{2n}{2} = 2\binom{n}{2} + n^2$。

解答 (a) 由 100 個學生中選 20 個人，共有 $\binom{100}{20}$ 種選法。而滿足第一群中最高的學生比第二群中最矮的學生還矮，僅有一個方法，即先將這 20 個人進行由矮至高的排序，並將前面 10 個較矮的人歸為第一群，後面 10 個較高的人為第二群，則可滿足此條件。因此，共有

$$\binom{100}{20} \times 1 = \binom{100}{20}$$

種挑選方式。

(b) 設班上有 $2n$ 個人，現在要挑選出兩人。由 $2n$ 人中任意選出兩人，則有 $\binom{2n}{2}$ 種挑選方法。另一種方式是先將 $2n$ 個人分成同樣人數的兩組，挑選時，可由其中一組選出兩個人，則有 $\binom{2}{1}\binom{n}{2}$ 種挑選方法，或從兩組人中各選一個配對成一組，則有 $\binom{n}{1}\binom{n}{1}$ 種方法。故有 $\binom{2}{1}\binom{n}{2} + \binom{n}{1}\binom{n}{1} = 2\binom{n}{2} + n^2$ 種挑選方法。雖然挑選方式不同，但結果會相同，因此可得

$$\binom{2n}{2} = 2\binom{n}{2} + n^2 \text{。}$$

▶試題 1.3.3.2（暨大）

一位賭徒從標準的撲克牌組中抽五張牌，其中五張牌拿到下列牌組有多少種方法？
(In how many ways can a gambler draw five cards from a standard deck?)

(a) 同花（五張牌相同花色）。[A flush (five cards of the same suit).]

(b) 三張 Ace 和兩張 Jack。(Three aces and two jacks.)

解答 (a) 四種花色取一種有 C_1^4 種方法，選好花色後，再從此花色中的十三張牌取五張有 C_5^{13} 種方法，共有 $C_1^4 \cdot C_5^{13}$ 種方法。

(b) 先從四張 Ace 取三張有 C_3^4 種方法，再從四張 Jack 取兩張有 C_2^4 種方法，共有 $C_3^4 \cdot C_2^4$ 種方法。

▶試題 1.3.3.3（台大）

Let S be the set of all sequence of 0's, 1's and 2's of length 10. For example, S contains 0211012201.

(a) There are _____ elements in S;

(b) There are _____ sequences in S having exactly five 0's and five 1's;

(c) There are _____ sequences in S having exactly three 0's, four 1's, and three 2's;

(d) There are _____ sequences in S having exactly three 0's.

解答 (a) S 是一個長度為 10 的序列：

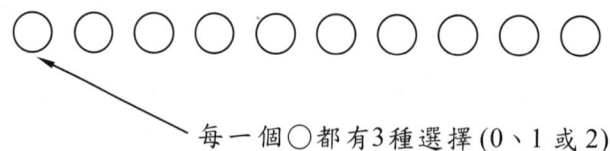

每一個○都有3種選擇(0、1 或 2)

∴共有 $3^{10} = 59049$ 個元素在 S 裡面。

(b) 序列中包含 5 個 0、5 個 1。∴共有

$$\frac{10!}{5!5!} = \binom{10}{5} = 252$$

種序列。

(c) 序列中共有 3 個 0、4 個 1、3 個 2。∴共有

$$\frac{10!}{3!4!3!} = \frac{1\times2\times3\times4\times5\times6\times7\times8\times9\times10}{(1\times2\times3)\times(1\times2\times3\times4)\times(1\times2\times3)}$$
$$= 5\times7\times4\times3\times10 = 4200$$

種序列。

(d) 序列 S 中恰有 3 個 0，故從 10 個位置中選取 3 個位置得到 $\binom{10}{3}$，其他 7 個位置都有 2 個選擇，故共有

$$\binom{10}{3}2^7 = \left(\frac{10!}{3!(10-3)!}\right)2^7 = \left(\frac{8\times9\times10}{1\times2\times3}\right)2^7$$
$$= 4\times3\times10\times2^7$$
$$= 120\times128 = 15360$$

種序列。

範例 1.3.4

證明 $2^n = \sum_{i=0}^{n} \binom{n}{i}$。

解答 我們來看二項展開式 (Binomial Expansion)

$$(x+y)^n = \sum_{i=0}^{n} \binom{n}{i} x^i y^{n-i}$$

將 $x=1$ 和 $y=1$ 代入上述二項展開式，可得到

$$2^n = \sum_{i=0}^{n} \binom{n}{i}。$$

試題 1.3.4.1（清大）

Cynthia 在電腦程式課程裡有其他九位同學，有份期末作業必須分組進行，試問 Cynthia 最少和三個同學一組的分組方式有幾種？(Cynthia has 9 classmates in a computer programming class. For the final project as teamwork, in how many ways can she team up with three or more of them?)

解答 Cynthia 和三個同學一組的方法有 C_3^9 種，和四個同學一組的方法有 C_4^9 種，以此類推，所以 Cynthia 至少和三位同學一組的方法有

$$C_3^9 + C_4^9 + C_5^9 + C_6^9 + C_7^9 + C_8^9 + C_9^9 = 2^9 - (C_0^9 + C_1^9 + C_2^9) = 2^9 - 46 = 466 \text{ 種}$$

▶試題 1.3.4.2（台大）

求出 $\sum_{k=0}^{n} \binom{n}{k} 4^k 5^{n-k}$ 的封閉形式。

解答 利用二項展開式，可得

$$\sum_{k=0}^{n} \binom{n}{k} 4^k 5^{n-k} = (4+5)^n = 9^n$$

▶試題 1.3.4.3（台大）

求 $\sum_{i=0}^{n} \binom{n}{i} (-1)^i 2^i 3^{n-i}$。

解答 利用二項展開式，可得

$$\sum_{i=0}^{n} \binom{n}{i} (-1)^i 2^i 3^{n-i} = \sum_{i=0}^{n} \binom{n}{i} (-2)^i 3^{n-i} = (-2+3)^n = 1$$

▶試題 1.3.4.4（台大）

證明 $\sum_{i=1}^{n} i \binom{n}{i} = n \cdot 2^{n-1}$。

解答 由二項展開式，可知

$$(x+1)^n = \sum_{i=0}^{n} \binom{n}{i} x^i (1)^{n-i} = \sum_{i=0}^{n} \binom{n}{i} x^i$$

對 x 微分，可得到

$$\frac{d(x+1)^n}{dx} = n(x+1)^{n-1} = \frac{d\sum_{i=0}^{n}\binom{n}{i}x^i}{dx} = \sum_{i=1}^{n} i\binom{n}{i}x^{i-1}$$

令 $x=1$，進一步可得

$$n(x+1)^{n-1}|_{x=1} = n2^{n-1} = \sum_{i=1}^{n} i\binom{n}{i} \text{。}$$

▶ 試題 1.3.4.5

證明 $\sum_{i=1}^{n} i^2 \binom{n}{i} = n \cdot 2^{n-1} + (n-1) \cdot n \cdot 2^{n-2}$。

解答 由二項展開式，可知

$$(x+1)^n = \sum_{i=1}^{n}\binom{n}{i}x^i(1)^{n-i} = \sum_{i=1}^{n}\binom{n}{i}x^i$$

對 x 微分，可得到

$$n(x+1)^{n-1} = \sum_{i=1}^{n} i\binom{n}{i}x^{i-1}$$

二次微分，可得到

$$n(n-1)(x+1)^{n-2} = \sum_{i=1}^{n} i(i-1)\binom{n}{i}x^{i-2}$$

$x=1$ 代入上上式，可得到

$$n2^{n-1} = \sum_{i=1}^{n} i\binom{n}{i}$$

$x=1$ 代入上上式，可得到

$$n(n-1)2^{n-2} = \sum_{i=1}^{n}(i^2-i)\binom{n}{i}$$

$$= \sum_{i=1}^{n} i^2\binom{n}{i} - \sum_{i=1}^{n} i\binom{n}{i}$$

$$= \sum_{i=1}^{n} i^2\binom{n}{i} - n2^{n-1}$$

綜合前兩個式子，可得

$$\sum_{i=1}^{n} i^2 \binom{n}{i} = n2^{n-1} + n(n-1)2^{n-2}。$$

▶試題 1.3.4.6（台大）

試求 $\binom{n}{0} - \binom{n}{1} + \cdots + (-1)^n \binom{n}{n}$。

解答 透過下列的二項展開式：

$$(-x+y)^n = \binom{n}{0}(-x)^0 y^n + \binom{n}{1}(-x)^1 y^{n-1} + \cdots + \binom{n}{n}(-x)^n y^0$$

令 $x=1$ 和 $y=1$，可推得

$$(-1+1)^n = \binom{n}{0} - \binom{n}{1} + \cdots + (-1)^n = 0。$$

▶試題 1.3.4.7（成大）

Show the sum of all the coefficients in the expansion of $(x-3y+3)^{10}$ is 1.

解答 令 $(x-3y+3)^{10} = x^{10} + a_0 x^9 + \cdots + a_8 x^1 + b_1 y^{10} + \cdots + b_{10} y^1 + C_0$

則將 $x=y=1$ 代入 $(x-3y+3)^{10}$ 的展開式後，恰好為所求，故係數和為 $(1-3+3)^{10} = 1$。

範例 1.3.5

證明 $\binom{n+1}{r} = \binom{n}{r} + \binom{n}{r-1}$。

解答 利用代數的方式，我們得到

$$\binom{n}{r} + \binom{n}{r-1} = \frac{n!}{r!(n-r)!} + \frac{n!}{(r-1)!(n-r+1)!} = \frac{n!}{r!}\left[\frac{1}{(n-r)!} + \frac{r}{(n-r+1)!}\right]$$

$$= \frac{n!}{r!}\left[\frac{(n-r+1)+r}{(n-r+1)!}\right] = \frac{(n+1)n!}{r!(n-r+1)!} = \frac{(n+1)!}{r!(n+1-r)!} = \binom{n+1}{r}。$$

▶**試題 1.3.5.1（台大）**

$m, n \geq 0$，試求 $\sum_{k=m}^{n} \binom{k}{m}$。

解答 利用本節範例 1.3.5 所得到的組合等式，可推得

$$\sum_{k=m}^{n} \binom{k}{m} = \binom{m}{m} + \binom{m+1}{m} + \cdots + \binom{n}{m}$$

$$= \binom{m+1}{m+1} + \binom{m+1}{m} + \cdots + \binom{n}{m}$$

$$= \binom{m+2}{m+1} + \binom{m+2}{m} + \cdots + \binom{n}{m} = \binom{m+3}{m+1} + \binom{m+3}{m} + \cdots + \binom{n}{m}$$

$$\vdots$$

$$= \binom{n+1}{m+1}。$$

範例 1.3.6

在二項式係數形成的數列 S 中，哪一個係數最大？令該數列為 $S = \left\langle \binom{n}{0}, \binom{n}{1}, \ldots, \binom{n}{n} \right\rangle$。

解答 考慮 n 為偶數時，由

$$\frac{\binom{n}{k}}{\binom{n}{k-1}} = \frac{\dfrac{n!}{k!(n-k)!}}{\dfrac{n!}{(k-1)!(n-k+1)!}} = \frac{(n-k+1)}{k}$$

當 $k = \dfrac{n}{2}$ 時，我們有

$$\frac{(n-k+1)}{k} = \frac{\dfrac{n}{2}+1}{\dfrac{n}{2}} > 0$$

同理，我們有 $\binom{n}{k} > \binom{n}{k-1}$，故 $\binom{n}{\frac{n}{2}}$ 為數列中的最大係數。當 n 為奇數時，不難推得

$\binom{n}{(n+1)/2}$ 和 $\binom{n}{(n-1)/2}$ 為最大係數。

1.4 非負整數解個數問題

在這一節,我們討論非負整數解(也稱作整數解)個數問題的求解,其可應用於計算將 n 個相同物件分配到不同 k 個區域的不同分配法。這個問題有兩種形式:標準形式和非標準形式。我們先從標準形式談起。先來看一個小例子:如何求出 $x_1 + x_2 + x_3 = 12 (x_1, x_2, x_3 \geq 0)$ 的整數解個數?

我們將 x_1、x_2 和 x_3 想像成三個區域內的物件個數且三者之和為 12。兩根棒子可隔出三個區域。現在先將隔開三個區域的兩根棒子想成 2 個物件,連同原先多項式中所提示的 12 個相同物件,一共有 14 個物件。從這 14 個物件中取出 2 個物件來,並立即將取出的 2 個物件變為兩根區隔棒子,就可隔出各種組合的三個不同區域了,而這三個區域內的物件總數為 12,所以原問題有

$$\binom{12+2}{2} = \binom{14}{2} = \frac{14!}{2!12!} = \frac{14 \times 13}{2} = 91$$

種整數解。上述整數解的標準形式可寫成 $\sum_{i=1}^{k} x_i = c$,$\forall x_i \geq 0$ 且 $1 \leq i \leq k$,而整數解個數為 $\binom{c+k-1}{k-1}$。

範例 1.4.1 (台大)

求出 $x_1 + x_2 + x_3 + x_4 = 3$ 有多少種非負整數解?(What is the number of nonnegative integer solutions of $x_1 + x_2 + x_3 + x_4 = 3$?)

解答 利用前面例子中整數解個數的標準形式解法,很容易可解出此題共有

$$\binom{3+4-1}{4-1} = \binom{6}{3} = 20$$

種整數解。

範例 1.4.2 （非標準形式）

求出 $x_1 + x_2 + x_3 < 15 (x_1, x_2, x_3 \geq 0)$ 的整數解個數？

解答 令 $x_4 \geq 0$，則 $x_1 + x_2 + x_3 < 15$ 可改寫成

$$x_1 + x_2 + x_3 + x_4 = 14$$

相同於前面例子中的標準形式解法，可解出共有

$$\binom{14+4-1}{4-1} = \binom{17}{3} = \frac{17 \times 16 \times 15}{3!} = \frac{17 \times 16 \times 15}{6} = 17 \times 8 \times 5 = 680$$

種整數解。

如果原題目改為 $x_1 + x_2 + x_3 \leq 15$，則令 $x_4 \geq 0$，$x_1 + x_2 + x_3 \leq 15$ 改寫成

$$x_1 + x_2 + x_3 + x_4 = 15$$

共有 $\binom{15+3}{3}$ 種解法。

▶試題 1.4.2.1 (台大)

考慮 $x_1 + x_2 + \cdots + x_n < r$，$x_i \geq 0$，$1 \leq i \leq n$，求滿足此不等式的整數解個數？(Consider $x_1 + x_2 + \cdots + x_n < r$, where $x_i \geq 0$, for $1 \leq i \leq n$. What is the number of nonnegative integer solutions?)

解答 仿照範例 1.4.2 的解法，令 $x_{n+1} \geq 0$，則原式可改寫成：

$$x_1 + x_2 + \cdots + x_n + x_{n+1} = r - 1$$

可解得所有的整數解個數有

$$\binom{(r-1)+(n+1)-1}{(n+1)-1} = \binom{n+r-1}{n}$$

種。

▶ **試題 1.4.2.2（台科大）**

把兩打的機器人分配到 4 條組裝線上，在每條線上至少要有 3 個機器人的情況下，有多少種不同的分法？(How many ways can two dozen identical robots be assigned to four assembly lines with at least three robots assigned to each line?)

解答 將每個機器人視為相同，則此命題等價於求

$$x_1 + x_2 + x_3 + x_4 = 24, \quad x_1, x_2, x_3, x_4 \geq 3$$

的整數解個數。

進行變數轉換

$$y_1 = x_1 - 3, \quad y_2 = x_2 - 3, \quad y_3 = x_3 - 3 \text{ 和 } y_4 = x_4 - 3$$

則上式可改寫成下列標準形式

$$y_1 + y_2 + y_3 + y_4 = 12, \quad y_1, y_2, y_3, y_4 \geq 0$$

利用標準形式解法，可解出共有

$$\binom{12+4-1}{4-1} = \binom{15}{3} = 455$$

種整數解。回到原問題上，可得共有 455 種分配的方式。

▶ **試題 1.4.2.3（師大）**

試求下列多項式的整數解個數

$$x_1 + x_2 + x_3 + x_4 = 32$$

這裡 $x_1, x_2, x_3 > 0$ 和 $0 < x_4 \leq 25$。

解答 我們先求出 $x_1 + x_2 + x_3 + x_4 = 32$，$x_1, x_2, x_3, x_4 > 0$ 的整數解個數。接下來，將其減去 $x_1 + x_2 + x_3 + x_4 = 32$，$x_1, x_2, x_3 > 0$ 和 $x_4 \geq 26$ 的整數解個數即可。故得到答案

$$\binom{28+3}{3} - \binom{32-3-26+3}{3}$$
$$= \binom{31}{3} - \binom{6}{3} = \frac{31!}{3!\,28!} - \frac{6!}{3!\,3!}$$
$$= 4495 - 20$$
$$= 4475。$$

▶試題 1.4.2.4（交大）

Determine the number of integer solutions of $x_1 + x_2 + x_3 + x_4 = 32$, where

(a) $x_i \geq 0$，$1 \leq i \leq 4$

(b) $x_i \geq 1$，$1 \leq i \leq 4$

(c) $x_i \geq 8$，$1 \leq i \leq 4$

(d) $x_i \geq -2$，$1 \leq i \leq 4$

解答 (a) $\binom{32+4-1}{4-1} = \binom{35}{3} = \dfrac{35!}{3!(35-3)!} = \dfrac{35!}{3!32!} = \dfrac{33 \times 34 \times 35}{1 \times 2 \times 3}$
$= 11 \times 17 \times 35 = 6545$

(b) 令 $y_i = x_i - 1$，$\forall y_i \geq 0$
$\Rightarrow y_1 + y_2 + y_3 + y_4 = x_1 + x_2 + x_3 + x_4 - 4$
$= 32 - 4 = 28$
$\binom{28+4-1}{4-1} = \binom{31}{3} = \dfrac{31!}{3!(31-3)!} = \dfrac{31!}{3!28!} = \dfrac{29 \times 30 \times 31}{1 \times 2 \times 3}$
$= 29 \times 5 \times 31 = 4495$

(c) 令 $y_i = x_i - 8$，$\forall y_i \geq 0$
$\Rightarrow y_1 + y_2 + y_3 + y_4 = x_1 + x_2 + x_3 + x_4 - 32$
$= 32 - 32 = 0$
$\binom{0+4-1}{4-1} = \binom{3}{3} = \dfrac{3!}{3!(3-3)!} = \dfrac{3!}{3!0!} = 1$

(d) 令 $y_i = x_i + 2$，$\forall y_i \geq 0$
$\Rightarrow y_1 + y_2 + y_3 + y_4 = x_1 + x_2 + x_3 + x_4 + 8$
$= 32 + 8 = 40$
$\binom{40+4-1}{4-1} = \binom{43}{3} = \dfrac{43!}{3!(43-3)!} = \dfrac{43!}{3!40!} = \dfrac{41 \times 42 \times 43}{1 \times 2 \times 3}$
$= 41 \times 7 \times 43 = 12341$。

▶試題 1.4.2.5（99 台科大）

How many ways are there to pack eight identical DVDs into five indistinguishable boxes so that each box contains at least one DVD? Explain why the answer you have. （計算題）

解答 原問題可轉換為

$$x_1 + x_2 + x_3 + x_4 + x_5 = 8$$
$$x_1, x_2, x_3, x_4, x_5 > 0$$

將上述非標準形式轉換成下列標準形式：

$$y_1 + y_2 + y_3 + y_4 + y_5 = 3$$
$$y_1, y_2, y_3, y_4, y_5 \geq 0$$

所以共有

$$\binom{3+(5-1)}{5-1} = \binom{7}{4} = 210$$

種方式。

 1.5 結論

在本書的第一章，我們一部分的內容延續了基本的排列與組合，但是在內容上，我們談得更廣泛且更深入。一些相關的議題是盡可能兼具理論與實用。1.4 節乃利用組合的技巧來解決非負整數解個數的問題，在 7.4 節中，我們將介紹如何利用生成函數的技巧來解決這一類的問題。

1.6 習題

1. If a fair die is rolled 12 times, what is the probability that the sum of the rolls is 30?
（100 台科大）

2. How many ways can {1, 2, ..., 8} be permuted so that the first 3 digits are decreasing order?
（100 台大）

3. Let $m > 1$ and $n > 1$ be two posotive integers. Let $r(m, n)$ denote the maximum number of rectangles defined by m horizontal lines and n vertical lines in a plane. Derive a formula for $r(m, n)$. Note that rectangles may overlap. For

example, $r(2, 3) = 3$ not 2. （100 中山）

4. Find the coefficient of the specified term when the expression is expanded.
   (a) $w^2 x^3 y^2 z^5$; $(2w + x + 3y + z)^{12}$
   (b) $a^2 x^3$; $(a + x + c)^2 (a + x + d)^3$ （101 彰師大資工）

5. In how many ways can 16 different book be distributed among four children so that
   (a) each child gets four books;
   (b) the two oldest children get five books and the two youngest get three books each?

   （101 台科大）

6. The probability of each sum and is a multiple of 3 in all composotions of 18 is
   (a) $\dfrac{1}{3^{11}}$ (b) $\dfrac{1}{4^{11}}$ (c) $\dfrac{1}{2^{11}}$ (d) $\dfrac{1}{2^{12}}$ (e) None of the above. （100 成大）

7. Suppose $1 \leq a < b < c < d \leq 12$. How many sets $\{a, b, c, d\}$ are there, where no consecutive integer (e.g. 1 and 2, 2 and 3, 3 and 4, ...) appear in $\{a, b, c, d\}$?

   （101 台大）

8. The equation $x + y + z < 20$ has _____ non-negative solutions. （101 政大）

9. Consider a set of poker cards (total 52 cards, with 4 suits {spades, hearts, diamonds, clubs} and 13 cards in each suit {2, 3, ... , 10, jack, queen, king, ace}). One person sequentially draws 13 cards from this set of cards, i.e. he draws the 13 cards one by one, and never put the drawn card back. If each card is equally likely to be drawn,
   (a) The probability that the drawn cards contain exactly one queen is _____.
   (b) The probability that the drawn cards contain at least three king is _____. （101 元智）

10. How many ways can the standard deck of 52 cards be permuted so that the first 3 cards are from the same suit? （101 台大）

1.7 參考文獻

[1] R. L. Graham, D. E. Knuth, and O. Patashni, *Concrete Mathematics*, Addison-Wesley, New York, 1989.
[2] S. M. Ross, *Introduction to Probability Models*, 3rd Edition, Academic Press, London, 1985.
[3] R. P. Grimaldi, *Discrete and Combinatorial Methematics: An Applied Introduction*, 4th Edition, Addison-Wesley, New York, 1999.
[4] C. Berge, *Principles of Combinatorics*, Academic Press, New York, 1970.

Chapter 2

機率論與應用

2.1 前言
2.2 期望值與變異數
2.3 知名的機率分佈
2.4 柴比雪夫不等式
2.5 結論
2.6 習題
2.7 參考文獻

2.1 前言

本章先介紹**機率論** (Probability) 常用的名詞與定義，例如：**隨機變數** (Randan Variable)、**期望值** (Expectation Value)、**變異數** (Variance) 等。在例子中，我們會介紹何謂獨立事件。介紹完名詞、定義與範例後，我們接著介紹幾個有名的**機率分佈** (Probabilistic Distribution) 以及**柴比雪夫不等式** (Chebyshev Inequality)。在例子中，我們會介紹何謂條件機率。

2.2 期望值與變異數

就從**擲骰子** (Tossing Dice) 的例子開始談起！給定一個骰子，骰子共有六個面，分別標示為 1、2、3、4、5 和 6。

隨機擲骰子的實驗 (Random Dice-Tossing Experiment) 指的是每次在擲骰子時和上一次的擲骰子沒有任何關係。也就是說，這次的擲骰子動作沒有任何偏袒某面的動作發生。或者說，每次擲骰子的動作都是隨機、無私和公正的。通常，隨機的實驗都會進行很多次。

假設我們完成了十次的隨機擲骰子動作，所得到的十個數字為 3、5、6、4、3、2、4、5、2 和 4。以上面的十次隨機實驗為例，總共出現了五種數字：2、3、4、5 和 6。數字 1 並未出現。然而對一個骰子而言，所謂的**出現空間** (Outcome Space) 指的是在理論上所有可能出現數字形成的集合，因此骰子的出現空間為 $S = \{1, 2, 3, 4, 5, 6\}$。上述的十次隨機實驗也稱為一個**抽樣動作** (Sampling)。透過抽樣的動作，我們可瞭解擲骰子的一些統計上的**估計值** (Estimates)。按照上面的十個實驗值，出現空間的各個數字之**相對頻率** (Relatively Frequency) 顯示於下表。例如：數字 4 出現三次，所以其相對頻率為 3/10。

出現數字	1	2	3	4	5	6
相對頻率	$\frac{0}{10}$	$\frac{2}{10}$	$\frac{2}{10}$	$\frac{3}{10}$	$\frac{2}{10}$	$\frac{1}{10}$

範例 2.2.1

何謂隨機變數 (Random Variable)？

解答 我們對隨機實驗中任何一次的出現情形賦予它一個數值，這個數值也叫隨機變數。例如：我們隨機式地擲錢幣，每一次可能出現頭 (Head) 或尾 (Tail)。令 X 為量度錢幣面的隨機變數。因為隨機變數必須是實數，我們可令 $X=1$ 代表錢幣出現「頭」，而 $X=0$ 代表錢幣出現「尾」。

將前面所提到的十次隨機擲骰子實驗所得的隨機變數值 3、5、6、4、3、2、4、5、2 和 4 收集起來就得到所謂的樣本 (Sample)。台科大全校有 9000 人 (母群體數)，為瞭解學生體重問題，隨機抽樣了 50 位同學，則樣本數為 50。

範例 2.2.2

何謂樣本平均數 (Sample Mean)？

解答 將樣本內的隨機變數值加總起來再除以實驗的次數，就得到所謂的樣本平均數。例如：前面所提的十次擲骰子實驗，其樣本平均數為

$$\frac{1}{10} \times (3+5+6+4+3+2+4+5+2+4) = 3.8 \text{。}$$

假設骰子六個面的任一面出現之機率都是一樣的，也就是每個面出現的機率為 $\frac{1}{6}$，這種骰子也叫公正的骰子 (Fair Dice)。

範例 2.2.3

公正骰子的期望值 (Expectation Value) 為何？

解答 公正骰子的期望值被定義為擲一次骰子平均出現的數字大小。依此定義，令 X 代表骰子出現哪一個數字的隨機變數，X 的可能數值為 1、2、3、4、5、6，則公

> 正骰子的期望值被定義為
>
> $$E[X] = \sum_{i=1}^{6} P(i)i = \frac{1}{6}\sum_{i=1}^{6} i$$
> $$= \frac{1}{6}(1+2+3+4+5+6)$$
> $$= 3.5$$
>
> 這裡 $E[X]$ 表示隨機變數 X 的期望值,而 $P(i)$ 表示 $X=i$ 的機率值。期望值可視為加權平均數,這裡的加權值就是 $P(i)$。期望值可反映資料的集中趨勢。

JPEG 壓縮標準是由許多的模組所構成,在壓縮器的末端使用了霍夫曼編碼法 (Huffman Coding)。至今,JPEG 的使用率仍大幅超越 JPEG2000。在 1952 年時,霍夫曼提出的編碼法,其概念是這樣的:給一組字母集,每個字母的出現頻率皆已知。今打算將每個字母予以編碼。我們可將頻率出現較少的字母編予較長的碼。反之,頻率出現較多的字母則編予較短的碼。

例如:給一字母集 $\Sigma = \{A, B, C, D, E\}$,各字母的頻率分別為 $P(A) = \frac{1}{10}$、$P(B) = \frac{1}{10}$、$P(C) = \frac{1}{5}$、$P(D) = \frac{3}{10}$ 和 $P(E) = \frac{3}{10}$。利用上述的霍夫曼編碼概念,我們可建置出如下頁所示的霍夫曼樹 (Huffman Tree)。根據所建的霍夫曼樹,我們很容易就可對每個符號予以編碼得到如下頁的碼表。因為 A 和 B 的機率最低,所以先處理。編碼的過程由下而上 (Bottom Up)。

假若送方要送一個訊息"ABBCCE"給收方,依照下頁的碼表 (Codebook),該訊息可被編碼為二元字串"111110110101000"。假若收方收到了此二元字串,按照下頁圖的霍夫曼樹也很容易解碼成"ABBCCE"。解碼的過程由上而下 (Top Down)。

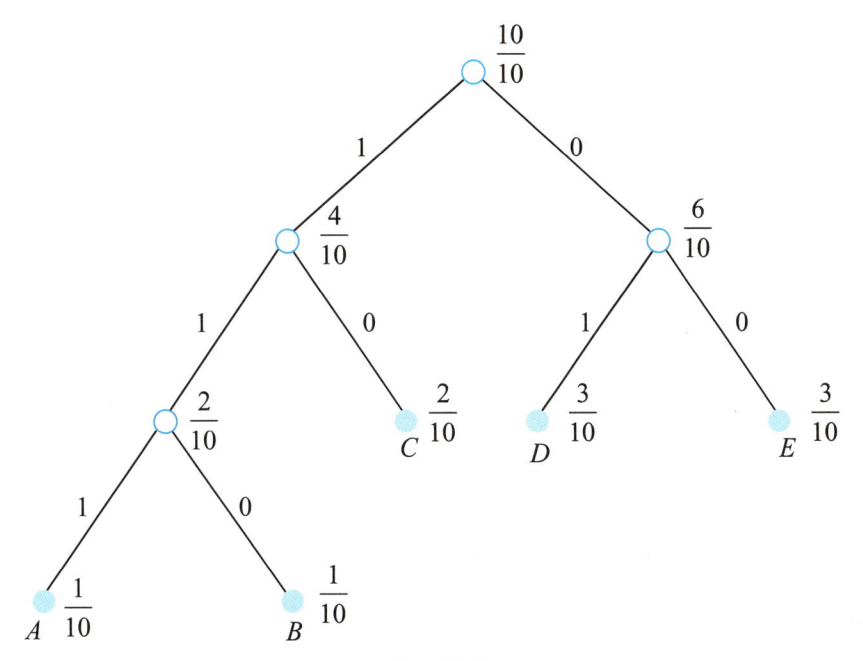

霍夫曼樹

符號	頻率	碼
A	$\frac{1}{10}$	111
B	$\frac{1}{10}$	110
C	$\frac{1}{5}$	10
D	$\frac{3}{10}$	01
E	$\frac{3}{10}$	00

碼表

範例 2.2.4（宜大）

令字母集 $A_x = \{1, 2, 3, 4\}$ 與頻率集 $P_x = \{1/2, 1/4, 1/8, 1/8\}$，編碼規則為 $c(1) = 0$、$c(2) = 10$、$c(3) = 110$、$c(4) = 111$。請算出此編碼長度 $L(C)$ 的期望值。(Let the alphabet set be $A_x = \{1, 2, 3, 4\}$, the corresponding probability be $P_x = \{1/2, 1/4, 1/8, 1/8\}$, and the code $c(1) = 0$, $c(2) = 10$, $c(3) = 110$, $c(4) = 111$, Please find the expected length $L(C)$ of this code.)

解答 令 $l(i)$ 為 $c(i)$ 的長度及 $p(i)$ 為 i 出現的機率，$i = 1, 2, 3, 4$，則 $l(1) = 1$、$l(2) = 2$、$l(3) = 3$、$l(4) = 3$ 和 $p(1) = \dfrac{1}{2}$、$p(2) = \dfrac{1}{4}$、$p(3) = \dfrac{1}{8}$、$p(4) = \dfrac{1}{8}$。故

$$\text{編碼長度 } L(C) \text{ 的期望值} = \sum_{i=1}^{4} l(i) \times p(i)$$
$$= l(1) \times p(1) + l(2) \times p(2) + l(3) \times p(3) + l(4) \times p(4)$$
$$= 1 \times \frac{1}{2} + 2 \times \frac{1}{4} + 3 \times \frac{1}{8} + 3 \times \frac{1}{8} = \frac{14}{8} \text{。}$$

範例 2.2.5（交大）

Let A and B be independent events with $P(A) = 2/3$, $P(B) = 1/4$. Find $P(A \cap B)$ and $P(A \cup B)$.

解答 已知 A 和 B 為獨立事件，所以 $P(A \cap B) = P(A)P(B)$ 成立。我們得到

$$P(A \cap B) = P(A)P(B) = 2/3 \times 1/4 = 1/6$$
$$P(A \cup B) = P(A) + P(B) - P(A \cap B) = 2/3 + 1/4 - 1/6 = 3/4 \text{。}$$

變異數 (Variance) 常被用來衡量隨機變數和期望值的差異。變異數愈大，則隨機變數的分佈愈散亂。變異數可定義為 $\sigma^2 = E[(x - \mu)^2]$，這裡 μ 代表隨機變數 x 的期望值。我們先來看一個特例：當隨機變數 x 皆為相同的固定值時，很明顯地，$\sigma^2 = 0$。

變異數被定義成 $E[(x - \mu)^2]$ 的物理意義可透過下面的兩個圖示來解釋。

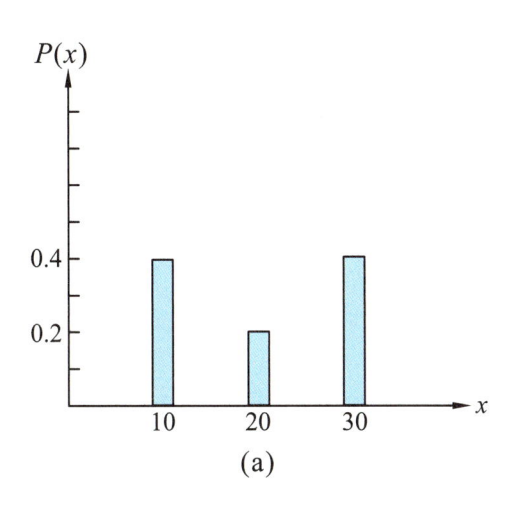

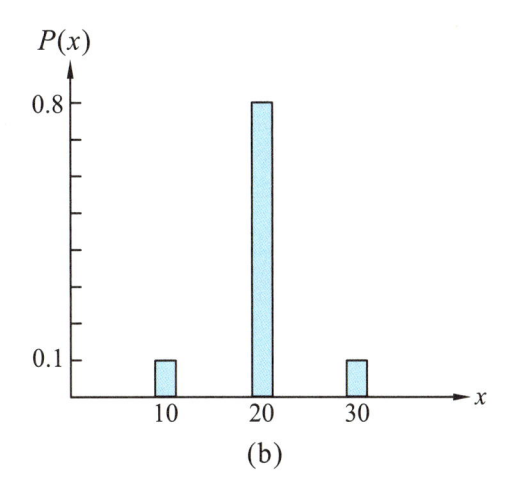

上圖中的 x 代表隨機變數的值，$P(x)$ 代表 x 的機率。圖 (a) 中的變異數為：

$$\sigma_a^2 = (10-\mu)^2 \cdot 0.4 + (20-\mu)^2 \cdot 0.2 + (30-\mu)^2 \cdot 0.4$$
$$= (10-20)^2 \cdot 0.4 + (30-20)^2 \cdot 0.4$$
$$= 80$$

同理，圖 (b) 中的變異數為

$$\sigma_b^2 = (10-20)^2 \cdot 0.1 + (10-20)^2 \cdot 0.1$$
$$= 10 + 10$$
$$= 20$$

從 $\sigma_a^2 \gg \sigma_b^2$，可知機率 $P(10)$ 和 $P(30)$ 對變異數的影響。

範例 2.2.6

何謂公正骰子的變異數？標準差 (Standard Deviation) 又為何？

解答　由範例 2.2.3 已知公正骰子的期望值為 $\mu = E[X] = 3.5$，骰子的變異數可表示為

$$\sigma^2 = E[(x-\mu)^2] = \sum_{i=1}^{6} p(i)(i-\mu)^2 = \frac{1}{6}\sum_{i=1}^{6}(i-\mu)^2$$
$$= \frac{1}{6}[(1-3.5)^2 + (2-3.5)^2 + (3-3.5)^2 + (4-3.5)^2 + (5-3.5)^2 + (6-3.5)^2]$$
$$= \frac{35}{12} = 2.9$$

標準差是將變異數開根號。以公正骰子為例，其標準差為

$$\sigma = \sqrt{2.9} \approx 1.7 \text{ 。}$$

變異數的計算也常常利用 $\sigma^2 = E[X^2] - \mu^2$（證明如下）來求得，可收計算之便。

範例 2.2.7

證明 $\sigma^2 = E[X^2] - \mu^2$。

解答 將 $(X-\mu)^2$ 展開，我們可推得

$$\begin{aligned}
\sigma^2 &= E[(X-\mu)^2] = E[X^2 - 2X\mu + \mu^2] \\
&= E[X^2] - 2\mu E[X] + \mu^2 \\
&= E[X^2] - 2\mu^2 + \mu^2 \\
&= E[X^2] - \mu^2 \text{ 。}
\end{aligned}$$

$E(\mu^2) = \mu^2$

▶試題 2.2.7.1

令隨機變數 X 的機率密度函數為 $P(X=x) = \dfrac{1}{2m}$，$1 \leq x \leq 2m$，試求 X 的期望值和變異數。

解答

$$E(x) = \frac{1}{2m}\sum_{x=1}^{2m} x = \frac{1}{2m} \times \frac{2m(2m+1)}{2} = \frac{2m+1}{2}$$

$$\begin{aligned}
\sigma^2 &= E[(x-u)^2] = E[x^2] - \mu^2 \\
&= \left[\frac{1}{2m}\sum_{x=1}^{2m} x^2\right] - \left(\frac{2m+1}{2}\right)^2 \\
&= \frac{1}{2m}\left(\frac{2m(2m+1)(4m+1)}{6}\right) - \left(\frac{2m+1}{2}\right)^2 \\
&= \frac{(2m+1)(4m+1)}{6} - \left(\frac{2m+1}{2}\right)^2
\end{aligned}$$

$$= \left(\frac{2m+1}{2}\right)\left(\frac{4m+1}{3} - \frac{2m+1}{2}\right)$$

$$= \frac{2m+1}{2}\left(\frac{8m+2-6m-3}{6}\right)$$

$$= \frac{2m+1}{2}\left(\frac{2m-1}{6}\right)$$

$$= \frac{4m^2-1}{12} \text{。}$$

有別於前面介紹的變異數,樣本變異數被定義為

$$S^2 = \frac{1}{n-1}\sum_{i=1}^{n}(x_i - \mu)^2$$

$$= \frac{1}{n-1}(\sum_{i=1}^{n}x_i^2 - n\mu^2)$$

其中 $x_1, x_2, ..., x_n$ 為樣本數值。

接下來,我們來談幾個有名的機率密度函數。為方便起見,機率密度函數有時也簡稱為 **PDF** (Probability Density Function),其實也就是一種**分佈** (Distribution)。

2.3 知名的機率分佈

在這一節中,我們先介紹常遇到的知名機率分佈,然後分析它們的期望值與變異數。在例子中,我們會介紹出條件機率的觀念。

1. **伯努利分佈** (Bernoulli Distribution) 被定義為

$$P(X = x) = p^x(1-p)^{1-x}, \quad x \in \{0, 1\}$$

這裡 $x = 0$ 代表失敗且失敗的機率為 $(1-p)$,而 $x = 1$ 代表成功且成功的機率為 p。伯努利實驗只做一次。

2. 二項式分佈 (Binomial Distribution) 被定義為

$$P(X = x) = \binom{n}{x} p^x (1-p)^{n-x}, \quad 0 \leq x \leq n$$

二項式分佈中所做的實驗可看成做了 n 次的伯努利實驗，而在這 n 次實驗中，我們有興趣的是成功 x 次的機率。n 次實驗中若有 x 次成功，則共有 $\binom{n}{x}$ 種組合方式，而 x 次成功和 $(n-x)$ 次失敗的合成機率為 $p^x(1-p)^{n-x}$，合起來看，我們就得到上式。

3. 幾何分佈 (Geometric Distribution) 被定義為

$$P(X = x) = (1-p)^{x-1} p, \quad x = 1, 2, 3, \ldots$$

幾何分佈所對應的實驗可解釋為在 x 次伯努利實驗中，前 $(x-1)$ 次皆為失敗的，但是最後一次卻是成功的。例如：打籃球時，在快結束時，有時會來個關門球就是一個典型的例子。

4. 負二項分佈 (Negative Binomial Distribution) 被定義為

$$P(X = x) = \binom{x-1}{r-1} p^r (1-p)^{x-r}, \quad x = r, r+1, r+2, \ldots$$

負二項分佈所對應的實驗可解釋為在 x 次的伯努利實驗中，前 $(x-1)$ 次實驗中成功了 $(r-1)$ 次，而且最後一次是成功的。

5. 常態分佈 (Normal Distribution) 在訊號和影像處理中也叫高斯分佈 (Gaussian Distribution)。其定義為

$$P(X = x) = \frac{1}{\sigma\sqrt{2\pi}} e^{-\frac{(x-\mu)^2}{2\sigma^2}}, \quad -\infty < x < \infty$$

介紹完幾個有名的機率分佈後，在這些分佈中，它們的期望值和變異數又如何計算呢？先從伯努利分佈的相關統計度量談起。

範例 2.3.1

推導出伯努利分佈的期望值和變異數。(Derive the expectation value and the variance of the Bernoulli distribution.)

解答 從伯努利分佈的介紹中，伯努利分佈被定義為

$$P(X=x) = p^x(1-p)^{1-x}, \ x \in \{0, 1\}$$

根據上式，伯努利分佈的期望值為

$$\begin{aligned}E[X] &= \sum_{x=0}^{1} xp^x(1-p)^{1-x}\\&= 0 + 1 \cdot p(1-p)^0\\&= 0 + p = p\end{aligned}$$

根據變異數的定義，伯努利分佈的變異數為

$$\begin{aligned}\sigma^2 &= \sum_{x=0}^{1}(x-E[X])^2 p^x(1-p)^{1-x}\\&= E[X^2] - E[X]^2\\&= E[X^2] - p^2\\&= \left[\sum_{x=0}^{1} x^2 \cdot p^x(1-p)^{1-x}\right] - p^2\\&= p(1-p)^0 - p^2\\&= p - p^2 = p(1-p)\\&= pq\end{aligned}$$

求得伯努利分佈的變異數後，根據標準差的定義，很自然可得到伯努利分佈的標準差為 $\sigma = \sqrt{pq}$。

從上述的計算中，似乎很容易就可算出伯努利分佈的期望值和變異數。我們現在來算出二項式分佈的期望值和變異數。已知二項式分佈被定義為

$$P(X=x) = \binom{n}{x} p^x(1-p)^{n-x}, \ 0 \leq x \leq n$$

範例 2.3.2

證明二項式分佈的期望值為 np。

解答 二項式分佈的期望值可證明如下：

$$E(X) = \sum_{x=0}^{n} x \binom{n}{x} p^x (1-p)^{n-x}$$

$$= 0 \cdot \binom{n}{x} p^x (1-p)^{n-x} + \sum_{x=1}^{n} x \binom{n}{x} p^x (1-p)^{n-x}$$

$$= \sum_{x=1}^{n} x \binom{n}{x} p^x (1-p)^{n-x}$$

$$= \sum_{x=1}^{n} \frac{x \times n!}{x!(n-x)!} p^x (1-p)^{n-x}$$

$$= \sum_{x=1}^{n} \frac{n!}{(x-1)!(n-x)!} p^x (1-p)^{n-x}$$

$$= \sum_{j=0}^{n-1} \frac{n!}{j!(n-j-1)!} p^{j+1} (1-p)^{n-j-1} \quad j = x-1$$

$$= \sum_{j=0}^{n-1} n \frac{(n-1)!}{j!(n-j-1)!} p^{j+1} (1-p)^{n-j-1}$$

$$= \sum_{j=0}^{n-1} n \binom{n-1}{j} p^j (1-p)^{n-j-1} \cdot p$$

$$= \sum_{j=0}^{n-1} np \binom{n-1}{j} p^j (1-p)^{n-j-1}$$

$$= np \sum_{j=0}^{n-1} \binom{n-1}{j} p^j (1-p)^{n-j-1}$$

$$= np \cdot 1$$

$$= np。$$

二項式分佈的期望值為 np 相當吻合我們的直觀。

範例 2.3.3

證明二項式分佈的變異數為 npq。

解答 根據變異數的定義，二項式分佈的變異數為

$$\sigma^2 = \sum_{x=0}^{n} (x - E[X])^2 \binom{n}{x} p^x (1-p)^{n-x}$$

$$= \left[\sum_{x=0}^{n} x^2 \binom{n}{x} p^x (1-p)^{n-x}\right] - \mu^2 \left[\sum_{x=0}^{n} \binom{n}{x} p^x (1-p)^{n-x}\right]$$

$$= \left[\sum_{x=0}^{n} x^2 \binom{n}{x} p^x (1-p)^{n-x}\right] - (np)^2 \cdot 1$$

$$= \left[\sum_{x=0}^{n} x \frac{n!}{(n-x)!(x-1)!} p^x (1-p)^{n-x}\right] - n^2 p^2$$

上式中的

$$\sum_{x=0}^{n} x \frac{n!}{(n-x)!(x-1)!} p^x (1-p)^{n-x}$$

不易求得其封閉形式，我們試著求

$$\sum_{x=0}^{n} x(x-1) \binom{n}{x} p^x (1-p)^{n-x}$$

的封閉形式，上式可推得

$$\sum_{x=2}^{n} \frac{n!}{(n-x)!(x-2)!} p^x (1-p)^{n-x} = \sum_{j=0}^{n-2} \frac{n!}{(n-j-2)!j!} p^{j+2} (1-p)^{n-j-2}$$

$$= \sum_{j=0}^{n-2} n(n-1) \frac{(n-2)!}{(n-j-2)!j!} p^2 \cdot p^j \cdot (1-p)^{n-j-2}$$

$$= n(n-1)p^2 \sum_{j=0}^{n-2} \binom{n-2}{j} p^j (1-p)^{n-j-2}$$

$$= n(n-1)p^2$$

上式就是 $E[X(X-1)]$ 的封閉形式。由 $\sigma^2 = E[x^2] - E[x] + E[x] - \mu^2 = E[x^2] - \mu^2$ 得知

$$\sigma^2 = E[X(X-1)] + E[X] - \mu^2$$

我們可進一步推得

$$\begin{aligned}\sigma^2 &= n(n-1)p^2 + np - n^2p^2 \\ &= np[(n-1)p + 1 - np] \\ &= np[1-p] \\ &= npq\end{aligned}$$

故證得二項式分佈的變異數為 npq。

證明完二項式分佈的期望值和變異數後，我們接下來證明幾何分佈的期望值與變異數。

範例 2.3.4

幾何分佈的期望值為何？

解答 幾何分佈的定義為

$$P(X = x) = (1-p)^{x-1} p \text{ , } x = 1, 2, 3, \ldots$$

利用期望值的定義，幾何分佈的期望值可計算如下：

$$\begin{aligned}E[X] &= \sum_{x=1}^{\infty} x(1-p)^{x-1} p \\ &= p \frac{d\left(\sum_{x=1}^{\infty} -(1-p)^x\right)}{dp} \\ &= p \frac{d\left(\frac{-(1-p)}{p}\right)}{dp} \\ &= p \times \frac{p - [-(1-p)]}{p^2} \\ &= \frac{p}{p^2} \\ &= \frac{1}{p}\end{aligned}$$

故幾何分佈的期望值為 $\frac{1}{p}$。我們是利用一次微分的技巧來證明幾何分佈的期望值。我們也可利用二次微分的技巧來證得幾何分佈的變異數為 $\frac{1-p}{p^2}$。除了利用微分的技巧來證明出幾何分佈的期望值外，我們也可利用下面較基本的技巧得出同樣的結果：

$$E[X] = \sum_{x=1}^{\infty} x(1-p)^{x-1} p$$

$$= p\sum_{x=1}^{\infty} x(1-p)^{x-1}$$

令

$$S = \sum_{x=1}^{\infty} x(1-p)^{x-1}$$

$$(1-p)S = \sum_{x=1}^{\infty} x(1-p)^{x}$$

相減後，可得

$$pS = (1-p)^0 + (1-p)^1 + (1-p)^2 + \cdots$$

$$S = \frac{1}{p^2}$$

將 $S = \frac{1}{p^2}$ 代回 $E[X]$ 中亦可得

$$E[X] = p \times \frac{1}{p^2} = \frac{1}{p} \text{。}$$

範例 2.3.5

幾何分佈的變異數為何？

解答

$$E[X(X-1)] = \sum_{x=1}^{\infty} x(x-1)p(1-p)^{x-1}$$

$$= p(1-p)\sum_{x=1}^{\infty} x(x-1)(1-p)^{x-2}$$

$$= p(1-p)\frac{d^2\left(\sum_{x=1}^{\infty}(1-p)^x\right)}{dp^2}$$

$$= p(1-p)\frac{2}{p^3}$$

$$= \frac{2q}{p^2}$$

利用 $\sigma^2 = E[X(X-1)] + E[X] - \mu^2$，我們得到

$$\sigma^2 = \frac{2q}{p^2} + \frac{1}{p} - \frac{1}{p^2} = \frac{2q+p-1}{p^2} = \frac{q}{p^2} = \frac{1-p}{p^2} = \frac{q}{p^2} \text{ 。}$$

▶試題 2.3.5.1（交大）

箱子中裝了 w 個白球和 b 個黑球，每次隨意取出一個球，但不允許重複，直到取到黑球為止，假設 $n < w$，則恰好需取 n 球的機率為何？(A box contains w white balls and b black balls. Balls are drawn randomly from the box without replacement until a black ball is drawn. If $n < w$, then what is the probability that exactly n balls are drawn?)

解答 黑球和白球共有 $w+b$ 個，所以共有 C_n^{w+b} 種取法，前 $n-1$ 次都取到白球的取法共有 C_{n-1}^w 種，而第 n 次取到黑球的取法有 C_1^b 種，所以此題的機率為

$$\frac{C_{n-1}^w \cdot C_1^b}{C_n^{w+b}} \text{ 。}$$

▶試題 2.3.5.2（交大）

從 0 到 9 中任意取一個數字直到取到 0 為止，設 X 為取的次數，試求 X 和 $Y = 2X+1$ 的機率密度函數。(Let X be the number of random numbers selected from $\{0, 1, 2, \ldots, 9\}$ independently until 0 is chosen. Find the probability mass functions of X and $Y = 2X+1$.)

解答 當 $X=1$ 時，表示第一次取就取到 0，機率為

$$P\{X=1\} = \frac{1}{10}$$

取第二次才取到 0 的機率為

$$P\{X=2\} = \frac{9}{10} \cdot \frac{1}{10}$$

故 X 的機率密度函數為

$$P_X(x) = \left(\frac{9}{10}\right)^{x-1} \cdot \frac{1}{10}, \quad x = 1, 2, 3, \ldots$$

又因 $Y = 2X+1$，則 Y 的機率密度函數為

$$P_Y(y) = P(Y = y) = P(2X+1 = y)$$
$$= P\left(X = \frac{y-1}{2}\right) = P_X\left(\frac{y-1}{2}\right) = \left(\frac{9}{10}\right)^{\frac{y-1}{2}-1} \cdot \frac{1}{10}$$

$y = 3, 5, \ldots$。

試題 2.3.5.3（中山）

Alice 和 Bob 擲一枚硬幣。出現正面的機率是 p，且 $p > 0$。先擲到正面的就是贏家。由 Alice 先擲，當 Alice 擲到反面的時候，Bob 則可以擲兩次。而當 Bob 擲出兩次反面，則換 Alice 擲。若 Alice 擲到反面，則 Bob 又可以有擲兩次的機會（若他第一次擲出的是反面）。直到有人擲出正面，遊戲方可結束。請問，p 值應為何，才會使得這場遊戲是公平的（也就是這場遊戲 Alice 和 Bob 贏的機會各是 1/2）。(Alice and Bob toss a loaded coin. The probability of that the result is the head whenever tossing the coin once is p, where $p > 0$. The first to obtain a head is the winner. Alice goes first but, if she tosses a tail, then Bob gets two chances. If he tosses two tails, then Alice again tosses the coin and, if her toss is a tail, then Bob again goes twice (if his first toss is a tail). This continues until someone tosses a head. What values of p makes this a fair game (that is, a game where both Alice and Bob have probability 1/2 of winning).)

解答 Alice 贏的機率是

$$p + p \cdot (1-p)^3 + p \cdot (1-p)^6 + \cdots = \sum_{i=0}^{\infty} p \cdot (1-p)^{3i}$$

Bob 贏的機率是

$$p \cdot (1-p) + p \cdot (1-p)^2 + p \cdot (1-p)^4 + p \cdot (1-p)^5 + \cdots = \sum_{i=0}^{\infty}[p \cdot (1-p)^{3i+1} + p \cdot (1-p)^{3i+2}]$$

雙方贏的機率要相同，所以

$$\sum_{i=0}^{\infty} p \cdot (1-p)^{3i} = \sum_{i=0}^{\infty} [p \cdot (1-p)^{3i+1} + p \cdot (1-p)^{3i+2}]$$

$$\Rightarrow \sum_{i=0}^{\infty} p \cdot (1-p)^{3i} = \sum_{i=0}^{\infty} p \cdot (1-p)^{3i}[(1-p) + (1-p)^2]$$

$$\Rightarrow 1 = (1-p) + (1-p)^2$$

$$\Rightarrow p^2 - 3p + 1 = 0$$

解此方程式可得 $p = \dfrac{3 \pm \sqrt{5}}{2}$

由於 $0 < p \leq 1$，故取 $p = \dfrac{3 - \sqrt{5}}{2} \approx 0.38$。

▶試題 2.3.5.4（清大）

A pair of dice is rolled n times

(a) Find the probability that "seven" will show at least once.

(b) Find the probability that double six will not show at all.

(c) Find the probability of obtaining double six at least once.

解答

	2 點	3 點	4 點	5 點	6 點	7 點	8 點	9 點	10 點	11 點	12 點
P	1/36	2/36	3/36	4/36	5/36	6/36	5/36	4/36	3/36	2/36	1/36

(a) $1 - (7\text{ 點完全不會出現的機率}) = 1 - \dbinom{n}{0}\left(\dfrac{1}{6}\right)^0 \left(\dfrac{5}{6}\right)^n = 1 - \left(\dfrac{5}{6}\right)^n$。

(b) $\dbinom{n}{0}\left(\dfrac{1}{36}\right)^0 \left(\dfrac{35}{36}\right)^n = \left(\dfrac{35}{36}\right)^n$。

(c) $1 - \left(\dfrac{35}{36}\right)^n$。

▶試題 2.3.5.5 (清大)

Let Y have a uniform distribution $U(0,1)$, and let $X = a+(b-a)Y$, $a<b$. Find the distribution function $F(x) = P(X \leq x)$.

解答 隨機變數 Y 具有均勻分佈 (Uniform Distribution) $U(0,1)$，也就是

$$f(y) = \begin{cases} 1, & \text{若 } 0 \leq y \leq 1 \\ 0, & \text{其他} \end{cases}$$

$$F(X) = P(X \leq x) = P(a+(b-a)Y \leq x)$$
$$= P(Y \leq \frac{x-a}{b-a}) = \int_0^{\frac{x-a}{b-a}} 1 \cdot dy = \frac{x-a}{b-a} \text{ 。}$$

▶試題 2.3.5.6 (成大)

Let a random variable X with the expected value (mean) μ.

(a) Which distribution has a large variance in the following figure?

(b) How to make the variance of a distribution smaller?

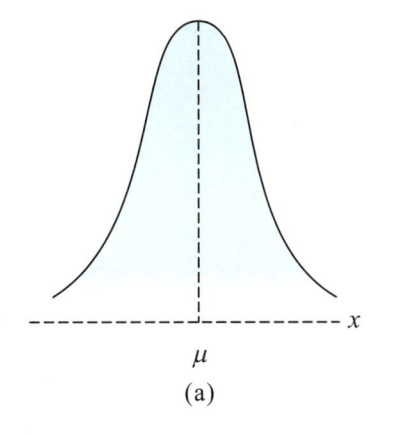

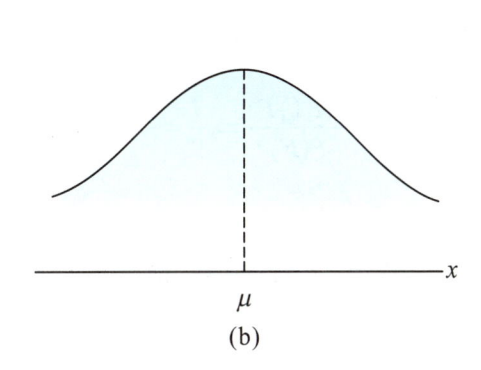

解答 (a) 因為 (b) 圖的分佈較 (a) 圖平緩，所以選 (b) 圖。

(b) 調整成更尖聳的圖形。

▶試題 2.3.5.7（中正）

We have two boxes. The first contains two green balls and seven red balls; the second contains four green balls and three red balls. Bob selects a ball by first choosing one of the two boxes at random. He then selects one of the balls in this box at random. Consider the following events E and F.

E: the event that Bob has selected a red ball.

F: the event that Bob has selected a ball from the first box.

(a) What is the probability $P(E|F)$?

(b) What is the probability $P(E|\sim F)$?

(c) What is the probability $P(E)$?

(d) What is the probability $P(E \cap F)$?

(e) What is the probability $P(F|E)$?

解答 (a) $P(E|F)$ 為給定 F 事件下，發生 A 事件的機率，故 $P(E|F) = \dfrac{7}{9}$。

(b) $P(E|\sim F) = P(E \mid \text{the second box}) = \dfrac{3}{7}$。

(c) $P(E) = \dfrac{1}{2} \times \dfrac{7}{9} + \dfrac{1}{2} \times \dfrac{3}{7} = \dfrac{38}{63}$。

(d) $P(E|F) = \dfrac{P(E \cap F)}{P(F)} \Rightarrow \dfrac{7}{9} = \dfrac{P(E \cap F)}{\dfrac{1}{2}} \Rightarrow P(E \cap F) = \dfrac{7}{18}$。

(e) $P(F|E) = \dfrac{P(F \cap E)}{P(E)} = \dfrac{7/18}{38/63} = \dfrac{49}{76}$。

介紹完機率論中的常用符號、專有名詞、著名的機率分佈、期望值與變異數的計算後，我們現在來介紹有名的柴比雪夫不等式 (Chebyshev Inequality)。

2.4 柴比雪夫不等式

今有一機率分佈，我們暫且不管其分佈為何，這個機率分佈的隨機變數為 X 且其平均值為 μ，而標準差為 σ。下式即為著名的柴比雪夫不等式：

$$P(|X-\mu| \geq i\sigma) \leq \frac{1}{i^2}$$

上式的意義為：以平均值 μ 為基準，隨機變數落在範圍 $(\mu - i\sigma, \mu + i\sigma)$ 外的機率會小於等於 $\frac{1}{i^2}$。例如：隨機變數 X 的平均值為 10 且標準差為 2，若 $i = 2$，則 $i\sigma = 2 \times 2 = 4$，得

$$P(|X-10| \geq 4) \leq \frac{1}{4} = 0.25$$

柴比雪夫不等式也可寫成另一種形式：

$$P(|X-\mu| < i\sigma) \geq 1 - \frac{1}{i^2}$$

換言之，依上面的例子，我們得到

$$P(|X-10| < 4) \geq 0.75$$

其對應的示意圖如下所示 (藍色面積大於等於 0.75)：

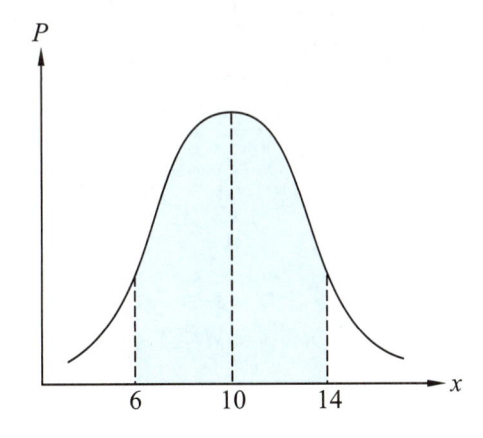

範例 2.4.1（成大）

試證明柴比雪夫不等式。

解答 由變異數的定義，我們有：

$$\sigma^2 = E[(x-\mu)^2]$$
$$= \int_{-\infty}^{\infty} (x-\mu)^2 p(X=x)\,dx$$
$$= \int_{-\infty}^{\mu-i\sigma} (x-\mu)^2 p(X=x)\,dx + \int_{\mu-i\sigma}^{\mu+i\sigma} (x-\mu)^2 p(X=x)\,dx + \int_{\mu+i\sigma}^{\infty} (x-\mu)^2 p(X=x)\,dx$$
$$\geq \int_{-\infty}^{\mu-i\sigma} (x-\mu)^2 p(X=x)\,dx + \int_{\mu+i\sigma}^{\infty} (x-\mu)^2 p(X=x)\,dx$$

$$\begin{pmatrix} 當\ x \leq u-i\sigma \Rightarrow x-u \leq -i\sigma < 0 \Rightarrow (x-u)^2 \geq i^2\sigma^2; \\ 當\ x \geq u+i\sigma \Rightarrow x-u \geq i\sigma > 0 \Rightarrow (x-u)^2 \geq i^2\sigma^2 \end{pmatrix}$$

$$\geq \int_{-\infty}^{\mu-i\sigma} i^2\sigma^2 p(X=x)\,dx + \int_{\mu+i\sigma}^{\infty} i^2\sigma^2 p(X=x)\,dx$$

因而得到

$$\sigma^2 \geq \int_{-\infty}^{\mu-i\sigma} i^2\sigma^2 p(X=x)\,dx + \int_{\mu+i\sigma}^{\infty} i^2\sigma^2 p(X=x)\,dx$$

上面不等式中，兩邊各除以 $i^2\sigma^2$，我們可得到

$$\frac{1}{i^2} \geq \int_{-\infty}^{\mu-i\sigma} p(X=x)\,dx + \int_{\mu+i\sigma}^{\infty} p(X=x)\,dx$$

上式中的兩邊各加上

$$\int_{\mu-i\sigma}^{\mu+i\sigma} p(X=x)\,dx$$

則可推得

$$\frac{1}{i^2} + \int_{\mu-i\sigma}^{\mu+i\sigma} p(X=x)\,dx \geq \int_{-\infty}^{\mu-i\sigma} p(X=x)\,dx + \int_{\mu-i\sigma}^{\mu+i\sigma} p(X=x)\,dx + \int_{\mu+i\sigma}^{\infty} p(X=x)\,dx = 1$$

對上式進行移項，我們可得到

$$\int_{\mu-i\sigma}^{\mu+i\sigma} p(X=x)\,dx \geq 1 - \frac{1}{i^2}$$

上式可改寫為

$$p(|X-\mu| < i\sigma) \geq 1 - \frac{1}{i^2}$$

上述的不等式所對應的示意圖如下所示 (藍色面積大於等於 $1-\frac{1}{i^2}$)：

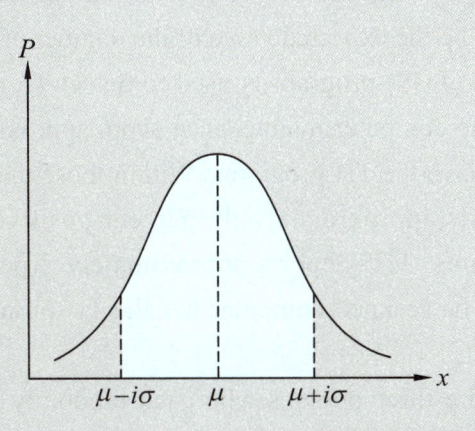

柴比雪夫推導出來的信賴區間 (藍色面積) 適用於任意的機率分佈。同理，很容易得到

$$p(|X-\mu| \geq i\sigma) < \frac{1}{i^2} \text{。}$$

2.5 結論

本章所介紹的機率相關內容在其他應用上也會用到，例如：消息理論、通訊理論與效益評估的應用上。

2.6 習題

1. What's the minimum number of people such that the probability that two of them were born on the same day of the week is at least 80 percent? Explain your answer.

(101 台大)

2. The probability that our team can win (or lose) any tournament is 2/5. Show the probability that our team can win and lose the same number of tournaments when playing 6 tournaments.

(101 台大)

3. An urn contains 5 blue and 7 gray balls. Two are chosen at random, one after the other, without replacement.

(a) What is the probability that the second ball is blue?

(b) If the experiment of choosing two balls from the urn were repeated many times over, what would be the expected value of the number of blue balls?（101 成大）

4. A Trojan horse scan (THS) program is used to detect Trojan horse (TH) programs in a computer. At one computer maintenance shop, approximately 15% of the to-be scanned computers have the TH programs. Within those that have the TH programs, THS program reports approximately 95 percent positive. Among those that do not have TH programs, THS reports approximately 2 percent positive. Find the probability that a to-be scanned computer has the TH program if the THS program reports positive.

5. Suppose that there are three persons who each randomly choose a box among 12 consecutive boxes. What is the probability that the three boxes are consecutive?

（100 成大）

6. Suppose that E, F_1, F_2 and F_3 are events from a sample space S and that F_1, F_2 and F_3 are mutually disjoint and their union is S. Find $P(F_2|E)$ if $P(E|F_1) = \frac{2}{7}$, $P(E|F_2) = \frac{3}{8}$, $P(E|F_3) = \frac{1}{2}$, $P(F_1) = \frac{1}{2}$, $P(F_2) = \frac{1}{2}$, and $P(F_3) = \frac{1}{3}$. （100 師大）

7. 90% of new airport-security personnel have had prior training in weapon detection. During their first month on the job, personnel without prior training fail to detect a weapon 3% of the time, while those with prior training fail only 0.5% of the time. What is the probability a new airport-security employee, who fails to detect a weapon during the first month on the job, has had prior training in weapon detection?

（101 台科大）

8. What is the probability of these events when we randomly select a permutation of $\{1, 2, 3, 4\}$?

(a) 1 precedes 3.

(b) 2 precedes 3 and 2 precedes 4.

(c) 4 precedes 3 and 2 precedes 1. （101 東華）

9. Consider a set of poker cards (total 52 cards, with 4 suits {spades, hearts, diamonds, clubs} and 13 cards in each suit {2, 3, ..., 10, jack, queen, king, ace}). One person sequentially draws 13 cards from this set of cards, i. e. he draws the 13 cards one by one, and never puts the drawn card back. If each card is equally likely to be drawn,

(a) The probability that the drawn cards contain exactly one queen is _____.

(b) The probability that the drawn cards contain at least three kings is _____.

（101 元智）

10. Suppose that we have found that the word "Linsanity" occurs in 100 of 2000 messages known to be spam and in 15 of 1000 messages known not to be spam. Estimate the probability that an incoming message containing the word "Linsanity" is spam, assuming that it is equally likely that an incoming message is spam or not spam. If our threshold for rejecting a message as spam is 0.8, will we reject this message?

（101 長庚）

2.7 參考文獻

[1] R. E. Walpole and R. H. Myers, *Probability and Statistics for Engineers and Scientists*, 5th Edition, Prentice Hall, N. J., 1993.

[2] W. Feller, *An Introduction to Probability Theory and Its Applications*, Vol. 1, 3rd Edition, Wiley and Sons, New York, 1968.

[3] S. M. Ross, *Introduction to Probability Models*, 3rd Edition, Academic Press, London, 1985.

Chapter 3

集合與排容原理

3.1 前言
3.2 符號與算子
3.3 可數性與不可數性
3.4 禮物問題與排容原理
3.5 結論
3.6 習題
3.7 參考文獻

3.1 前言

在這一章，我們從最基本的集合 (Set) 符號和算子 (Operator) 談起，然後介紹集合等式的證明。介紹完集合的定義、性質、運算和等式證明後，我們要證明無限集 (Infinite Set) 的可數性 (Countable) 或不可數性 (Uncountable)。最後，我們介紹禮物問題 (Gift Problem) 和城堡多項式 (Rook Polynomial)，並從中帶出排容原理 (Exclusion-Inclusion Principle)。

3.2 符號與算子

集合論是由布爾 (Boole) 和康托 (Cantor) 兩位學者最早發展出來的。我們將具有某種特性的一些元素收集起來就構成了集合。集合內的元素一般而言，(1) 相同的元素只需列舉一次；(2) 元素的放置次序並不重要；(3) 元素的呈現方式可用列舉 (List) 法或描述 (Description) 法；(4) 通常用大寫字母表示集合；用小寫字母表示元素。例如：集合 $\{a, a, b\}$ 只需寫成 $\{a, b\}$ 就可以了。針對第二個特性：元素的放置次序並不重要，例如：集合 $\{a, b\}$ 等同於 $\{b, a\}$。如果集合內元素的放置位置很重要，我們可用有序集 (Ordered Set) 的符號表示之。例如：有序集 $<a, b>$ 表示元素 a 的次序優於元素 b；反之，有序集 $<b, a>$ 表示元素 b 的次序優於元素 a。

範例 3.2.1

針對集合內元素的第三個特性，可否舉個單一集合的例子，並以不同方式表示之？

解答 假設我們有四個偶數元素 (Element)，2、4、6 和 8，這四個元素形成一個集合 S，集合 S 至少有下列三種表示方式：

1. 列舉法：$S = \{2, 4, 6, 8\}$。
2. 描述法：$S = \{x \mid x \text{ 為小於 } 10 \text{ 的正偶數}\}$。
3. 描述法：$S = \{2k \mid 1 \leq k \leq 4, k \text{ 為整數}\}$。

集合 S 內的元素 2 屬於 S，可寫成 $2 \in S$。

我們常用大寫字母 N、Z、Q、R 表示自然數、整數、有理數和實數所形成的集合，而用小寫字母表示元素。例如：$a \in A$，這裡，"$\in$" 唸成「屬於」。另外，$0 \notin N$，$1 \in N$，$\sqrt{3} \in R$；$N \subset Z \subset Q \subset R$，這裡，"$\subset$" 唸成「包含於」。

▶ **試題 3.2.1.1（台科大）**

假設每一個集合 A 裡頭的元素都不相同，且 $|A|=9$，$a \in A$。令集合 $T = \{B \mid (B \subseteq A) \wedge (|B|=3) \wedge (a \in B)\}$，求出 $|T|=$ ？

解答 已知 $B \subseteq A$，$a \in B$ 且 $|B|=3$。根據題意，在 A 中除了 a 以外剩餘的 8 個元素任選 2 個元素給 B 即可滿足 B 的定義，故集合 T 的元素個數為

$$|T| = C_2^8 = \binom{8}{2} = \frac{8!}{2!(8-2)!} = 28 \text{。}$$

集合的形式有很多種類，**空集合** (Empty Set) 和**冪集合** (Power Set) 是其中很特別的兩種。

範例 3.2.2

什麼叫空集合和冪集合？

解答 一個集合不含任何元素就叫空集合。空集合可寫成 { } 或 ϕ。有一個集合只含空集合，則該集合可寫成 {{ }} 或 $\{\phi\}$。我們用 $|S|$ 代表集合內元素的**總個數** (Cardinality)。冪集合就是該集合內所有子集合形成的集合。以範例 1 中的 S 為例，S 的冪集合 $P(S) = \{\phi, \{2\}, \{4\}, \{6\}, \{8\}, \{2,4\}, ..., \{2,4,6,8\}\}$ 且 $|P(S)| = 2^4 = 16$。

▶ **試題 3.2.2.1（99 成大）**

Which of the following statement is not true?

(a) $\phi \subseteq \{\phi\}$

(b) $\phi \subseteq \phi$

(c) $\phi \subset \{\phi\}$

(d) $\phi \subset \phi$

(e) $\phi \in \{\phi\}$

[解答] $\{\phi\}$ 的子集有 $\{\ \}$ 和 $\{\phi\}$，所以 $\phi = \{\ \} \subseteq \{\phi\}$ 或 $\phi \subset \{\phi\}$。ϕ 為 $\{\phi\}$ 的元素，所以 $\phi \in \{\phi\}$。(d) 不對。

範例 3.2.3

假設一集合 S，其元素個數為 $|S| = n$，則 S 的冪集合的元素個數為何？

[解答] S 內的所有子集依其元素個數分類，則有內含 0 個元素的，內含 1 個元素的，內含 2 個元素的，一直到內含 n 個元素的。把這些子集加總起來，總共有

$$|P(S)| = \binom{n}{0} + \binom{n}{1} + \binom{n}{2} + \cdots + \binom{n}{n}$$

個不同的子集。如何得到 $|P(S)|$ 的<u>封閉形式</u> (Closed Form) 呢？我們來看<u>二項展開式</u> (Binomial Expansion)

$$(x+y)^n = \sum_{i=0}^{n} \binom{n}{i} x^i y^{n-i}$$

將 $x = 1$ 和 $y = 1$ 代入上述二項展開式，可得到

$$2^n = \sum_{i=0}^{n} \binom{n}{i} = |P(S)|$$

所以 S 的冪集合的元素個數為 2^n。

$x^2 y$ 在 $(x+y)^3$ 的展開式中，可能是以 xxy、xyx 或 yxx 的形式出現，所有的形式個數為 $\frac{3 \times 2}{2!} = \binom{3}{2}$，故 $(x+y)^3$ 的展開式中，$x^2 y$ 的係數為 $\binom{3}{2}$。

範例 3.2.4

除了這個方式，要證明 $|P(S)| = 2^n$，有沒有更簡單的方式？

解答　另一個更簡單的證明是這樣的：在形成 $P(S)$ 的集合時，集合 S 內的任一元素可被挑到或沒被挑到，也就是任一元素有兩種選擇法。因為 $|S| = n$，所以共有 2^n 種挑法，也就是共形成 2^n 個不同的子集，也就是 $|P(S)| = 2^n$。

接下來，我們要介紹集合與集合之間的運算和集合等式的方式。

範例 3.2.5

集合之間有哪些常用到的運算？

解答　令集合 $A = \{x, y, z\}$ 和集合 $B = \{x, y\}$，B 中的元素皆屬於 A，因為 B 為 A 的子集。前面曾經提過，我們稱 B 包含於 A，寫成 $B \subset A$，也可以寫成 $B \subseteq A$。兩個集合之間常用的運算有<u>交集</u> $\cap$ (Intersection)、<u>聯集</u> $\cup$ (Union) 和<u>差集</u> $\setminus$ (Difference)。差集有時也表示成"−"。先假設 U 為<u>宇集</u> (Universal Set) 且 $U = \{a, b, x, y, z\}$，則很容易驗證 $A \cup \{a, b\} = U$、$A \cap B = B$、$A \setminus B = \{z\}$ 和 $U \setminus A = \{a, b\}$。單一集合 A 的<u>補集</u> (Complement) 表示成 $\overline{A} = U \setminus A$。例如 $\overline{B} = \{a, b, z\}$。另一種較特殊的運算為<u>對稱差集</u> (Symmetric Difference)，表示為 $A \oplus B = (A \setminus B) \cup (B \setminus A) = \{z\}$。

假設集合 A、集合 B 和宇集 U 的關係如下圖所示。

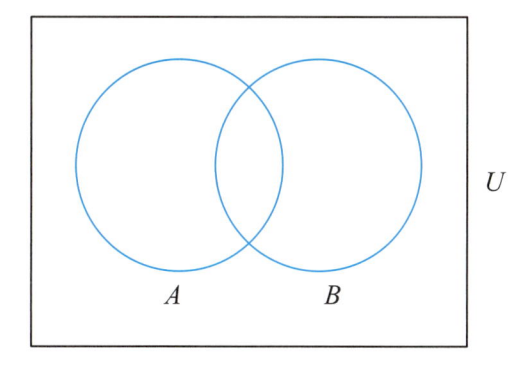

上述的五個集合運算 $A \cup B$、$A \cap B$、$A \setminus B$、$\overline{A}$ 和 $A \oplus B$ 的定義可利用<u>范氏圖</u> (Venn Diagram) 圖示於圖 3.2.1(a)、(b)、(c)、(d) 和 (e) 的塗色區域。

$A \cup B = \{x \mid x \in A \text{ 或 } x \in B\}$

$A \cap B = \{x \mid x \in A \text{ 且 } x \in B\}$

$A \setminus B = \{x \mid x \in A \text{ 且 } x \notin B\}$

$\overline{A} = \{x \mid x \in U \text{ 且 } x \notin A\}$

$A \oplus B = \{x \mid x \notin A \cap B \text{ 但是 } x \in A \text{ 或 } x \in B\}$

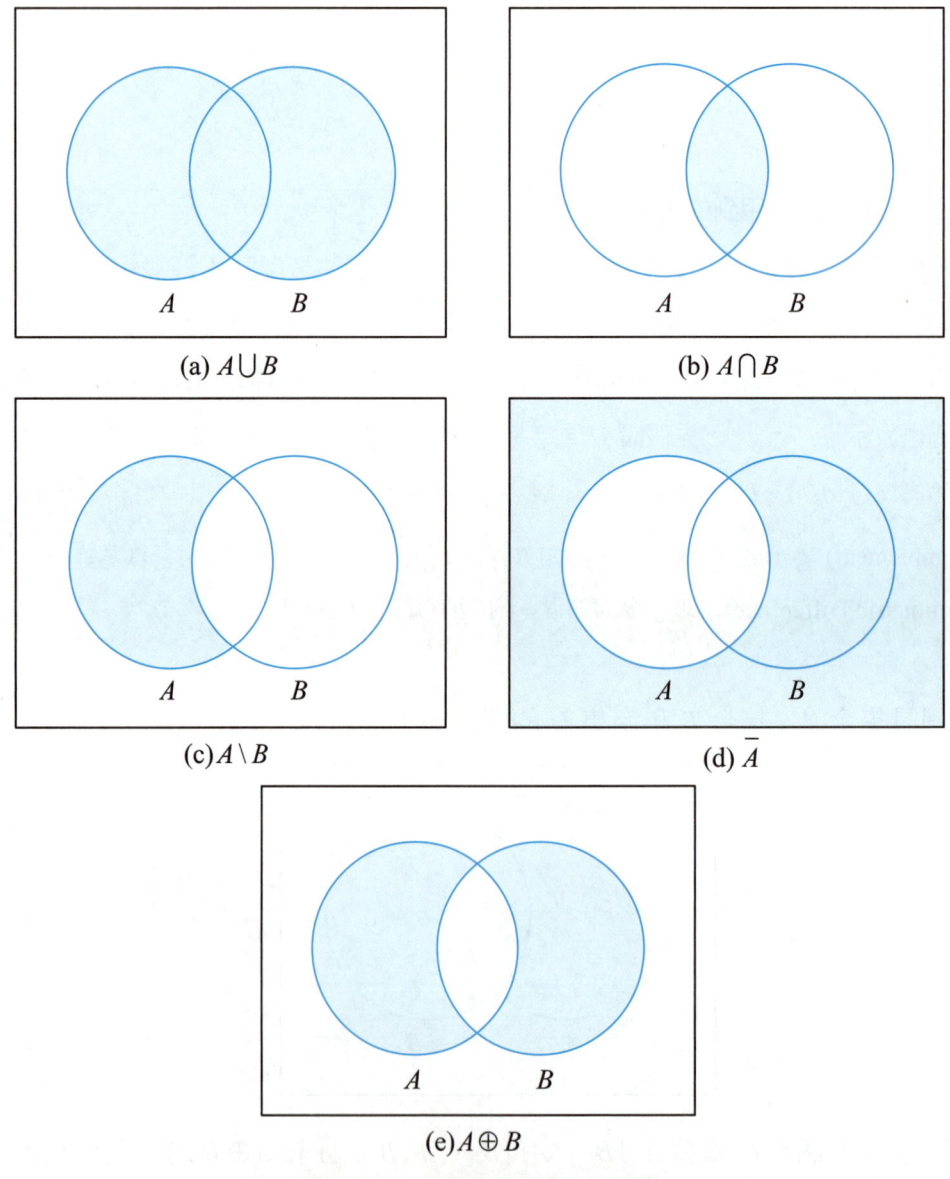

(a) $A \cup B$

(b) $A \cap B$

(c) $A \setminus B$

(d) $\overline{A}$

(e) $A \oplus B$

圖 3.2.1　五種常用的集合運算

試題 3.2.5.1（清大）

令 $S = \{1, 2, 4\}$，且 $P(S)$ 為其冪集合：

(a) 決定集合 $T = P(S) - S = ?$

(b) 決定基數 $|P(S) \cup P(\{\phi\})| = ?$

解答 (a) 已知 $S = \{1, 2, 4\}$，所以可得到

$P(S) = \{\phi, \{1\}, \{2\}, \{4\}, \{1,2\}, \{1,4\}, \{2,4\}, \{1,2,4\}\}$，

故 $T = P(S) - S = \{\phi, \{1\}, \{2\}, \{4\}, \{1,2\}, \{1,4\}, \{2,4\}, \{1,2,4\}\}$.（注意：$1, 2, 4 \notin P(S)$）

(b) 因為 $P(S) \cup P(\{\phi\}) = \{\phi, \{1\}, \{2\}, \{4\}, \{1,2\}, \{1,4\}, \{2,4\}, \{1,2,4\}, \{\phi\}\}$，

所以 $|P(S) \cup P(\{\phi\})| = 9$。

試題 3.2.5.2（東華）

令 $A = \{a, \{a\}, \{a, b\}, \{\ \}\}$，求出下列集合：

(a) $A - \{a\}$

(b) $\{a, b, c\} - A$

(c) $(A \cup \{a, b\}) \cap \{\{\ \}\}$

解答 (a) $A - \{a\} = \{\{a\}, \{a, b\}, \{\}\}$。

(b) $\{a, b, c\} - A = \{b, c\}$。

(c) $(A \cup \{a, b\}) \cap \{\{\}\} = \{a, b, \{a\}, \{a, b\}, \{\}\} \cap \{\{\}\} = \{\{\}\}$。

試題 3.2.5.3（清大）

試建構出 $\overline{(A \cup B)} \cap C$ 和 $\overline{(A \cup C)} \cap B$ 的范氏圖。

解答 $\overline{(A \cup B)} \cap C$ 的范氏圖可建構如下：

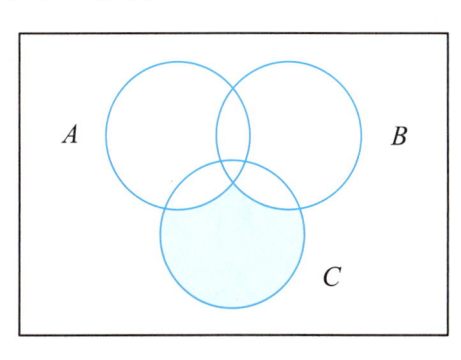

同理，$(A \cup C) \cap B$ 的范氏圖可建構如下：

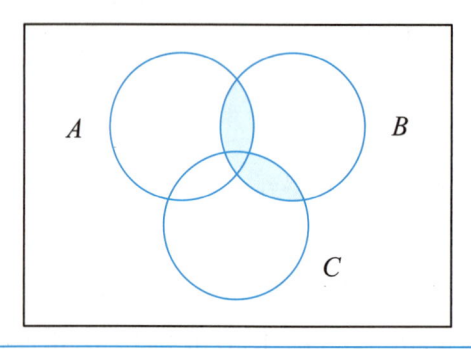

▶試題 3.2.5.4（師大）

Let $A = \{1, 3, 5\}$ and $B = \{1, 3, 5, 7, 9\}$. Find all sets C satisfying $A \cup C = B \cap C$.

解答 $C = \{1, 3, 5\}$、$\{1, 3, 5, 7\}$、$\{1, 3, 5, 9\}$ 或 $\{1, 3, 5, 7, 9\}$。

接下來，我們要證明多集合搭配運算的等式。

▶試題 3.2.5.5（99 成大）

Is the following statement true?
$$A \oplus (B \cap C) = (A \oplus B) \cap (A \oplus C)$$

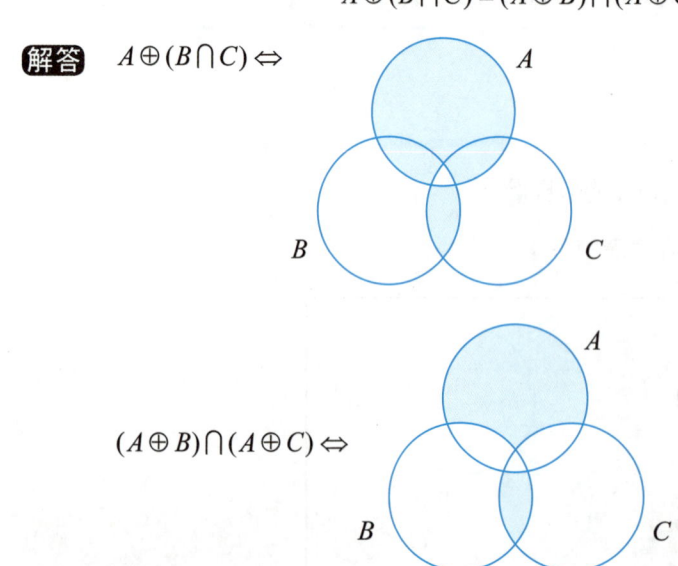

解答 $A \oplus (B \cap C) \Leftrightarrow$

$(A \oplus B) \cap (A \oplus C) \Leftrightarrow$

∴ False.

範例 3.2.6

證明 $A\cup(B\cap C)=(A\cup B)\cap(A\cup C)$。

解答 利用會員表 (Membership Table) 法來證明集合的等式是很系統化的方法。基本上，所謂的會員指的是任一元素，若該元素在某集合 S 內，則 S 設定為 1；否則設定為 0。會員表法用來證明集合等式是很簡潔有力的。例如：要證明 $A\cup(B\cap C)=(A\cup B)\cap(A\cup C)$ 這個等式。等式中聯集對交集的分配律所對應的會員表如下表所示。由表中的第四行和第六行的相等性來看，上述的集合等式確實是成立的。

ABC	$A\cup B$	$A\cup C$	$(A\cup B)\cap(A\cup C)$	$B\cap C$	$A\cup(B\cap C)$
0 0 0	0	0	0	0	0
0 0 1	0	1	0	0	0
0 1 0	1	0	0	0	0
0 1 1	1	1	1	1	1
1 0 0	1	1	1	0	1
1 0 1	1	1	1	0	1
1 1 0	1	1	1	0	1
1 1 1	1	1	1	1	1

其實，會員表法的證明精神帶有窮舉的組合驗證味道。例如：$ABC=011$ 代表某元素只存在於集合 B 和集合 C，很容易檢查出 $A\cup(B\cap C)=(A\cup B)\cap(A\cup C)=1$。利用上面的證法，很容易證得 $A\cap(B\cup C)=(A\cap B)\cup(A\cap C)$。

範例 3.2.7

利用會員表法證明 $\overline{A\cup B}=\bar{A}\cap\bar{B}$。

解答 仿照上題的證法，我們可得以下的會員表：

A	B	$A \cup B$	$\overline{A \cup B}$	$\overline{A}$	$\overline{B}$	$\overline{A} \cap \overline{B}$
0	0	0	1	1	1	1
0	0	1	0	1	0	0
1	1	1	0	0	1	0
1	1	1	0	0	0	0

比較上面會員表中的第三行和第五行，可證得 $\overline{A \cup B} = \overline{A} \cap \overline{B}$。

讀者可利用會員表法證明：∩ 對 ∪ 的分配律 $A \cap (B \cup C) = (A \cap B) \cup (A \cap C)$ 和吸收定律 (Absorption Law) $A \cup (A \cap B) = A$ ； $A \cap (A \cup B) = A$ 。

會員表法在證明集合等式有時會遭遇圖表過大的困擾，這時不妨利用迪摩根定律 (DeMorgan's Law)： $\overline{A \cup B} = \overline{A} \cap \overline{B}$ 和 $\overline{A \cap B} = \overline{A} \cup \overline{B}$ 來幫忙以簡化證明。

▶ 試題 3.2.7.1 (暨大)

下面的命題是否正確？

$$(A \cap B) \cup \overline{(B \cap C)} \supseteq \overline{A \cup B}$$

解答 根據 $\overline{B \cap C} = \overline{B} \cup \overline{C}$ ，可推得

$$(A \cap B) \cup \overline{(B \cap C)} = (A \cap B) \cup (\overline{B} \cup \overline{C})$$
$$= (A \cap B) \cup \overline{B} \cup \overline{C}$$
$$= (A \cup \overline{B}) \cap (B \cup \overline{B}) \cup \overline{C}$$
$$= (A \cup \overline{B}) \cup \overline{C} \supseteq (A \cup \overline{B})$$

故上述命題為正確。

接下來，我們利用簡單的排容原理 (Exclusion-Inclusion Principle) 來談集合的個數計算 (Counting)。在 3.4 節我們會介紹更複雜的例子。

範例 3.2.8

給三個集合 A_1、A_2 和 A_3，證明
$|A_1 \cup A_2 \cup A_3| = |A_1| + |A_2| + |A_3| - |A_1 \cap A_2| - |A_1 \cap A_3| - |A_2 \cap A_3| + |A_1 \cap A_2 \cap A_3|$。

解答 已知 $|A_1 \cup A_2| = |A_1| + |A_2| - |A_1 \cap A_2|$，令 $S = A_1 \cup A_2$，可推得

$$\begin{aligned}
|A_1 \cup A_2 \cup A_3| &= |(A_1 \cup A_2) \cup A_3| \\
&= |S \cup A_3| \\
&= |S| + |A_3| - |S \cap A_3| \\
&= |A_1| + |A_2| - |A_1 \cap A_2| + |A_3| - |S \cap A_3| \\
&= |A_1| + |A_2| - |A_1 \cap A_2| + |A_3| - |(A_1 \cap A_3) \cup (A_2 \cap A_3)| \\
&= |A_1| + |A_2| + |A_3| - |A_1 \cap A_2| - |A_1 \cap A_3| - |A_2 \cap A_3| + |A_1 \cap A_2 \cap A_3|。
\end{aligned}$$

範例 3.2.9

給定介於 1 到 1000 的所有整數，在這 1000 個整數中，有幾個數不能被 5、不能被 6 和不能被 8 除盡呢？

解答 令 A_1 為 1 到 1000 中被 5 除盡的個數，A_2 為被 6 除盡的個數，而 A_3 為被 8 除盡的個數。我們的目標用集合的話來講就是算 $\overline{A_1} \cap \overline{A_2} \cap \overline{A_3}$。利用排容原理可推得

$$\begin{aligned}
|A_1 \cup A_2 \cup A_3| &= \left(\frac{1000}{5} + \frac{1000}{6} + \frac{1000}{8}\right) - \left(\frac{1000}{30} + \frac{1000}{40} + \frac{1000}{24}\right) + \left(\frac{1000}{120}\right) \\
&= (200 + 166 + 125) - (33 + 25 + 41) + 8 \\
&= 400
\end{aligned}$$

所以不能被 5、6 和 8 除盡的個數為

$$\begin{aligned}
|\overline{A_1} \cap \overline{A_2} \cap \overline{A_3}| &= |U - (A_1 \cup A_2 \cup A_3)| \\
&= 1000 - 400 = 600
\end{aligned}$$

這裡的 U 代表宇集，也就是 $U = \{1, 2, 3, ..., 1000\}$。

3.3 可數性與不可數性

有些集合的元素個數是<u>無限的</u> (Infinite)。例如：<u>質數</u> (Prime) 的個數是無限的。若一個集合內的元素個數為無限，則該集合稱作<u>無限集</u> (Infinite Set)。

無限集在思維上有時會讓人迷惑，我們先來看一個<u>希耳伯特旅館</u> (Hilbert Hotel) 的問題。

範例 3.3.1

何謂希耳伯特旅館問題？

解答 有一間旅館在某一個假日，突然來了一位客人且表明要住宿，旅館主人不慌不忙地對客人說：「沒問題。」然後，主人就將住宿在 1 號房的客人移到 2 號房；將住宿在 2 號房的客人移到 3 號房……。也就是說，已住宿的房客通通往後移一房。如果說旅館的客房數是有限的，且旅館是在客滿的狀態下，這種客房的搬遷方式自然是行不通的。這裡是假設旅館的客房數是無限的，所以這種搬遷方式是可行的，自然地，假日突然來訪的客人就可住進 1 號房了。問題是：旅館有無限間房間的嗎？

無限集的<u>可數性</u> (Countable) 或<u>不可數性</u> (Uncountable) 源自於數學家康托 (Cantor) 的想法。一個無限集若為可數，則集合內的元素和自然數集 N 的元素之間有一對一的對應關係，否則該無限集為不可數。例如：正偶數集和自然數之間有 $f(2i)= i$，$i \geq 1$ 的一對一對應，所以無限集正偶數集是可數的。正偶數集和自然數集的一對一對應關係可圖示如下：

$$
\begin{array}{ccc}
2 & \longrightarrow & 1 \\
4 & \longrightarrow & 2 \\
6 & \longrightarrow & 3 \\
8 & \longrightarrow & 4 \\
\vdots & \vdots & \vdots \\
2i & \longrightarrow & i \\
\vdots & \vdots & \vdots
\end{array}
$$

範例 3.3.2

整數集 $Z = \{..., -2, -1, 0, 1, 2, ...\}$ 是無限集，但它是可數還是不可數呢？

解答 首先將 Z 調整成有序集 $Z' = <0, 1, -1, 2, -2, 3, -3, ...>$，則在此調整後的 Z' 的元素很自然地和 N 有一對一的對應，所以 Z 為可數的無限集，畢竟 Z 中的所有元素等同於 Z' 中的所有元素。整數集和自然數的一對一對應關係可圖示如下：

$$..., \quad -3, \quad -2, \quad -1, \quad 0, \quad 1, \quad 2, \quad 3, \quad ...$$

$$
\begin{array}{ccc}
0 & \longrightarrow & 1 \\
1 & \longrightarrow & 2 \\
-1 & \longrightarrow & 3 \\
2 & \longrightarrow & 4 \\
-2 & \longrightarrow & 5 \\
3 & \longrightarrow & 6 \\
-3 & \longrightarrow & 7 \\
\vdots & & \vdots
\end{array}
$$

▶試題 3.3.2.1（中央）

(a) 若 p 和 q 為有理數 (Rational Numbers) 且 $p < q$，試證明必存在另一個有理數 r 使得 $p < r < q$。

(b) 證明有理數的個數是無窮多的。

解答 (a) 因為 p 和 q 為有理數，所以可令 $p = \dfrac{p_1}{p_2}$，$q = \dfrac{q_1}{q_2}$，其中 p_1、p_2、q_1、q_2 為整數。令

$$r = \frac{p+q}{2} = \frac{\left(\dfrac{p_1}{p_2} + \dfrac{q_1}{q_2}\right)}{2} = \frac{p_1 q_2 + p_2 q_1}{2 p_2 q_2}$$

故 r 為一有理數且 $p < r < q$。

(b) 根據 (a)，我們可知任兩有理數 p、q 之間必定存在另一有理數 r，因此 p 和 r 之間必定又存在一有理數，r 和 q 之間又必定存在一有理數，以此類推，可以推得有無窮個有理數。

▶試題 3.3.2.2

正偶數集和自然數集相比較，何者的數量較多？

解答 由對應關係

$$1 \longleftrightarrow 2$$
$$2 \longleftrightarrow 4$$
$$3 \longleftrightarrow 6$$
$$4 \longleftrightarrow 8$$
$$\vdots$$

可知正偶數集和自然數集是一樣多的，這裡的一樣多是指對應上的一樣多。

範例 3.3.3

正有理數集 $Q^+ = \left\{ \dfrac{q}{p} \mid p, q \in Z^+ \right\}$ 是否為可數的無限集？這裡 $\dfrac{2}{1}$ 和 $\dfrac{4}{2}$ 皆 $\in Q^+$，也就是 $\dfrac{q}{p}$ 不需要予以簡約。

解答 首先將分子為 1 的正有理數依由大到小的次序放置在第一列，將分子為 2 的正有理數放置在第二列，將分子為 k 的正有理數放置在第 k 列。然後將 Q^+ 內的元素依下列的鋸齒 (Zig-Zag) 掃描次序排列如下：

$p+q=2$ 有一個數　$\dfrac{1}{1}$　$\dfrac{1}{2}$　$\dfrac{1}{3}$　$\dfrac{1}{4}$　$\dfrac{1}{5}$　…

$p+q=3$ 有二個數　$\dfrac{2}{1}$　$\dfrac{2}{2}$　$\dfrac{2}{3}$　$\dfrac{2}{4}$　$\dfrac{2}{5}$　…

$p+q=4$ 有三個數　$\dfrac{3}{1}$　$\dfrac{3}{2}$　$\dfrac{3}{3}$　$\dfrac{3}{4}$　$\dfrac{3}{5}$　…

$\dfrac{4}{1}$　$\dfrac{4}{2}$　$\dfrac{4}{3}$　$\dfrac{4}{4}$　$\dfrac{4}{5}$　…

$\dfrac{5}{1}$　$\dfrac{5}{2}$　$\dfrac{5}{3}$　$\dfrac{5}{4}$　$\dfrac{5}{5}$　…

$\dfrac{6}{1}$

在上圖中，任一正有理數 $\dfrac{q}{p}$ 皆可算出其在圖中的次序。例如：$\dfrac{1}{1}$ 的次序為 1，$\dfrac{1}{3}$ 的次序為 4。

若 $p+q$ 為偶數，則 $\dfrac{q}{p}$ 的次序為 $\left(\sum_{i=2}^{p+q-1}(i-1)\right)+q=\dfrac{(p+q-2)(p+q-1)}{2}+q$。例如：$\dfrac{1}{5}$ 的次序為 $\left(\sum_{i=1}^{4}i\right)+1=11$。

若 $p+q$ 為奇數，則 $\dfrac{q}{p}$ 的次序為 $\left(\sum_{i=1}^{p+q-2}i\right)+p$。例如：$\dfrac{4}{3}$ 的次序為 $\left(\sum_{i=1}^{5}i\right)+3=\dfrac{5\times 6}{2}+3$ $=18$。討論完 $\dfrac{q}{p}$ 的次序計算，這算出來的次序就是對應到自然數系的數，所以 Q^+ 為可數的無限集。

範例 3.3.4

證明有理數集 $Q=\left\{\dfrac{q}{p}\,\middle|\,p,\,q\in Z\right\}$ 為可數的無限集，這裡 $\dfrac{q}{p}$ 不需要予以簡約。

解答 Q 可寫成有次序的集合 $Q=\left\langle 0,\dfrac{1}{1},-\dfrac{1}{1},\dfrac{2}{1},-\dfrac{2}{1},\dfrac{1}{2},-\dfrac{1}{2},\dfrac{1}{3},\ldots\right\rangle$，依據上述的分

析，當 $p+q$ 為正偶數時，可得 Q 中的正有理數 $\dfrac{q}{p}$ 對應於 N 中的

$$1+2\left[\left(\sum_{i=1}^{p+q-2}i\right)+q-1\right]+1 = 2\left[\dfrac{(p+q-2)\times(p+q-1)}{2}+q-1\right]+2$$
$$= (p+q-2)\times(p+q-1)+2(q-1)+2$$

例如：在 Q 中的 $\dfrac{1}{1}$ 對應於 N 中的 2；在 Q 中的 $\dfrac{1}{3}$ 對應於 N 中的 $2\times 3+2=8$。

當 $p+q$ 為正奇數時，在 Q 中的 $\dfrac{q}{p}$ 對應於 N 中的

$$1+2\left[\left(\sum_{i=1}^{p+q-2}i\right)+p-1\right]+1 = (p+q-2)\times(p+q-1)+2(p-1)+2$$

例如：Q 中的 $\dfrac{4}{1}$ 對應於 N 中的 $3\times 4+2=14$。綜合以上兩種情形的分析，我們證得 Q 為可數的無限集。

有理數系具有稠密性，同理，實數系 R 亦具有稠密性，所以 R 也是無限集。實數系 R 為有理數系和無理數系的聯集。

範例 3.3.5

實數系 R 是否為不可數？

解答 實數系為有理數系和無理數系的聯集。回答此題，在 R 的數系中，我們只要考慮 $T=(1,2)$ 這個開區間即可，原因是在這個開區間內的集合已知是無限集，若能證明出它是不可數，就足夠說明整個無限集 R 是不可數的。要直接證明 T 為不可數，不是一件容易的事，我們改採間接的證法。所謂的間接證法就是反證法 (Prove by Contradiction)，這種間接式的證法在本書的很多地方都可見到。令 T 為可數的，則表示 T 中的元素和 N 有一對一的對應關係。我們假設 T 的元素和 N 的對應中，可定出一有序集 $\overline{T}=<t_1,t_2,...>$，這裡 $t_i=1.t_{i1}t_{i2}\cdots$ 且 $t_{ij}\in\{0,1,2,...,9\}$。換言之，

$\overline{T}$ 中的第 i 個元素對應於 N 中的 i。令 $\overline{t} = 1.\overline{t_1 t_2 t_3}\cdots$，且 $\overline{t_i} = 0$ 若 $t_{ii} = 9$；$\overline{t_i} = 9 - t_{ii}$ 若 $t_{ii} \in \{0, 1, 2, ..., 8\}$。很明顯地，因為 $\overline{t} = 1.\overline{t_1 t_2 t_3}\cdots$，所以 $\overline{t} \in \overline{T}$，也就是 $\overline{t}$ 是 $\overline{T}$ 中的一個元素，但根據 $\overline{t}$ 的建構法及對角排除的原因，我們卻無法在 $\overline{T}$ 中找到 $\overline{t}$ 所在的地方，也就無法在 N 中找到一個元素與其對應，這是矛盾的。

以上的證明就是有名的康托之**對角化證明法** (Diagonalization Method)。

▶試題 3.3.5.1（99 中正）

Two sets have the same cardinality if and only if there is a bijection, i.e. one-to-one correspondence, between them. Consider the following sets.

$A(x) = \{x: x \text{ is an integer}\}$

$B(x) = \{x: x \text{ is a positive integer, and is a multiple of 3}\}$

$C(x) = \{x: x \text{ is an integer, and } 100 < x < 1000\}$

$D(x) = \{x: x \text{ is a subset of } B\}$

Indicate True or False for each of the following statements. Briefly explain each of your answers.

(a) A and B have the same cardinality.

(b) B and C have the same cardinality.

(c) A and D have the same cardinality.

解答 (a) True。參考範例 3.3.2。(b) False。$B(x)$ 為無限集，而 $C(x)$ 為有限集。
(c) False。利用反證法。假設 $A(x)$ 和 $D(x)$ 有相同的基數。已知 (a) 為真，故假設 $B(x)$ 和 $D(x)$ 有同的基數。令 $B(x)$ 和 $D(x)$ 彼此間有 1 對 1 和映成的對應。設 $f(3) = \{6, 9, 12, ...\}$、$f(6) = \{6, 18, ...\}$、$f(9) = \{3, 15, 18, ...\}$、…；請參見下面示意矩陣

	3	6	9	12	15	18	21	…
3	0	1	1	1	0	0	1	
6	0	1	0	0	0	1	0	
9	1	0	0	0	1	1	0	
⋮								

存在 $k \in B(x)$ 且令 $f(k) = \{3, 9, ...\}$，依康托的對角化證明法，k 與 $f(k)$ 無法出現在上面矩陣中。

3.4 禮物問題與排容原理

禮物問題是這樣的：n個人參加摸彩大會，每個人帶來一樣禮物，現在將禮物放入一個箱內，然後每個人閉起雙眼，從箱內拿一樣禮物回來，每個人拿回的禮物並非自己所帶的禮物之機率為多少？

範例 3.4.1

假設 $n = 3$，試問每個人拿回的禮物並非自己所帶的禮物之機率為多少？

解答 令這三個人為甲、乙和丙，甲帶來的禮物被標記為 1；乙帶來的禮物被標記為 2；丙帶來的禮物被標記 3。三個人把禮物放入箱內後，每個人再隨機拿回一個禮物，則可能的情況有圖 3.4.1 的六種排列 (Permutation) 情形。

在圖 3.4.1 中，打★的第一列表示三個人都拿到自己帶來的禮物。第二列顯示只有甲拿到自己的禮物。第三列和第六列分別顯示只有丙和乙拿到自己的禮物。第四列和第五列則顯示沒有任何人拿到自己禮物的兩種排列，這也是我們特別有興趣的部分。

令 N_3 表示三個人中每個人都沒有拿到自己禮物的排列數，由圖 3.4.1 知 $N_3 = 2$。

	甲	乙	丙
★	1	2	3
★	1	3	2
★	2	1	3
	2	3	1
	3	1	2
★	3	2	1

圖 3.4.1　六種排列情形

令 A_i，$1 \leq i \leq 3$，代表第 i 人拿回自己的禮物之排列數，由圖 3.4.1 得知 $A_1 = A_2 = A_3 = 2$。依據排容原理可推得

$$N_3 = 3! - |A_1 \cup A_2 \cup A_3|$$
$$= 3! - [|A_1| + |A_2| + |A_3| - |A_1 \cap A_2| - |A_1 \cap A_3| - |A_2 \cap A_3| + |A_1 \cap A_2 \cap A_3|]$$
$$= 6 - \left[\binom{3}{1} \times 2! - \binom{3}{2} \times 1! + \binom{3}{3}\right]$$
$$= 6 - 4 = 2$$

至此，我們推得三個人中每個人都拿到別人的禮物之排列數為 2，故每個人都拿到別人的禮物之機率為 $P_3 = \dfrac{N_3}{3!} = \dfrac{2}{6} = \dfrac{1}{3} = 0.33\ldots$。

範例 3.4.2

對夠大的 n 而言，每個人拿回的禮物並非自己帶來的禮物之機率為多少？

解答 已知 n 個禮物的總排列數為 $n! = n \times (n-1) \times (n-2) \cdots 2 \times 1$，則每個人拿回的禮物並非自己帶來的禮物之機率為

$$P_n = \frac{N_n}{n!} = \frac{n! - \left[\binom{n}{1} \times (n-1)! - \binom{n}{2} \times (n-2)! + \cdots\right]}{n!}$$
$$= 1 - \left[\binom{n}{1}\frac{1}{n} - \binom{n}{2}\frac{1}{n(n-1)} + \binom{n}{3}\frac{1}{n(n-1)(n-2)} - \binom{n}{4}\frac{1}{n(n-1)(n-2)(n-3)} + \cdots\right]$$
$$= 1 - \left[1 - \frac{1}{2!} + \frac{1}{3!} - \frac{1}{4!} + \cdots - (-1)^n \frac{1}{n!}\right]$$
$$= \frac{1}{2!} - \frac{1}{3!} + \frac{1}{4!} - \frac{1}{5!} + \cdots + (-1)^n \frac{1}{n!}$$
$$= e^{-1}$$
$$= 0.367$$

所以 $P_n = 0.367$。也就是說，對任意夠大的 n 而言，每個人都拿到別人禮物的機率為 0.367。這裡補充一點，e^x 的泰勒展開式 (Taylor Expansion) 為

$$e^x = 1 + \frac{x}{1!} + \frac{x^2}{2!} + \frac{x^3}{3!} + \cdots。$$

▶試題 3.4.2.1（交大）

一位粗心的護士隨機地將八顆藥丸分給八位病人，試問每位病人皆拿錯藥的機率為何？

解答　根據範例 3.4.1 中的討論，可算得

$$p_8 = \frac{N_8}{8!} = 1 - \left[1 - \frac{1}{2!} + \frac{1}{3!} - \frac{1}{4!} + \cdots - \frac{1}{8!}\right]$$

$$= \frac{1}{2!} - \frac{1}{3!} + \frac{1}{4!} - \cdots + \frac{1}{8!}。$$

禮物問題的解法充分使用到排容原理。事實上，排容原理出現的面貌很多樣。下面的例子：有限制的走路問題，可讓我們瞭解到另類排容原理的使用。

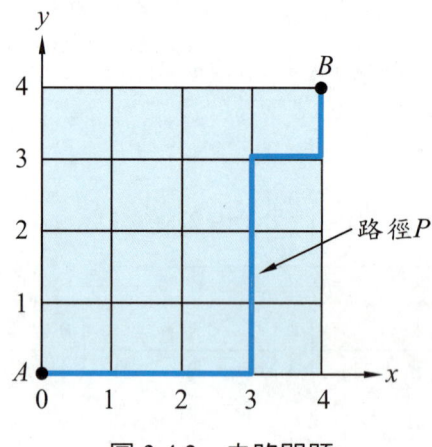

圖 3.4.2　走路問題

考慮從 A 點走到 B 點的一種走法，也就是圖 3.4.2 上的路徑 P。在路徑 P 上面，共有四個<u>水平</u> (Horizontal) 步伐和四個<u>垂直</u> (Vertical) 步伐。為簡化描述，我們說路徑 $P = <H, H, H, V, V, V, H, V>$ 為一<u>有序集</u> (Ordered Set)。這裡 H 代表一個水平步伐，而 V 代表一個垂直步伐。事實上，不管你用哪種走法，所得的路徑鐵定就是含四個 H 和四個 V。因此，從 A 點走到 B 點的可能路徑數 $|P|$ 等於

$$|P| = \binom{8}{4} = \frac{8!}{4!\,4!}$$

在圖 3.4.2 中路徑 P 的每一步伐皆在 $y = x$ 的下方。若是我們規定任一路徑皆得在 $y = x$ 之下，則必定有下列性質：

1. 路徑 P 是以 H 步伐開始，而以 V 步伐結束。
2. 從路徑 P 的起始步伐算起到任一步伐為止，皆可發現 H 的個數會大於等於 V 的個數。

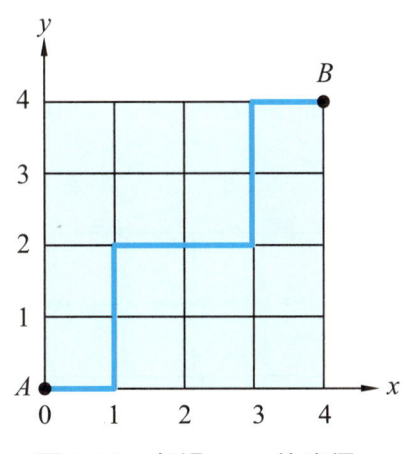

圖 3.4.3　超過 $y = x$ 的路徑 P

以圖 3.4.3 而言，路徑 $P = <H, V, V, H, H, V, V, H>$，假設 H 定為 1 而 V 定為 -1，那麼路徑 P 可改寫為 $P = <1, -1, -1, 1, 1, -1, -1, 1>$。若計算有序集 P 的前置和 (Prefix Sum)，可得到前置和

$$PS = <1, 0, -1, 0, 1, 0, -1, 0>$$

根據前置和 PS 的值，從值 1 的位置可知第一和第五步伐皆在 $y = x$ 之內；從值 0 的位置可得知第二、四、六和八步伐會碰到 $y = x$；從值 -1 的位置可知第三和第七步伐將超出 $y = x$。

範例 3.4.3

針對前置和 PS，如果 PS 內第一個 -1 值出現的步伐被令為第 S 步，將 $(S+1)$ 步伐後的水平步伐 H 和垂直步伐 V 對調後，最終會停在哪裡呢？

解答　以圖 3.4.3 為例，前置和 PS 內的第三個位置上出現了第一個 -1 值，也就是

$PS(3) = -1$。調整後的路徑為 $P' = <H,V,V,V,V,H,H,V>$。新路徑 P' 示意於圖 3.4.4。因為 V 的個數由原先的四個變為五個，而 H 的個數由原先的四個變為三個，所以調整後的路徑 P' 最終會停在 C 點。不管原先的路徑 P 為何，經此路徑轉換後，新路徑 P' 的結束點位置始終在原結束點 B 的西北方。如果是不合法的路徑必然有這樣的現象：在前置和數列中，一旦發現 -1 後，則將回時路保留，但把後頭走的路中的 H 和 V 互調，必然會走到 C 點。經圖 3.4.4 的路徑轉換法可較容易得出不合法路徑數的計算等同於 A 點走到 C 點的走法數。

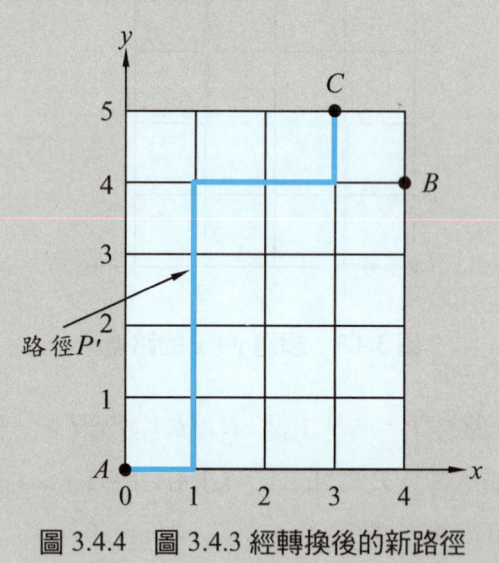

圖 3.4.4　圖 3.4.3 經轉換後的新路徑

範例 3.4.4

以圖 3.4.2 為例，從 A 點走到 B 點且規定路徑 P 中的任何一個步伐皆不得超出 $y = x$，共有幾條合法的不同路徑呢？

解答　從圖 3.4.4 中，可推得不合法的路徑數為

$$\binom{8}{5} = \frac{8!}{5!\,3!}$$

已知從 A 點到 B 點的總路徑數為

$$\binom{8}{4} = \frac{8!}{4!\,4!}$$

所以合法的路徑數為

$$\binom{8}{4}-\binom{8}{5}=\frac{8!}{4!\,4!}-\frac{8!}{5!\,3!}=70-56=14。$$

範例 3.4.5

上述有限制的走路問題，總共有幾條合法路徑？

解答 給一 $n \times n$ 矩陣，我們從矩陣的左下角出發，打算走到矩陣的右上角，依照範例 3.4.4 的限制條件與討論，共有

$$\binom{2n}{n}-\binom{2n}{n+1}=\frac{2n!}{n!\,n!}-\frac{2n!}{(n+1)!\,(n-1)!}=\frac{2n!}{n!\,(n-1)!}\left[\frac{1}{n}-\frac{1}{n+1}\right]$$
$$=\frac{2n!}{n!\,(n-1)!}\times\frac{1}{n(n+1)}=\frac{2n!}{n!\,n!}\times\frac{1}{(n+1)}$$
$$=\frac{1}{n+1}\binom{2n}{n}$$

條合法路徑。也就是共有 $\frac{1}{n+1}\binom{2n}{n}$ 條走法。且每條走法中，沒有一個步伐超出直線 $y=x$。$\frac{1}{n+1}\binom{2n}{n}$ 就是著名的卡特蘭數目。

許多的組合計數問題都和卡特蘭數目有關。例如：二元樹個數的計算，該計算所得到的結果正好也是卡特蘭數目 (請參見第七章)。

▶試題 3.4.5.1

手頭有四個 1 和四個 –1，將這八個數字排成一個序列 (Sequence)，共有幾種排法使得任一序列的前置和中不會有負數？

解答 由範例 3.4.4 的分析可推得一共有

$$\binom{8}{4}-\binom{8}{5}=14$$

種排法可滿足任一序列的前置和不會有負數。

▶試題 3.4.5.2

有一場音樂演唱會,每張票都是賣 500 元。現在有八個人在排隊買票,在這八個人當中,有四個人各帶千元大鈔,而另外四個人各帶五百元大鈔。請問這八個人所形成的隊伍,共有幾種排列方式可使得售票小姐不需備零錢找零?

[解答] 千元大鈔可看成 −1(相當於垂直步伐 V),而五百元大鈔可看成 +1(相當於水平步伐 H),如此一來,本題和範例 3.4.5 是等價的,所以共有

$$\frac{1}{4+1}\binom{8}{4}=14$$

種排列方式,售票小姐不需備零錢。

▶試題 3.4.5.3(台北大)

Consider 4 boys and 4 girls. These 8 persons are to be arranged in a sequence and entering an empty classroom one after one.

If at any time in the classroom the number of boys can not exceed the number of girls, how many possible arrangements are there?

[解答] 由於任何時間女生個數都要大於或等於男生個數,女生視為水平步伐,男生則視為垂直步伐,此問題也等價於前面所提合法走路個數問題,解答即為卡特蘭數。

$$\frac{1}{4+1}\times\binom{8}{4}=14 \ \circ$$

▶試題 3.4.5.4(逢甲)

In how many ways can one travel in the xy-plane from (2, 1) to (7, 6) using the moves $R:(x,y)\to(x+1,y)$ and $U:(x,y)\to(x,y+1)$, if the path taken may touch but never rise above the line $y=x-1$?

[解答] (2, 1) → (7, 6) 一共 5 個 R,5 個 U

$$R:(x,y)\to(x+1,y)$$

$$U:(x,y) \to (x,y+1)$$

不能超過 $y = x-1$

所以 U 的個數在任何時間點不能超過 R 的個數，原問題等價於括號的合法配對數，答案為

$$\frac{1}{5+1} \times \binom{10}{5} = 42 \text{ 。}$$

在西洋棋中，城堡棋子 (Rook or Castle) 可橫衝或直撞，所以在擺放時，不可和另一顆棋子衝撞。假設如圖 3.4.5 所示，塗色格子表示該格子已擺了自己的棋子，也就是這些塗色的格子是不可通行的，也就是該塗色區域被視為障礙區。當允許擺兩個城堡棋子時，該棋子可放在編號 1 和編號 3 處，也是唯一的放法。

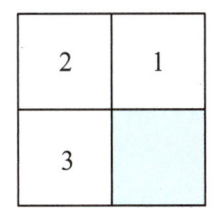

圖 3.4.5　一個城堡例子

▶試題 3.4.5.5（99 交大）

Given 9 left parentheses and 9 right parentheses, how many properly nested sequences of parentheses can be formed? A sequence of left and right parentheses is properly nested if (1) the number of left parentheses in any prefix of the sequence is no less than the number of right parentheses and (2) the number of left parentheses is equal to number of right parentheses in the whole sequence. For example, "[[][][[]][[]]" is properly nested whereas "[[]]][[]" is not. Intuitively, the usual arithmetical expressions, such as $((a+b)*(c-d))$, are all properly nested.

解答 可將左括號想成走路問題中的水平步伐，而將右括號想成垂直步伐，則上述題目就可轉換成前述範例中的有限制性的走路問題。解答為

$$\frac{1}{9+1}\binom{18}{9} = 4862 \text{。}$$

範例 3.4.6

以圖 3.4.5 為例，城堡問題中城堡有多少種擺法？

解答 令 $P(i)$ 代表使用 i 個城堡的總擺法，則 $P(0)=1$。當 $i=1$ 時，城堡可放置在編號 1 或編號 2 或編號 3 的位置上，故 $P(1)=3$。當 $i=2$ 時，兩個城堡只能放在 (1, 3) 的兩格內，所以擺法數 $P(2)=1$。從以上的分析，很容易看出某一個城堡的可能放置格子和之前的城堡已放位置有關。這其實也是一種排容的觀念引申。當 $i \geq 3$ 時，很明顯地，$P(i)=0$。有了 $P(0)=1$、$P(1)=3$ 和 $P(2)=1$ 後，城堡多項式 (Rook Polynomial) 可表示成

$$\begin{aligned}P_c(x) &= P(0) + P(1)x + P(2)x^2 \\ &= 1 + 3x + x^2 \text{。}\end{aligned}$$

接下來，我們來看一個較複雜的例子。

範例 3.4.7

見圖 3.4.6，請問其城堡多項式為何？圖中的塗色區域代表障礙區。

解答 首先將可放棋子的圖分割出來，已知 $P_{c_1}(x) = P_{c_2}(x) = 1 + 3x + x^2$。不難算出 $P_{c_3}(x) = 1 + 2x$。由 $P_{c_1}(x)$、$P_{c_2}(x)$ 和 $P_{c_3}(x)$ 可推得城堡多項式為：

$$\begin{aligned}P_c(x) &= P_{c_1}(x) \times P_{c_2}(x) \times P_{c_3}(x) \\ &= (1 + 3x + x^2)(1 + 3x + x^2)(1 + 2x) \\ &= 1 + 8x + 23x^2 + 28x^3 + 13x^4 + 2x^5\end{aligned}$$

$P_c(x)$ 中的 $13x^4$ 告訴我們在圖 3.4.6 上擺上四個城堡共有十三種擺法。

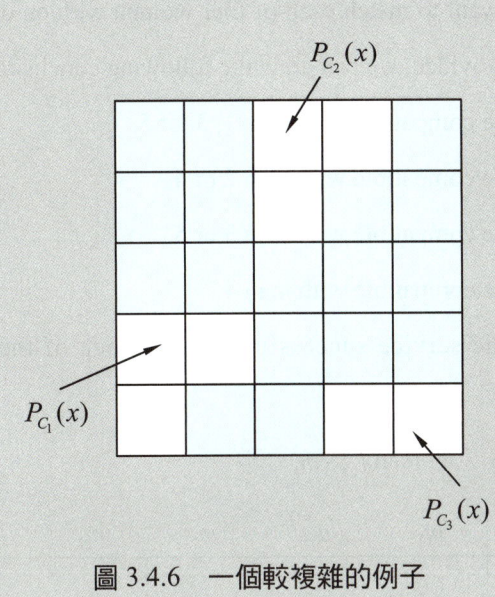

圖 3.4.6　一個較複雜的例子

▶試題 3.4.7.1

請算出下圖的城堡多項式？

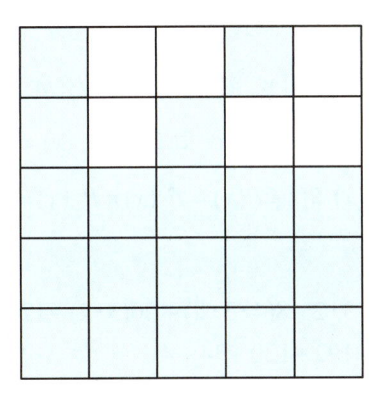

解答
$$P_c(x) = (1+3x+x^2)^2$$
$$= 1+6x+11x^2+6x^3+x^4 \text{。}$$

▶**試題 3.4.7.2（99 成大）**

In a social network, we want to match each of four women with on of five men. According to the information they provided, we can draw the following conclusions.

- Woman 1 would not be compatible with man 1, 3, or 5.
- Woman 2 would not be compatible with man 2 or 4.
- Woman 3 would not be compatible with man 3 or 5.
- Woman 4 would not be compatible with man 4.

How many ways can the service successfully match each of the four women with a compatible partner?

解答　令 woman i 為 w_i，而 man j 為 m_j。則

	m_1	m_3	m_5	m_2	m_4
w_1	○	○	○		
w_3		○	○		
w_2				○	○
w_4					○

可表示女生和男生的不可配對關係。我們可用多項式 $P_{c_1}(x) = 1 + 5x + 4x^2$ 代表左上角的城堡多項式，這裡 $5x$ 代表 w_1 和 w_3 對應 m_1、m_3 和 m_5 的對應有五種：(w_1, m_1)、(w_1, m_3)、(w_1, m_5)、(w_3, m_3) 和 (w_3, m_5)。同理，$P_{c_2}(x) = 1 + 3x + x^2$ 代表右下角的城堡多項式。合併 $P_{c_1}(x)$ 和 $P_{c_2}(x)$ 可得 $P(x) = P_{c_1}(x) \times P_{c_2}(x) = 1 + 8x + 20x^2 + 17x^3 + 4x^4$。根據排容原理，可知共有

$$5 \cdot 4 \cdot 3 \cdot 2 - 8(4 \cdot 3 \cdot 2) + 20(3 \cdot 2) - 17 \cdot 2 + 4$$
$$= 120 - 192 + 120 - 34 + 4$$
$$= 18$$

種配對法。

▶ 試題 3.4.7.3（99 台科大平時考）

(a) What is the Rook polynomial for the following chess board?

(b) (Continued) Suppose we have two castles. What is the number of arrangements? (*Hint*: Using the derived Rook polynomial in (a).)

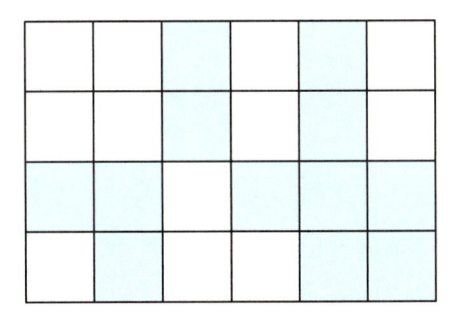

解答 (a) $P(x) = (1 + 4x + 2x^2)(1 + 2x)^2(1 + x)(1 + 3x + x^2)$

(b) 求 $P(x)$ 中 x^2 的係數

$$P(x) = \cdots + 58x^2 + \cdots$$

所求為 58。

範例 3.4.8（政大）

There are _____ ways in which 6 different jobs can be assigned to 3 employees so that each employee is assigned at least one job and the hardest job is assigned to the best employee.

解答 假設有 A、B、C 三位員工，且 A 為最好的員工且分配到最難的工作。

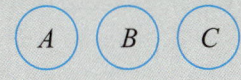

A   B   C

分為兩個情況討論：

情況 1：A 僅分配到最難的工作，剩下 5 個工作分配給 B 或 C，每一個工作可分配給 B 或 C 兩種選擇，共有 2^5 種可能。每一個人至少需要分配到一個工作，因此，有

$2^5 -$ (全部工作只分配給其中一個人的可能分配數)
$= 2^5 - C(2,1) \times 1^5 = 2^5 - 2 = 32 - 2 = 30$ 種

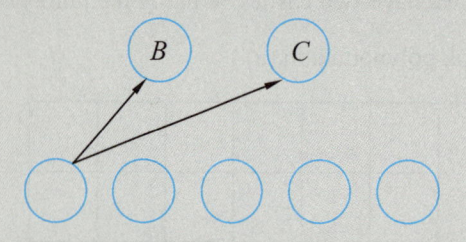

情況 2：A 已分配到最難的工作，將剩下的 5 個工作，分配給 3 個人（A、B 或 C）且每人皆有工作。情況 1 和情況 2 是互斥的。本情況的解法也可用來解第四章映成函數的個數問題。

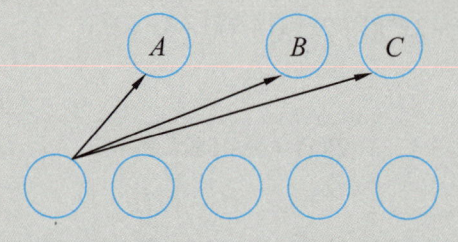

每一個工作可分配給 A、B 或 C 三種選擇，故共有 3^5 種可能。因為每一個人至少需要分配到一個工作，因此有

$3^5 -$ (只分配給其中至多兩個人的可能分配數) + (只分配給其中一個人的可能分配數)
$= 3^5 - C(3,2) \times 2^5 + C(3,1) \times 1^5$
$= 243 - 3 \times 2^5 + 3 \times 1 = 150$ 種

故共有 $30 + 150 = 180$ 種。（附記：$C(3,2) \times 2^5$ 種分配中，我們會考慮 A 且 B，B 且 C，A 且 C，只有 A（被考慮二次），只有 B（被考慮二次）和只有 C（被考慮二次）等六種情形。）

▶試題 3.4.8.1（成大）

求出 $x_1 + x_2 + x_3 + x_4 = 19$ 的整數解個數，其中 $-5 \leq x_i \leq 10$ 且 $1 \leq i \leq 4$。(Determine the number of integer solutions to $x_1 + x_2 + x_3 + x_4 = 19$ where $-5 \leq x_i \leq 10$ for all $1 \leq i \leq 4$.)

解答 首先進行變數轉換

$$y_1 = x_1 + 5 \, \cdot \, y_2 = x_2 + 5 \, \cdot \, y_3 = x_3 + 5 \text{ 和 } y_4 = x_4 + 5$$

原題可改為求

$$y_1 + y_2 + y_3 + y_4 = 39 \text{,其中 } 0 \leq y_i \leq 15 \text{ 且 } 1 \leq i \leq 4$$

的整數解個數。

令 U 為 $y_1 + y_2 + y_3 + y_4 = 39$,其中 $y_i \geq 0$ 的整數解集合。令 A_i 為 $y_i \geq 16$ 且滿足 U 中的整數解集合,所以所求等於 $|U - (A_1 \cup A_2 \cup A_3 \cup A_4)|$。

根據排容原理

$$|U - (A_1 \cup A_2 \cup A_3 \cup A_4)|$$
$$= |U| - \sum_{1 \leq i \leq 4} |A_i| + \sum_{1 \leq i < j \leq 4} |(A_i \cap A_j)| - \sum_{1 \leq i < j < k \leq 4} |(A_i \cap A_j \cap A_k)| + |(A_1 \cap A_2 \cap A_3 \cap A_4)|$$

其中

$$\sum_{1 \leq i \leq 4} |A_i| = \binom{4}{1} |A_1|$$

$$\sum_{1 \leq i < j \leq 4} |(A_i \cap A_j)| = \binom{4}{2} |A_1 \cap A_2|$$

$$\sum_{1 \leq i < j < k \leq 4} |A_i \cap A_j \cap A_k| = \binom{4}{3} |(A_1 \cap A_2 \cap A_3)|$$

則共有

$$\binom{42}{3} - \binom{4}{1}\binom{26}{3} + \binom{4}{2}\binom{10}{3} - 0 = \binom{42}{3} - \binom{4}{1}\binom{26}{3} + \binom{4}{2}\binom{10}{3}$$
$$= 1800$$

個整數解個數。

3.5 結論

在這一章，我們已經介紹了集合的諸多符號和算子，也介紹了一些集合等式的證明。介紹完集合的定義、性質和運算後，我們也證明了無限集的可數性或不可數性。最後，我們介紹了禮物問題和城堡多項式問題的求解。事實上，城堡多項式的求解也可用後面章節介紹的生成函數 (Generating Function) 來作解釋。

3.6 習題

1. Of the 2300 delegates at a political convention, 1542 voted in favor of a motion to decrease the deficit, 569 voted in favor of a motion dealing with environmental issues, and 1197 voted in favor of a motion not to increase taxes. Of those voting in favor of the motion concerning environmental issues, 327 also voted to decrease the deficit, and 92 voted not to increase taxes. Eight hundred and thirty-nine people voted to decrease the deficit while alse voting against increasing taxes but, of these 839, only 50 voted also in favor of the motion dealing with the environment.
   (a) How many delegates did not vote in favor of any of the three motions?
   (b) How many of those who voted aginst increasing taxes voted in favor of neither of the other two motions? （101 清大）

2. Suppose $A = \{\phi, \{\phi\}, \{\phi, \{\phi\}\}\}$. How many of these statements are TRUE? $\phi \in A$, $\phi \subseteq A$, $\{\phi\} \in A$, $\{\phi\} \subseteq A$, $\phi \in P(A)$, $\{\phi\} \subseteq P(A)$.
   (a) 3 (b) 4 (c) 5 (d) 6 (e) none of the above. （101 大同）

3. A and B are two sets. If $A \cup B = A \cap B$, then $A = B$. （101 大同）

4. (a) Determine the number of paths in the xy plane from (0, 0) to (8, 4), where each path is made up of a sequence of individual steps. Each step is restricted to move either right or upward.
   (b) How many distinct paths in (a) are there passing through two points (2, 2) and (6, 6)?
   （101 高雄第一科大）

5. Let ϕ be the empty set. Determine whether each of the following statements is TRUE or FALSE.

(a) $\phi \in \{\phi\}$.
(b) $\phi \subseteq \{\phi\}$.
(c) $\phi \cap \{\phi\} = \phi$.
(d) $\phi \cup \{\phi\} = \phi$.
(e) $\{\phi\} - \phi = \phi$. （101 宜大）

6. A university department has thirteen staff members, each of whom knows at least one foreign language. Ten know English, seven German, and six French. Five know both English and German, four know English and French, and three know French and German.

   (a) How many know all three languages?
   (b) How many know exactly two languages?
   (c) How many staff members know only English? （101 東華）

7. 下列敘述是否為真：

   If A, B and C are sets of strings, then $(A \cap B)C = AB \cap AC$. （101 政大）

8. Show the power set of $XOR(A, B)$ where $A = \{\{\}, y, x, \{y, x\}, (y, x)\}$ and $B = \{x, y, \{x, y\}, (x, y)\}$. （101 台大）

9. How many distinct paths are there from $(-1, 2, 0)$ to $(1, 3, 7)$ in Euclidean three-space if each move is one of the following types?

   (H): $(x, y, z) \to (x+1, y, z)$; (V): $(x, y, z) \to (x, y+1, z)$;
   (A): $(x, y, z) \to (x+1, y, z+1)$. （100 台南大）

10. Let $S = \{x \in \mathbb{Z}^+ \mid x \leq 8, \gcd(x, x+10) = 1\}$, the power set of S is? （101 元智）

11. Determine the number of min-length staircase paths

    (a) from (2, 1, 4) to (7, 4, 8)
    (b) from (3, 2) to (7, 14) without visiting (5, 8)
    (c) from (1, 1) to (100, 100) that do not visit (23, 45), (45, 67) and (67, 89) at the same path. （100 台大）

3.7 參考文獻

[1] E. Kamke, *Theory of Sets*, Dover Books, 1950.
[2] M. Aigner and G. M. Ziegler, *Proofs from the Book*, Springer, Berlin, 1998.
[3] R. P. Grimaldi, *Discrete and Combinatorial Mathematics: An Applied Introduction*, 4th Edition, Addison-Wesley, 1999.
[4] R. Johnsonbaugh, *Discrete Mathematics*, 5th Edition, Prentice Hall, N.J., 2001.
[5] C. L. Liu, *Elements of Discrete Mathematics*, 2nd Edition, McGraw-Hill, New York, 1985.
[6] L. Zippin，應隆安譯，無限的用處，凡異出版社，新竹，1998。

Chapter 4

關係、函數與有序集

4.1 前言
4.2 關係
4.3 函數
4.4 有序集
4.5 結論
4.6 習題
4.7 參考文獻

4.1 前言

在這一章，我們從屬性關係 (Attribute Relation) 的定義以及性質談起，我們將定義出關係並且討論什麼是部分有序集 (Partial Order Set)。針對關係中的特殊子集，我們將介紹函數 (Function) 的相關議題。函數的觀念最早是由萊布尼茲 (Leibnitz) 和牛頓 (Newton) 提出的，在微積分的討論中，函數常被用來描述運動。最後，我們介紹部分有序集 (Partial Order Set)，又簡稱 POSET。

4.2 關係

在這一節中，我們要介紹什麼叫關係 (Relation) 和其相關的名詞定義以及性質。

假設有兩個集合 A 和 B，我們先定義 A 和 B 之間的關係為親戚的關係。為了方便，我們用符號 R 代表這種關係。令 $a \in A$ 和 $b \in B$，若 a 和 b 有親戚關係，我們記為 $a\,R\,b$ 或 (a, b)。例如：A = { 小明, 小華, 小朱 } 和 B = { 小花, 小英, 小麗 }，若 A 和 B 的親戚關係如圖 4.2.1 所示。圖 4.2.1 中的親戚關係集可寫成

$$R = \{(\text{小明}, \text{小花}), (\text{小明}, \text{小英}), (\text{小華}, \text{小麗})\}$$

在關係集 R 中的定義域 (Domain) 可表示為

$$D = \{\text{小明}, \text{小華}\}$$
$$= \{a \in A \mid 存在 b \in B 使得 (a, b) \in R\}$$

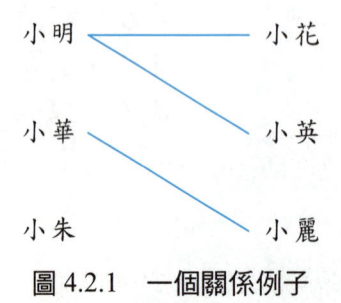

圖 4.2.1　一個關係例子

而關係集 R 中的值域 (Range; Image) 可表示為

R = { 小花 , 小英 , 小麗 }
  = $\{b \in B \mid$ 存在 $a \in A$ 使得 $(a,b) \in R\}$

範例 4.2.1（清大）

令關係 $R = \{(1,1), (1,2), (1,4), (2,2), (2,3), (3,3), (3,4), (4,4)\}$ 在集合 $\{1, 2, 3, 4\}$ 上。

(a) 請用關係矩陣和有向圖表達此關係。

(b) 找出 $R^2(= R \circ R)$ 的關係矩陣。

解答 依據題意中的關係 R，很容易可得到

(a) 題目所問的有向圖 (Directed Graph) 為

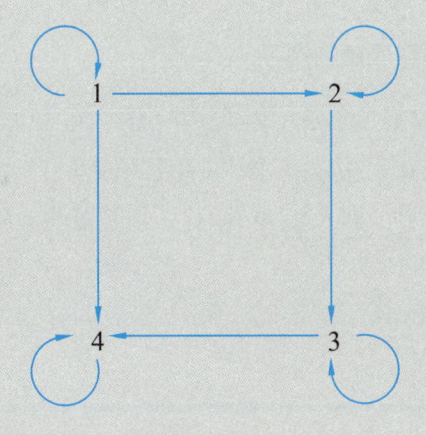

上述有向圖所對應的關係矩陣 (Matrix) 為

$$\begin{pmatrix} 1 & 1 & 0 & 1 \\ 0 & 1 & 1 & 0 \\ 0 & 0 & 1 & 1 \\ 0 & 0 & 0 & 1 \end{pmatrix}$$

(b) 題目所問的 $R^2(= R \circ R)$ 可用來表示遞移封閉性 (Transitive Closure)，也就是加入遞移性的考慮，$R^2 = R \circ R =$ {(1, 1), (1, 2), (1, 3), (1, 4), (2, 2), (2, 3), (2, 4), (3, 3), (3, 4), (4, 4)}，利用矩陣乘法 (傳統的乘法改變為邏輯的 AND；傳統的加法改變為邏輯的 OR)，R^2 所對應的關係矩陣為

$$\begin{pmatrix} 1 & 1 & 0 & 1 \\ 0 & 1 & 1 & 0 \\ 0 & 0 & 1 & 1 \\ 0 & 0 & 0 & 1 \end{pmatrix} \begin{pmatrix} 1 & 1 & 0 & 1 \\ 0 & 1 & 1 & 0 \\ 0 & 0 & 1 & 1 \\ 0 & 0 & 0 & 1 \end{pmatrix} = \begin{pmatrix} 1 & 1 & 1 & 1 \\ 0 & 1 & 1 & 1 \\ 0 & 0 & 1 & 1 \\ 0 & 0 & 0 & 1 \end{pmatrix}。$$

關係集 $A \times B =$ {(小明,小花),(小明,小英),(小明,小麗),(小華,小花),(小華,小英),(小華,小麗),(小朱,小花),(小朱,小英),(小朱,小麗)} 的表示方式也稱為笛卡兒乘積 (Cartesian Product) 的形式。若關係集 R 為 $A \times B$ 的子集，R 有時更稱為所有次序配對集 (Ordered Pairs) $A \times B$ 的子集，我們記為 $R \subseteq A \times B$。

範例 4.2.2

三個集合的笛卡兒乘積和關係集的例子。

解答 我們舉個例子來說明。令 $A = \{1, 2\}$、$B = \{a, b, c\}$ 和 $C = \{ㄅ, ㄆ, ㄇ, ㄈ\}$，則 $A \times B \times C = \{(1, a, ㄅ), (1, a, ㄆ), \ldots, (2, c, ㄈ)\}$ 且 $|A \times B \times C| = 24$。假設存在一個關係集 $R = \{(1, a, ㄇ), (2, b, ㄆ)\}$，則 $R \subseteq A \times B \times C$。很明顯地，$R$ 中的元素涉及了三個集合。

▶試題 4.2.2.1（99 成大）

What is $A \times B$ where $A = \{01\}$ and $B = \{01, 000, 0111\}$?

解答 $A \times B = \{(01, 01), (01, 000), (01, 0111)\}$。

在關係集中，若加入某些性質的探討，則可進一步刻劃 (Characterize) 關係集的類型。

等價關係 (Equivalence Relation) 必須在關係集中滿足反身性 (Reflexive)、對稱性 (Symmetric) 和遞移性 (Transitive) 三個性質。令 $R \subseteq A \times A$，對所有的 $a \in A$，$(a, a) \in R$ 必成立，則 R 稱為具有反身性；若 $(a, b) \in R$，$(b, a) \in R$ 必成立，則 R 稱為具有對稱性；若 $(a, b) \in R$ 且 $(b, c) \in R$，這時 $(a, c) \in R$ 必成立，則 R 稱為具有遞移性。當關係集 R 同時具備這三個性質時，我們就稱其為等價關係集。

另外，若 $(a,b) \in R$，而 $(b,a) \notin R$，則 R 稱為具有反對稱性 (Asymmetric)。例如：$A = \{1, 2\}$，$R \subseteq A \times A$ 且 $R = \{(1,1), (2,2)\}$，則 R 具備反身性和對稱性，但不具反對稱性。

範例 4.2.3

一個等價關係的例子。

解答 在自然數系 $N = \{1, 2, ...\}$ 中，我們將 N 中的每一個元素模 7 (mod 7) 後，將同餘 (Congruent) 的數收集在一起，共可形成七個同餘子集：[0]、[1]、[2]、[3]、[4]、[5] 和 [6]，這裡 [0] = {7, 14, 21, ...}、[1] = {1, 8, 15, ...}、[2] = {2, 9, 16, ...}、…、[6] = {6, 13, 20, ...}，圖 4.2.2 為七個子集的示意圖。x mod 7 後得到 r，$0 \leq r \leq 6$，會滿足 $x = 7k + r$，可表示成 $x \equiv r (7)$。若兩數 x 和 y 除以 m 為同餘，可表示成 $x \equiv y (m)$。我們將同餘的集合定義成關係集 R，現在來證明同餘關係 R 中的同餘子集 [S] 有等價關係，$0 \leq S \leq 6$。若 $i \in [S]$，因為 $i \equiv i (7)$，則 $(i, i) \in R$ 成立，這驗證了反身性的成立。若 $(i, j) \in R$，則 $(j, i) \in R$，因為 $i \equiv j (7)$ 也可寫成 $j \equiv i (7)$，這驗證了對稱性的成立。因為由 $i \equiv j (7)$ 可得到 $i = 7m + j$，而由 $j \equiv k (7)$ 可得到 $j = 7n + k$。如此一來，我們得到 $i = 7m + 7n + k = 7(m + n) + k$，也就是 $i \equiv k (7)$，換言之，若 $(i, j) \in R$ 且 $(j, k) \in R$，則 $(i, k) \in R$ 會成立，這驗證了遞移性會成立。在這個例子中，七個子集的任一子集中，若將關係 R 定義為同餘，皆可證得關係集 R 為等價關係集。

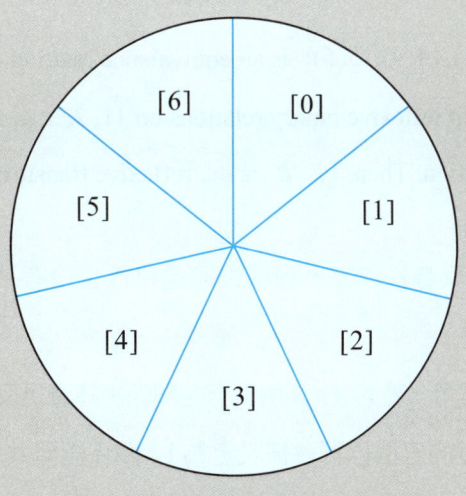

圖 4.2.2　mod 7 後的七個同餘的子集

試題 4.2.3.1（中山）

令 $A = \{1,2,3,4,5\} \times \{1,2,3,4,5\}$，且定義關係 R 建構在 A 上滿足 $(x_1, y_1)R(x_2, y_2)$，若 $x_1 + y_1 = x_2 + y_2$。可知 R 為一等價關係，找出等價類 (Equivalence Class) [(2, 4)]。

解答 由題目的定義可知，等價類 [(2, 4)] 要找出所有 $(x, y) \in A$，並滿足 $x + y = 2 + 4 = 6$，所以 [(2, 4)] = {(1, 5), (2, 4), (3, 3), (4, 2), (5, 1)}。

試題 4.2.3.2（台大）

關係 R 有對稱性，表示對 $\forall x, y \in A$，若 $(x, y) \in R$，則 $(y, x) \in R$。若 $|A| = 4$，則有多少種滿足對稱性的關係建構在 A 上？

解答 一個關係可對應出一個關係矩陣，所以此題可利用關係矩陣討論。此矩陣大小為 4×4，因為關係滿足對稱性，其關係矩陣主對角項可為 1 或 0，且對稱於主對角線位置內的關係值必須相同，每個位置可為 1 或 0，則共有

$$2^{1+2+3+4} = 2^{\frac{4 \times 5}{2}} = 2^{10} = 1024$$

種不同的關係矩陣。故共有 1024 個滿足對稱性的關係建構於 A 上。

試題 4.2.3.3（99 台大）

以下敘述何者正確？

(a) $R = \{(1,1), (2,2), (3,3), (4,4), (5,5)\}$ is an equivalence realtion on $\{1, 2, 3, 4, 5\}$.

(b) There are 2^{20} different reflexive binary relations on $\{1, 2, 3, 4, 5\}$.

(c) Let R be a binary relation. Then, $\bigcup_{i=1}^{\infty} R^i$ is the reflexive transitive closure of R.

解答 選 (a)(b)。

(a) (○) 根據 R，可知反身性成立，對稱性和遞移性也沒有被破壞，所以 R 為等價關係。

(b) (○) 令 $A = \{1, 2, 3, 4, 5\}$，若其 $A \times A$ 所對應的關係矩陣滿足反身性，則 (1, 1)、(2, 2)、(3, 3)、(4, 4) 和 (5, 5) 的五個位置會被設定為 1。關係矩陣共有 $2^{20} (= 2^{25-5})$ 種組態。

(c) (✗) 令 $A = \{1, 2\}$ 且 $R = (1, 1)$，則 $\bigcup_{i=1}^{\infty} R^i = \{(1,1)\}$，不滿足反身性。

試題 4.2.3.4（99 交大）

Let $R = \{(a, b), (b, c), (c, c)\}$ be a relation on set $\{a, b, c\}$. What is the reflexive closure of R?

解答 只需納入滿足反身性的關係。所以，解答為 $\{(a, a), (b, b), (c, c), (a, b), (b, c)\}$。

4.3 函數

在圖 4.2.1 的關係集 R 中，已知小明 $\in A$，而小花、小英 $\in B$。(小明,小花) $\in R$ 和 (小明,小英) $\in R$，這形成了一對多的關係，如此一來，R 就不能稱為函數。如果將圖 4.2.1 的關係集 R 改成圖 4.3.1 的新親戚關係 R'，則 R' 就可稱為函數，因為 A 中的每一個元素恰可在 B 中找到唯一的對應。在圖 4.3.1 的函數例子中，集合 { 小明, 小華, 小朱 } 稱為定義域，而 { 小花, 小英, 小麗 } 稱為對應域。例如：小明對應到小花、小華對應到小花、小朱對應到小英。接下來，我們以圖 4.3.1 為基礎來進行一些對應的異動，以介紹何謂一對一 (One-to-One 或 Injective) 函數、映成 (Onto 或 Subjective) 函數和一對一且映成 (Bijective) 函數。

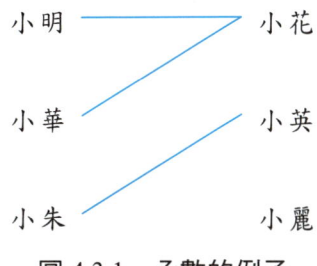

圖 4.3.1　函數的例子

函數 f 常表示成 $f : X \to Y$，集合 X 稱為 f 的定義域 (Domain)，Y 稱為對應域 (Codomain)，而 f 的值域 (Image; Range) 被定義為

$$\{y \in Y \mid f(x) = y, x \in X\}$$

為方便將關係和函數連結起來，我們引入箭頭的符號。若將圖 4.3.1 改為圖 4.3.2，由於小朱找不到對應，所以圖 4.3.2 不是函數。所謂的函數必須在定義

域集合 X 內的任一元素 $x \in X$，皆可在對應域 Y 內找到剛好一個元素與其對應。

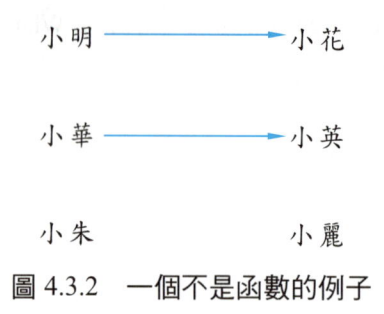

小明 ⟶ 小花

小華 ⟶ 小英

小朱　　　小麗

圖 4.3.2　一個不是函數的例子

一對一的函數可定義為任何一個 $y \in Y$，則至多有一個 $x \in X$ 與其對應，也就是 $y = f(x)$。圖 4.3.3 為一個一對一函數的例子，這裡注意一點：Y 中的元素不一定要全部被對應到。

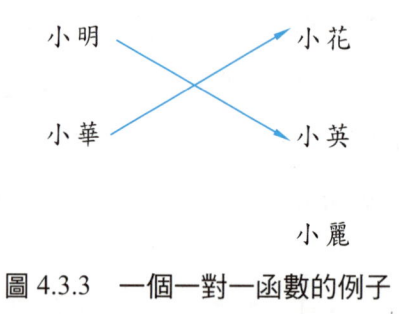

小明　　　小花

小華　　　小英

　　　　　小麗

圖 4.3.3　一個一對一函數的例子

同樣地，由於一對多的理由，$|y| = x + 3$ 也不是函數。

範例 4.3.1（台大）

從 $\{0, 1\}^m$ 映射到 $\{0, 1\}^n$ 的函數有幾種？

解答　令 f 為 $\{0, 1\}^m$ 映射到 $\{0, 1\}^n$ 的函數，則

$$f : \{0, 1\}^m \to \{0, 1\}^n$$

函數 f 的定義域有 2^m 個元素，而對應域中有 2^n 個元素。下面的示意圖很容易明白定義域和對應域的映射關係。

$$\underbrace{0\,0\cdots 0}_{m} \qquad \underbrace{0\,0\cdots 0}_{n}$$

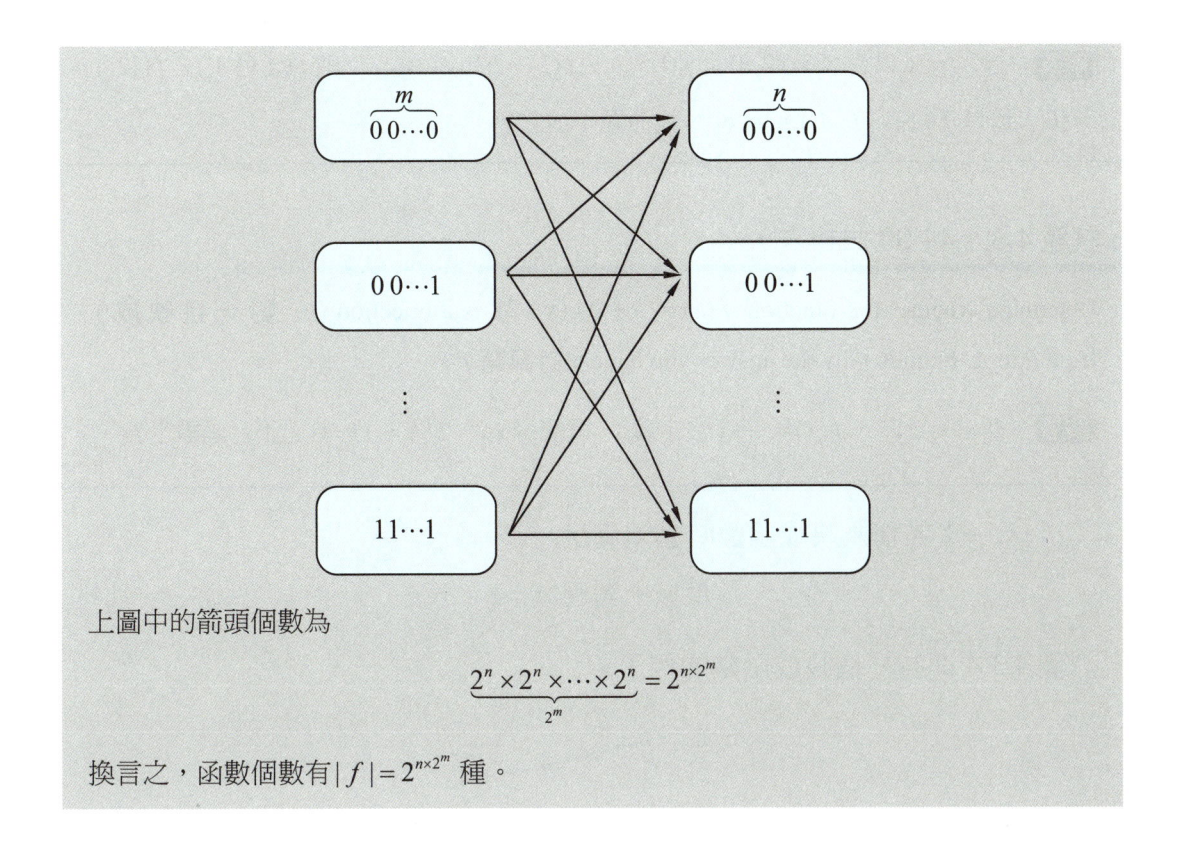

$$0\,0\cdots 1 \qquad 0\,0\cdots 1$$

$$1\,1\cdots 1 \qquad 1\,1\cdots 1$$

上圖中的箭頭個數為

$$\underbrace{2^n \times 2^n \times \cdots \times 2^n}_{2^m} = 2^{n \times 2^m}$$

換言之，函數個數有 $|f| = 2^{n \times 2^m}$ 種。

▶試題 4.3.1.1（師大）

有多少種不同的函數從集合 $\{+, -, \times, \div, *\}$ 映射到集合 $\{a, b, c, d, e\}$？

解答 共有 5^5 種函數從 $\{+, -, \times, \div, *\}$ 映射到 $\{a, b, c, d, e\}$。

▶試題 4.3.1.2（台大）

有多少種函數從 A 映射到 B，其中 $|A| = m$ 且 $|B| = n$？

解答 共有 n^m 種函數從集合 A 映射到集合 B。

▶試題 4.3.1.3（暨大）

決定下列命題是否正確或錯誤，如果命題錯誤請給一個反例：令 $f: A \to B$，如果 $A_1, A_2 \subseteq A$，則 $f(A_1 \cap A_2) = f(A_1) \cap f(A_2)$。

解答 令 $A_1 = \{1, 2\}$ 和 $A_2 = \{2, 3\}$ 且 $f(1) = a$，$f(2) = b$ 和 $f(3) = a$，則 $f(A_1 \cap A_2) = f(\{2\}) = \{b\}$，但是 $f(A_1) \cap f(A_2) = \{a, b\}$，故命題不成立。

▶試題 4.3.1.4（99 台科大）

Determine whether the function $f(x) = (x+1)/(x+2)$ is a bijection（一對一且映成）from R to R. Explain why the answer you have.（計算題）

解答 當 $x = -2$ 時，$f(x) = \dfrac{-1}{0}$（沒定義），這使得 $x = -2$ 時，$f(-2)$ 已不合函數定義。

$f : X \to Y$ 被稱為映成函數時必須滿足

$$\text{值域} = \text{對應域} = Y$$

圖 4.3.4 即為一個映成函數的例子。

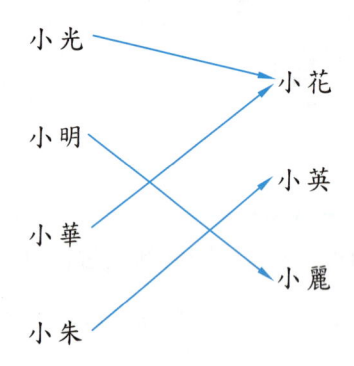

圖 4.3.4　一個映成函數的例子

一個函數 f 既是一對一函數又是映成函數時，則該函數 f 就稱為一對一且映成函數。一個函數為一對一且映成時也會滿足 $|X|=|Y|$。

圖 4.3.5 為一個一對一且映成函數的例子。

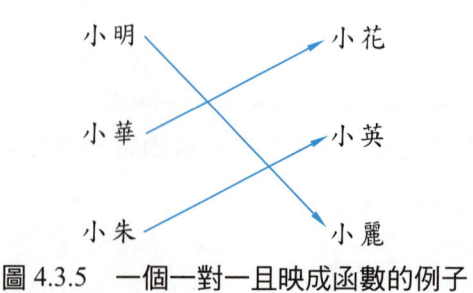

圖 4.3.5　一個一對一且映成函數的例子

範例 4.3.2（中山）

令 $A = \{0, 1, 2, 3, 4, 5, 6\}$ 且 $B = \{p, q, r, s\}$，則有多少種不同的映成 (Onto) 函數從 A 映射到 B？

解答 根據 3.4 節範例 3.4.8 介紹的排容原理，共有 $\sum_{i=0}^{4}(-1)^i \left(\dfrac{4!}{i!(4-i)!} \right)(4-i)^7$ 種映成函數從 A 映射到 B。

範例 4.3.3（師大）

有多少種不同的一對一 (One-to-One) 函數是從集合 $\{+, -, \times, \div, *\}$ 映射到集合 $\{1, 2, 3, 4, 5\}$？

解答 已知 $|\{+, -, \times, \div, *\}| = 5$ 和 $|\{1, 2, 3, 4, 5\}| = 5$，所以共有 $P_5^5 = \dfrac{5!}{(5-5)!} = 120$ 種一對一函數是從 $\{+, -, \times, \div, *\}$ 映射到 $\{1, 2, 3, 4, 5\}$。

在前面的函數例子中，小明→小麗可寫成 $f($小明$) = $ 小麗。假若我們想從小麗逆推回去得到小明的對應，可將此逆對應寫成 $f^{-1}($小麗$) = ($小明$)$。f^{-1} 也叫反函數 (Inverse Function)。依照函數的定義，f^{-1} 必須滿足 f 是一對一且映成才符合要求，否則 f^{-1} 就不滿足函數的定義了。

▶試題 4.3.3.1（99 中央）

Define $f : A \to B$ by $f(x) = x^2 + 14x - 51$.（多選題）

(a) $A = N$, $B = \{b \in Z \mid b \geq -100\}$, f is not onto, but it is one-to-one.

(b) $A = Z$, $B = \{b \in Z \mid b \geq -100\}$, f is neither onto nor one-to-one.

(c) $A = R$, $B = \{b \in Z \mid b \geq -100\}$, f is neither onto nor one-to-one.

(d) $A = Z$, $B = Z$, f is not onto, but it is one-to-one.

(e) $A = R$, $B = R$, f is not onto, but it is one-to-one.

解答 選 (a)(b)

$$\begin{aligned} f(x) &= x^2 + 14x - 51 \\ &= (x+7)^2 - 100 \end{aligned}$$

所對應的圖形為

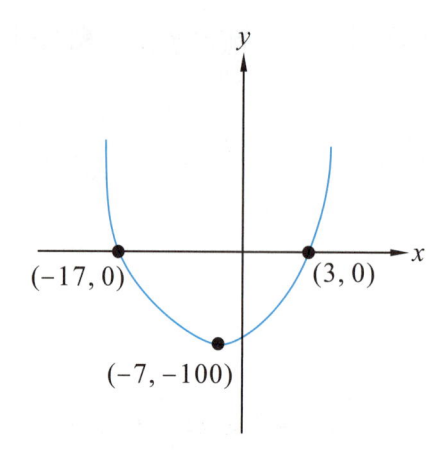

（圖：拋物線，經過 $(-17, 0)$、$(3, 0)$，頂點 $(-7, -100)$）

(c) （×）因為存在 onto。

(d) （×）因為當 $x = -17$ 或 3，則 $f(x) = 0$。

(e) （×）存在 onto，但不存在 one-to-one。

範例 4.3.4（師大）

令 $X = \{a, b, c\}$ 且 $Y = \{1, 2\}$ 為兩集合。定義一個函數 $f_1 : X \to Y$ 如下圖所示。

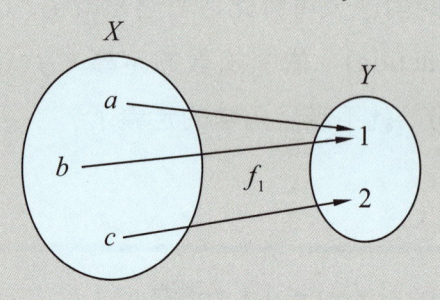

（圖：$a \to 1$，$b \to 1$，$c \to 2$）

令 $P(X)$ 和 $P(Y)$ 分別為 X 和 Y 的冪集合。有一函數 $f_2 : P(X) \to P(Y)$ 且定義如下

$$f_2(A) = \{y \mid y = f_1(x), x \in A\|text{，其中 } A \in P(X)$$

$$f_2^{-1}(B) = \{x \mid f_1(x) \in B\}\text{，其中 } B \in P(Y)$$

請問 (a) $f_2(\{a, b\}) = ?$ (b) $f_2^{-1}(\{1, 2\}) = ?$

解答 (a) 根據上述定義，可得到 $f_2(\{a, b\}) = \{f_1(a), f_1(b)\} = \{1\}$。

(b) 根據上述定義，可得到 $f_2^{-1}(\{1, 2\}) = \{a, b, c\}$。

試題 4.3.4.1（清大）

令 f 為從集合 A 映射到集合 B 的函數。令 S 為 B 的子集，我們定義 S 的逆像集為 A 的子集，我們將此種集合表示為 $f^{-1}(S)$，且滿足 $f^{-1}(S) = \{a \in A \mid f(a) \in S\}$。令 $g(x) = \lfloor x \rfloor$，求出：

(a) $g^{-1}(\{0\})$

(b) $g^{-1}(\{-1, 0, 1\})$

(c) $g^{-1}(\{x \mid 0 < x < 1\})$

解答　(a) $g^{-1}(\{0\}) = \{x \mid 0 \leq x < 1\}$。

(b) $g^{-1}(\{-1, 0, 1\}) = g^{-1}(\{-1\}) \bigcup g^{-1}(\{0\}) \bigcup g^{-1}(\{1\})$
$= \{x \mid -1 \leq x < 0\} \bigcup \{x \mid 0 \leq x < 1\} \bigcup \{x \mid 1 \leq x < 2\}$
$= \{x \mid -1 \leq x < 2\}$。

(c) $g^{-1}(\{x \mid 0 < x < 1\}) = \phi$，因為 $\{x \mid 0 < x < 1\}$ 非函數 g 的值域子集。

試題 4.3.4.2

$f(x) = 3^x$ 的反函數為何？這裡 $x \in R^+$。

解答
$$y = 3^x$$
$$f^{-1}(y) = x = \log_3 y 。$$

試題 4.3.4.3

假設兩個函數 f 和 g 被定義如下：

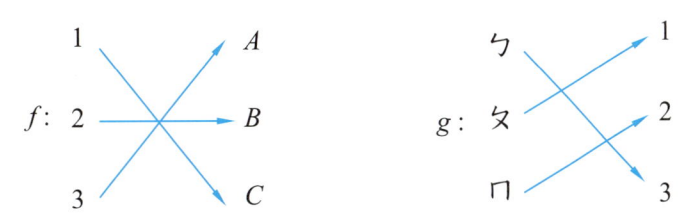

f: 1→B, 2→A, 2→C (含中間交叉映射)

g: ㄅ→2, ㄆ→3, ㄇ→1 (交叉)

則合成函數 (Composition Function) $f \circ g = ?$

解答

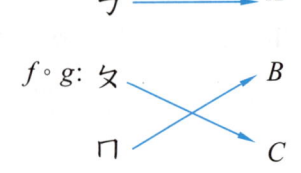

$f \circ g$:
- ㄅ → A
- ㄆ → B
- ㄇ → C

(crossed mapping: ㄆ→C, ㄇ→B)

▶ **試題 4.3.4.4（清大）**

Let $f: X \to Y$ and $g: Y \to Z$. Let $h = g \circ f: X \to Z$. Suppose g is one-to-one and onto. Which of the following is false? (Please justify your answer!)

(a) If f is one-to-one then h is one-to-one and onto.

(b) If f is not onto then h is not onto.

(c) If f is not one-to-one then h is not one-to-one.

(d) If f is one-to-one then h is one-to-one.

(e) If f is onto then h is onto.

解答 (a) 當 f 為一對一函數，而 g 為一對一且映成時，不保證 h 會是映成函數。

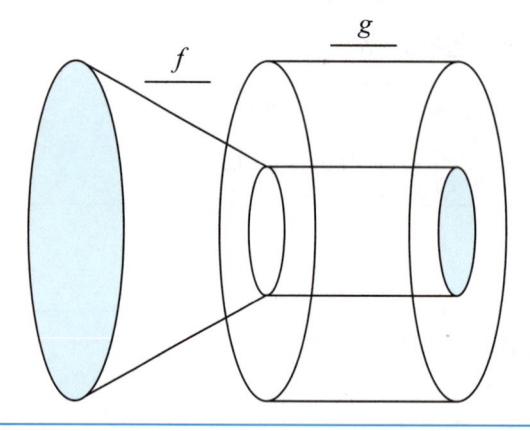

▶ **試題 4.3.4.5（99 成大）**

Let $A = \{a, b, c, d\}$ and $B = \{1, 2, 3, 4\}$. Which of the following statement is not true?（單選題）

(a) There are 4^{10} closed binary operations on A that have an identity.

(b) There are 2^{16} relations from A to B.

(c) There are 4! one-to-one functions from A to B.

(d) There are 4! onto functions from A to B.

(e) There are 4^6 closed binary operations on A that are commutative.

解答　選 (e)

(a) (○) 單位元素可能為 a、b、c 或 d。考慮 a 為單位元素，得

	a	b	c	d
a	a	b	c	d
b	b			
c	c			
d	d			

因一個空格有 4 種填法，所以有 4^9 種。共 $4 \times 4^9 = 4^{10}$ 種。

(b) (○) 利用關係矩陣

	a	b	c	d
1				
2				
3				
4				

中，每個 entry 為 1 或 0，所以共有 2^{16} 種關係。

(c) (○) 由一對一函數的定義，可得知共有 4! 種。

(d) (○)

(e) (×) 利用關係矩陣，可知主對角線共有 4^4 種擺法。考慮交換律，則共有 $4^{(1+2+3)} = 4^6$ 種擺法。所以共有 $4^4 \times 4^6 = 4^{10}$ 種。

4.4 有序集

我們接下來介紹一種很特別的關係類型：部分有序集 (Partial Order Set)，也常簡記為 POSET。

給一集合 A，若存在一個關係 $R \subseteq A \times A$ 且 R 滿足反身性、遞移性和<u>反對稱性</u> (Antisymmetric)，則 (A, R) 就稱為部分有序集，這裡反對稱性定義如下：

對所有 $a_1, a_2 \in A$，若 $(a_1, a_2) \in R$ 且 $(a_2, a_1) \in R$，則 $a_1 = a_2$

令 $R = \{(x, y) | y\ 是\ x\ 的因數\}$，而 A 為集合，則很容易檢定出 (A, R) 是否為 POSET。例如：$A = \{1, 2, 4\}$，則 $R = \{(1, 1), (2, 2), (4, 4), (2, 1), (4, 2), (4, 1)\}$。由 $(1, 1)$、$(2, 2)$ 和 $(4, 4)$ 可驗證出反身性；由 $(4, 2)$、$(2, 1)$ 和 $(4, 1)$ 可驗證出遞移性；由於並沒有違反「反對稱性」，R 中確實也具備反對稱性。故 (A, R) 的確為一個 POSET。圖 4.4.1 為這個 POSET 的示意圖。

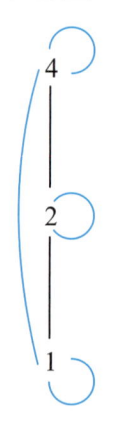

圖 4.4.1　POSET 的示意圖

範例 4.4.1（中興）

下列所有關係建構在 $\{1, 2, 3, 4\}$ 上，決定它們是否各自滿足反身性、對稱性、反對稱性和遞移性。

(a) $\{(2, 2), (2, 3), (2, 4), (3, 2), (3, 3), (3, 4)\}$

(b) $\{(1, 1), (1, 2), (2, 1), (2, 2), (3, 3), (4, 4)\}$

(c) $\{(2, 4), (4, 2)\}$

(d) $\{(1, 2), (2, 3), (3, 4)\}$

(e) $\{(1, 1), (2, 2), (3, 3), (4, 4)\}$

解答　根據本節的定義，反身性的檢定著重於全部的 $a \in A$，$(a, a) \in R$ 皆需成立；而反對稱性和遞移性著重於不違背該性質。可解得

(a) 不具反身性，因為 $(1,1) \notin R$；不具對稱性，因為 $(2,4) \in R$，但是 $(4,2) \notin R$；不具反對稱性，因為 $(2,3) \in R$ 和 $(3,2) \in R$，但是 $2 \neq 3$；具備遞移性。

(b) 具備反身性；具備對稱性；不具反對稱性，因為 $(1,2) \in R$ 和 $(2,1) \in R$，但是 $1 \neq 2$；具備遞移性。

(c) 不具反身性，因為 $(1,1) \notin R$；具備對稱性；不具反對稱性，因為 $(2,4) \in R$ 和 $(4,2) \in R$，但是 $2 \neq 4$；不具遞移性，因為 $(2,4) \in R$ 和 $(4,2) \in R$，但是 $(2,2) \notin R$。

(d) 不具反身性，因為 $(1,1) \notin R$；不具對稱性，因為 $(1,2) \in R$，但是 $(2,1) \notin R$；具備反對稱性；不具遞移性，因為 $(1,2) \in R$ 和 $(2,3) \in R$，但是 $(1,3) \notin R$。

(e) 四個性質皆具備。

試題 4.4.1.1（師大）

令 $A = \{w, x, y, z\}$。

(a) 求出建構在 A 上且滿足反身性和對稱性的關係有幾種？

(b) 決定下列命題是否正確：

(1) 若 R 是建構在 A 上的關係且 $|R| \geq 4$，則 R 有反身性。

(2) 若 R_1 和 R_2 是建構在 A 上的關係且 $R_2 \supseteq R_1$，則 R_2 有對稱性 $\Rightarrow R_1$ 有對稱性。

(3) 若 R_1 和 R_2 是建構在 A 上的關係且 $R_2 \supseteq R_1$，則 R_2 有反對稱性 $\Rightarrow R_1$ 有反對稱性。

(4) 若 R 是建構在 A 上的一個等價關係，則 $4 \leq |R| \leq 16$。

解答 (a) 可利用前面提到的關係所對應的關係矩陣來討論。

要滿足反身性和對稱性，其關係矩陣主對角項必為 1，且對稱於主對角項的位置內之值必須相同，每個位置可為 0 或 1，因為 $|A| = 4$，所以共有

$$1^4 \times 2^{\frac{4^2 - 4}{2}} = 2^6 = 64$$

種不同的關係矩陣。故有 64 種建構於 A 上且滿足反身性和對稱性的關係。

(b) (1) 否。令 $R = \{(w,x), (x,y), (y,z), (w,z)\}$，$|R| = 4$，但 $\{(w,w), (x,x), (y,y), (z,z)\} \not\subset R$，故 R 不具有反身性。

(2) 否。令 $R_2 = \{(w,x), (x,w)\}$ 和 $R_1 = \{(w,x)\}$，滿足 $R_1 \subseteq R_2$ 且 R_2 具對稱性，但 R_1 不具對稱性。

(3) 是。可利用反證法。在 $R_2 \supseteq R_1$ 條件下，若 R_1 不具反對稱性，即 R_1 中含有 (w, x) 和 (x, w) 具有對稱關係的元素。因為 $R_2 \supseteq R_1$，所以 R_2 也含有 (w, x) 和 (x, w) 元素，因此 R_2 也不具反對稱性。換言之，若 R_2 具反對稱性，則 R_1 也具反對稱性。

(4) 是。滿足等價關係需滿足反身性、對稱性和遞移性，則 R 最少含有 (w, w)、(x, x)、(y, y) 和 (z, z) 此四個元素，這會滿足 $|R| \geq 4$。而關係 R 擁有的元素個數最多也不會大於建構於 A 上所有的元素個數，也就是 $|R| \leq 16$，所以得到 $4 \leq |R| \leq 16$。

▶試題 4.4.1.2（清大）

有多少種滿足下列性質的關係建構在元素個數為 n 的集合上？

(a) 反身性和對稱性。

(b) 既沒有反身性也沒有<u>非反身性</u> (Irreflexive)。

解答 (a) 利用關係矩陣討論。要滿足反身性和對稱性，其關係矩陣主對角項必為 1，且對稱於主對角線的位置內的值必須相同，可為 0 或 1，故共有

$$1^n \times 2^{\frac{n^2-n}{2}} = 2^{\frac{n^2-n}{2}}$$

種建構於 A 上且滿足反身性和對稱性的關係。

(b) 令 R 為所有建構於 A 上的關係集合，則 $|R| = 2^{n^2}$。

令 r_1 為建構於 A 上且滿足反身性，其主對角項內的值皆為 1，則 $|r_1| = 2^{n^2-n}$。

令 r_2 為建構於 A 上且滿足非反身性，其主對角項內的值皆為 0，則 $|r_2| = 2^{n^2-n}$。

故關係滿足既沒有反身性也沒有非反身性的個數為

$$\begin{aligned}|R - (r_1 \cup r_2)| &= |R| - |r_1| - |r_2| + |r_1 \cap r_2| \\ &= 2^{n^2} - 2^{n^2-n} - 2^{n^2-n} + 0 \\ &= 2^{n^2} - 2^{n^2-n+1}\end{aligned}$$

試題 4.4.1.3（清大）

令 A 為元素個數為 n 的集合，且讓 R 為建構在 A 上且滿足反對稱性的關係。則

(a) $|R|$ 的最大值為何？

(b) 有多少種滿足反對稱性的關係使得 $|R|$ 為最大值？

解答 (a) 利用關係矩陣來討論。因為要滿足反對稱性且要讓集合元素個數最多，所以矩陣對角線必須都為 1。因為要讓集合元素個數最多，故對稱於對角線的每一配對位置內的值一定是一個為 1，而另一個為 0，因此所求等於

$$1+2+3+\cdots+(n-1)+n = \frac{n(n+1)}{2}$$

(b) 滿足此關係必須對角線必須都為 1，且對稱於對角線的每一配對位置內的值必有一個位置為 1，而另一個為 0，故共有 $2^{\frac{n(n-1)}{2}}$ 種關係滿足所求。

試題 4.4.1.4（清大）

令 $R = \{(a,b) \mid a-b$ 為正奇數$\}$，試驗證下列五種性質是否成立：

(a) 反身性？　(b) 對稱性？　(c) 反對稱性？　(d) 遞移性？　(e) 等價性？

解答 (a) 令 $a=b=3$，則 $(3,3)=3-3=0 \notin R$，因為 0 不為正奇數，所以 R 不具反身性。

(b) 令 $a=6$ 且 $b=5$，則 $(6,5)=6-5=1 \in R$，但 $(5,6)=5-6=-1 \notin R$，所以 R 不具對稱性。

(c) $(a,b) \in R$ 且 $(b,a) \in R$ 不會同時成立，R 有反對稱性。

(d) 不失一般性，令 $a=2n$、$b=2n+1$ 和 $c=2n+2$，則 $(c,b) \in R$ 且 $(b,a) \in R$，但 $(c,a) \notin R$，所以 R 不具遞移性。

(e) 因為 R 不具遞移性，所以 R 不為等價關係。

　　POSET 有時可被用來證明某一有限離散排程系統的終止性。對於圖 4.4.1 的 POSET 範例，我們可考慮將其簡化。

▶試題 4.4.1.5（99 中央）

Let $A = \begin{bmatrix} 0 & 0 & 1 & 0 \\ 0 & 1 & 0 & 1 \\ 0 & 0 & 0 & 1 \\ 0 & 0 & 1 & 0 \end{bmatrix}$ be the matrix to represent a binary relation R on a four-element set.

Which of the following statements are true?（單選題）

(a) There are seven 1's in the matrix that represents the symmetric closure of R.

(b) R is partial ordering relation.

(c) R is reflexive.

(d) The directed graph of R does not have a strongly connected component.

(e) None of the above.

解答 選 (a)

(a)（○）當 A 為對稱封閉時，$A = \begin{bmatrix} 0 & 0 & 1 & 0 \\ 0 & 1 & 0 & 1 \\ 1 & 0 & 0 & 1 \\ 0 & 1 & 1 & 0 \end{bmatrix}$，共 7 個 1。

(b)（×）很明顯，A 並不具備反身性。

(c)（×）

(d)（×）$A = \{1, 2, 3, 4\}$ 對應的圖 (Graph) 為

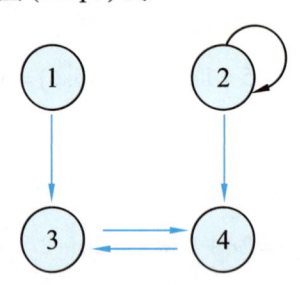

所以 ③ ── ④ 為 strongly connected component。

▶試題 4.4.1.6（99 政大）

Show that every irreflexive and transitive realtion is antisymmetric.

解答 令 $A = \{a_1, a_2, ..., a_n\}$，$R \subseteq A \times A$。

考慮第一種情形：$R = \{\}$。上述待證之事的確會成立。考慮第二種情形：$R \neq \phi$。假設 $(a_i, a_j) \in R$。如果 $(a_j, a_i) \in R$，則依據遞移律，會推得 $(a_i, a_i) \in R$，這會和存在非反身性衝突。所以 $(a_i, a_j) \in R$，就不會發生 $(a_j, a_i) \in R$，如此一來，上述待證之事確實會成立。

試題 4.4.1.7（99 政大）

The POSET $(N, |)$ of non-negative integers N under the dividability relation is a lattice but is not bounded since it has no greatest element.

解答 在 POSET $(N, |)$ 中，給定 $a, b \in N$，則 $\text{LUB}(a, b) = \text{lcm}(a, b)$ 且 $\text{GLB}(a, b) = \gcd(a, b)$。所以 POSET$(N, |)$ 是晶格。因為 N 為無限集，故晶格 $(N, |)$ 為無界的。

範例 4.4.2

給一 POSET，如何利用赫斯 (Hasse) 圖簡化其表示？

解答 給一 POSET(A, R)，其中 $A = \{1, 2, 4, 6, 8\}$，則 $R = \{(1,1), (2,2), (4,4), (6,6), (8,8), (2,1), (4,1), (4,2), (6,1), (6,2), (8,1), (8,2), (8,4)\}$，圖 4.4.2 的赫斯圖可用來更精簡地表示 POSET(A, R)。

在原先的 R 中，$(8, 4) \in R$、$(8, 2) \in R$ 且 $(8, 1) \in R$，因為圖 4.4.2 很容易藉由遞移律推得 $(8, 2) \in R$ 和 $(8, 1) \in R$，所以我們只保留了 $(8, 4)$。另外，在赫斯圖中，我們不允許 $(x, x) \in R$ 的邊存在。

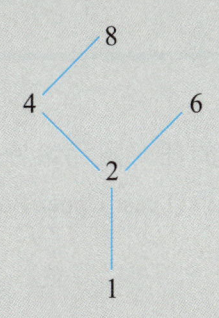

圖 4.4.2　赫斯圖的表示法

簡單地說，將 POSET 圖中和遞移律與反身性有關的邊移除即可得到赫斯圖。

▶試題 4.4.2.1（中山）

考慮下列赫斯圖：

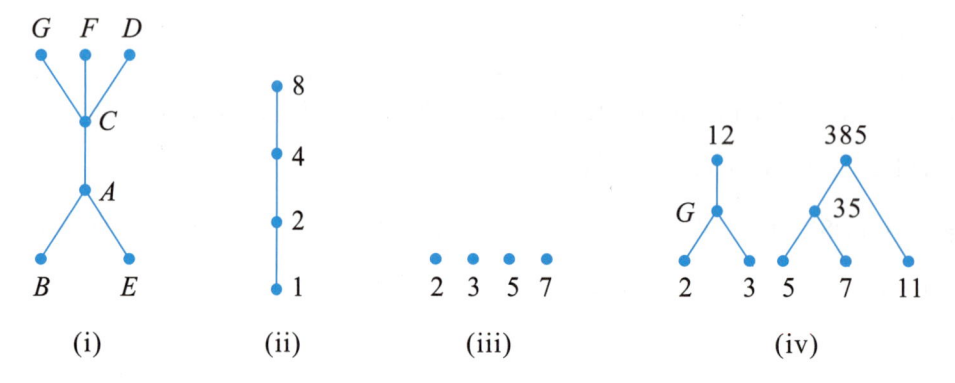

```
    G F D                                          12      385
     \|/              8                             |       |
      C               |                             G      35
      |               4              • • • •       / \    /  \
      A               |              2 3 5 7      •   •  •   •  •
     / \              2                           2   3  5   7  11
    B   E             |
                      1
     (i)             (ii)             (iii)              (iv)
```

(a) 哪些是全序？

(b) 請各自寫下 (i)、(ii)、(iii) 和 (iv) 的<u>極大元素</u> (Maximal Element)。

(c) 請各自寫下 (i)、(ii)、(iii) 和 (iv) 的<u>最小元素</u> (Minimum/Least Element)。

【解答】 根據定義，可知

(a) (ii) 為全序。

(b) (i) G、F、D；(ii) 8 [也稱為<u>最大元素</u> (Maximum)]；(iii) 2、3、5、7；(iv) 12、385。

(c) (i)(iii)(iv) 無最小元素。(ii) 最小元素為 1。

▶試題 4.4.2.2

何謂<u>晶格</u> (Lattice)？

【解答】 在 POSET(A, R) 中，A 中的任何兩元素皆可找到唯一<u>最大下界</u> (Greatest Lower Bound, GLB) 和唯一<u>最小上界</u> (Least Upper Bound, LUB)，這種 POSET 也稱為晶格，例如：

$$A = \{1, 2, 3\}$$

$$P(A) = \{\phi, \{1\}, \{2\}, \{3\}, \{1, 2\}, \{1, 3\}, \{2, 3\}, \{1, 2, 3\}\}$$

在 A 中，任兩元素 x, y 有 $x \subseteq y$ 關係，記作 xRy，為了方便討論，我們將晶格 POSET (A, R) 圖示於下圖。

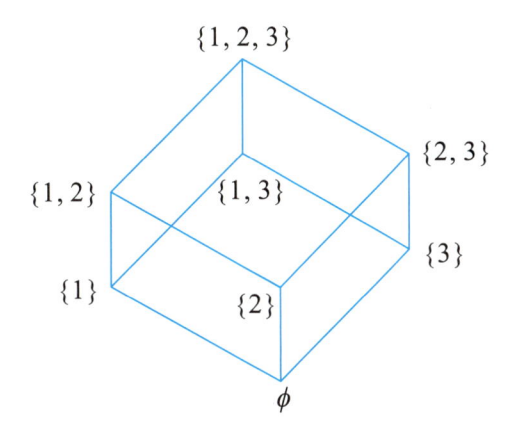

以圖為例，$\{2\}$ 和 $\{3\}$ 的 LUB 為 $\{2, 3\}$，而 $\{2\}$ 和 $\{3\}$ 的 GLB 為 ϕ；$\{1, 2\}$ 和 $\{2, 3\}$ 的 LUB 為 $\{2, 3\}$，而 $\{1, 2\}$ 和 $\{2, 3\}$ 的 LUB 為 $\{1, 2, 3\}$。

▶ **試題 4.4.2.3**

令 $S = \{1, 2, 3\}$，請建構出冪集合 $P(S)$ 的赫斯圖。

解答

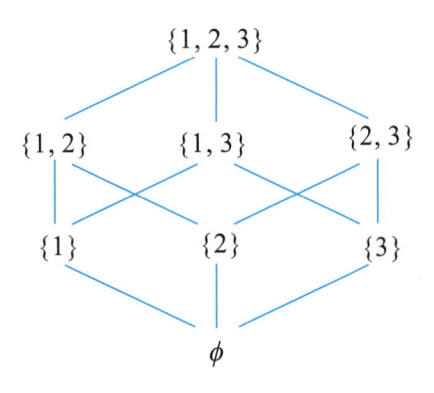

▶ **試題 4.4.2.4**

請舉一例解釋何謂拓撲排序。

解答 有一工作流程圖如下所示，在圖上的節點代表某個待完成的子工作，箭頭代表兩子工作之間的相依性,則從起始的子工作 A 到完成子工作 F 的拓撲排序可為 $<A, B, C, D, E, F>$。這裡假設一個子工作皆需一單位時間。

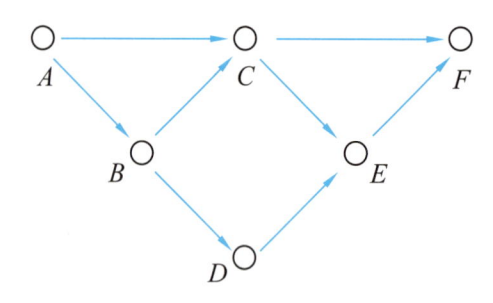

由上面的例子中,可得知在 POSET 中的元素之間常存有特殊的關係,我們因而可刻劃出不同的關係類型。

範例 4.4.3

在什麼條件下,POSET (A, R) 具備有<u>完全次序</u> (Total Order) 性質?

解答 對所有的 $x, y \in A$,xRy 會成立或 yRx 會成立,滿足這個條件的 POSET 就有完全次序的性質。在範例 4.4.2 的例子中,很明顯可看出 $(4,6) \notin R$,所以無法決定 4 和 6 的關係,這違反了完全次序中的對任意的 $x, y \in A$,x 和 y 有關係或 y 和 x 有關係,故範例 4.4.2 的例子沒有完全次序的性質。

▶試題 4.4.3.1(99 中央)

Let $A = \{1, 2, 4, 6, 8, 10\}$, $B = A^2$, and for $a = \{a_1, a_2\}$ and $b = \{b_1, b_2\}$ in B, define a relation R by aRb if and only if $a_1 \leq b_1$ and $a_1 + a_2 \leq b_1 + b_2$.(多選題)

(a) R is reflexive and transitive.

(b) R defines an equivalence relation on B.

(c) R defines a partial order on B.

(d) There is no maximum element in this partially ordered set.

(e) This partially ordered set is a lattice.

解答 選 (a)(c)(e)

(b) (×) 假設 aRb，但是 $(b, a) \notin R$，所以沒有對稱性。

(d) (×) R 為 POSET 且 10 為其最大元素。

(e) (○) R 為 POSET 且 10 為其 LUB，而 1 為其 GLB。

其實 POSET 即使沒有完全次序的性質，在許多的應用中，仍有其價值。例如：在拓撲排序 (Topological Sort) 中，POSET 就是很好的工作排程 (Job Schedule) 模型。

我們將範例 4.4.2 的例子修改如下：

$A = \{1, 2, 4, 8\}$

$R = \{(1,1), (2,2), (4,4), (8,8), (2,1), (4,2), (8,4), (4,1), (8,1), (8,2)\}$

根據 R，我們可發現 A 中的任何兩數 x 和 y 皆符合 xRy 或 yRx。範例 4.4.2 的例子經轉換後可圖示於圖 4.4.3。圖 4.4.3 的右側圖即稱為 **TOSET** (Total Order Set)。

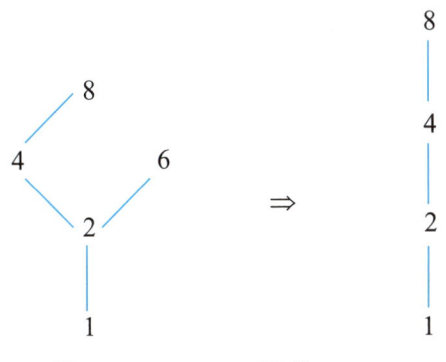

圖 4.4.3　POSET 轉成 TOSET

在 POSET 上，若 POSET 圖上任兩個元素之間皆存在該種關係，則該 POSET 稱作 TOSET。

4.5 結論

本章介紹了許多和關係、函數以及 POSET 的內容。其中關於函數的計數問題和第一章關係密切。快速檢定遞移性也是很重要的,我們在後面章節將介紹這方面的演算法。關係矩陣在遞移性檢測演算法上會扮演很重要的角色。

4.6 習題

1. Suppose $A = \{w, x, y, z\}$, find the number of relations on A that are reflexive.

   (100 台大)

2. Let R_1 and R_2 be symmetric and transitive relations.

   (a) Prove or disprove $R_1 \cup R_2$ is symmetric.
   (b) Prove or disprove $R_1 \cup R_2$ is transitive. (101 台大)

3. How many relations are there on a set with n elements that are neither reflexive nor irreflexive? (101 交大)

4. How many anti-symmetric relations are there on a set with n elements? (101 交大)

5. Given the relations: $R_1 = \{(1,x),(2,x),(2,y),(3,y)\}$, $R_2 = \{(x,a),(x,b),(y,a),(y,c)\}$
   (a) Derive the matrix A_1 of the relation R_1 relative to the orderings: 1, 2, 3; x, y.
   (b) Derive the matrix A_2 of the relation R_2 relative to the orderings: x, y; a, b, c.
   (c) Derive the matrix product $A_1 A_2$.
   (d) How do you interpret the product in (c)? (101 成大)

6. Is the relation $\{(1, 1), (2, 2), (3, 3), (4, 4), (1, 2), (2, 1), (3, 4), (4, 3)\}$ an equivalence equation on $\{1, 2, 3, 4\}$? How many (distinct) equivalence classes are there? List the equivalence classes. (101 成大)

7. Which of the following statements are ture?

   (a) $f(n,m) = 2n + 3m$; $N \times N \to N$; f is not onto, but it is one-to-one.
   (b) $f(n,m) = 14n + 22m$; $N \times N \to N$; f is neither onto nor one-to-one.
   (c) $f(n,m) = n^2 + m^2 + 1$; $Z \times Z \to N$; f is neither onto nor one-to-one.
   (d) $f(n,m) = \left\lfloor \dfrac{n}{m} \right\rfloor + 1$; $N \times N \to N$; f is not onto, but it is one-to-one. (101 中央)

8. Draw a Hasse diagram for the "divides" relation on the set of positive divisors of 30.
（101 中山）

9. Which statement is true?

   (a) Let (A, R) be a POSET. If (A, R) is a lattice, then it is a total order.

   (b) If $A = \{1, 2, 3, 4, 5, 6, 7\}$ and the relation R is defined as if $(x, y) \in R$, $x - y$ is a multiple of 3, then R is an equivalence relation of A.

   (c) The subset relation is a total ordered relation. （101 成大）

10. Let $S = \{1, 2, ..., n\}$. Define a relation R on S, such that $x \, R \, y$ if and only if $x = 2^k y$ for some integer k. Show that the relation R is an equivalence relation. （100 中山）

4.7 參考文獻

[1] E. Kamke, *Theory of Sets*, Dover Books, 1950.
[2] M. Aigner and G. M. Ziegler, *Proofs from the Book*, Springer, Berlin, 1998.
[3] R. P. Grimaldi, *Discrete and Combinatorial Mathematics: An Applied Introduction*, 4th Edition, Addison-Wesley, 1999.
[4] R. Johnsonbaugh, *Discrete Mathematics*, 5th Edition, Prentice Hall, N.J., 2001.
[5] M. Aigner, *Combinatorial Theory*, Springer-Verlag, New York, 1979.
[6] C. L. Liu, *Elements of Discrete Mathematics*, 2nd Edition, McGraw-Hill, New York, 1985.

Chapter 5

複雜度符號與數列和

5.1 前言
5.2 常用的上限和下限符號
5.3 求數列和
5.4 干擾法／歸納法求數列和
5.5 結論
5.6 習題
5.7 參考文獻

5.1 前言

在這一章,我們首先定義在資料結構 (Data Structure) 和演算法 (Algorithm) 中常見的上限 (Upper Bound) 和下限 (Lower Bound) 複雜度 (Complexity) 符號 θ、O 和 Ω。θ 唸作 Theta;O 唸作 Big-O;Ω 唸作 Omega。介紹完這三個著名的複雜度符號和排序的下限證明後,我們將介紹如何利用夾擊法 (Squeeze Method) 求一些特定的數列和的逼近值,這些逼近值有時可幫助複雜度的簡化。接著,我們介紹如何利用干擾法 (Perturbation Method) 求數列和以及用歸納法 (Induction Method) 驗證數列和的公式正確性。

5.2 常用的上限和下限符號

在演算法中,我們常用 θ、O 和 Ω 符號來表示演算法的複雜度。θ 和 O 用來表示演算法的複雜度上限;Ω 用來表示演算法的複雜度下限。

範例 5.2.1

如何定義 θ 複雜度?

解答 令 n 為問題輸入的大小 (Input Size)。例如,在排序 (Sorting) 1000 個數的問題中,n 指的是 1000。θ 可定義如下:找到三個常數 c_1、c_2 和 n_0,使得對任意的 $n \geq n_0$ 皆滿足 $0 \leq c_1 g(n) \leq f(n) \leq c_2 g(n)$,則 $f(n)$ 可寫成 $\theta(g(n))$。這裡,n_0 代表問題輸入的最小量。以 $f(n) = \frac{1}{2}n^2$ 為例,我們可找到 $c_1 = \frac{1}{3}$、$c_2 = \frac{3}{4}$ 和 $n_0 = 1$,使得對任意 $n \geq 1$ 皆滿足 $0 \leq \frac{1}{3}n^2 \leq \frac{1}{2}n^2 \leq \frac{3}{4}n^2 = \theta(n^2)$。這裡,$n_0 = 0$。

$\theta(n^2)$ 可視為一無限不可數集。

範例 5.2.2

如何定義 O 和 Ω 複雜度？

解答 口語地說，$f(n)$ 可用 $f(n)$ 中最高次 (或更高次) 的 $g(n)$ 以 $O(g(n))$ 來表示時，代表我們可找到常數 c 和 n_0，使得當 $n \geq n_0$ 時，$0 \leq f(n) \leq c \cdot g(n)$ 成立。$O(n^2)$ 可看成一無限不可數集。符號 θ 和 O 常被用來表示複雜度的上限，而第三個符號 Ω 是用來表示一個問題的複雜度下限。一個函數 $f(n)$ 可表示成 $\Omega(g(n))$ 時，代表可找到常數 c，使得當 $n \geq n_0$ 時，$f(n) \geq c \cdot g(n) \geq 0$ 成立。

針對排序的問題，利用冒泡法 (Bubble Sort) 或插入法 (Insertion Sort)，排序的問題可在 $O(n^2)\left(=O(\sum_{i=1}^{n-1} i)\right)$ 的時間內解決，$O(n^2)$ 可說是排序的一個上限。

▶ **試題 5.2.2.1 (彰師大)**

Please prove the following statements:

(a) If $f(n) = a_m n^m + a_{m-1} n^{m-1} + \cdots + a_1 n + a_0$ and $a_m \neq 0$, then $f(n) = O(n^m)$.

(b) If $f(n) = 1^k + 2^k + \cdots + n^k$, then $f(n) = O(n^{k+1})$.

解答 (a) $f(n) = \sum_{i=0}^{m} a_i n^i \leq \sum_{i=0}^{m} |a_i| n^i \leq n^m \sum_{i=0}^{m} |a_i| n^{i-m} \leq n^m \sum_{i=0}^{m} |a_i|$，$\forall n \geq 1$

取 $c = \sum_{i=0}^{m} |a_i|$ 和 $n_0 = 1$，則 $f(n) \leq c \cdot n^m$，$\forall n \geq n_0$

得 $f(n) = O(n^m)$。

(b) $f(n) = 1^k + 2^k + \cdots + n^k \leq n^k + n^k + \cdots + n^k = n \cdot n^k = n^{k+1}$，$\forall n \geq 1$

取 $c = 1$ 和 $n_0 = 1$，則 $f(n) \leq n^{k+1}$，$\forall n \geq n_0$

得 $f(n) = O(n^{k+1})$。

▶ **試題 5.2.2.2 (中山)**

Please work out the following problems:

(a) We define $f(n) = O(g(n))$ if and only if there exist positive constants c and n_0 such that $f(n) \leq cg(n)$ for all n, $n \geq n_0$. Using this definition, show that $10n^2 - 4n + 20 = O(n^4)$.

(b) We define $f(n) = \Theta(g(n))$ if and only if there exist positive constants c_1, c_2, and n_0 such that $c_1 g(n) \leq f(n) \leq c_2 g(n)$ for all n, $n \geq n_0$. Using this definition, show that $6 \times 3^n + n^2 = \Theta(3^n)$.

解答 (a) 可找到 $c = 10$ 和 $n_0 = 2$，使得

$$f(n) = 10n^2 - 4n + 20 \leq c \cdot n^4 = 10n^4，n \geq n_0$$

可得 $10n^2 - 4n + 20 = O(n^4)$。

(b) 可找到 $c_1 = 6$，$c_2 = 7$，$n_0 = 1$，使得

$$c_1 \cdot 3^n \leq f(n) = 6 \times 3^n + n^2 \leq c_2 \cdot 3^n，n \geq n_0$$

故 $6 \times 3^n + n^2 = \Theta(3^n)$。

▶試題 5.2.2.3（成大）

Prove if $f(n) = O(g(n))$ and $g(n) = O(h(n))$, then $f(n) = O(h(n))$.

解答 因為 $f(n) = O(g(n))$ 和 $g(n) = O(h(n))$

所以 $\exists\, c_1, c_2 \in \mathbb{R}^+$，$n_0, n_1 \in \mathbb{N}$，使得

$$f(n) \leq c_1 g(n)，\forall n \geq n_0$$
$$g(n) \leq c_2 h(n)，\forall n \geq n_1$$

可得 $f(n) \leq c_1 g(n) \leq c_1 c_2 h(n) = c \cdot h(n)$ （令 $c = c_1 c_2 \in \mathbb{R}^+$）

$\forall n \geq \max\{n_0, n_1\}$，得證。

▶試題 5.2.2.4（清大）

Using mathematical induction, prove that for all $n > 0$

$$\sum_{i=0}^{n}((i+2)2^i) = (n+1)2^{n+1}$$

解答 當 $n = 1$，可得

$$\sum_{i=0}^{n}((i+2)2^i) = 2 \times 2^0 + 3 \times 2^1 = 8 = 2 \cdot 2^2$$

原式成立。

當 $n = k$，假設上式成立，也就是

$$\sum_{i=0}^{k}((i+2)2^i) = (k+1)2^{k+1}$$

當 $n = k+1$，可歸納得

$$\begin{aligned}\sum_{i=0}^{k+1}((i+2)2^i) &= \sum_{i=0}^{k}((i+2)2^i) + (k+3)2^{k+1}\\ &= (k+1)2^{k+1} + (k+3)2^{k+1}\\ &= (2k+4)2^{k+1}\\ &= (k+2)2^{k+2}。\end{aligned}$$

▶試題 5.2.2.5（台科大）

令 $0 < \varepsilon < 1$，到底 $\log n$ 的成長率大？還是 n^ε 的成長率大？（這裡 log 的底數假設為 e。）

解答 當 $n \to \infty$ 時，我們利用羅比達法則來衡量何者的成長率大，得到

$$\lim_{n \to \infty} \frac{\log n}{n^\varepsilon} = \lim_{n \to \infty} \frac{\log \frac{1}{n} \times e}{\varepsilon n^{\varepsilon-1}} = \lim_{n \to \infty} \frac{1}{\varepsilon n^\varepsilon} = 0$$

故 n^ε 的成長率大於 $\log n$ 的成長率。我們也可表示成 $n^\varepsilon > \log n$。

▶試題 5.2.2.6（99 政大）

If f is a numeric function such that $f(n) = \theta(n^2)$, then $f(n) = O(n^3)$. （是非題）

解答 已知 $f(n) = \theta(n^2)$，由範例 5.2.1 知 $0 \le c_1 n^2 \le f(n) \le c_2 n^2$，故可推得 $0 \le f(n) \le c_2 n^2 \le c_2 n^3$。$f(n)$ 可寫成 $f(n) = O(n^3)$，故本題為真。

範例 5.2.3（台科大）

排序的複雜度下限為何？

解答 先來看一個 $n=3$ 的例子。今有三個相異數 a、b 和 c 要排序。將三數兩兩比大小，圖 5.2.1 為所有兩兩比較後的決策樹 (Decision Tree)。

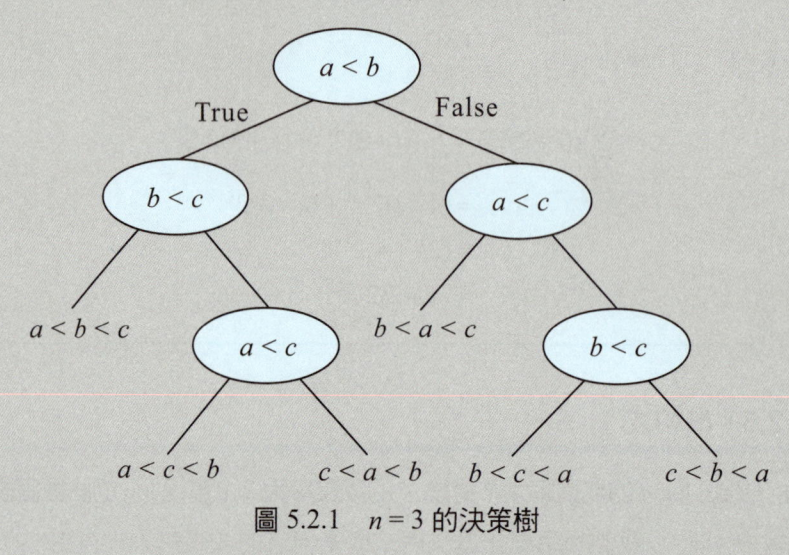

```
                    a < b
              True /      \ False
                b < c      a < c
               /    \     /    \
         a<b<c    a<c   b<a<c   b<c
                 /   \          /   \
              a<c<b c<a<b    b<c<a c<b<a
```

圖 5.2.1　$n=3$ 的決策樹

在圖 5.2.1 中，先進行 $a < b$ 的檢查，若 a 小於 b，則往左孩子 (Left Son) 進行 $b < c$ 的檢查。若 b 小於 c，則可得知 $a < b < c$。我們依此展開整個決策樹，可得知共有 $3! = 6$ 個排序的可能，它們分別對應於上圖中的 6 個由樹根到樹葉 (Leaf) 的路徑 (Path) 上。由這個例子可知最長的路徑需經過 3 個比較的動作。注意，在上圖中，雖然也有兩條路徑，它們只需 2 個比較的動作，但我們討論下限時，需要考慮最長的路徑，也就是最壞的情況 (Worst Case)，畢竟每一條路徑都有可能。

若是有 n 個相異數要比較，則進行兩兩比較後所得到的決策樹中，共有 $n!$ 個樹葉。從樹根到最深的葉子路徑，一定找得到葉子，其深度 (Depth) 至少需 $\log n!$。這裡的深度指的是兩兩比較的次數。注意：深度 $n-1$ 是最短的情形，固然可得到 $\Omega(n)$ 的下限，但別忘了，相較於 $n-1$，下限 $\log n!$ 較大也較有意義。接下來，我們必須想辦法得出 $\log n!$ 較簡單的封閉形式。利用 5.3 節中 $\log n!$ 的近似表示法，我們得到

$$n \log n - n + 1 < \log n!$$

取 $c = 1/2$ 和 $n_0 = 4$，可得

$$(1/2)n \log n < n \log n - n + 1, \quad \forall n \geq n_0$$

換言之，可得到 $\quad (1/2)n \log n < \log n!, \quad \forall n \geq n_0$

我們於是得到 $\log n! = \Omega(n \log n)$。因此，排序問題的下限為 $\Omega(n \log n)$。

我們以排序為例，利用下圖來解釋上限和下限兩者的關係。

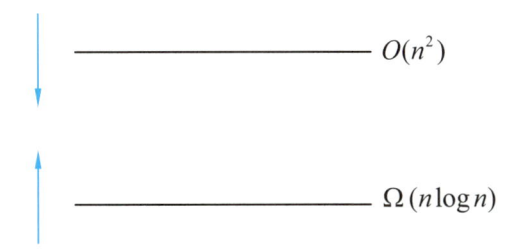

——————————— $O(n^2)$

——————————— $\Omega(n \log n)$

箭頭 ↓ 表示排序的複雜度上限仍有向下修正的空間，節頭 ↑ 表示排序的下限仍有向上修正的空間。上限的向下修正得靠提出更好的排序演算法。下限的向上修正靠的是更緊緻 (Tight) 的理論證明。就排序而言，快速排序法 (Quicksort) 的時間複雜度為 $O(n \log n)$（讀者可參閱演算法的書），其與下限 $\Omega(n | \log n)$ 正好碰到，我們也稱快速排序法為最佳排序法 (Optimal Sorter)。

5.3 求數列和

我們對 $n!$ 取 $\log$，可得

$$\log n! = \log n + \log(n-1) + \log(n-2) + \cdots + \log 2$$

其面積示意圖如圖 5.3.1 所示。

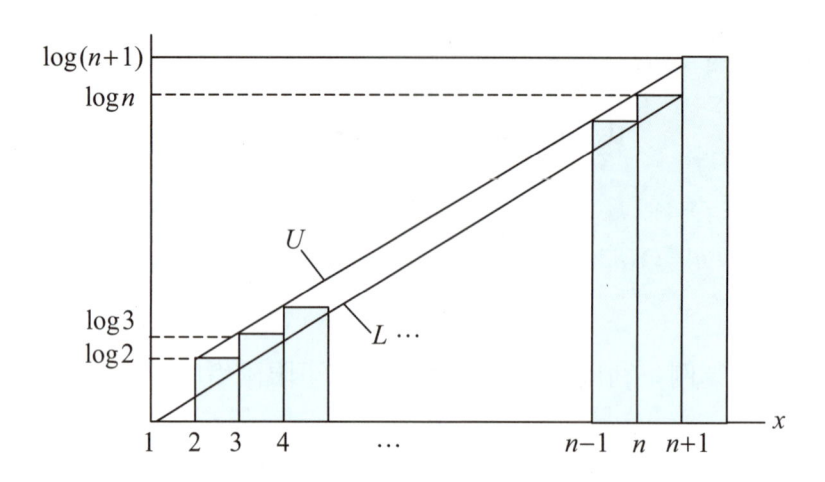

圖 5.3.1　log n! 的面積示意圖

範例 5.3.1（台科大）

如何證明 $\log n! = \Omega(n \log n)$？

解答　在圖 5.3.1 中，塗色區域為各長條型區域的總和，也等於 $\log n!$ 的值。利用部分積分式子：$\int u\,dv = uv - \int v\,dv$，令

$$U = \int_2^{n+1} \log x\,dx = (x\log x - x)\Big|_2^{n+1}$$
$$= [(n+1)\log(n+1)] - (n+1) - 2 + 2$$
$$= n\log(n+1) + \log(n+1) - (n+1)$$

和

$$L = \int_1^n \log x\,dx = (x\log x - x)\Big|_1^n = n\log n - n + 1$$

$$L \leq 塗色區域面積 \leq U$$

在上面的示意圖中，曲線 U 包覆下的面積大於等於塗色區域面積，而塗色區域面積又大於等於曲線 L 包覆下的面積。

我們有

$$n\log n - n + 1 \leq \log n! \leq n\log(n+1) + \log(n+1) - (n+1)$$

我們就取 $n\log n - n + 1$ 為塗色區域面積的下界值，依照複雜度下限 Ω 的定義，我們證得 $\log n! = \Omega(n \log n)$。

根據範例 5.3.1，很容易可推得

$$\left(\frac{n}{e}\right)^n \times e \leq n! \leq \frac{(n+1)}{e} \times \left(\frac{n+1}{e}\right)^n$$

事實上，根據 Stirling 的近似估計，$n!$ 更緊緻的近似估計為

$$n! \sim \sqrt{2\pi n}\left(\frac{n}{e}\right)^n$$

$H_n = \sum_{i=1}^{n} \frac{1}{i} = \frac{1}{1} + \frac{1}{2} + \frac{1}{3} + \cdots + \frac{1}{n}$ 也叫調和數 (Harmonic Number)。調和數是很重要的一個數。

範例 5.3.2（台科大）

當 $n \to \infty$，$H_n = \frac{1}{1} + \frac{1}{2} + \frac{1}{3} + \cdots + \frac{1}{n}$ 的近似表示值可寫成 $\log n$。

解答 圖 5.3.2 所示的三種面積（□ABCD、□AFCD 和 □EFCD）可幫助理解 H_n 的下界與上界求法。

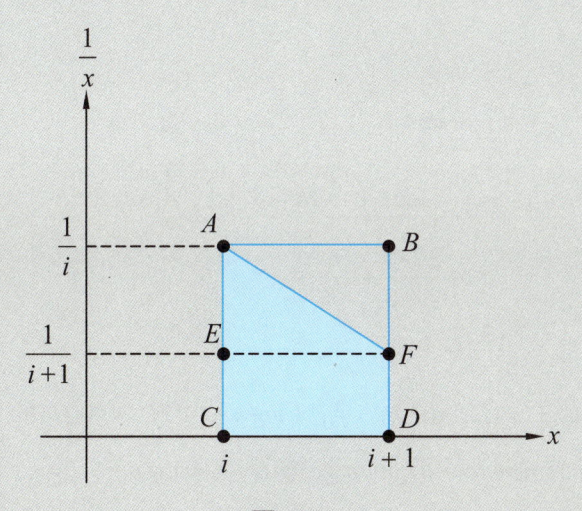

圖 5.3.2

$$\int_{i}^{i+1} \frac{1}{x} dx \leq \frac{1}{i}$$

從

我們可得到

$$\int_1^n \frac{1}{x}dx + \frac{1}{n} = \int_1^2 \frac{1}{x}dx + \int_2^3 \frac{1}{x}dx + \cdots + \int_{n-1}^n \frac{1}{x}dx + \frac{1}{n}$$

$$\leq \frac{1}{1} + \frac{1}{2} + \cdots + \frac{1}{n-1} + \frac{1}{n}$$

$$= H_n$$

又

$$\int_1^n \frac{1}{x}dx = \log x \Big|_1^n = \log n$$

可得知

$$\int_1^n \frac{1}{x}dx + \frac{1}{n} = \log n + \frac{1}{n} < H_n$$

我們得到了 H_n 的下界。

很明顯地，從圖 5.3.2，我們得到

$$\int_i^{i+1} \frac{1}{x}dx \geq \frac{1}{i+1}$$

推廣之，我們得到

$$\int_1^n \frac{1}{x}dx + 1$$

$$= \int_1^2 \frac{1}{x}dx + \int_2^3 \frac{1}{x}dx + \cdots + \int_{n-1}^n \frac{1}{x}dx + 1$$

$$\geq 1 + \frac{1}{2} + \frac{1}{3} + \cdots + \frac{1}{n}$$

$$= H_n$$

因為 $\int_1^n \frac{1}{x}dx + 1 = \log x \Big|_1^n + 1 = \log n + 1$，所以 $\log n + 1 \geq H_n$。由 H_n 的上界 $\log n + 1$ 和下界 $\log n + 1/n$ 可知，當 $n \to \infty$，H_n 的近似表示可寫成 $\log n$。

5.4 干擾法／歸納法求數列和

接下來，我們要介紹一種稱為干擾法的有效工具，並利用它直接求得某種類型的數列和之封閉形式。最後，我們介紹如何利用歸納法以證明事先給定的數列和之封閉形式的正確性。

範例 5.4.1

如何求得 $\sum_{k=0}^{n} k$ 的封閉形式？

解答 假設 C_n 為欲求的封閉形式，而 E_n 為離散和 C_n 與連續和 $\int_0^n x\,dx$ 的誤差，我們得到

$$E_n = C_n - \int_0^n x\,dx = C_n - \frac{1}{2}n^2 = C_{n-1} + n - \frac{1}{2}n^2$$
$$= \left[E_{n-1} + \frac{1}{2}(n-1)^2\right] + n - \frac{1}{2}n^2 = E_{n-1} + \frac{1}{2}$$
$$= E_{n-2} + \frac{1}{2} + \frac{1}{2} = \cdots = E_0 + \frac{n}{2}$$
$$= \frac{n}{2}$$

在上述推導過程中，**遞迴式** (Recurrence) 和 $C_n = C_{n-1} + n$ 為干擾法的核心。我們得到

$$C_n = E_n + \frac{1}{2}n^2 = \frac{n}{2} + \frac{1}{2}n^2 = \frac{n}{2}(1+n)$$

所以 $\sum_{k=0}^{n} k$ 的封閉形式為 $\frac{1}{2}n(n+1)$。

範例 5.4.2

利用干擾法證出 $\sum_{k=0}^{n} k^2 = \dfrac{n(n+1)(2n+1)}{6}$。

解答 令 $C_n = \sum_{k=0}^{n} k^2$，仿照前面的步驟，可得到

$$E_n = C_n - \int_0^n x^2 dx = C_n - \frac{1}{3}n^3 = C_{n-1} + n^2 - \frac{1}{3}n^3$$
$$= \left[E_{n-1} + \frac{1}{3}(n-1)^3\right] + n^2 - \frac{1}{3}n^3 = E_{n-1} + n - \frac{1}{3}$$
$$= E_{n-2} + (n-1) - \frac{1}{3} + n - \frac{1}{3}$$
$$\vdots$$
$$= \left(\sum_{k=0}^{n} k\right) - \frac{1}{3} \times n$$
$$= \frac{n(n+1)}{2} - \frac{1}{3} \times n$$

於是，我們得到

$$C_n = E_n + \frac{1}{3}n^3 = \frac{n(n+1)}{2} - \frac{1}{3} \times n + \frac{1}{3}n^3$$
$$= \frac{3n^2 + 3n - 2n + 2n^3}{6}$$
$$= \frac{n(n+1)(2n+1)}{6} \text{。}$$

範例 5.4.3

用歸納法證明 $\sum_{k=0}^{n} k = \frac{n(n+1)}{2}$。

解答 歸納法有三步驟：

步驟 1：驗證 $n=1$ 時，我們有

$$\sum_{k=0}^{1} k = 0 + 1 = 1 = \frac{1 \times 2}{2} = 1$$

故上述等式在 $n=1$ 會成立。

步驟 2：假設對任意的 $n=m$ 而言，上述的等式會成立。

步驟 3：考慮 $n=m+1$ 的情形，可歸納 (Induction) 出

$$\sum_{k=0}^{m+1} k = \sum_{k=0}^{m} k + (m+1) = \frac{m(m+1)}{2} + (m+1) = (m+1)\left[\frac{m+2}{2}\right]$$
$$= \frac{(m+1)(m+2)}{2} \text{。}$$

5.5　結論

這一章介紹的一些複雜度符號在後面章節分析演算法時會經常用到。本章介紹的下限證明技巧也值得讀者細心體會。

5.6　習題

1. $f(n) = O(n^2)$ implies $f(n) = O(n^3)$.　　　　　　　　　　　（101 政大）
2. Which is sufficient but not necessary condition for the corresponding goal? For for comparing the growth of two function f and g, "f is $o(g)$" for "f is $O(g)$ but not $\Theta(g)$".　　　　　　　　　　　（101 中央）
3. Which of the following notations best describes the order of the function $(n^5 + 3n^3 + 2) / (7n^2 + 2n + 100)$?
   (a) $O(n)$　(b) $\Theta(n^2)$　(c) $\Theta(n^4)$　(d) $O(n^5)$.　　　　　（100 政大）
4. Determine the best "big Oh" of time complexity for each following expression
   (a) $a = 5 + 10 + 15 + \cdots + 5n$
   (b) $b = 1 + \dfrac{1}{2} + \dfrac{1}{3} + \cdots + \dfrac{1}{n}$
   (c) $c = \dfrac{(n^2 + \log n)(n+9)}{n + n^2}$
   (d) $d = 2\log n - 8n + n\log n$.　　　　　　　　　　　（100 雲科大）
5. Prove $\log n!$ is $\Theta(n \log n)$.　　　　　　　　　　　（100 成大）
6. If $f(n)$ is the number of comparisons needed to sort n items in the worst case by a sorting algorithm, then $f(n) = \Omega(n \log n)$.　　　　　　　　　　　（100 成大）
7. The "bubble sort" is a sorting that uses passes where successive items are interchange if they are out of order, and it has $O(n \log n)$ complexity.　　　　　　　　　　　（100 中原）
8. For $x \in Z^+$, let $F(x) = 3x! + x^2$ and $G(x) = 6x^3 + 10x$.
   (a) A tight (as good as possible) upper (*big-O*) bound of $F(x)$ is _____.

(b) A tight (as good as possible) lower (big-Ω) bound of $(G+F)(x)$ is _____.

（100 元智）

9. Prove that $1 \cdot 2 + 2 \cdot 3 + 3 \cdot 4 + \cdots + n(n+1) = n(n+1)(n+2)/3$, where n is a positive integer, by mathematical induction. （100 中原）

10. Prove by mathematical induction the formula for sum of the cubes of the first n positive integers: $1^3 + 2^3 + 3^3 + \cdots + n^3 =$ _____. （100 市北教）

5.7 參考文獻

[1] R. L. Graham, D. E. Knuth, and O. Patashni, *Concrete Mathematics*, Addison-Wesley, New York, 1989.

Chapter 6

遞迴式與求解

6.1 前言
6.2 遞迴式的表示
6.3 齊次遞迴式的求解
6.4 非齊次遞迴式的求解
6.5 結論
6.6 習題
6.7 參考文獻

6.1 前言

在這一章，我們打算透過一些實際的例子來介紹如何利用遞迴式 (Recurrence) 來表示一些計數問題求解的形式。透過河內塔 (Hanoi Tower) 問題的求解，我們將導出對應的一階遞迴式和利用疊代法 (Substitution Method) 求解該遞迴式。二階遞迴式可分成兩類：齊次 (Homogeneous) 遞迴式和非齊次 (Nonhomogeneous) 遞迴式。接下來，我們要介紹如何求解這兩類遞迴式。

6.2 遞迴式的表示

許多的問題求解往往很難用外顯的方法來解開它們，但是若採用遞迴 (Recursion) 的思考方式來描述問題的解法卻是再簡單不過了，尤其是有些層層相似的問題。有了遞迴的解法後，我們可用推導出來的遞迴式來表示解該問題的時間複雜度。光有表示時間複雜度的遞迴式仍不能讓我們知道真正複雜度的外顯形式 (Explicit Form)，這時就需要有一套方法來求出該遞迴式的封閉形式 (Closed Form)。本節介紹疊代法來求解一階遞迴式。

相傳古印度的僧侶喜歡玩一種稱作河內塔的遊戲。這個遊戲的道具包括三根相同的柱子和 n 個由小到大且不一樣大的圓盤。當考慮 $n = 3$ 時，遊戲的規則是這樣定的：

1. 三根相同的柱子立於地上，如圖 6.2.1 所示。

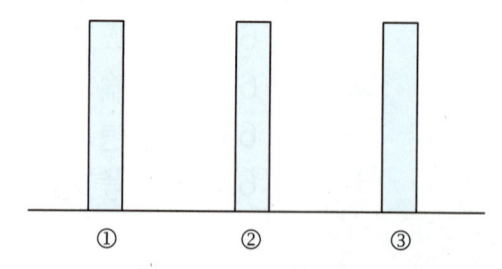

圖 6.2.1　編號為 ①、② 和 ③ 的三根柱子

2. 這三個圓盤依照由小到大的順序放置在第一根柱子上，如圖 6.2.2 所示。

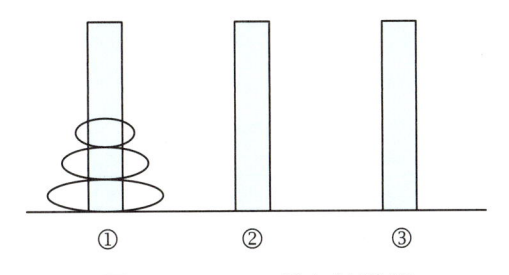

　　圖 6.2.2　$n = 3$ 的起始狀態

3. 每一次將一個圓盤從某根柱子搬到另一根柱子時，我們得確保任一柱子上的圓盤仍需維持由小到大的順序。

　　為方便說明遞迴的解法，將圖 6.2.2 的三個圓盤分別標識為小、中和大三種。首先，我們得想個法子把第一根柱子上的小圓盤和中圓盤搬到第二根柱子上。接下來，再將大圓盤從第一根柱子搬到第三根柱子上。最後，我們再將小圓盤和中圓盤從第二根柱子搬到第三根柱子上。感覺上，似乎已達到目的了，但對其間的遞迴觀念仍有必要再詮釋一下，也就是如何將小、中兩個圓盤從第一根柱子搬到第二根柱子上。圖 6.2.3 為所需的三個步驟。

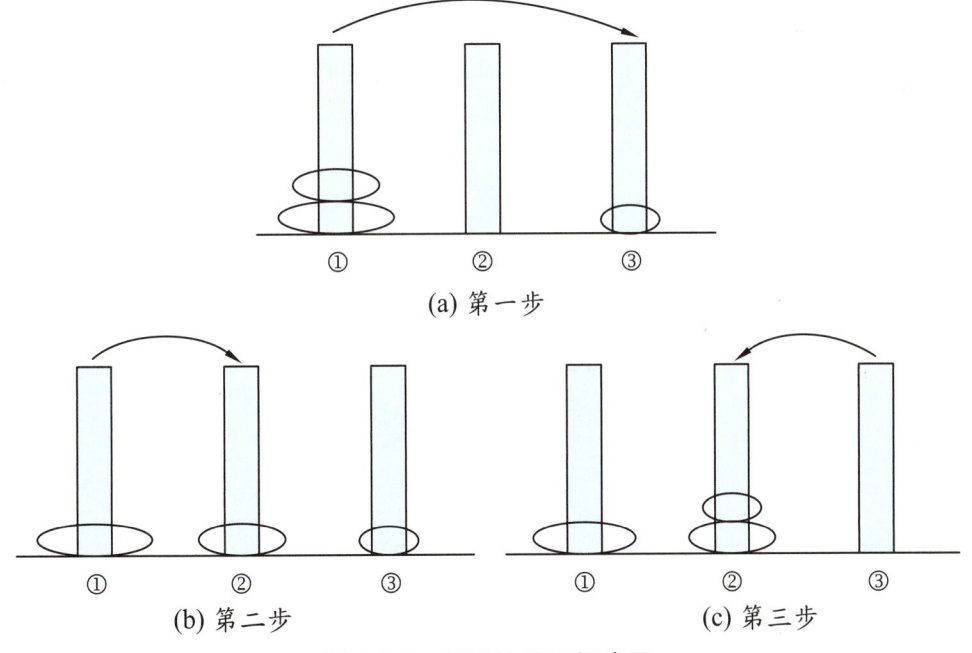

(a) 第一步

(b) 第二步　　　　　　(c) 第三步

圖 6.2.3　所需的前三個步驟

圖 6.2.3 的三個步驟可視為一個巨集步驟 (Macro Step)。經過這個巨集步驟後，我們已將小、中兩圓盤安置在第二根柱子上。接下來，我們如圖 6.2.4 所示，將大圓盤從第一根柱子移往第三根柱子。

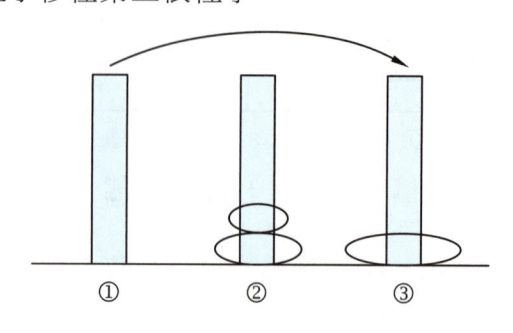

圖 6.2.4　第四步

最後，我們再次使用前回的巨集步驟將第二根柱子上的小、中圓盤移到第三根柱子上。在這裡，我們根本不用擔心第三根柱子上的大圓盤，因為第三根柱子上的大圓盤根本就不會再被搬動了。令 $T(n)$ 代表將 n 個圓盤從某根柱子移至另一根柱子的步驟數。

針對 $n = 3$ 的情況，河內塔的問題需要

$$\begin{aligned} T(2)+T(1)+T(2) &= 2T(2)+T(1) \\ &= 2[2T(1)+1]+1 \\ &= 2\times 3+1 \\ &= 7 \end{aligned}$$

步來完成。這裡 $T(1) = 1$ 也稱作邊界條件 (Boundary Condition)。考慮一般的 n，則河內塔需花

$$\begin{aligned} T(n) &= 2T(n-1)+1 \\ &= 2[2T(n-2)+1]+1 \\ &\vdots \\ &= 2^{n-1}+2^{n-2}+\cdots+1 \\ &= 2^n-1 \end{aligned}$$

步來完成。由於 $T(n)$ 只和 $T(n-1)$ 有遞迴關係，故上述遞迴式是一階遞迴式。圖 6.2.5 為其遞迴式示意圖。上述的遞迴式解法是最簡單的疊代法。

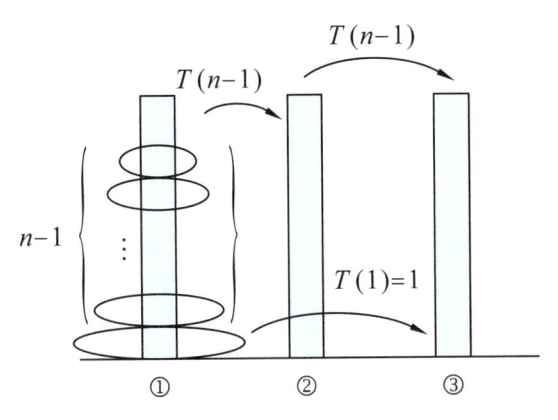

圖 6.2.5　河內塔的遞迴式示意圖

範例 6.2.1（政大）

滿足數列 $a_1, a_2, a_3, \ldots$ 的遞迴關係定義如下所示：

$$a_1 = 1$$

$$a_n = 2a_{\lfloor n/2 \rfloor}，其中 n \geq 2 且 n 為整數$$

請使用疊代法得出此數列的通解。

解答　由於註標取 floor $\lfloor \ \rfloor$ 算子可看成其二進位向右移位，利用下面的移位：

$$a_{10} \to a_5 \to a_2 \to a_1$$

以上註標的二進位表示法為

$$10 = (1010)_2$$
$$5 = (101)_2$$
$$2 = (10)_2$$
$$1 = (1)_2$$

所以令 $n = (b_{l-1} \cdots b_1 b_0)_2$，$b_{l-1} = 1$，則可得

$$a_n = a_{(b_{l-1} \cdots b_1 b_0)_2} = 2 \times a_{(b_{l-1} \cdots b_2 b_1)_2} = 2 \times 2 a_{(b_{l-1} \cdots b_2)_2}$$
$$\vdots$$
$$= 2^{(l-1)} \times a_{(b_{l-1})_2} = 2^{(l-1)} \times a_1 = 2^{\lfloor \log_2 n \rfloor + 1 - 1} \times 1$$
$$= 2^{\lfloor \log_2 n \rfloor}。$$

▶試題 6.2.1.1（東華）

求解遞迴式 $C_N = C_{N/2} + 1$。

解答 令 $N = 2^k$，則得到

$$C_{2^k} = C_{2^{k-1}} + 1 = (C_{2^{k-2}} + 1) + 1 = C_{2^{k-2}} + 2 = \cdots$$
$$= C_{2^{k-k}} + k = C_1 + k = C_1 + \log_2 N。$$

我們再來看另一個遞迴式解法的問題。

範例 6.2.2（台科大）

給 n 條直線，在二維平面上，最多共可切割出多少個區域？

解答 透過幾個簡單的小例子來從中找出遞迴的精神倒不失為很好的一個策略。令 $R(i)$ 代表 i 條直線所切割出的最多區域數，我們有

$$R(0) = 1$$

$$R(1) = 2 \triangleq \begin{array}{c} ① \\ ② \end{array}$$

$$R(2) = 4 \triangleq \begin{array}{c} ① \\ ④ \times ② \\ ③ \end{array}$$

$$R(3) = 7 \triangleq \begin{array}{c} ⑤ \\ ⑥ \; ④ \; ① \\ ⑦ \; ③ \; ② \end{array}$$

很自然地，我們可看出：當加上一條直線於已分割成 $R(n-1)$ 區域上時，最多可多切出 n 個區域，所以可得到 $R(n) = R(n-1) + n$，$n > 0$。

利用疊代法，可算出

$$R(n) = R(n-2) + n - 1 + n$$
$$= R(0) + 1 + 2 + \cdots + n - 1 + n$$
$$= 1 + \frac{n(n+1)}{2}$$

例如，$n = 4$ 時，$R(4) = 11$，共可切割出 11 個區域。

前兩個範例所得到的遞迴式為

$$T(n) = 2T(n-1) + 1 \text{ , } T(1) = 1$$

$$R(n) = R(n-1) + n \text{ , } R(0) = 1$$

它們皆屬於一階 (First Order) 遞迴式的一種，利用疊代法，不難得出 $T(n)$ 和 $R(n)$。然而，有二階 (Second Order) 遞迴式的求解，利用疊代法是很難奏效的。如何求解二階遞迴式可參見 6.3 節和 6.4 節。

▶試題 6.2.2.1（99 中央）

The Towers of Hanoi is a popular puzzle. It consists of three pegs and a number of discs of differing, each with a hole in the center. The discs initially sit on one of the pegs in order of decreasing diameter (smallest at top, largest at bottom), thus forming a triangular tower. The object is to move the tower to one of the other pegs by transferring the discs only to an adjacent peg one at a time in such a way that no disc is ever placed upon a smaller one. Solve the puzzle and find the solution for a_n, the number of moves required to transfer n discs from one peg to another.（多選題）

(a) When there are $n = 2$ discs, three moves are required.

(b) When there are $n = 3$ discs, thirteen moves are required.

(c) The recurrence relation is $a_n = 2a_{n-1} + 1$

(d) The recurrence relation is $a_n = 4a_{n-1} + 1$

(e) The explicit formula for a_n is $a_n = \frac{1}{2}(3^n - 1)$

解答 根據前面對河內塔的介紹，可知

$$T(2) = a_2 = 3 \text{ 、 } T(3) = a_3 = 7 \text{ 、}$$

$$T(n) = a_n = 2a_{n-1} + 1 \text{ 、 } T(n) = a_n = 2^n - 1$$

故選 (a) 和 (c)。

▶ **試題** 6.2.2.2

請用疊代法解出 $T(n) = T(n-1) + 2n$，$T(1) = 1$。

解答

$$\begin{aligned}
T(n) &= T(n-1) + 2n \\
&= T(n-2) + 2(n-1) + 2n \\
&\vdots \\
&= T(1) + 2\times 2 + 2\times 3 + \cdots + 2(n-1) + 2n \\
&= 1 + 2\times 2 + 2\times 3 + \cdots + 2(n-1) + 2n \\
&= 1 + 2\times[2 + 3 + \cdots + (n-1) + n] \\
&= 1 + 2\times\left[\frac{n(n+1)}{2} - 1\right] \\
&= n(n+1) - 1 \text{。}
\end{aligned}$$

我們來看一個**費氏數列** (Fibonacci Sequence) 的二階遞迴類型例子。

範例 6.2.3

何謂費氏數列？

解答 費氏數列可被定義為

$$\begin{aligned}
F_0 &= 0 \\
F_1 &= 1 \\
F_n &= F_{n-1} + F_{n-2}，n \geq 3
\end{aligned}$$

我們很容易驗證

$$\begin{aligned}
F_2 &= F_1 + F_0 = 1 + 0 = 1 \\
F_3 &= 2 \\
F_4 &= 3 \\
F_5 &= 5
\end{aligned}$$

費氏數列常用來解釋動物的繁殖情況和樹枝分叉成長的模式。

試題 6.2.3.1（中興）

一個字串只有包含 0、1、2，稱作三元字串。

(a) 找出三元字串 (其中不包含兩個連續 0) 的個數之遞迴關係式。

(b) 初始條件為何？

解答　(a) 令 a_n 表示長度為 n 的三元字串且滿足題目的不同字串個數，我們分兩種情形來討論。

   (1) 若字串第一個位元為 0：所以第二個位元必為 1 或 2，而剩餘的 $n-2$ 個位元可當作一長度為 $(n-2)$ 的字串，且須滿足題目要求，所以不得有連續 2 個 0 發生。故此情形共有方法數 $2a_{n-2}$。

   (2) 若字串第一個位元不為 0：所以第一個位元可為 1 或 2，而剩餘的 $n-1$ 個位元可當作一長度為 $(n-1)$ 的字串，且須滿足題目要求，所以不得有連續 2 個 0 發生。故此情形共有方法數 $2a_{n-1}$。

   所以 $a_n = 2a_{n-2} + 2a_{n-1}$。

(b) 由 (a) 之遞迴式知道必須有兩個初始值，所以當 $n=1$ 時，明顯地 $a_1=3$；當 $n=2$ 時，則只有兩個位元全為 0 時不滿足題目要求，故 $a_2 = 9-1 = 8$，所以初始條件為 $a_1=3$ 和 $a_2=8$。

試題 6.2.3.2（台大）

考慮二元字串 $x_1 x_2 \ldots x_n$，且該字串的權重定義為 $\sum_i x_i$。現在有 2^n 個字串，試問其中有多少個字串為偶數權重？

解答　令 a_n 表示長度為 n 的二元字串且滿足權重為偶數的個數，我們分成兩種情形討論。

(a) 若字串第一個位元為 0：剩餘的 $n-1$ 個位元可當作一長度為 $(n-1)$ 的字串且須滿足題目要求。因為權重須為偶數，故此情形共有個數 a_{n-1}。

(b) 若字串第一個位元為 1：剩餘的 $n-1$ 個位元可當作一長度為 $(n-1)$ 的字串且須滿足題目要求。因為權重須為奇數，而長度為 $(n-1)$ 的二元字串共有 2^{n-1} 個，故此情形共有個數 $2^{n-1} - a_{n-1}$。

綜合 (a) 和 (b) 的討論，所以 $a_n = a_{n-1} + (2^{n-1} - a_{n-1}) = 2^{n-1}$。

▶試題 6.2.3.3（海洋大學）

長度為 7 的二元字串，但不包含連續 4 個 1 有多少種？

[解答] 令 a_n 表示長度為 n 的二元字串且滿足題目要求：不得有連續 4 個 1 發生，我們分成以下情形討論。

(a) 若字串第一個位元為 0：剩餘的 $n-1$ 個位元可當作一長度為 $(n-1)$ 的字串，且須滿足題目要求：不得有連續 4 個 1 發生，故此情形共有個數 a_{n-1}。

(b) 若字串第一個位元為 1：因為需要滿足題目要求，所以再分下列情形討論。

　(1) 若字串第二個位元為 0：剩餘的 $n-2$ 個位元可當作一長度為 $(n-2)$ 的字串，且須滿足題目要求：不得有連續 4 個 1 發生，故此情形共有個數 a_{n-2}。

　(2) 若字串第二個位元為 1：因為須滿足題目要求，所以再分下列情形討論：

　　(i) 若字串第三個位元為 0：剩餘的 $n-3$ 個位元可當作一長度為 $(n-3)$ 的字串，且須滿足題目要求：不得有連續 4 個 1 發生，故此情形共有個數 a_{n-3}。

　　(ii) 若字串第三個位元為 1：因為須滿足題目要求，所以第四個位元必須為 1。在此情形下，剩餘的 $n-4$ 個位元可當作一長度為 $(n-4)$ 的字串，且須滿足題目要求：不得有連續 4 個 1 發生，故此情形共有個數 a_{n-4}。

綜合上面四種情形，可得遞迴式 $a_n = a_{n-1} + a_{n-2} + a_{n-3} + a_{n-4}$，$n \geq 5$。初始值

$$a_1 = 2，a_2 = 4，a_3 = 8，a_4 = 16 - 1 = 15$$
$$a_5 = 15 + 8 + 4 + 2 = 29，a_6 = 29 + 15 + 8 + 4 = 56$$

故得到

$$a_7 = 56 + 29 + 15 + 8 = 108。$$

▶試題 6.2.3.4（政大）

長度為 10 的二元字串且滿足不出現連續 2 個 1 的字串有多少種？

[解答] 令 a_n 為長度為 n 的二元字串且滿足不出現連續 2 個 1 的字串個數。可得到下面的遞迴式：

$$\begin{cases} a_n = a_{n-1} + a_{n-2} \\ a_1 = 2，a_2 = 3 \end{cases}$$

欲求 a_{10} 可直接代入上面的遞迴式求解較快，透過如下表格求得。

n	1	2	3	4	5	6	7	8	9	10
a_n	2	3	5	8	13	21	34	55	89	144

故 $a_{10} = 144$。

▶試題 6.2.3.5（清大）

令 a_r 表示 $\{1, 2, 3, ..., r\}$ 中子集合滿足不包含連續 2 個整數的此種子集合個數。請推導出 a_r 的遞迴關係式。

解答　類似於前面幾題的解法。可分下列兩種情況討論：

情況 1：若子集合包含 r，則此種子集合必不包含 $r-1$，而剩下的元素 $\{1, 2, 3, ..., r-2\}$ 選取也須滿足條件，故滿足此種子集合的總個數為 a_{r-2}。

情況 2：若子集合不包含 r，而剩下的元素 $\{1, 2, 3, ..., r-1\}$ 選取也須滿足條件，故滿足此種子集合的總個數為 a_{r-1}。

故可得其遞迴關係式 $a_r = a_{r-1} + a_{r-2}$。

▶試題 6.2.3.6（中興）

請求出長度為 n 且滿足不出現連續 2 個 0 的二元序列之個數的遞迴關係式，並列出其初始條件。

解答　類似於前面幾題的分析方式。令 a_n 為所求序列個數，分成兩種情況來討論。

情況 1：若序列第 n 個數字為 0。

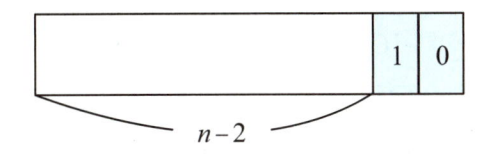

欲使它不含連續 0，則第 $n-1$ 個數字必為 1，此時只有前面 $n-2$ 個數字不含連續 0 即可，有 a_{n-2} 種序列會滿足這個情況。

情況 2：若序列第 n 個數字為 1。

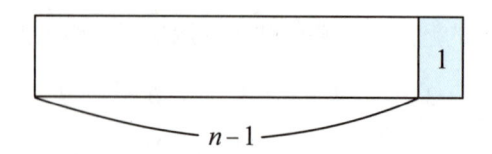

欲使它不含連續 0，則前面第 $n-1$ 個數字必不含連續 0，有 a_{n-1} 種序列會滿足這個情況。

當只有 1 個位元時，顯然不會有連續 0，這有 2 種可能，所以 $a_1 = 2$。

當只有 2 個位元時，不含連續 0 者為 01、10、11，有 3 種可能，所以 $a_2 = 3$。

故得到此題之遞迴關係式為

$$\begin{cases} a_n = a_{n-1} + a_{n-2}, n \geq 3 \\ a_1 = 2, a_2 = 3 \end{cases}$$

6.3 齊次遞迴式的求解

從前面的範例及試題中，可看出利用疊代式 (Iterative) 算法求解二階遞迴式的過程過於緩慢。在下面的兩節中，我們要介紹用更有效的方法來求解二階或更高階遞迴式。我們就先以費氏數列為例來介紹齊次遞迴式 (Homogeneous Recurrence) 的求解。首先將費氏數列對應的二階遞迴式改寫為

$$F_n - F_{n-1} - F_{n-2} = 0$$

將 $F_n = C_0(r_1)^n + C_1(r_2)^n$、$F_{n-1} = C_0(r_1)^{n-1} + C_1(r_2)^{n-1}$ 和 $F_{n-2} = C_0(r_1)^{n-2} + C_1(r_2)^{n-2}$ 代入上式，可得

$$\begin{aligned} &C_0(r_1)^n + C_1(r_2)^n - [C_0(r_1)^{n-1} + C_1(r_2)^{n-1}] - [C_0(r_1)^{n-2} + C_1(r_2)^{n-2}] \\ &= C_0[r_1^n - r_1^{n-1} - r_1^{n-2}] + C_1[r_2^n - r_2^{n-1} - r_2^{n-2}] \\ &= C_0 r_1^{n-2}[r_1^2 - r_1 - 1] + C_1 r_2^{n-2}[r_2^2 - r_2 - 1] \\ &= 0 \end{aligned}$$

當上式中的 r_1 和 r_2 滿足二次**特徵方程式** (Characteristic Equation) $r^2 - r - 1 = 0$ 時，上式會成立。

解出方程式的兩個根，我們得到

$$r_1 = \frac{1+\sqrt{5}}{2}$$

$$r_2 = \frac{1-\sqrt{5}}{2}$$

回到 $F_n = C_0(r_1)^n + C_1(r_2)^n$，解得 r_1 和 r_2 後，F_n 的封閉形式仍需知道 C_0 和 C_1 的值。C_0 和 C_1 的值可藉由費氏數列的兩個起始條件（$F_0 = 0$ 和 $F_1 = 1$）解出。將 $F_n = C_0 \left(\frac{1+\sqrt{5}}{2}\right)^n + C_1 \left(\frac{1-\sqrt{5}}{2}\right)^n$ 代入給定的兩個起始條件，我們得到

$$F_0 = C_0 + C_1 = 0$$

$$F_1 = C_0 \times \left(\frac{1+\sqrt{5}}{2}\right) + C_1 \times \left(\frac{1-\sqrt{5}}{2}\right) = 1$$

可解得 $C_0 = \frac{1}{\sqrt{5}}$ 和 $C_1 = \frac{-1}{\sqrt{5}}$。因此，$F_n$ 的封閉形式為

$$F_n = \frac{1}{\sqrt{5}} \left(\frac{1+\sqrt{5}}{2}\right)^n - \frac{1}{\sqrt{5}} \left(\frac{1-\sqrt{5}}{2}\right)^n$$

令 $\phi = \frac{1+\sqrt{5}}{2} = 1.618$ 和 $\bar{\phi} = \frac{1-\sqrt{5}}{2} = -0.618$，則上式可改寫為

$$F_n = \frac{1}{\sqrt{5}} (\phi^n - \bar{\phi}^n)$$

上式就是有名的費氏數列之通解的封閉形式。

當 $n = 2$ 時，我們得到

$$F_2 = \frac{1}{\sqrt{5}}\left(\frac{1+\sqrt{5}}{2}\right)^2 - \frac{1}{\sqrt{5}}\left(\frac{1-\sqrt{5}}{2}\right)^2$$

$$= \frac{1}{\sqrt{5}}\left(\frac{1+\sqrt{5}}{2} + \frac{1-\sqrt{5}}{2}\right)\left(\frac{1+\sqrt{5}}{2} - \frac{1-\sqrt{5}}{2}\right)$$

$$= \frac{1}{\sqrt{5}} \times \sqrt{5}$$

$$= 1$$

這驗證了式子在 $n = 2$ 時的正確性。事實上，上面的討論中也帶出了，在 r_1 和 r_2 為相異根時，二次遞迴式求解的正確性。

在上述費氏數列 F_n 的求解上，$\frac{-1+\sqrt{5}}{2} = 0.618$ 這個數字是很美妙且神奇的數，文藝復興時代的達文西 (da Vinci) 稱它為黃金數 (Golden Number)，黃金數時常被用來衡量人體比例的優美與否。給一如下的線段示意圖

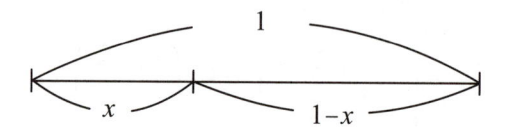

我們希望

$$\frac{1-x}{x} = \frac{x}{1}$$

移項後，得到

$$x^2 + x - 1 = 0$$

可解出 $x = \frac{-1+\sqrt{5}}{2} = 0.618$。上述的討論是求得黃金數的一種方式。

範例 6.3.1（政大）

請求解下列遞迴關係式

$$a_n - 7a_{n-1} + 10a_{n-2} = 0，其中 n \geq 2。$$

解答 由題目中的遞迴式可知其特徵方程式為 $r^2 - 7r + 10 = 0$，可得 $r = 2$ 和 $r = 5$。於是得到

$$a_n = c_1 2^n + c_2 5^n，n \geq 2。$$

範例 6.3.2（台科大）

在解二階遞迴式時，萬一特徵方程式的兩個根為重根 (Double Roots) 時，該如何解出通解？

解答　考慮一般的二階遞迴式

$$T_n = t_1 T_{n-1} + t_2 T_{n-2}$$

這裡，t_1 和 t_2 為常數。上式所對應的特徵方程式為

$$r^2 - t_1 r - t_2 = 0$$

假設上式所解出的兩個根為重根 r_0，可得到 $r_0^2 = t_1 r_0 + t_2$。這時 T_n 的解如果被令為

$$T_n = C_0 r_0^n + C_1 n r_0^n$$

則可推得

$$\begin{aligned}
T_n &= t_1 T_{n-1} + t_2 T_{n-2} \\
&= t_1 [C_0 r_0^{n-1} + C_1(n-1) r_0^{n-1}] + t_2 [C_0 r_0^{n-2} + C_1(n-2) r_0^{n-2}] \\
&= C_0 r_0^{n-2}(t_1 r_0 + t_2) + C_1 r_0^{n-2}[t_1(n-1) r_0 + t_2(n-2)] \\
&= C_0 r_0^{n-2}(r_0^2) + n C_1 r_0^{n-2}(t_1 r_0 + t_2) - C_1 r_0^{n-2}(t_1 r_0 + 2 t_2) \\
&= C_0 r_0^n + n C_1 r_0^{n-2}(r_0^2) - C_1 r_0^{n-2}(t_1 r_0 + 2 t_2) \\
&= C_0 r_0^n + n C_1 r_0^n - C_1 r_0^{n-2}\left(t_1 \times \frac{t_1 \pm \sqrt{t_1^2 + 4 t_2}}{2} + 2 t_2\right) \\
&= C_0 r_0^n + n C_1 r_0^n - C_1 r_0^{n-2}\left(t_1 \times \frac{t_1}{2} + 2 t_2\right) \\
&= C_0 r_0^n + n C_1 r_0^n - \frac{C_1 r_0^{n-2}}{2}(t_1^2 + 4 t_2) \\
&= C_0 r_0^n + n C_1 r_0^n - \frac{C_1 r_0^{n-2}}{2}(0) \\
&= C_0 r_0^n + n C_1 r_0^n
\end{aligned}$$

這裡，注意一點：因為 $r^2 - t_1 r - t_2 = 0$ 有重根，所以 $t_1^2 + 4 t_2 = 0$。由上式的推導，當 $r^2 - t_1 r - t_2 = 0$ 有重根時，令 $T_n = C_0 r_0^n + C_1 n r_0^n$ 是很合適的。至於 T_n 中的係數 C_0 和係數 C_1 的求解，不難利用起始給定的兩個邊界條件來求得。至此，我們已知道如何在面對特徵多項式有重根時，有系統地求解出二階遞迴式的封閉形式。

範例 6.3.3

如何求解 $T_n = 4T_{n-1} - 4T_{n-2}$？這裡，邊界條件定為 $T_1 = 8$ 和 $T_2 = 28$。

解答 $T_n = 4T_{n-1} - 4T_{n-2}$ 所對應的特徵方程式為

$$r^2 - 4r + 4 = 0$$

上式所解出的重根為 $r_0 = 2$。令 T_n 之解的形式為

$$T_n = C_0 2^n + C_1 n 2^n$$

利用給定的兩個邊界條件，可得出下列兩式

$$T_1 = 2C_0 + 2C_1 = 8$$

$$T_2 = 4C_0 + 8C_1 = 28$$

我們進而解出 $C_0 = 1$ 和 $C_1 = 3$。因此，T_n 的通解為

$$T_n = 1 \times 2^n + 3 \times n \times 2^n \text{。}$$

▶試題 6.3.3.1（暨大）

解下列遞迴關係式：

$$a_{n+1} = -2a_n - 4b_n$$
$$b_{n+1} = 4a_n + 6b_n$$
$$n \geq 0 \text{，} a_0 = 1 \text{，} b_0 = 0$$

解答 這一道題目出得很特別，由題目

$$\begin{cases} a_{n+1} = -2a_n - 4b_n \text{ ....(1)} \\ b_{n+1} = 4a_n + 6b_n \text{ ....(2)} \end{cases}$$

中的式 (1) 可得

$$b_n = -\frac{1}{4}a_{n+1} - \frac{1}{2}a_n \text{........(3)}$$

將 b_n 代入式 (2) 可得到

$$\frac{-a_{n+2}}{4} - \frac{a_{n+1}}{2} = 4a_n - \frac{3a_{n+1}}{2} - 3a_n$$

整理可得

$$a_{n+2} - 4a_{n+1} + 4a_n = 0 \ldots..(4)$$

遞迴式 (4) 對應的特徵方程式為 $r^2 - 4r + 4 = 0$，故解得 $r = 2$（重根），所以令

$$a_n = C_1 2^n + C_2 n 2^n \ldots\ldots..(5)$$

由題目的初始值 $a_0 = 1$ 和 $b_0 = 0$ 代入式 (1)，可解得 $a_1 = -2$。再將 $a_0 = 1$ 和 $a_1 = -2$ 代入式 (5)，可解得 $C_1 = 1$ 和 $C_2 = -2$。所以 $a_n = 2^n - 2n2^n$。將 a_n 代入式 (3)，可得

$$b_n = -\frac{1}{4}(2^{n+1} - 2(n+1)2^{n+1}) - \frac{1}{2}(2^n - 2n2^n) = 2n2^n$$

所以最後得到

$$\begin{cases} a_n = 2^n - 2n2^n \\ b_n = 2n2^n \end{cases}, n \geq 0 \ 。$$

▶試題 6.3.3.2（清大）

若將費氏數列的兩個起始條件更改為 $F_0 = 1$ 和 $F_1 = 1$，則 F_n 的封閉形式為何？

解答

$$F_n = C_0(1.618)^n + C_0(-0.618)^n$$
$$C_0 + C_1 = 1$$
$$C_0 \times (1.618) + C_1 \times (-0.618) = 1$$

可解得 $C_0 = \frac{1}{\sqrt{5}}(1.618)$ 和 $C_1 = \frac{-1}{\sqrt{5}}(-0.618)$。因此 F_n 的封閉形式為

$$F_n = \frac{1}{\sqrt{5}}(1.618)^{n+1} - \frac{1}{\sqrt{5}}(-0.618)^{n+1} = \frac{1}{\sqrt{5}}\phi^{n+1} - \frac{1}{\sqrt{5}}\bar{\phi}^{n+1} \ 。$$

▶試題 6.3.3.3（台大）

求解 $T_n = 6T_{n-1} - 9T_{n-2}$，這裡的邊界條件為 $T_0 = 5$ 和 $T_1 = 6$。

解答
$$r^2 - 6r + 9 = 0$$
則
$$r_1 = r_2 = 3$$
令
$$T_n = C_0 3^n + C_1 n 3^n$$
$$T_0 = C_0 = 5$$
$$T_1 = 5 \times 3 + C_1 \times 1 \times 3 = 15 + 3C_1 = 6$$

得到 $C_0 = 5$ 和 $C_1 = -3$。因此，T_n 的解為
$$T_n = 5 \times 3^n - 3 \times n \times 3^n \text{。}$$

▶試題 6.3.3.4（政大）

Solve the recurrence relation $a_n = 4a_{n-1} - 4a_{n-2}$ with the initial condition that $a_0 = 1$ and $a_1 = 6$. The solution is $a_n = $ _____ for all $n \geq 0$.

解答
$$a_n - 4a_{n-1} + 4a_{n-2} = 0$$
特徵方程式為：$r^2 - 4r + 4 = 0$，$r = 2$（重根）

令 $a_n = c_0 2^n + c_1 n 2^n$，$a_0 = 1$ 代入左式可得
$$c_0 2^0 + c_1 \cdot 0 \cdot 2^0 = 1$$

可解得 $c_0 = 1$。

$a_1 = 6$ 代入 $a_n = 2^n + c_1 n 2^n$，可得
$$2^1 + c_1 \cdot 1 \cdot 2^1 = 6$$

可解得 $c_1 = 2$。最後解得
$$a_n = 2^n + 2n2^n \text{。}$$

▶ 試題 6.3.3.5（師大）

Solve the recurrence relation

$$2a_{n+3} = a_{n+2} + 2a_{n+1} - a_n, \ n \geq 0, \ a_0 = 0, \ a_1 = 1, \ a_2 = 2 \text{。}$$

解答　移項可得

$$2a_{n+3} - a_{n+2} - 2a_{n+1} + a_n = 0$$

其特徵方程式為

$$2r^3 - r^2 - 2r + 1 = 0$$

由 $(r-1)(2r^2 + r - 1) = 0$，可解得 $r = \dfrac{1}{2}$、-1、1。

令

$$a_n = c_1 \left(\dfrac{1}{2}\right)^n + c_2(-1)^n + c_3(1)^n$$

由 $a_0 = 0$，得

$$c_1 + c_2 + c_3 = 0$$

由 $a_1 = 1$，得

$$\dfrac{1}{2}c_1 + (-c_2) + c_3 = 1$$

由 $a_2 = 2$，得

$$\dfrac{1}{4}c_1 + c_2 + c_3 = 2$$

可解得 $c_1 = -\dfrac{8}{3}$、$c_2 = \dfrac{1}{6}$ 和 $c_3 = \dfrac{5}{2}$。

最終解為

$$a_n = -\dfrac{8}{3}\left(\dfrac{1}{2}\right)^n + \dfrac{1}{6}(-1)^n + \dfrac{5}{2}(1)^n \text{，} n \geq 0 \text{。}$$

以上所介紹的二階遞迴式皆為齊次遞迴式的例子，因為在這些二階遞迴式中，常數項 (Constant Term) 並沒有出現。然而，在實際的應用中，非齊次遞迴式 (Nonhomogeneous Recurrence) 也是常碰到的。換言之，我們也常常會碰到遞迴式中帶有常數項的例子。這裡的常數項也可擴充到多項式形式或指數形式。

6.4 非齊次遞迴式的求解

在這一節中，我們主要介紹的二階和三階遞迴式多了常數項，有時該常數項也可以是函數的形式，非齊次遞迴式可說是齊次遞迴式的擴充。其樣式乃型如：

$$T_n = aT_{n-1} + bT_{n-2} + cT_{n-3} + f(n)$$

範例 6.4.1

給一個二階非齊次遞迴式 $T_n = T_{n-1} + 2T_{n-2} + 4$，這裡，邊界條件定為 $T_0 = 2$ 和 $T_1 = 3$，如何求 T_n 的通解？

解答 T_n 的通解可由特解 (Particular Solution) 和齊次遞迴解合組而成。令 $T_n^{(p)}$ 代表特解，而 $T_n^{(h)}$ 代表齊次遞迴解，則 T_n 的通解表示為

$$T_n = T_n^{(p)} + T_n^{(h)}$$

上式中的 $T_n^{(p)}$ 可設為 $T_n^{(p)} = C$，將其代入原遞迴式，得到

$$\begin{aligned} T_n &= T_n^{(p)} + T_n^{(h)} \\ &= T_{n-1}^{(h)} + T_{n-1}^{(p)} + 2[T_{n-2}^{(h)} + T_{n-2}^{(p)}] + 4 \end{aligned}$$

別忘了 $T_n^{(h)}$ 的解是根據 $T_n^{(h)} = T_{n-1}^{(h)} + 2T_{n-2}^{(h)}$ 求得的，所以滿足 $T_n^{(h)} - T_{n-1}^{(h)} - 2T_{n-2}^{(h)} = 0$。所以可更進一步得到

$$T_n^{(p)} = T_{n-1}^{(p)} + 2T_{n-2}^{(p)} + 4$$

將 $T_n^{(p)} = C$ 代入上式，可得

$$C = C + 2C + 4$$

可解出 $C = -2$。

解出了特解 $T_n^{(p)} = -2$ 後，再來求出齊次遞迴解 $T_n^{(h)}$。由特徵多項式

$$r^2 - r - 2 = 0$$

可解出 $r_1 = 2$ 和 $r_2 = -1$。至此，T_n 的通解可表示為

$$T_n = T_n^{(p)} + T_n^{(h)}$$
$$= C_0 2^n + C_1 (-1)^n - 2$$

將上式的 T_n 代入給定的兩個起始條件中，我們得到

$$T_0 = C_0 + C_1 - 2 = 2$$
$$T_1 = 2C_0 - C_1 - 2 = 3$$

進而可解出 $C_0 = 3$ 和 $C_1 = 1$。最終，我們解出 T_n 的通解為

$$T_n = 3 \times 2^n + (-1)^n - 2 \text{。}$$

針對非齊次遞迴式的求解，讀者得注意一點：求出齊次遞迴式解後再求出特解，最後再合併兩者以得到通解。本節的諸多例子雖然為二階的遞迴式，然而文中所介紹的方法不難擴充到更高階且帶有更複雜常數項的遞迴式子上。

範例 6.4.2（中山）

求解 $a_{n+2} + 9a_n = 6a_{n+1} + 3(2^n) + 7(3^n)$，其中 $n \geq 0$ 且 $a_0 = 1$，$a_1 = 4$。

解答 由題目中的遞迴式可知齊次遞迴特徵方程式為 $r^2 - 6r + 9 = 0$，可解得重根 $r = 3$，故令

$$a_n^{(h)} = C_1 3^n + C_2 n 3^n$$

再由題目知道其特殊解可令為

$$a_n^{(p)} = d_1 2^n + d_2 n^2 3^n$$

代入遞迴關係式可得

$$(d_1 2^{n+2} + d_2 (n+2)^2 3^{n+2}) + 9(d_1 2^n + d_2 n^2 3^n)$$
$$= 6(d_1 2^{n+1} + d_2 (n+1)^2 3^{n+1}) + 3(2^n) + 7(3^n)$$

可解得 $d_1 = 3$，$d_2 = \dfrac{7}{18}$，所以特殊解為

$$a_n^{(p)} = 3(2^n) + \frac{7}{18}n^2 3^n$$

合併 $a_n^{(h)}$ 和 $a_n^{(p)}$，我們得到

$$a_n = a_n^{(h)} + a_n^{(p)}$$
$$= C_1 3^n + C_2 n 3^n + 3(2^n) + \frac{7}{18}n^2 3^n$$

代入初始值 $a_0 = 1$ 和 $a_1 = 4$，可得 $C_1 = -2$ 和 $C_2 = \frac{17}{18}$。最後解得

$$a_n = -2(3^n) + \frac{17}{18}n 3^n + 3(2^n) + \frac{7}{18}n^2 3^n \text{。}$$

注意：範例 6.4.2 中的 $a_n^{(p)}$ 設為 $d_1(2^n) + d_2(3^n)$ 或 $d_1(2^n) + d_2(n3^n)$ 時，d_2 都為無解。

▶試題 6.4.2.1（中正）

解下列遞迴關係式：

$$a_0 = 9 \text{，} a_1 = 14 \text{，} a_n - 5a_{n-1} + 6a_{n-2} = 4n \text{，} n \geq 2$$

解答 由題目的遞迴式可知其特徵方程式為

$$r^2 - 5r + 6 = 0$$

解得 $r = 2$ 和 3。故令

$$a_n^{(h)} = C_1 2^n + C_2 3^n$$

再由題目得知其特殊解可令為 $a_n^{(p)} = d_1 + d_2 n$。將 $a_n^{(p)}$ 代入遞迴關係式可得到

$$(d_1 + d_2 n) - 5[d_1 + d_2(n-1)] + 6[d_1 + d_2(n-2)] = 4n$$

可解得 $d_1 = 7$ 和 $d_2 = 2$。故特殊解可寫成

$$a_n^{(p)} = 7 + 2n$$

合併 $a_n^{(h)}$ 和 $a_n^{(p)}$，可得到通解為

$$a_n = a_n^{(h)} + a_n^{(p)} = C_1 2^n + C_2 3^n + 7 + 2n$$

代入初始值 $a_0 = 9$ 和 $a_1 = 14$，可求得 $C_1 = 1$ 和 $C_2 = 1$。最後通解為

$$a_n = 2^n + 3^n + 2n + 7 \text{。}$$

▶試題 6.4.2.2（清大）

請求出遞迴關係式 $a_n = 4a_{n-1} - 3a_{n-2} + 2^n + n + 3$ 的通解，其中 $a_0 = 1$ 且 $a_1 = 4$。

解答 由題目的遞迴式可知其特徵方程式為 $r^2 - 4r + 3 = 0$，可解得 $r = 1$ 和 3，所以令齊次解為 $a_n^{(h)} = c_1 + c_2 3^n$。

再由題目得知其特殊解可令為 $a_n^{(p)} = d_1 2^n + d_2 n^2 + d_3 n$。將 $a_n^{(p)}$ 代入遞迴關係式可得到

$$d_1 2^n + d_2 n^2 + d_3 n = 4[d_1 2^{n-1} + d_2 (n-1)^2 + d_3 (n-1)]$$
$$-3[d_1 2^{n-2} + d_2 (n-2)^2 + d_3 (n-2)] + 2^n + n + 3$$

對照係數關係可解得 $d_1 = -4$、$d_2 = -\frac{1}{4}$ 和 $d_3 = -\frac{5}{2}$。故特殊解可寫成

$$a_n^{(p)} = -4 \cdot 2^n - \frac{1}{4} n^2 - \frac{5}{2} n$$

合併 $a_n^{(h)}$ 和 $a_n^{(p)}$，可得到通解為

$$a_n = a_n^{(h)} + a_n^{(p)}$$
$$= c_1 + c_2 3^n - 4 \cdot 2^n - \frac{1}{4} n^2 - \frac{5}{2} n$$

代入初始值 $a_0 = 1$ 和 $a_1 = 4$，可求得 $c_1 = \frac{1}{8}$ 和 $c_2 = \frac{39}{8}$。最後通解為

$$a_n = \frac{1}{8} + \frac{39}{8} \cdot 3^n - 4 \cdot 2^n - \frac{1}{4} n^2 - \frac{5}{2} n \text{，} n \geq 0 \text{。}$$

▶試題 6.4.2.3（台大）

求解遞迴關係式 $a_{n+1} - 2a_n = 3^n$，其中 $a_0 = 1$。

解答 由題目的遞迴式可知其特徵方程式為 $r - 2 = 0$，解得 $r = 2$，故令齊次解

$$a_n^{(h)} = c \cdot 2^n \text{。}$$

再由題目得知其特殊解可令為 $a_n^{(p)} = d \cdot 3^n$。將 $a_n^{(p)}$ 代入遞迴關係式可得到

$$d3^{n+1} - 2d3^n = 3^n$$

可解得 $d = 1$。故特殊解可寫成

$$a_n^{(p)} = 3^n$$

合併 $a_n^{(h)}$ 和 $a_n^{(p)}$，可得到通解為

$$a_n = a_n^{(h)} + a_n^{(p)} = c \cdot 2^n + 3^n$$

代入初始值 $a_0 = 1$，可求得 $c = 0$。最後通解為 $a_n = 3^n$，$n \geq 0$。

▶試題 6.4.2.4（台大）

求解遞迴關係式 $2a_{n+3} = a_{n+2} + 2a_{n+1} - a_n$，其中 $a_0 = -1$，$a_1 = 0$ 且 $a_2 = 1$。

解答 由題目的遞迴式，可得到特徵方程式為 $2r^3 - r^2 - 2r + 1 = 0$，可解得 $r = 1$、-1 和 $1/2$，故令

$$a_n = c_1 1^n + c_2 (-1)^n + c_3 \left(\frac{1}{2}\right)^n$$

代入初始值 $a_0 = -1$、$a_1 = 0$ 和 $a_2 = 1$，可求得 $c_1 = \frac{3}{2}$、$c_2 = \frac{1}{6}$ 和 $c_3 = -\frac{8}{3}$。最後通解為

$$a_n = \frac{3}{2} + \frac{1}{6}(-1)^n - \frac{8}{3}\left(\frac{1}{2}\right)^n = \frac{1}{6}(9 + (-1)^n - 16 \times 2^{-n})\text{，}n \geq 0 \text{。}$$

▶試題 6.4.2.5（中山）

求解下列的遞迴關係式：

(a) $a_{n+1} - a_n = 3n^2 - n$，$n \geq 0$，其中 $a_0 = 3$。

(b) $a_{n+1} = -2a_n - 4b_n$，$b_{n+1} = 4a_n + 6b_n$，$n \geq 0$，其中 $a_0 = 1$，$b_0 = 0$。

解答 (a) 類似於前面的解法，由題目的遞迴式，可知其特徵方程式為 $r - 1 = 0$，故解得 $r = 1$。

可令 $a_n^{(h)} = c$，再由題目得知其特殊解可令為 $a_n^{(p)} = d_1 n^3 + d_2 n^2 + d_3 n$。將 $a_n^{(p)}$ 代入遞迴式可得到

$$d_1(n+1)^3 + d_2(n+1)^2 + d_3(n+1) - d_1 n^3 - d_2 n^2 - d_3 n = 3n^2 - n$$

可解得 $d_1 = 1$、$d_2 = -2$ 和 $d_3 = 1$。故特殊解可寫成

$$a_n^{(p)} = n^3 - 2n^2 + n$$

合併 $a_n^{(h)}$ 和 $a_n^{(p)}$，可得到通解為

$$a_n = a_n^{(h)} + a_n^{(p)} = c + n^3 - 2n^2 + n$$

代入初始值 $a_0 = 3$，可求得 $c = 3$。最後通解為

$$a_n = n^3 - 2n^2 + n + 3, \; n \geq 0$$

(b) 由題目可知

$$\begin{cases} a_{n+1} = -2a_n - 4b_n & \cdots\cdots(1) \\ b_{n+1} = 4a_n + 6b_n & \cdots\cdots(2) \end{cases}$$

由式 (1) 可推得 $b_n = -\dfrac{1}{4} a_{n+1} - \dfrac{1}{2} a_n$，將其代入式 (2)，可得遞迴式如下所示：

$$a_{n+2} - 4a_{n+1} + 4a_n = 0 \cdots\cdots(3)$$

由式 (3) 的遞迴式可知其特徵方程式為 $(r-2)^2 = 0$，可解得 $r = 2$（重根），故令

$$a_n = c_1 2^n + c_2 n 2^n \cdots\cdots\cdots(4)$$

由初始值 $a_0 = 1$、$b_0 = 0$ 代入式 (1)，可求得 $a_1 = -2$。

將 $a_0 = 1$、$a_1 = -2$ 代入式 (4)，可求得 $c_1 = 1$ 和 $c_2 = -2$

故 $a_n = 2^n - n 2^{n+1}$ 代入式 (1)，可得 $b_n = n 2^{n+1}$

所以所求為

$$\begin{cases} a_n = 2^n - n 2^{n+1} \\ b_n = n 2^{n+1} \end{cases}, \; n \geq 0。$$

▶試題 6.4.2.6（交大）

求解 $T_n = T_{n-1} + 2T_{n-2} + n + 4$，這裡的邊界條件為 $T_0 = 2$ 和 $T_1 = 3$。

解答 令特解 $T_n^{(p)} = An + B$，則可得

$$T_n^{(p)} = T_{n-1}^{(p)} + 2T_{n-2}^{(p)} + n + 4$$

將 $T_n^{(p)} = An + B$ 代入上式，可得到

$$An + B = A(n-1) + B + 2[A(n-2) + B] + n + 4$$

上式可簡化為

$$5A - 2An - 2B = n + 4$$

可求得 $A = -\dfrac{1}{2}$ 和 $B = -\dfrac{13}{4}$，故得特解

$$T_n^{(p)} = -\frac{1}{2}n - \frac{13}{4}$$

利用特徵方程式 $r^2 - r - 2 = 0$，可得 $r_1 = 2$ 和 $r_2 = -1$。綜合 $T_n^{(p)}$ 和 $T_n^{(h)}$，得到

$$T_n = T_n^{(p)} + T_n^{(h)} = C_0 2^n + C_1(-1)^n - \frac{1}{2}n - \frac{13}{4}$$

利用起始條件可解得

$$T_0 = C_0 + C_1 - \frac{13}{4} = 2$$
$$T_1 = 2C_0 - C_1 - \frac{1}{2} - \frac{13}{4} = 3$$

很容易可求得 $C_0 = 4$ 和 $C_1 = \dfrac{5}{4}$。最終我們得到通解

$$T_n = 2^{n+2} + \frac{5}{4}(-1)^n - \frac{1}{2}n - \frac{13}{4}。$$

▶試題 6.4.2.7（99 交大）

Solve the linear recurrence relation $a_n = 5a_{n-1} - 6a_{n-2} + 2n + 1$.

(a) Let $a_n^{(h)}$ be the general solution for $a_n = 5a_{n-1} - 6a_{n-2}$. Find $a_n^{(h)}$.

(b) Let $a_n^{(p)} = sn + t$ for some s and t be a solution for $a_n = 5a_{n-1} - 6a_{n-2} + 2n + 1$. Find $a_n^{(p)}$.

(c) If $a_0 = 5$ and $a_1 = 6$, find a_n for $a_n = 5a_{n-1} - 6a_{n-2} + 2n + 1$. (*Hint*: Let $a_n = a_n^{(h)} + a_n^{(p)}$.)

解答 此題的解法和試題 6.4.2.6 類似。令 $a^{(p)}_n = T_n^{(p)}$，則 $T_n^{(p)} = An + B$，則可得

$$T_n^{(p)} = 5T_{n-1}^{(p)} - 6T_{n-2}^{(p)} + 2n + 1$$

將 $T_n^{(p)} = An + B$ 代入上述，可得到

$$A = 1 \text{ 和 } B = 4$$

故 $T_n^{(p)} = n + 4$。

考慮 $T_n^{(h)} = 5T_{n-1}^{(h)} - 6T_{n-2}^{(h)}$，可解得

$$T_n^{(h)} = C_1 2^n + C_2 3^n$$

利用 $T_0 = 5$ 和 $T_1 = 6$，進一步可得到 $C_1 = 2$ 和 $C_2 = -1$。解答為

$$T_n^{(p)} + T_n^{(h)} = 2^{n+1} - 3^n + n + 4 。$$

6.5 結論

這一章行筆至此，相信讀者已領略了遞迴的精神、各類遞迴式的求解技巧以及其中的原理。讀者只需熟練遞迴式各種類型的求解，會發現許多的題型雖然樣式有些不同，但求解的技巧卻是大同小異。

6.6 習題

1. Solve the recurrence relation: $a_n = 3a_{n-1} + 10a_{n-2}$; $a_0 = 4$, $a_1 = 13$. （101 成大）
2. Solve the following recurrence relations: $s_n = 10s_{n-1} - 25s_{n-2}$, $s_0 = -7$, $s_1 = -15$. （101 台北大）
3. Solve the following recurrence relations:
   (a) $a_{n+2} - a_n = 0$, $a_1 = 2$, $a_2 = 0$;
   (b) $a_{n+1} - a_n = n$, $a_1 = 1$. （101 東華）
4. Solve the following difference (recurrence) equation: $x_n + x_{n-1} + \frac{1}{4}x_{n-2} = (\frac{1}{4})^n$, $n \geq 0$, with $x_0 = 1$ and $x_1 = 1$. （101 台科大）

5. Solve the recurrence relation and find the value of a_{16}, where $a_{n+1}^2 = 5a_n^2$, $a_n \geq 0$, $a_0 = 3$. （101 雲科大）
6. Solve the following recurrence: $a_0 = 2$, $a_1 = 5$, $a_n = 3a_{n-1} - 2a_{n-2} - 2$, for $n \geq 2$. （101 台大）
7. True or false: The characteristic equation of a linear homogeneous recurrence relation of degree k with constant coefficient is a k-degree polynomial equation. （100 交大）
8. Solve the following recurrence: $y_n = 3y_{n-1} - 3y_{n-2} + y_{n-3}$, $y_0 = 0$, $y_3 = 3$, $y_5 = 10$. （100 師大）
9. 試求出下列遞迴方程式的解 $b_n = 3b_{n-1} - 2b_{n-2}$, $b_1 = 5$, $b_2 = 3$. （101 淡江）
10. Let a_r denote the number of bacteria there are on the rth day in a controlled environment. We define the rate of growth on the rth day to be $a_r - 2a_{r-1}$. If the rate of growth doubles every day, formulate the recurrence relation a_r, given that $a_0 = 1$. （98 交大）

6.7 參考文獻

[1] R. L. Graham, D. E. Knuth, and O. Patashni, *Concrete Mathematics*, Addison-Wesley, New York, 1989.
[2] T. H. Cormen, C. E. Leiserson, R. L. Rivset, and C. Stein, *Introduction to Algorithms*, 2nd Edition, The MIT Press, New York, 2001.
[3] D. H. Greene and D. E. Knuth, *Mathematics for the Analysis of Algorithms*, Birkhauser, Boston, 1981.
[4] C. L. Liu, *Elements of Discrete Mathematics*, 2nd Edition, McGraw-Hill, New York, 1985.

Chapter 7

生成函數與應用

7.1 前言
7.2 生成函數
7.3 應用（一）：遞迴式求解
7.4 應用（二）：組合計數
7.5 結論
7.6 習題
7.7 參考文獻

7.1 前言

本章先介紹生成函數 (Generating Function) 的定義與其在組合上的應用。接下來，我們介紹生成函數的兩大應用：求解遞迴式和組合的計數 (Counting)。就遞迴式的求解而言，前面所介紹的特徵方程式技巧，基本上，和植基於生成函數的技巧有異曲同工之妙。換言之，兩者在遞迴式的求解威力上是類似的。然而，有一些更複雜的組合計數問題，例如二分樹 (Binary Tree) 的計數，利用生成函數的技巧可求解得很巧妙，往往組合的計數問題可轉換成多項式之間的簡單代數計算，屆時更能讓我們領略到生成函數另類的威力。

7.2 生成函數

給一組無窮數列 $<T_0, T_1, T_2, T_3, ...>$，讀者可想像該數列可能是來自於某遞迴式或某個組合計數的問題。下列函數

$$G(x) = T_0 + T_1 x + T_2 x^2 + T_3 x^3 + \cdots = \sum_{i \geq 0}^{\infty} T_i x^i$$

就稱為數列 $<T_0, T_1, T_2, T_3, ...>$ 的生成函數。

例如，給一多項式 $(5+x)^n$，我們現在有興趣的是 x^i 項前的係數是多少？為方便表示，令 $[x^i](5+x)^n$ 代表 $(5+x)^n$ 中 x^i 項前的係數。$(5+x)^n$ 的二項式展開為

$$(5+x)^n = \binom{n}{0} 5^n + \binom{n}{1} 5^{n-1} x + \binom{n}{2} 5^{n-2} x^2 + \cdots + \binom{n}{n} x^n \tag{7.2.1}$$

若將式 (7.2.1) 改成

$$\begin{aligned} G(x) &= (5+x)^n \\ &= \binom{n}{0} 5^n + \binom{n}{1} 5^{n-1} x + \cdots + \binom{n}{n} x^n + 0 + \cdots + 0 \end{aligned}$$

則很容易知道 $(5+x)^n$ 為數列

$$\left\langle \binom{n}{0}5^n, \binom{n}{1}5^{n-1}, ..., \binom{n}{n}, 0, 0, ..., 0 \right\rangle$$

的生成函數。

範例 7.2.1（成大）

證明數列 $\binom{2}{1}, \binom{4}{2}, ..., \binom{2n}{n}, ...$ 的生成函數為 $(1-4x)^{-\frac{1}{2}}$。

解答 利用二項式展開，可得到

$$(1-4x)^{-\frac{1}{2}} = \sum_{n=0}^{\infty} \binom{-\frac{1}{2}}{n}(-4x)^n$$

$$= \sum_{n=0}^{\infty} \frac{(-\frac{1}{2})(-\frac{1}{2}-1)\cdots(-\frac{1}{2}-n+1)}{n!}(-4)^n x^n$$

$$= \sum_{n=0}^{\infty} (-1)^n \frac{(\frac{1}{2})(\frac{3}{2})(\frac{5}{2})\cdots(\frac{2n-1}{2})}{n!}(-1)^n 4^n x^n$$

$$= \sum_{n=0}^{\infty} (\frac{1}{2})^n \frac{1 \times 3 \times 5 \times \cdots \times (2n-1)}{n!} 2^n 2^n x^n$$

$$= \sum_{n=0}^{\infty} \left(\frac{1 \times 3 \times 5 \times \cdots \times (2n-1)}{n!}\right)\left(\frac{2 \times 4 \times 6 \times \cdots \times (2n-2)(2n)}{2 \times 4 \times 6 \times \cdots \times (2n-2)(2n)}\right) 2^n x^n$$

$$= \sum_{n=0}^{\infty} \frac{(2n)!}{2^n n! n!} 2^n x^n$$

$$= \sum_{n=0}^{\infty} \binom{2n}{n} x^n$$

所以 $(1-4x)^{-\frac{1}{2}}$ 為數列 $\binom{2}{1}, \binom{4}{2}, ..., \binom{2n}{n}, ...$ 的生成函數。

試題 7.2.1.1

給一數列 $\left\langle \binom{n}{0}2^n, \binom{n}{1}2^{n-1}, \binom{n}{2}2^{n-2}, ..., \binom{n}{n}, 0, ..., 0 \right\rangle$，請找出對應的生成函數。

解答 所對應的生成函數為 $G(x) = (2+x)^n$。

試題 7.2.1.2（台大）

求 $(x + x^{-1})^6 = ?$

解答 利用前面所提到的二項式展開，可得到

$$(x+x^{-1})^6 = \sum_{i=0}^{6} \binom{n}{i} x^{n-i} x^{-i}$$

$$= \binom{6}{0}x^6 x^0 + \binom{6}{1}x^5 x^{-1} + \binom{6}{2}x^4 x^{-2} + \binom{6}{3}x^3 x^{-3} + \binom{6}{4}x^2 x^{-4} + \binom{6}{5}x^1 x^{-5} + \binom{6}{6}x^0 x^{-6}$$

$$= x^6 + 6x^4 + 15x^2 + 20 + 15x^{-2} + 6x^{-4} + x^{-6}。$$

試題 7.2.1.3

數列 $<2, 2, ..., 2, ...>$ 所對應的生成函數為何？

解答 $G(x) = 2 + 2x + 2x^2 + \cdots + 2x^n + \cdots = \dfrac{2}{1-x}$，$|x| < 1$。

試題 7.2.1.4

假設數列 $<T_0, T_1, T_2, ..., T_n, ...>$ 所對應的生成函數為 $G(x)$，請問 $\dfrac{G(x)}{1-x}$ 所對應的數列為何？

解答 已知 $G(x) = T_0 + T_1 x + T_2 x^2 + \cdots + T_n x^n + \cdots$，則有

$$\dfrac{G(x)}{1-x} = G(x)(1 + x + x^2 + \cdots)$$

$$= (T_0 + T_1 x + T_2 x^2 + \cdots + T_n x^n + \cdots) \cdot (1 + x + x^2 + \cdots)$$

$$= T_0 + (T_0 + T_1)x + (T_0 + T_1 + T_2)x^2 + \cdots + (T_0 + T_1 + \cdots + T_n)x^n + \cdots$$

令前置和 (Prefix Sum) $P_j = \sum_{i=0}^{j} T_i$，則有

$$\frac{G(x)}{1-x} = P_0 + P_1 x + P_2 x^2 + \cdots + P_n x^n + \cdots$$

所以 $\frac{G(x)}{1-x}$ 所對應的數列為

$$< T_0, \ T_0 + T_1, \ T_0 + T_1 + T_2, \ldots > = < P_0, \ P_1, \ P_2, \ldots >。$$

▶試題 7.2.1.5

文山區有一塊面積為 2000 坪的地，今打算將其依 20 坪、40 坪或 120 坪為單位來出售，請求出其總出售方式的生成函數。

解答 首先將其四個相關係數皆除以 20，則可得

$$G(x) = (1 + x + x^2 + \cdots)(1 + x^2 + x^4 + \cdots)(1 + x^6 + x^{12} + \cdots)$$
$$= \frac{1}{1-x} \times \frac{1}{1-x^2} \times \frac{1}{1-x^6}$$

由 $G(x)$，可得出總出售方式為 $[x^{100}]G(x)$。

▶試題 7.2.1.6（99 交大資工）

Let $x_1 \in \{1, 3, 5\}$, $x_2 \in \{1, 2, 3\}$, and $x_3 \in \{0, 1, 2, 3, \ldots\}$, and a_n be the number of solutions of $x_1 + x_2 + x_3 = n$. Give the generating function $g(x)$ of a_n.

解答 已知 $x_1 \in \{1, 3, 5\}$，令 $g_1(x) = (x + x^3 + x^5)$；已知 $x_2 \in \{1, 2, 3\}$，令 $g_2(x) = (x + x^2 + x^3)$；又已知 $x_3 \in \{0, 1, 2, 3, \ldots\}$，令 $g_3(x) = (x^0 + x^1 + x^2 + \cdots)$，則所求生成函數為

$$g(x) = g_1(x) \cdot g_2(x) \cdot g_3(x)$$

$$= (x^1 + x^3 + x^5)(x^1 + x^2 + x^3)(x^0 + x^1 + x^2 + \cdots)$$
$$= x^2(1 + x^2 + x^4)(1 + x^1 + x^2)(x^0 + x^1 + x^2 + \cdots)$$
$$= x^2 \cdot \frac{1-x^6}{1-x^2} \cdot \frac{1-x^3}{1-x} \cdot \frac{1}{1-x}$$
$$= x^2 \frac{(1-x^6)(1-x^3)}{(1-x^2)(1-x)^2} \text{。}$$

接下來，我們利用生成函數來證明一個有名的組合等式 (Combinatorial Identity)。

範例 7.2.2

如何利用生成函數證明下面等式會成立？

$$\sum_{i=0}^{r} \binom{n}{i}\binom{m}{r-i} = \binom{n+m}{r}$$

解答 先觀察數列 $\left\langle \binom{n}{0}, \binom{n}{1}, \binom{n}{2}, ..., \binom{n}{n}, 0, ..., 0 \right\rangle$，其所對應的生成函數為

$$G(x) = (1+x)^n$$
$$= \binom{n}{0} + \binom{n}{1}x + \binom{n}{2}x^2 + \cdots + \binom{n}{n}x^n + 0 + \cdots + 0$$
$$= \sum_{i \geq 0} \binom{n}{i} x^i$$

同理，再觀察數列 $\left\langle \binom{m}{0}, \binom{m}{1}, \binom{m}{2}, ..., \binom{m}{m}, 0, ..., 0 \right\rangle$，其所對應的生成函數為

$$H(x) = (1+x)^m$$
$$= \binom{m}{0} + \binom{m}{1}x + \binom{m}{2}x^2 + \cdots + \binom{m}{m}x^m + 0 + \cdots + 0$$
$$= \sum_{j \geq 0} \binom{m}{j} x^j$$

在證明等式成立之前，我們將 $G(x)$ 和 $H(x)$ 相乘可得到

$$G(x)H(x) = \binom{n}{0}\binom{m}{0} + \left[\binom{n}{0}\binom{m}{1} + \binom{n}{1}\binom{m}{0}\right]x + \left[\binom{n}{0}\binom{m}{2} + \binom{n}{1}\binom{m}{1} + \binom{n}{2}\binom{m}{0}\right]x^2 + \cdots$$
$$= (1+x)^n(1+x)^m$$
$$= (1+x)^{n+m}$$

針對 $[x^2]G(x)H(x)$ 而言，很明顯可得到

$$\binom{n+m}{2} = \binom{n}{0}\binom{m}{2} + \binom{n}{1}\binom{m}{1} + \binom{n}{2}\binom{m}{0} = \sum_{i=0}^{2}\binom{n}{i}\binom{m}{2-i}$$

有了上面的例子觀察，下面的證明就不難理解了。

回到原先待證的組合等式之左邊式子：

$$\sum_{i=0}^{r}\binom{n}{i}\binom{m}{r-i}$$

因為 $i+(r-i)=r$，所以上面的連加項 (Summation Term) 可寫成

$$\sum_{i=0}^{r}\binom{n}{i}\binom{m}{r-i} = [x^r]G(x)H(x)$$
$$= [x^r](1+x)^n(1+x)^m$$
$$= [x^r](1+x)^{n+m}$$
$$= \binom{n+m}{r}。$$

保留上面範例中的 $G(x)$，但是將 $H(x)$ 改成

$$\bar{H}(x) = (1-x)^n$$

則可推得

$$G(x)\bar{H}(x) = (1+x)^n(1-x)^n$$
$$= (1-x^2)^n$$

由 $(1+x)^n(1-x)^n = (1-x^2)^n$，又可由 $[x^r](1-x^2)^n$ 推出下列的組合等式：

$$\sum_{i=0}^{r}\binom{n}{i}\binom{n}{r-i}(-1)^{r-i}=\binom{n}{\frac{r}{2}}(-1)^{\frac{r}{2}}$$

▶試題 7.2.2.1

求 $\displaystyle\sum_{i=0}^{5}\binom{10}{i}\binom{20}{5-i}=?$

解答 利用 $\displaystyle\sum_{i=0}^{r}\binom{n}{i}\binom{m}{r-i}=\binom{n+m}{r}$

可得 $\displaystyle\sum_{i=0}^{5}\binom{10}{i}\binom{20}{5-i}=\binom{10+20}{5}=\binom{30}{5}$。

▶試題 7.2.2.2（中山）

試證：$\displaystyle\sum_{i=0}^{n}\binom{n}{i}^{2}=\binom{2n}{n}$。

解答 利用二項式展開式，可推得

$$(1+x)^{n}(1+x^{-1})^{n}=\left(\sum_{i=0}^{n}\binom{n}{i}x^{i}\right)\left(\sum_{i=0}^{n}\binom{n}{i}x^{-i}\right)$$
$$=G_{1}(x)G_{2}(x)$$

在生成函數 $G_1(x)$ 和 $G_2(x)$ 的乘積中，常數項為 $\displaystyle\sum_{i=0}^{n}\binom{n}{i}^{2}$。又因為

$$G_{1}(x)G_{2}(x)=(1+x)^{n}(1+x)^{n}x^{-n}=(1+x)^{2n}x^{-n}$$
$$=\left(\sum_{i=0}^{2n}\binom{2n}{i}x^{i}\right)x^{-n}$$

在上述新的 $G_1(x)G_2(x)$ 表示式中，常數項為 $\binom{2n}{n}$，故推得

$$\sum_{i=0}^{n}\binom{n}{i}^{2}=\binom{2n}{n}。$$

7.3 應用（一）：遞迴式求解

生成函數除了可用以幫助推導出一些組合等式外，也可用來幫助求解遞迴式。基本上，利用生成函數來求解遞迴式和利用特徵方程式來求解遞迴式在方法上是不同的，但是兩種方法在求解遞迴式時，所牽涉的核心代數運算卻又有異曲同工之妙。接下來看一個利用生成函數求解遞迴式的例子。

範例 7.3.1

利用生成函數來求解二階遞迴式：

$$T_n = 6T_{n-1} - 8T_{n-2}, \quad 2 \leq n \leq \infty$$

邊界條件為 $T_0 = 3$ 和 $T_1 = 4$。

解答 令數列 $<T_0, T_1, T_2, \ldots, T_n, \ldots>$ 所對應的生成函數為

$$G(x) = T_0 + T_1 x + T_2 x^2 + \cdots$$

由 $6T_{n-1}$ 這一項，我們得到

$$6xG(x) = 6T_0 x + 6T_1 x^2 + 6T_2 x^3 + \cdots$$

由 $-8T_{n-2}$ 這一項，我們得到

$$-8x^2 G(x) = -8T_0 x^2 - 8T_1 x^3 - 8T_2 x^4 - \cdots$$

從原來的遞迴式 $T_n = 6T_{n-1} - 8T_{n-2}$ 和給定的兩個邊界條件，我們有

$$\begin{aligned} G(x) &= 6xG(x) - 8x^2 G(x) + T_0 - 6T_0 x + T_1 x \\ &= 6xG(x) - 8x^2 G(x) + 3 - 18x + 4x \\ &= 6xG(x) - 8x^2 G(x) - 14x + 3 \end{aligned}$$

移項後，可得到

$$G(x)(1 - 6x + 8x^2) = 3 - 14x$$

進而得到

$$G(x) = \frac{3-14x}{1-6x+8x^2} = \frac{a}{1-4x} + \frac{b}{1-2x}$$

利用簡單的代數運算，可算出

$$a = -1,\ b = 4$$

利用公式 $\frac{1}{1-x} = 1 + x + x^2 + x^3 + \cdots$，當 $|x| < \frac{1}{4}$，可得

$$\begin{aligned}G(x) &= \frac{-1}{1-4x} + \frac{4}{1-2x} \\ &= -1[1 + 4x + 4^2x^2 + 4^3x^3 + \cdots + 4^nx^n + \cdots] \\ &\quad + 4[1 + 2x + 2^2x^2 + 2^3x^3 + \cdots + 2^nx^n + \cdots]\end{aligned}$$

原二階遞迴式的通解為

$$T_n = [x^n]G(x) = (-1) \cdot 4^n + 4 \cdot 2^n \ 。$$

讀者需留意一點：利用特徵方程式求解遞迴式時，我們是先求出特徵方程式的根，然後令遞迴式的通解為線性組合的形式，最後，再利用邊界條件求出相關係數而完成求通解的工作。然而，利用生成函數來求解遞迴式時，我們是將原始的遞迴式和邊界條件合併起來以導出生成函數為變數的方程式，再進而求出遞迴式的通解。

範例 7.3.2

如何利用生成函數求解非齊次遞迴式？

解答 類似於前面所介紹的方法，我們利用生成函數來求出齊次遞迴式的解 $T_n^{(h)}$，再利用原遞迴式的特解 $T_n^{(p)}$。最後，合併兩者可得到通解

$$T_n = T_n^{(p)} + T_n^{(h)}$$

試題 7.3.2.1（海洋）

使用生成函數來解遞迴關係式：

$$a_n = 8a_{n-1} + 10^{n-1}，a_1 = 9$$

解答 令 $A(x) = a_0 + a_1 x + a_2 x^2 + \cdots + a_n x^n + \cdots = \sum_{n=0}^{\infty} a_n x^n$ 為無窮數列 $a_0, a_1, a_2, \ldots$ 的生成函數。由題目可知 $a_n - 8a_{n-1} = 10^{n-1}$ 且 $a_1 = 9$，所以由 $a_1 = 8a_0 + 10^{1-1}$ 可得 $a_0 = 1$。再引入生成函數可得

$$\sum_{n=1}^{\infty} a_n x^n - 8\sum_{n=1}^{\infty} a_{n-1} x^n = \sum_{n=1}^{\infty} 10^{n-1} x^n$$

也就是 $A(x) - 1 - 8xA(x) = \dfrac{x}{1-10x}$。進而可得

$$A(x) - 8xA(x) = \frac{x}{1-10x} + 1$$

移項後可得

$$A(x) = \frac{x}{(1-10x)(1-8x)} + \frac{1}{1-8x}$$
$$= \frac{1/2}{1-10x} + \frac{-1/2}{1-8x} + \frac{1}{1-8x}$$

因為 $A(x)$ 中 x^n 的係數即為所求，所以得到解答為

$$a_n = \frac{1}{2}(10^n) + \frac{1}{2}(8^n)，n \geq 1。$$

試題 7.3.2.2（清大）

試利用生成函數法求解 $2T_n = 7T_{n-1} - 3T_{n-2} + 2^n$，$T_0 = 0$ 和 $T_1 = 1$。

解答 令 $G(x) = \sum_{i=0}^{\infty} T_i x^i$，可得到

$$2\sum_{i=2}^{\infty} T_i x^i = 7\sum_{i=2}^{\infty} T_{i-1} x^i - 3\sum_{i=2}^{\infty} T_{i-2} x^i + \sum_{i=2}^{\infty} 2^i x^i$$

進一步可得到

$$2[G(x) - T_1 x - T_0] = 7[xG(x) - T_0 x] - 3x^2 G(x) + \frac{4x^2}{1-2x}$$

移項得

$$G(x)(2 - 7x + 3x^2) = 2x + \frac{4x^2}{1-2x} = \frac{2x}{1-2x}$$

故得到

$$G(x) = \frac{2x}{(2-7x+3x^2)(1-2x)}$$

$$= \frac{A}{1-3x} + \frac{B}{2-x} + \frac{C}{1-2x}$$

$$= \frac{\frac{6}{5}}{1-3x} + \frac{\frac{4}{15}}{2-x} - \frac{\frac{4}{3}}{1-2x}$$

$$= \frac{6}{5}(1 + 3x + 9x^2 + \cdots) + \frac{2}{15}\left(1 + \frac{x}{2} + \frac{x^2}{4} + \frac{x^3}{8} + \cdots\right)$$

$$- \frac{4}{3}(1 + 2x + 4x^2 + 8x^3 + \cdots)$$

所以

$$T_n = [x^n]G(x) = \frac{6}{5}3^n + \frac{2}{15}\left(\frac{1}{2}\right)^n - \frac{4}{3}2^n \text{ 。}$$

▶試題 7.3.2.3（台科大）

Please solve the recurrence relation $T_n = 4T_{n-1} - 4T_{n-2}$ with boundary condition $T_1 = 6$ and $T_2 = 20$.

解答 $T_2 = 20 = 4T_1 - 4T_0 = 4 \times 6 - 4T_0$，則得到 $T_0 = 1$ 。

令

$$G(x) = \sum_{n=0}^{\infty} T_n x^n$$

$$\sum_{n=2}^{\infty} T_n x^n = 4\sum_{n=2}^{\infty} T_{n-1} x^n - 4\sum_{n=2}^{\infty} T_{n-2} x^n$$
$$\Rightarrow G(x) - T_0 - T_1 x = 4x(G(x) - T_0) - 4x^2 G(x)$$
$$\Rightarrow G(x) - 1 - 6x = 4x(G(x) - 1) - 4x^2 G(x)$$
$$\Rightarrow (1 - 4x + 4x^2)G(x) = -4x + 1 + 6x = 2x + 1$$
$$\Rightarrow G(x) = \frac{2x+1}{(1-2x)^2} = \frac{A}{1-2x} + \frac{B}{(1-2x)^2}$$

$$\begin{cases} 2A = 2 \\ A + B = 1 \end{cases} \Rightarrow \begin{cases} A = -1 \\ B = 2 \end{cases}$$

$$G(x) = \frac{-1}{1-2x} + \frac{2}{(1-2x)^2}$$
$$= -1[1 + 2x + (2x)^2 + \cdots] + 2\left[\sum_{r=0}^{\infty} \binom{2+r-1}{r}(2x)^r\right]$$

$$[x^n]G(x) = -1 \times 2^n + 2\binom{2+n-1}{n} 2^n$$
$$= -1 \times 2^n + 2(n+1)2^n = n2^{n+1} + 2^n \text{。}$$

針對求解非齊次遞迴式的問題，在前面章節中，我們是先後解出特殊解和齊次遞迴式的解，合併兩個解後，就得到所謂的通解。然而，對求解相同的問題，如果利用生成函數的技巧，則可一次解出通解。兩種不同的解法，真可謂殊途同歸。事實上，也可以利用生成函數的技巧先解出齊次遞迴式的解，再利用第六章的技巧求出特殊解，最終再合併之。

7.4 應用（二）：組合計數

整數分割 (Integer Partition) 問題在組合計數上是很典型的問題，我們在前面章節已經用組合的技巧解過此類問題。其實生成函數也很適合用來解決整數分割問題。

範例 7.4.1（台大）

有 25 個水果打算分配給小明、小華和小光三位小朋友，且每位小朋友至少分得 4 個但不超過 10 個，請問有幾種分配法？

解答 這裡指的 25 個水果中，每一個水果皆是同類的水果。根據給每個小朋友的水果分配限制，可用生成函數 $(x^4 + x^5 + \cdots + x^{10})$ 來表示其分配的各種可能性。今有三位小朋友，所以合起來看的生成函數為

$$G(x) = (x^4 + x^5 + \cdots + x^{10})^3$$
$$= x^{12}(1 + x + x^2 + \cdots + x^6)^3$$

今共有 25 個水果待分，有多少種分配法取決於上式展開式中 x^{25} 項的係數，所以共有

$$[x^{25}]G(x) = [x^{13}]\left(\frac{1-x^7}{1-x}\right)^3 = [x^{13}](1-x^7)^3(1-x)^{-3}$$

$$= [x^{13}]\left[\left(1 - \binom{3}{1}x^7 + \binom{3}{2}x^{14} - \binom{3}{3}x^{21}\right)\right.$$

$$\left.\left(1 - \binom{-3}{1}x + \binom{-3}{2}x^2 - \binom{-3}{3}x^3 + \cdots\right)\right]$$

$$= \binom{-3}{13}(-1)^{13} - \binom{3}{1}\binom{-3}{6}$$

種分配法。

上式的等號右邊牽涉到 $\binom{-a}{b}$ 的計算，這裡 a 和 b 皆為正整數。我們將 $\binom{-a}{b}$ 做如下的轉換：

$$\binom{-a}{b} = \frac{(-a)(-a-1)\cdots(-a-b+1)}{b!}$$
$$= \frac{(-1)^b(a)(a+1)\cdots(a+b-1)}{b!}$$
$$= \frac{(-1)^b(a+b-1)(a+b-2)\cdots(a+1)(a)}{b!}$$

$$= \frac{(-1)^b(a+b-1)(a+b-2)\cdots(a+1)(a)(a-1)(a-2)\cdots(2)(1)}{b!(a-1)(a-2)\cdots(2)(1)}$$

$$= \frac{(-1)^b(a+b-1)!}{b!(a-1)!}$$

$$= (-1)^b \binom{a+b-1}{b}$$

將上式推得的結果代入上上式的計算，我們得到

$$[x^{25}]G(x) = \binom{-3}{13}(-1)^{13} - \binom{3}{1}\binom{-3}{6}$$

$$= \binom{13+3-1}{13}(-1)^{13}(-1)^{13} - \binom{3}{1}\binom{3+6-1}{6}(-1)^6$$

$$= \binom{15}{13} - \binom{3}{1}\binom{8}{6}$$

$$= 105 - 3 \times 28$$

$$= 105 - 84$$

$$= 21$$

所以上述的水果分配問題共有 21 種分配方式。

▶試題 7.4.1.1

如果上述的問題修改為每位小朋友至少分得 3 個水果但不超過 11 個水果，請問其對應的生成函數為何？

解答 可得對應的生成函數為

$$G(x) = (x^3 + x^4 + \cdots + x^{11})^3$$
$$= x^9(1 + x + x^2 + \cdots + x^8)^3 \text{。}$$

▶試題 7.4.1.2（中山）

(a) 請求出 $\dfrac{1}{(1-2x)^7}$ 中 x^5 的領導係數。

(b) 請求出 $\dfrac{1}{(x-3)(x-2)^2}$ 中 x^8 的領導係數。

解答 (a) 可解得 x^5 的領導係數為

$$[x^5]\frac{1}{(1-2x)^7} = (-2)^5\binom{-7}{5} = -32(-1)^5\binom{7+5-1}{5} = 32\binom{11}{5}$$

(b) 可解得 x^8 的領導係數為

$$[x^8]\frac{1}{(x-3)(x-2)^2} = [x^8]\left(\frac{1}{x-3} + \frac{-1}{x-2} + \frac{-1}{(x-2)^2}\right)$$

$$= [x^8]\left(\frac{1}{-3\left(1-\dfrac{x}{3}\right)} + \frac{1}{2\left(1-\dfrac{x}{2}\right)} + \frac{-1}{4\left(1-\dfrac{x}{2}\right)^2}\right)$$

$$= \frac{1}{3}\left(\frac{1}{3}\right)^8 + \frac{1}{2}\left(\frac{1}{2}\right)^8 - \frac{1}{4}\left(-\frac{1}{2}\right)^8\binom{-2}{8}$$

$$= -(3^{-9}) - 7(2^{-10})。$$

▶ 試題 7.4.1.3（成大）

考慮 $x_1 + x_2 + \cdots + x_n < r$，其中 $x_i \geq 0$，$1 \leq i \leq n$，求出共有多少組非負整數解。

解答 由題目可知 $x_1 + x_2 + \cdots + x_n \leq r-1$，故令 $y \in Z$ 且 $y \geq 0$，使得 $x_1 + x_2 + \cdots + x_n + y = r-1$，其中 $x_i, y \in Z$ 且 $x_i, y \geq 0$。可用生成函數 $(1+x+x^2+x^3+\cdots)$ 來表示 x_i 和 y 的可能性，其中 $1 \leq i \leq n$。

令

$$G(x) = (1+x+x^2+x^3+\cdots)^{n+1} = \left(\frac{1}{1-x}\right)^{n+1}$$

及利用

$$\binom{-a}{b} = (-1)^b\binom{a+b-1}{b}$$

所求為

$$[x^{r-1}]G(x) = [x^{r-1}]\left(\frac{1}{1-x}\right)^{n+1} = (-1)^{r-1}\binom{-(n+1)}{r-1}$$

$$= (-1)^{r-1}(-1)^{r-1}\binom{(n+1)+(r-1)-1}{r-1}$$

$$= \binom{n+r-1}{r-1}。$$

試題 7.4.1.4（中正）

求出 $\dfrac{x^3 - 5x}{(1-x)^3}$ 中 x^{15} 的領導係數。

解答 $\dfrac{x^3 - 5x}{(1-x)^3}$ 中 x^{15} 的領導係數可寫成

$$[x^{15}]\dfrac{x^3-5x}{(1-x)^3} = [x^{12}](1-x)^{-3} - 5[x^{14}](1-x)^{-3} = \binom{-3}{12}(-1)^{12} - 5\binom{-3}{14}(-1)^{14}$$

$$= (-1)^{12}\binom{3+12-1}{12} - 5\times(-1)^{14}\binom{3+14-1}{14}$$

$$= \binom{14}{12} - 5\binom{16}{14}$$

$$= 91 - 600$$

$$= -509 \text{。}$$

試題 7.4.1.5（清大）

求出 $\dfrac{x^4}{(1-3x)^3}$ 中 x^{10} 的領導係數。

解答 $\dfrac{x^4}{(1-3x)^3}$ 中 x^{10} 的領導係數為

$$[x^{10}]\dfrac{x^4}{(1-3x)^3} = [x^6](1-3x)^{-3} = \binom{-3}{6}(-3)^6 = \binom{3+6-1}{6}3^6 = \binom{8}{6}3^6 = 20412 \text{。}$$

試題 7.4.1.6（成大）

Find the coefficient of x^{50} in $(x^7 + x^8 + x^9 + \cdots)^6$.

解答 $(x^7 + x^8 + x^9 + \cdots)^6 = [x^7(1+x+x^2+\cdots)]^6 = x^{42}\left(\dfrac{1}{1-x}\right)^6$

所求為 $[x^8](1-x)^{-6}$，得

$$[x^{50}](x^7+x^8+x^9+\cdots)^6 = \binom{6+8-1}{8} = \binom{13}{8} = 1287 \text{。}$$

在前面的組合計數討論中，我們是不管分配的排列性，然而，在某些應用中，考慮組合中的排列性是必須的。這時候，前面所介紹的生成函數就必須修正以解決有排列考慮的組合計數問題了。基於此，我們需要一種新的生成函數來處理這一類的問題。接下來，我們要介紹一種稱作指數生成函數 (Exponential Generating Function) 的技巧。

範例 7.4.2

何謂指數生成函數？

解答 首先，回顧一下二項式展開並將之做如下的轉換：

$$(1+x)^n = \sum_{i=0}^{n} \binom{n}{i} x^i$$

$$= \binom{n}{0} + \binom{n}{1}x + \binom{n}{2}x^2 + \binom{n}{3}x^3 + \cdots + \binom{n}{n}x^n$$

$$= 1 + nx + \frac{n(n-1)}{2!}x^2 + \frac{n(n-1)(n-2)}{3!}x^3 + \cdots + x^n$$

$$= p_0^n + p_1^n x + \frac{p_2^n}{2!}x^2 + \frac{p_3^n}{3!}x^3 + \cdots + p_n^n x^n$$

$$= p_0^n + p_1^n x + p_2^n \frac{x^2}{2!} + p_3^n \frac{x^3}{3!} + \cdots + p_n^n x^n$$

至此，二項式展開的指數生成函數 $E(x)$ 就可被定義成

$$E(x) = p_0^n + p_1^n x + p_2^n \frac{x^2}{2!} + p_3^n \frac{x^3}{3!} + \cdots + p_n^n \frac{x^n}{n!} + \cdots = \sum_{j=0}^{\infty} p_j^n \frac{x^j}{j!}$$

注意：二項式的展開式中，x^j 前的係數是組合係數 $\binom{n}{j}$。將 $\binom{n}{j}$ 轉換成

$$\binom{n}{j} = p_j^n \frac{1}{j!}$$

再將 $\frac{1}{j!}$ 和 x_j 合併，如此一來，排列係數 P_j^n 就從係數項中表現出來了。

廣義來說，指數生成函數被定義為

$$E(x) = T_0 + T_1 x + T_2 \frac{x^2}{2!} + \cdots = \sum_{i=0}^{\infty} T_i \frac{x^i}{i!}$$

這裡，數列 $<T_0, T_1, T_2, ..., T_n, ...>$ 就是用來表示排列問題的所有待解排列係數，而指數生成函數 $E(x)$ 在求解 $<T_0, T_1, T_2, ..., T_n, ...>$ 會提供很大的幫助。讀者看完下一個例子後，會更明白指數生成函數的作用了。

範例 7.4.3

今有五種符號 A、B、C、D 和 E，且每個符號共有 10 個可供使用。假設我們打算使用 8 個符號來編碼，但是這裡規定符號 A 只能使用偶數個，而符號 B 只能使用奇數個，至於符號 C、D 和 E 的個數則沒有限制，試問可編出幾個不同的碼？

解答　依題意中對符號個數的限制，我們可得到如下的指數生成函數以代表其排列個數的各種可能：

$$\begin{aligned}
E(x) &= \left(1 + \frac{x^2}{2!} + \frac{x^4}{4!} + \cdots\right)\left(x + \frac{x^3}{3!} + \frac{x^5}{5!} + \cdots\right)\left(1 + x + \frac{x^2}{2!} + \frac{x^3}{3!} + \cdots\right)^3 \\
&= \left(\frac{e^x + e^{-x}}{2}\right)\left(\frac{e^x - e^{-x}}{2}\right)(e^x)^3 \\
&= \frac{1}{4}(e^{2x} - e^{-2x})e^{3x} = \frac{1}{4}(e^{5x} - e^x) \\
&= \frac{1}{4}\left(\sum_{i=0}^{\infty} \frac{(5x)^i}{i!} - \sum_{i=0}^{\infty} \frac{x^i}{i!}\right) \\
&= \frac{1}{4}\left(\sum_{i=0}^{\infty} \frac{(5x)^i - x^i}{i!}\right)
\end{aligned}$$

例如：在碼中符號 A 出現 2 次；符號 B 出現 3 次；符號 C 出現 3 次；其餘符號沒出現。在這種情況下，共有 $\frac{8!}{2!3!3!}$ 種安排方式，但是從 $\frac{x^2}{2!} \times \frac{x^3}{3!} \times \frac{x^3}{3!}$ 中不易體會出指數生成函數的內涵，反而將 $\frac{x^2}{2!} \times \frac{x^3}{3!} \times \frac{x^3}{3!}$ 轉成 $\frac{8!}{2!3!3!} \times \frac{x^2 x^3 x^3}{8!} = \frac{8!}{2!3!3!} \times \frac{x^8}{8!}$ 就容易體會多了。

所以上式中 $\frac{x^8}{8!}$ 的領導係數即是我們要的答案，因此得到

$$\left[\frac{x^8}{8!}\right]E(x) = \frac{5^8-1}{4}$$

亦即共可編出 $\frac{5^8-1}{4}$ 種不同的碼。

▶試題 7.4.3.1（逢甲）

Among the 4^n n-digit quaternary sequences, how many of them have an even number of 0's?

解答 0 有偶數個，對應的指數生成函數為

$$1 + \frac{x^2}{2!} + \frac{x^4}{4!} + \cdots = \frac{e^x + e^{-x}}{2}$$

1、2 及 3 的個數沒有限定，對應的指數生成函數皆為

$$1 + \frac{x}{1!} + \frac{x^2}{2!} + \cdots = e^x$$

合成的指數生成函數為

$$G(x) = \frac{e^x + e^{-x}}{2} e^x e^x e^x = \frac{1}{2}(e^{4x} + e^{2x})$$
$$= \frac{1}{2}\left[\sum_{r=0}^{\infty} \frac{(4x)^r}{r!} + \sum_{r=0}^{\infty} \frac{(2x)^r}{r!}\right]$$
$$= \frac{1}{2}\sum_{r=0}^{\infty}(4^r + 2^r)\frac{x^r}{r!}$$

$\frac{x^n}{n!}$ 的係數 $\frac{1}{2}(4^n + 2^n)$ 即為所求。

▶試題 7.4.3.2（99 成大資工）

(a) Find the exponential generating function for the number of ways to arrange n letters, $n \geq 0$, selected from the word "MISSISSIPPI".

(b) In (a), what is the exponential generating function if the arrangement must contain at least two I's. (計算題)

解答 (a) M 對應的指數生成函數為 $1+\dfrac{x}{1!}$

P 對應的指數生成函數為 $1+\dfrac{x}{1!}+\dfrac{x^2}{2!}$

I 和 S 對應的指數生成函數為 $1+\dfrac{x}{1!}+\dfrac{x^2}{2!}+\dfrac{x^3}{3!}+\dfrac{x^4}{4!}$

所求的指數生成函數為

$$\left(1+\frac{x}{1!}\right)\left(1+\frac{x}{1!}+\frac{x^2}{2!}\right)\left(1+\frac{x}{1!}+\frac{x^2}{2!}+\frac{x^3}{3!}+\frac{x^4}{4!}\right)^2$$

n 個字母的排序方法數即為上式中 $\dfrac{x^n}{n!}$ 項的係數。

(b) 至少 2 個 I 的指數生成函數為 $\dfrac{x^2}{2!}+\dfrac{x^3}{3!}+\dfrac{x^4}{4!}$，故所求為

$$\left(1+\frac{x}{1!}\right)\left(1+\frac{x}{1!}+\frac{x^2}{2!}\right)\left(1+\frac{x}{1!}+\frac{x^2}{2!}+\frac{x^3}{3!}+\frac{x^4}{4!}\right)\left(\frac{x^2}{2!}+\frac{x^3}{3!}+\frac{x^4}{4!}\right)。$$

接下來，我們利用四個範例來詳細介紹如何利用生成函數的技巧解開著名二分樹計數的問題。

範例 7.4.4

何謂二分樹計數的問題？

解答 這裡所討論的樹不但是二分式，而且有固定樹根 (Rooted)。圖 7.4.1 就是三個節點的所有五種可能二分樹，且二分樹的樹根是放在最上面的位置。這裡還規定邊是有次序的 (Ordered)。

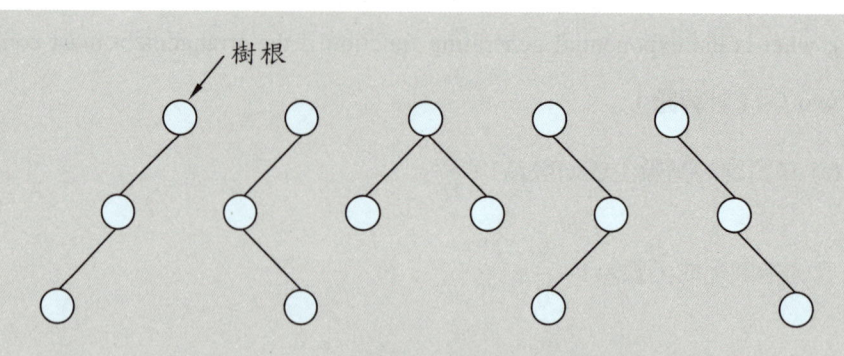

圖 7.4.1　三個節點的五種可能二分樹

單是三個節點就有五種二分樹，可想見的是，若節點數再增大些，例如 $n=10$，二分樹的可能個數就已夠多。若是考慮任意的 n，則解決所有可能二分樹的計數問題的確不是件容易的事。

在解決二分樹的計數問題之前，我們首先得導出遞迴式以得出其組合計數的數學形式。

範例 7.4.5

二分樹計數的遞迴式為何？

解答　令 T_i 代表 i 個節點的二分樹個數，則 T_n 為圖 7.4.2 中所有可能二分樹的個數和。換言之，T_n 可寫成

$$T_n = T_0 T_{n-1} + T_1 T_{n-2} + T_2 T_{n-3} + \cdots = \sum_{i=0}^{n-1} T_i T_{n-i-1} \tag{7.4.1}$$

有了式 (7.4.1) 後，我們仍然需要幾個邊界條件。例如：$T_0 = T_1 = 1$、$T_2 = 2$ 和 $T_3 = 5$。

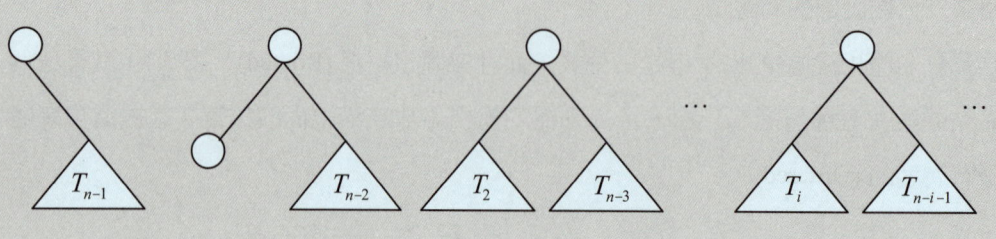

圖 7.4.2　二分樹計數的示意圖

範例 7.4.6

有了二分樹計數的遞迴式後，如何求得相關的多項式？

解答 令數列 $<T_0, T_1, T_2, \ldots, T_n, \ldots>$ 所對應的生成函數為

$$G(x) = T_0 + T_1 x + T_2 x^2 + \cdots + T_n x^n + \cdots = \sum_{i=0}^{\infty} T_i x^i$$

由式 (7.4.1) 可得出

$$\begin{aligned} xG^2(x) &= T_0 T_0 x + (T_0 T_1 + T_1 T_0)x^2 + (T_0 T_2 + T_1 T_1 + T_2 T_0)x^3 \\ &\quad + \cdots + (T_0 T_{n-1} + T_1 T_{n-2} + \cdots)x^n + \cdots \\ &= T_1 x + T_2 x^2 + T_3 x^3 + \cdots + T_n x^n + \cdots \\ &= G(x) - T_0 \\ &= G(x) - 1 \end{aligned}$$

移項後，我們得到下列的多項式

$$xG^2(x) - G(x) + 1 = 0 \tag{7.4.2}$$

有了式 (7.4.2) 後，接下來就只剩最後一步了，也就是如何算出 $[x^n]G(x)$。

範例 7.4.7（台科大）

給 n 個節點，二分樹的個數 $[x^n]G(x)$ 是多少呢？

解答 由式 (7.4.2) 可解出 $G(x)$ 為

$$G(x) = \frac{1 \pm \sqrt{1-4x}}{2x} \tag{7.4.3}$$

我們先來算出 $\sqrt{1-4x}$ 的二項式展開式，可得到

$$\sqrt{1-4x} = 1 + \frac{1}{2}(-4x) + \binom{\frac{1}{2}}{2}(-4x)^2 + \cdots + \binom{\frac{1}{2}}{n}(-4x)^n + \cdots \tag{7.4.4}$$

在式 (7.4.4) 中，$\binom{\frac{1}{2}}{n}(-4)^n$ 是關鍵的係數，將 $\binom{\frac{1}{2}}{n}(-4)^n$ 展開，可得到

$$\binom{\frac{1}{2}}{n}(-4)^n = \frac{\frac{1}{2}\left(\frac{1}{2}-1\right)\left(\frac{1}{2}-2\right)\cdots\left(\frac{1}{2}-n+1\right)(-4)^n}{n!}$$

$$= \frac{\frac{1}{2}\left(-\frac{1}{2}\right)\left(-\frac{3}{2}\right)\cdots\left(-\frac{2n-3}{2}\right)(-4)^n}{n!}$$

$$= \frac{(-1)^{n-1}(-1)^n\left(\frac{1}{2}\right)\left(\frac{1}{2}\right)\left(\frac{3}{2}\right)\cdots\left(\frac{2n-3}{2}\right)4^n}{n!}$$

$$= \frac{-2^n[1\times 3\times 5\times\cdots\times(2n-3)]}{n!}$$

$$= \frac{-2^n(2n-2)!}{n![2\times 4\times 6\times\cdots\times(2n-2)]}$$

$$= \frac{-2^n(2n-2)!}{n!\times 2^{n-1}\times[1\times 2\times 3\times\cdots\times(n-1)]}$$

$$= \frac{-2\times(2n-2)!}{n\times(n-1)!\times(n-1)!}$$

$$= \frac{-2}{n}\binom{2n-2}{n-1} \tag{7.4.5}$$

回到式 (7.4.3)，因為分母項 $2x$ 的關係，我們將式 (7.4.5) 中的 n 更換成 $n+1$。於是我們得到

$$[x^n]G(x) = \frac{1}{2}\times\frac{2}{n+1}\binom{2n}{n} = \frac{1}{n+1}\binom{2n}{n}$$

也就是共有 $\frac{1}{n+1}\binom{2n}{n}$ 種二分樹。$\frac{1}{n+1}\binom{2n}{n}$ 也稱作卡特蘭數目 (請參見前面章節有關卡特蘭數目的計算)。

▶試題 7.4.7.1（台大）

找出 5 個節點所有不同二元樹的個數。

解答 根據前面的分析，可解得答案為

$$\frac{1}{5+1}\binom{10}{5} = \frac{10 \times 9 \times 8 \times 7 \times 6}{6 \times 5!} = \frac{10 \times 9 \times 8 \times 7}{120} = 420 \text{。}$$

二元樹計數問題的求解技巧可應用到矩陣連乘鏈的計數問題求解上。

▶試題 7.4.7.2

何謂矩陣連乘鏈 (Matrix-Multiplication-Chain) 的問題？

解答 給 n 個矩陣 M_1、M_2、$\cdots$ 和 M_n，在允許結合律 (Association Law) 的情況下，矩陣連乘 $M_1 \cdot M_2 \cdot \cdots \cdot M_n$ 一共有多少種運算方式？例如：$n=3$，共有 $(M_1 M_2) M_3$ 和 $M_1 (M_2 M_3)$ 兩種。這種問題就稱作矩陣連乘鏈問題。

▶試題 7.4.7.3

矩陣連乘鏈的遞迴式為何？如何求解？

解答
$$C_n = C_0 C_n + C_1 C_{n-1} + \cdots + C_i C_{n-i} + \cdots + C_n C_0 = \sum_{i=0}^{n} C_i C_{n-i}$$

$C_0 = 0$、$C_1 = 1$ 和 $C_2 = 1$

以上遞迴式所對應的多項式為

$$G(x) = C_0 + C_1 x + C_2 x^2 + \cdots + C_n x^n + \cdots$$
$$G^2(x) = C_0 C_0 + (C_0 C_1 + C_1 C_0) x + (C_0 C_2 + C_1 C_1 + C_2 C_0) x^2 + \cdots$$
$$\qquad + (C_0 C_n + C_1 C_{n-1} + \cdots) x^n + \cdots$$
$$= G(x) - x$$

由 $G(x)^2 - G(x) + x = 0$ 可解出

$$G(x) = \frac{1 \pm \sqrt{1-4x}}{2}$$
$$C_n = [x^n] G(x)$$
$$= \frac{1}{n} \binom{2n-2}{n-1} \text{。}$$

7.5 結論

本章已將生成函數的定義與其應用介紹完畢。前面所介紹的植基於特徵方程式之技巧和植基於生成函數的技巧有異曲同工之妙。然而，有一些更複雜的組合計數問題，利用生成函數的技巧可求解得很巧妙。利用生成函數來解決二分樹計數問題是很有名的範例，讀者宜熟練之。

7.6 習題

1. Prove that $\sum_{k=0}^{n-1} C(n, k) 2^k = 3^n - 2^n$, where $C(n, k)$ is the coefficient of the x^k term in the expansion of $(1+x)^n$. (101 台大)

2. 下列敘述是否為真：

   (a) The coefficient of x^5 in $f(x) = (1-2x)^{-7}$ is $32 \binom{11}{5}$.

   (b) The coefficient of $x^5 y z^2$ in the expansion of $[(x/2) + y - 3z]$ is $\frac{145}{2}$. (101 成大)

3. Find a closed form for the generating function for each of these sequences. (Assume a general form for the terms of the sequence, using the most obvious choice of such a sequence.)

   (a) $-1, -1, -1, -1, -1, -1, -1, 0, 0, 0, 0, 0, 0, ...$

   (b) $-3, 3, -3, 3, -3, 3, ...$ (101 師大)

4. Let a_r be the number of solutions to $p + q = r$ for $r \geq 2$, where p and q are primes. Precisely, $a_r = |\{(p,q): p+q = r \wedge p \text{ and } q \text{ are primes}\}|$. Find a generating function $F(x)$ such that $F(x) = \sum_{r=2}^{\infty} a_r x^r$. (101 台北大)

5. Evaluate the sum $\sum_{k=1}^{100} (-1)^k \binom{100}{k} 2^k$. (101 宜蘭大)

6. Determine the generating function for the sequence: 0, 0, 1, 0, 0, 1, 0, 0, 1, ...

（101 雲科大）

7. Find the coefficient of x^6 in the expansion of $(2-x^3)^5$. （101 淡江）

8. In the question below write the first seven terms of the sequence determined by the generating function.

   (a) $(x+3)^2$ (b) $(1+x)^5$ (c) $1/(1-3x)$ (d) $x^2/(1-x)$. （101 元智）

9. In the questions below find a closed form for the generating function for the sequence.

   (a) 4, 8, 16, 32, 64, ...
   (b) 1, 0, 1, 0, 1, 0, 1, 0, 1, 0, ...
   (c) 2, 0, 0, 2, 0, 0, 2, 0, 0, ...
   (d) 2, 4, 6, 8, 10, ... （101 元智）

10. Set up a generating function and use it to find the number of ways in which eleven identical coins can be put in three distinct envelopes if each envelope has at least two but no more than five coins in it. （101 元智）

7.7 參考文獻

[1] R. L. Graham, D. E. Knuth, and O. Patashni, *Concrete Mathematics*, Addison-Wesley, New York, 1989.
[2] C. L. Liu, *Elements of Discrete Mathematics*, 2nd Edition, McGraw-Hill, New York, 1985.
[3] R. P. Grimaldi, *Discrete and Combinatorial Mathematics: An Applied Introduction*, 4th Edition, Addison-Wesley, 1999.

Chapter 8

邏輯與推論

8.1 前言
8.2 命題邏輯
8.3 邏輯推論
8.4 述語邏輯
8.5 結論
8.6 習題
8.7 參考文獻

8.1 前言

這一章在內容的安排上，我們首先介紹最基本的命題邏輯 (Proposition Logic)，再來介紹如何利用給定的前提 (Premises) 來進行邏輯上的推論 (Inference)。我們也會介紹如何利用恆真 (Tautology) 的概念來判定推論的正確 (Valid) 性。引入述語 (Predicate) 和量詞 (Quantifier) 的觀念後，我們最後介紹較複雜的述語邏輯 (Predicate Logic)。述語邏輯可說是命題邏輯的推廣。

8.2 命題邏輯

命題其實就是一種敘述，命題可根據事實的狀況，判定該命題為真 (True) 或是假 (False)，但命題不會同時真又同時假。通常 "1" 代表該命題為真，而 "0" 代表該命題為假。在這一節中，我們將介紹命題邏輯的類型、等價與反證法技巧等。

命題主要分兩種類型：(1) 簡單命題 (Primitive Proposition)；(2) 複合命題 (Compound Proposition)。簡單命題就是這個命題不能再細分成幾個子命題。例如：p、q 和 r 代表下列命題：

$p \equiv$ 劉教授是我們班的離散數學老師

$q \equiv$ 下雨

$r \equiv$ 地溼

這裡 $\equiv$ 代表「等同於」。

所謂的複合命題得包括幾個簡單命題和將這些簡單命題連起來的連接詞 (Connectives)。一般常使用的連接詞有非 (NOT)、且 (AND)、或 (OR)、則 (Imply) 和若且唯若 (If and Only If)，而其對的符號為 ¬、∧、∨、→ 和 ↔。例如：

$q \wedge r \equiv$ 下雨且戶外地溼

$$\neg q \vee r \equiv 不下雨或戶外地溼$$

上述兩個邏輯命題就是典型的複合命題。大多數的命題是以複合命題的形式出現。"Imply"有時也翻譯為「蘊含」。

我們以上面所提的五個連接詞為例，圖 8.2.1 為一些複合命題的真值表 (Truth Table)。

q	r	$\neg q$	$q \wedge r$	$q \vee r$	$q \rightarrow r$	$\sim q \vee r$	$q \leftrightarrow r$
0	0	1	0	0	1	1	1
0	1	1	0	1	1	1	0
1	0	0	0	1	0	0	0
1	1	0	1	1	1	1	1

圖 8.2.1　一些複合命題的真值表

在圖 8.2.1 中，特別留意：當 $q=1$ 和 $r=0$ 時，$q \rightarrow r$ 為假；當 $q=r$ 時，$q \leftrightarrow r$ 為真；或是 $q \rightarrow r$ 為真且 $r \rightarrow q$ 為真時，$q \leftrightarrow r$ 為真 (請參見本節試題 8.2.3.4)。另外，從表中也可得知 $q \rightarrow r$ 等價於 $\sim q \vee r$，這裡，符號非 "$\sim$"也可寫成 "$\neg$"。$p \rightarrow q$ 中的 p 稱為 q 的充分條件；q 稱為 p 的必要條件。$p \rightarrow q$ 的逆轉命題為 $\sim q \rightarrow \sim p$。由圖 8.2.1 中亦可知 $p \rightarrow q$ 和 $\sim q \rightarrow \sim p$ 在邏輯上是等價的。

範例 8.2.1

在證明時，我們常會發現：要直接證明 $p \rightarrow q$ 為真是很困難的，該如何換個方向來證明 $p \rightarrow q$ 會成立呢？

解答　這時可採取反證法的技巧來完成證明。"若 p 則 q" 可寫成 "$p \rightarrow q$"，由圖 8.2.1 得知 $p \rightarrow q$ 等價於 $\sim p \vee q$。既然從 "$p \rightarrow q$" 來證明是行不通的，不如證明 "$\neg(p \rightarrow q)$" 為假。首先假設 $\neg(p \rightarrow q)$ 為真，也就是

$$\neg(p \rightarrow q) \equiv \neg(\sim p \vee q) = p \wedge \sim q$$

為真。如果我們證明了 $p \wedge \sim q$ 為假 (或是矛盾)，就相當於證明了 $p \rightarrow q$ 為真。

範例 8.2.1 所談的反證法技巧在證明上是很有用的工具。先來看一個最簡單的反證法例子。

範例 8.2.2

證明 $\sqrt{2}$ 不是有理數。

解答 令 $\sqrt{2}$ 不是有理數的命題為 p。直接證明命題 p 為真不是很容易的事，我們採用反證法的技巧。其精神是證明 $\sim p$ 為假，這等於間接證明了 p 為真。

假設 $\sqrt{2}$ 為有理數，則 $\sqrt{2}$ 可寫成如下的最簡約分數形式

$$\sqrt{2} = \frac{s}{r}$$

這裡，正整數 r 和正整數 s 互質，移項後可得到 $\sqrt{2}r = s$。等式兩邊予以平方，得到

$$2r^2 = s^2$$

上式可推得 s 為偶數，令 $s = 2k_1$。將 $s = 2k_1$ 代入上式中，則可得

$$2r^2 = 4k_1^2 \Leftrightarrow r^2 = 2k_1^2$$

這又推得 r 亦為偶數，令 $r = 2k_2$。這下糟糕了，我們竟推得

$$\sqrt{2} = \frac{2k_1}{2k_2}$$

這和 $\sqrt{2}$ 已寫成最簡約分數形式牴觸了。我們由此證得 $\sqrt{2}$ 不是有理數。

雖然範例 8.2.2 的證明方法是採用反證法，但使用的技巧很簡單，並沒有完全使用到範例 8.2.1 所提的邏輯形式。

範例 8.2.3

可否舉出一個會使用到範例 8.2.1 所提邏輯形式的反證法例子？

解答 回顧範例 8.2.1 的討論，戶外地溼的原因有很多，例如：下雨、灑水、水管破裂等原因，下雨只是造成戶外地溼的一種原因。令 S 為戶外地溼的各種原因的集

合,很明顯地,下雨∈S。

現在我們要證明:「若下雨則戶外地溼」的命題為真。「若下雨則戶外地溼」的命題邏輯可寫成 "$p \to q$",這裡 p 代表下雨,而 q 代表地溼,因為 $p \to q$ 等價於 $\sim p \vee q$。先將 "$\sim p \vee q$" 予以否定,我們由此得到 $p \wedge \sim q$。反證法的精神是證明 $p \wedge \sim q$ 為假。接下來,由 $\sim q$ 下手,$\sim q$ 代表戶外地上不溼,也就是目前並沒有下雨、沒人灑水和沒有水管破裂的情形發生。但簡單命題 p 告訴我們「下雨了」。這違反了 $\sim q$ 得到的不下雨推論。這證明了 $p \wedge \sim q$ 為假,也間接證明了 $p \to q$ 為真。

▶試題 8.2.3.1(中央)

John 說了下面兩句話,這兩句話要就都是實話,不然就都是謊話。

第一句話:我愛 Lucy。

第二句話:我愛 Lucy 若且唯若我也愛 Vivian。

試問 John 是否愛 Lucy? John 是否愛 Vivian?請說明你的理由。

解答 令 p 表命題"John 愛 Lucy",q 表命題"John 愛 Vivian",則第一句話可表示為 p,第二句話可表示為 $p \leftrightarrow q$。$p \leftrightarrow q$ 等價於 $(p \to q) \wedge (q \to p)$。

如果 John 說的兩句話都是實話,則 $p = T$ 且 $(p \leftrightarrow q) = T$,也就是說 $q = T$,換言之 John 兩者皆愛。如果 John 說的兩句話都是謊話,則 $p = F$ 且 $(p \leftrightarrow q) = F$,可推得 $q = T$,也就是 John 不愛 Lucy 但是愛 Vivian。綜而言之,John 一定有愛 Vivian。

▶試題 8.2.3.2(台大)

試證明 "$p \to q$" 等價於 "$\sim q \to \sim p$"。

解答
$$p \to q \equiv \sim p \vee q$$
$$\equiv q \vee \sim p$$
$$\equiv \sim q \to \sim p \text{。}$$

▶試題 8.2.3.3

請寫出**互斥聯集** (Exclusive OR, XOR) 的邏輯等式。

解答

p	q	$p \oplus q$
0	0	0
0	1	1
1	0	1
1	1	0

$$p \oplus q \equiv \bar{p}q + p\bar{q}$$

這裡 $\bar{p} = \sim p$，$\bar{q} = \sim q$。

▶試題 8.2.3.4

請寫出若且唯若的邏輯等式。

解答

p	q	$p \leftrightarrow q$	$p \rightarrow q$	$q \rightarrow p$	$(p \rightarrow q) \wedge (q \rightarrow p)$
0	0	1	1	1	1
0	1	0	1	0	0
1	0	0	0	1	0
1	1	1	1	1	1

$$p \leftrightarrow q \equiv (p \rightarrow q) \wedge (q \rightarrow p)$$

▶試題 8.2.3.5

請將下列命題邏輯轉換成等價邏輯，在這個等價邏輯中並不含暗示 "$\rightarrow$" 連接詞。

$$(p \vee (q \rightarrow r)) \rightarrow s$$

解答
$$p \vee (q \to r) \to s \equiv \sim(p \vee (q \to r)) \vee s$$
$$\equiv (\sim p \wedge \sim(q \to r)) \vee s$$
$$\equiv (\sim p \wedge (q \wedge \sim r)) \vee s$$
$$\equiv (\sim p \wedge q \wedge \sim r) \vee s \text{。}$$

▶ 試題 8.2.3.6（清大）

有一家餐廳的招牌寫著：「好食物不便宜」。另一家餐廳的招牌寫著：「便宜無好食物」。這兩道招牌寫的是同一件事情嗎？

解答 根據邏輯等價觀念，令 $p \equiv$ 好食物，而 $c \equiv$ 便宜，則有

$$p \to \sim c \equiv \sim p \vee \sim c$$
$$\equiv \sim c \vee \sim p$$
$$\equiv c \to \sim p$$

所以這兩道招牌寫的是同一件事情。

▶ 試題 8.2.3.7（中山）

試證下列為真：

$$p \wedge q \to (r \wedge (p' \vee q)) \vee (p \wedge r')$$

解答 這裡 $p' = \sim p$。我們只需證明 $p \wedge q$ 為真時，$(r \wedge (p' \vee q)) \vee (p \wedge r')$ 也會為真即可。$p \wedge q$ 為真時，代表 $p = q = 1$，這可將 $(r \wedge (p' \vee q)) \vee (p \wedge r')$ 簡化為 $(r \wedge 1) \vee (1 \wedge r') \equiv r \vee r' = 1$，故得證。

8.3 邏輯推論

本節主要介紹下列重點：推論的邏輯意義、正確推論的驗證和恆真句的意義。所謂的邏輯推論 (Logic Inference) 是藉由事先給定的一些前提 (Premise)，利用一些邏輯推理的技巧以得到某些結論 (Conclusion)。現在舉的例子也稱為

Modus Ponens 的邏輯推論。令 p 和 $p \to q$ 為兩個前提，我們能推論出什麼呢？換言之，不管 p 和 $p \to q$ 的值為何，我們若能推論出 c 的結論，則下列的邏輯命題為**恆真** (Tautology)：

$$p \wedge (p \to q) \to c$$

問題是所得結論 c 為何呢？先將 p、q、$p \to q$ 和 $p \wedge (p \to q)$ 形成的真值表示於圖 8.3.1。

p	q	$p \to q$	$p \wedge (p \to q)$
0	0	1	0
0	1	1	0
1	0	0	0
1	1	1	1

圖 8.3.1　參考用的真值表

由圖 8.3.1，當 $c = q$ 時，可得 $p \wedge (p \to q) \to q$ 為恆真句，恆真句可驗證如下：

$$\begin{aligned}
p \wedge (p \to q) \to q &\equiv \sim(p \wedge (p \to q)) \vee q \\
&\equiv \sim p \vee \sim(p \to q) \vee q \\
&\equiv \sim p \vee (p \wedge \sim q) \vee q \\
&\equiv (\sim p \vee p) \wedge (\sim p \vee \sim q) \vee q \\
&\equiv 1 \wedge (\sim p \vee \sim q) \vee q \\
&\equiv \sim p \vee \sim q \vee q \\
&\equiv 1
\end{aligned}$$

Modus Ponens 可說是最簡單的邏輯推論例子。結論設為 q，其實一點都不奇怪。當 $p = T$ 且 $(p \to q) = T$ 成立時，$q = T$ 自然成立。有時為了方便表示前提與推論之關係，我們可採用如下的直式表示法：

$$\begin{array}{r}
p \\
p \to q \\
\hline
\therefore q
\end{array}$$

上面表示法中的 "$\therefore$" 代表「所以」之意。

上面的兩個前提和一個推論雖然是小範例，但是它卻可搭配其他前提得出更複雜的推論。事實上，由

$$p \wedge (p \to q) \equiv p \wedge (\sim p \vee q) \equiv (p \wedge \sim q) \vee (p \wedge q) \equiv p \wedge q$$

可得知除了 q 以外，p 也可以當上面例子的推論，因為 $(p \wedge q) \to q$ 也很容易被鑑定是恆真句。

範例 8.3.1

請利用真值表驗證

$$\begin{array}{c} p \\ p \to q \\ \hline \therefore q \end{array}$$

解答 根據真值表的最後一行：

p	q	$\neg p \vee q$	$p \wedge (\neg p \vee q)$	$\neg (p \wedge (\neg p \vee q)) \vee q$
0	0	1	0	1
0	1	1	0	1
1	0	0	0	1
1	1	1	1	1

可以推得 $\neg (p \wedge (\neg p \vee q)) \vee q$ 為恆真句，這意味著 $p \wedge (p \to q) \to q$ 亦為恆真句，故證得上述的推論是成立的。當邏輯變數不多時，會員表法不失為驗證推論正確與否的好方法。但當變數太多時，真值表可能太大。

範例 8.3.2

下面的邏輯推論是否正確？

$$\begin{array}{c} \sim p \to (q \to \sim r) \\ \sim s \to q \\ \sim t \to \\ \sim p \vee t \\ \hline \therefore r \to s \end{array}$$

解答 假設上述的邏輯推論不是恆真，則存在

$$[(\sim p \to (q \to \sim r)) \land (\sim s \to q) \land (\sim t) \land (\sim p \lor t) \to (r \to s)] \equiv 0$$

如此一來，則得知

$$(r \to s) \equiv 0$$

亦即可得到 $r = 1$ 且 $s = 0$。我們進一步可得

$$[(\sim p \to (q \to 0)) \land (1 \to q) \land (\sim t) \land (\sim p \lor t)] \equiv 1$$
$$t = 0$$
$$p = 0$$

由 $(\sim p \to (q \to 0)) \equiv 1$ 和 $p = 0$ 可推得 $q = 0$。但是 $(1 \to q) \equiv (1 \to 0) \equiv 0$，這又得到矛盾。所以上述邏輯推論為真。

▶試題 8.3.2.1（中央）

驗證下列推論的正確性：

(a) 前提 1：若 Ron 會 JAVA 的程式設計，則他就可以得到這份工作。

前提 2：Ron 並沒有得到這份工作。

推論：Ron 並不會 JAVA 設計程式。

(b) 前提 1：如果利率下降，則股市將會上漲。

前提 2：利率沒有調降。

推論：股市將不會上漲。

解答 (a) True，說明如下：

令 p 表示 Ron 會 JAVA 的程式設計，q 表示 Ron 能夠得到這份工作，則第一個前提可表示為 $p \to q$，第二個前提可表示為 $\neg q$。因為 $p \to q$ 等價於 $\neg q \to \neg p$，可推論得 $\neg p$。這一題可視為 Modus Ponens 的例子。

(b) False，說明如下：

令 p 表示利率下降，q 表示股市將會上漲，則第一個前提可表示為 $p \to q$，而第二個前提可表示為 $\neg p$，因為 $p \to q$ 等價於 $\neg p \lor q$，由下面的真值表可得知

$((p \to q \wedge \neg p) \to q)$ 不是恆真句，故無法推得 q。

p	q	$p \to q$	$p \to q \wedge \neg p$	$(p \to q \wedge \neg p) \to q$
0	0	1	1	0
0	1	1	0	1
1	0	0	0	1
1	1	1	0	1

▶試題 8.3.2.2（清大）

假設在某個島嶼上，人們不是武士就是流氓。武士必定說實話，而流氓必定說謊話。如果我們遇到 A 和 B 兩個人，若 A 說「B 是一個武士」，B 說「我們的身分是對立的」，請判別 A 和 B 的身分。

解答 A 和 B 皆為流氓，說明如下，考慮下列兩種情形：

(a) 若 A 為武士，則他的話為真，故可推得 B 亦為武士，所以 B 的話也必為真，可推得 A 和 B 為不同身分，但是 A 和 B 皆為武士，故此情形矛盾。

(b) 若 A 為流氓，則他的話為假，故可推得 B 亦為流氓，所以 B 的話也必為假，可推得 A 和 B 為相同身分，與情況符合，所以 A 和 B 皆為流氓。

▶試題 8.3.2.3

證明 $(p \wedge q) \to (p \vee q)$ 為恆真。

解答
$$\begin{aligned}
(p \wedge q) \to (p \vee q) &\equiv \sim(p \wedge q) \vee (p \vee q) \\
&\equiv (\sim p \vee \sim q) \vee (p \vee q) \\
&\equiv (\sim p \vee p) \vee (\sim q \vee q) \\
&\equiv (\sim p \vee p) \vee (\sim q \vee q) \\
&\equiv 1 \text{。}
\end{aligned}$$

試題 8.3.2.4

$\sim(p\vee(p\to q))\to\sim q$ 是否為恆真？

解答
$$\begin{aligned}
\sim(p\vee(p\to q))\to\sim q &\equiv p\vee(p\to q)\vee\sim q \\
&\equiv p\vee(\sim p\vee q)\vee\sim q \\
&\equiv (p\vee\sim p)\vee(q\vee\sim q) \\
&\equiv 1
\end{aligned}$$

所以 $\sim(p\vee(p\to q))\to\sim q$ 為恆真。

試題 8.3.2.5

試驗證

$$\begin{array}{rl}
& p \to r \\
& q \to r \\
\hline
\therefore & (p\vee q)\to r
\end{array}$$

解答
$$\begin{aligned}
(p\to r)\wedge(q\to r) &\equiv (\sim p\vee r)\wedge(\sim q\vee r) \\
&\equiv (\sim p\wedge\sim q)\vee r \\
&\equiv (\sim(p\vee q))\vee r \\
&\equiv (p\vee q)\to r
\end{aligned}$$

所以，我們可檢定：$(p\to r)\wedge(q\to r)\to((p\vee q)\to r)$ 為真。

試題 8.3.2.6（中山）

試證 $(p\to q)\wedge(\sim q)\wedge p$ 為恆假 (Inconsistent)。

解答 第一種證法：我們可得下面的真值表：

p	q	$p\to q$	$(\sim q)\wedge p$	$(p\to q)\wedge(\sim q)\wedge p$
0	0	1	0	0
0	1	1	1	0
1	0	0	0	0
1	1	1	0	0

所以 $(p \to q) \wedge (\sim q) \wedge p$ 為恆假句。

第二種證法：利用迪摩根定律，可得到

$$\overline{(p \to q) \wedge (\sim q) \wedge p} \equiv \overline{(p \to q)} \vee \overline{q} \vee \overline{\sim p}$$
$$\equiv (\sim p \vee q) \wedge \overline{(q \vee \sim p)}$$
$$\equiv 0$$

所以 $(p \to q) \wedge (\sim q) \wedge p$ 為恆假句。

▶試題 8.3.2.7（師大）

試驗證 $[p \wedge (p \to q) \wedge (\sim q \vee r)] \to r$。

解答 根據本節的討論，我們推得

$$[p \wedge (p \to q) \wedge (\sim q \vee r)] \to r$$
$$\equiv \sim [p \wedge (p \to q) \wedge (\sim q \vee r)] \vee r$$
$$\equiv \sim [p \wedge (\sim p \vee q) \wedge (\sim q \vee r)] \vee r$$
$$\equiv \sim [(p \wedge \sim p) \vee (p \wedge q) \wedge (\sim q \vee r)] \vee r$$
$$\equiv \sim [(p \wedge q) \wedge (\sim q \vee r)] \vee r$$
$$\equiv (\sim p \vee \sim q) \vee (q \wedge \sim r) \vee r$$
$$\equiv (\sim p \vee \sim q \vee q) \wedge (\sim p \vee \sim q \vee \sim r) \vee r$$
$$\equiv 1 \wedge (\sim p \vee \sim q \vee \sim r \vee r)$$
$$\equiv 1 \wedge 1$$
$$\equiv 1$$

所以上述的推論是正確的。

▶試題 8.3.2.8（清大）

賴教授說了下面一席甲和乙的對話：

甲：乙總是在說謊。

乙：甲總是在說實話。

你覺得賴教授一席話的可信度如何？

解答 先假設甲為真，也就是乙總是在說謊。仔細檢驗乙說的話：甲總是在說實話，因為乙在說謊，故甲應該是說謊話，我們於是推得該假設為矛盾。現在假設甲為假，那麼乙必定講的是實話，這又和乙說的話矛盾，我們於是又推得第二種假設為矛盾。結論是賴教授說的話自我矛盾。

8.4 述語邏輯

在 8.2 節和 8.3 節中，無論是談命題邏輯或是邏輯推論，所有的命題都沒有涉及述語 (Predicate) 和量詞 (Quantifier)。事實上，在應用上，單是用命題邏輯往往是不夠的，引入述語和量詞乃是很自然的事。

所謂的述語就是一種描述，這個描述可以是兩個數大小的比較，可以是數的性質檢測，或是年齡的敘述等。由於述語的描述可以很廣泛，它往往會牽涉到量詞。例如：一個整數 x 是偶數嗎？可以用下列的述語描述它：

$$\text{EVEN}(x)$$

當 $x=4$ 時，我們有 EVEN(4) = 1；當 $x=3$ 時，我們有 EVEN(3) = 0。介紹完一個量詞的述語後，再來看兩個量詞的例子：

$$\text{EQUAL}(x, y)$$

這個述語是在比較 x 和 y 是否相等。例如：EQUAL(5, 5) = 1 和 EQUAL(5, 6) = 0。

透過上面兩個小例子，我們可瞭解到由於述語和量詞的引入，的確可大大增強邏輯的敘述能力。

在述語 EVEN(x) 和 EQUAL(x, y) 中，我們並沒有將量詞定義得很清楚。在述語邏輯中，量詞主要有兩類：

全部的 (Universal)，用 ∀ 表示

存在有 (Existential)，用 ∃ 表示

例如，給定兩個述語如下所示：

$$P(x) \equiv (x-4)(x-3) = 0$$
$$Q(x) \equiv \text{EVEN}(x)$$

則述語邏輯 $\exists x(P(x) \wedge Q(x))$ 為真，因為可找到 $x=4$ 使得 $P(x)=1$ 和 $Q(x)=1$。但是，很明顯地，$\forall x\, Q(x)=0$，因為並非所有的 x 皆會使得 $\text{EVEN}(x)=1$。

給定一個述語 $R(x, y) \equiv x - 2y = 0$，則 $\exists x\, \forall y\, R(x, y) = 0$，因為不能找到一個實數 x 使得所有的實數 y 滿足 $x-2y=0$。但是，$\forall y\, \exists x\, R(x, y)=1$，因為給定任意的實數 y，一定找得到 $x=2y$ 使得 $x-2y=0$。從這個例子中，可知道 $\exists$ 和 $\forall$ 的擺放位置具有不同意義。

介紹完述語和量詞的基本定義和例子後，我們接下來談如何將口語的敘述轉換成述語邏輯。

範例 8.4.1

可否將下列的口語敘述轉成述語邏輯？

「每個人最強的科目只有一種」

解答 上面的述語邏輯可根據語句中語意的差異性，而將其解剖成三個部分，這三部分分別為「每個人」、「最強的科目」和「只有一種」。

令 $P(x, y) \equiv x$ 君最強的科目為 y，為強調出最強的科目只有一種，令 $z \neq y$ 表示 z 就不可能是 x 君最強的科目，所以「每個人最強的科目只有一種」的述語邏輯可寫成

$$\forall x\, \exists y\, \forall z\, (P(x, y) \wedge ((z \neq y) \rightarrow \sim P(x, z)))$$
$$\equiv \forall x\, \exists y\, \forall z\, (P(x, y) \wedge (\text{NEQUAL}(z, y) \rightarrow \sim P(x, z)))\ \text{。}$$

▶試題 8.4.1.1（清大）

請使用述語邏輯表達下列的命題。令 $C(x)$ 指 x 在市政府工作，而 $F(x, y)$ 指 x 和 y 在這個城市，且 x 認識 y。

(a) 存在一個人在市政府工作，但是他不認識這個城市中的任何人。

(b) 描述 (a) 的否定命題，而且不能使用蘊含運算，量詞左邊也不能有 ¬ 符號。

解答 根據題目，我們得到

(a) $\exists x \forall y (C(x) \wedge \neg F(x,y))$。

令 R 代表全體城市人民，本題可寫成 $\exists x \in R\ \forall y \in R - \{x\}(C(x) \wedge \sim F(x,y))$。

(b) $\neg(\exists x \forall y (C(x) \wedge \neg F(x,y))) = \forall x\ \exists y\ (\neg C(x) \vee F(x,y))$。

▶試題 8.4.1.2（雲科大）

考慮此命題 $p(x,y): y - x = y + x^2$，x、y 屬於整數，決定下列命題的真假：

(a) $P(0,1)$　　　　　(b) $\forall y\ p(0,y)$　　　　　(c) $\exists y\ p(1,y)$

(d) $\forall x \exists y\ p(x,y)$　　　(e) $\exists y \forall x\ p(x,y)$

解答　(a) 因為 $1 - 0 = 1 + 0^2$，所以 $p(0,1) = T$。

(b) 因為 $y - 0 = y + 0^2$，所以 $\forall y\ p(0,y) = T$。

(c) 因為 $-1 \neq 1^2$，所以 $\exists y\ p(1,y) = F$。

(d) 由 $x^2 + x = 0$，當 $x = 1$ 時，$p(1,y) = F$。

(e) 由 $\exists y$，令 $y = 0$，則 $-x = x^2$，可推得 $x = 0$ 或 -1，但是並非 $\forall x$ 皆滿足 $-x = x^2$，所以 $\exists y \forall x\ p(x,y) = F$。

我們在命題邏輯中討論過邏輯等價的問題。在述語邏輯中，有時兩個述語邏輯就表示式來看，雖然不相同，但是它們可能是等價的。

▶試題 8.4.1.3（清大）

令 $M(x,y)$ 表示命題「x 發送電子郵件 (E-mail) 給 y」且 $T(x,y)$ 表示命題「x 打電話 (Telephone) 給 y」，其中論域 (Universe of Discourse) 考慮的人為你班級的所有學生。使用量詞來表達下列命題。

(a) 你的班級中存在一個學生發送電子郵件給你班級中另外的所有學生。

(b) 你的班級所有學生必定有接收到從另外的學生發送的電子郵件或電話。

解答　令全班學生集合為 R：

(a) 根據命題 $M(x,y)$ 的定義，可得到

$$\exists x \in R \ \forall y \in R - \{x\} \ M(x, y)$$

(b) 根據命題 $M(x,y)$ 和 $T(x,y)$ 的定義，可得到

$$\forall y \in R \ \exists x \in R - \{y\} \ M(x, y) \vee T(x, y)。$$

▶試題 8.4.1.4（中正）

判斷下列命題是正確或錯誤的：

(a) 命題「某些動物既懶惰且笨」的否定句即代表「所有的動物既不懶惰也不笨」。

(b) 下列述語邏輯是錯誤的：

$$(\forall x)[A(x) \to B(x)] \to [(\forall x)A(x) \to (\forall x)B(x)]$$

(c) 下列述語邏輯是錯誤的：（舉反例即可）

$$(\exists x)A(x) \wedge (\exists x)B(x) \to \exists x(A(x) \wedge B(x))$$

(d) 下列述語邏輯是錯誤的：

$$(A \to B) \wedge (\overline{A} \to B) \to B，這裡 \overline{A} 為 A 的補數$$

(e) 一個正整數的集合 T 由下列的遞迴來定義：

$$2 \in T，且若 x \in T，則 x + 3 \in T 與 2x \in T$$

這樣的遞迴定義可推出 $20 \in T$。

解答　(a) False。否定句應為「所有的動物不是懶惰或不笨的」。

(b) False。該述語邏輯是正確的。對 $(\forall x)[A(x) \to B(x)]$ 而言，x 為 $A(x)$ 和 $B(x)$ 的全域 (Global Domain)，自然地，x 也適用於扮演 $A(x)$ 的局部域 (Local Domain) 角色。

(c) True。該述語邏輯是不正確的。例如：$A(x)$ 代表 x 是偶數，而 $B(x)$ 代表 x 是奇數。我們可以在局部域找到 $x = 4$ 使得 $A(4)$ 為真，另外在局部域可找到 $x = 3$ 使得 $B(3)$ 為假，然而並不存在 x 使得 $A(x)$ 和 $B(x)$ 同時為真。換言之，對 $(\exists x)A(x)$ 而言，x 為 $A(x)$ 的局部域；對 $(\exists x)B(x)$ 而言，x 為 $B(x)$ 的局部域。

(d) False (用真值表法可檢查出該述語邏輯是對的)。

(e) True，說明如下，由定義可知

$$2 \in T,$$
$$可推出\ 5 \in T;$$
$$可推出\ 10 \in T;$$
$$可推出\ 20 \in T。$$

▶試題 8.4.1.5（師大）

$x, y, z \in R$，請簡化下式：

$$\sim \{[\forall x\ \forall y((x > 0) \land (y > 0))] \to [\exists z\ (xz > y)]\}$$

解答 根據本節述語邏輯的基本定義，可以推得

$$\sim [\forall x\ \forall y\ ((x > 0) \land (y > 0))] \to [\exists z\ (xz > y)]$$
$$\equiv \sim [\sim (\forall x\ \forall y\ ((x > 0) \land (y > 0))] \lor (\exists z\ (xz > y))$$
$$\equiv \forall x\ \forall y\ ((x > 0 \land (y > 0)) \land \sim (\exists z\ (xz > y))$$
$$\equiv \forall x\ \forall y\ ((x > 0) \land (y > 0)) \land \forall z\ (\sim (xz > y))$$
$$\equiv \forall x\ \forall y\ \forall z\ ((x > 0) \land (y > 0) \land (xz \leq y))。$$

▶試題 8.4.1.6（99 成大）

試證 $\sim (\exists x[(p(x) \lor q(x)) \to r(x)]) = \forall x[(p(x) \lor q(x) \land \sim r(x))]$。

解答
$$\neg \exists x[(p(x) \lor q(x)) \to r(x)]$$
$$\equiv \neg \exists x[\neg (p(x) \lor q(x)) \lor r(x)]$$
$$\equiv \forall x \neg [(\neg p(x) \land \neg q(x)) \lor r(x)]$$
$$\equiv \forall x[\neg (\neg p(x) \land \neg q(x)) \land \neg r(x)]$$
$$\equiv \forall x[(p(x) \lor q(x)) \land \neg r(x)]。$$

8.5 結論

8.2 節中所介紹的反證法技巧在其他幾章的相關證明中會被反覆使用。邏輯推論在 Prolog 語言中扮演了理論的基礎。讀者如果對自動邏輯推論有興趣，可參閱 Chang 和 Lee 合寫的經典著作 [2]。

8.6 習題

1. Find a formula (using the connectives $\wedge, \vee, \neg$) that is equivalent to "if A then (if B then C else D) else E". （100 台大）

2. Show the inverse of $\forall x\, A(x) \to B(x) \vee C(x)$. （100 台大）

3. Let p and q be two propositions. Given that the value of $p \to q$ is false, determine the value of $(\neg p \vee \neg q) \to (\neg q)$ with a brief explanation. （101 清大）

4. Define the connective "Nand" by $(p \uparrow q) \Leftrightarrow \neg(p \wedge q)$, for any statements p, q. Which statement is TRUE?

    (a) $\neg p \Leftrightarrow (p \uparrow p)$
    (b) $(p \vee q) \Leftrightarrow (p \uparrow p) \uparrow (q \uparrow q)$
    (c) $(p \wedge q) \Leftrightarrow (p \uparrow q) \uparrow (p \uparrow q)$
    (d) $p \to q \Leftrightarrow p \uparrow (p \uparrow q)$. （101 成大）

5. Answer True/False to the following statements. Each correct answer gets 2.5 points, and each wrong answer deducts 2.5 points. If the total points obtained in this question set are negative, it will be treated as 0.

    (a) $p \to q \equiv (\neg p \vee q)$
    (b) $\neg(p \leftrightarrow q) \equiv \neg p \leftrightarrow \neg q$
    (c) $\neg \exists x(Q(x) \wedge R(x)) \equiv \forall x(\neg Q(x) \vee R(x))$
    (d) $(p \wedge (p \to q) \to q) \equiv T$. （101 交大）

6. Let $p(x), q(x)$ represent the following predicates: "$p(x)$: x is even; $q(x)$: $x/2$ is even;" for the universe of all integers. Which of the following statements are logically euqivalence to each other?

    (a) $\forall x\ (q(x) \to p(x))$

(b) If x is even, it is possible that $x/2$ is even too

(c) $\forall x \ (q(x) \text{ is necessary for } p(x))$

(d) $\neg \exists x \ (\neg q(x) \wedge p(x))$

(e) $\forall x \ (\neg p(x) \rightarrow \neg q(x))$. （100 中央）

7. Give the answer to the following problem.

   Translate the following English statement into a logical expression in proposition logic: You cannot ride the roller coaster if you are under 4 feet tall unless you are older than 16 years old. （101 中正）

8. Using predicates and quantifiers to express the statement "every student in this class has studied Discrete Mathematices". Answer the question in the case for domain of variables is

   (a) all students in the class and

   (b) all students in the school respectively. （100 中興）

9. The negation of "$\forall x f(x)$" is _____, while the negation of "$p \wedge q$" is _____.
   （101 中興）

8.7 參考文獻

[1] R. P. Grimaldi, *Discrete and Combinatorial Mathematics: An Applied Introduction*, 4th Edition, Addison-Wesley, 1999.

[2] C. L. Chang and R. C. T. Lee, *Symbolic Logic and Mechanical Theorem Proving*, Accademic Press, New York, 1973.

[3] E. Mendelson, *Introduction to Mathematical Logic*, 2nd Edition, Mei Ya Pub., Taipei, 1979.

Chapter 9

正規形式與邏輯設計

9.1 前言
9.2 PNF 和 CNF 正規形式
9.3 DNF 正規形式和布林函數
9.4 邏輯設計
9.5 結論
9.6 習題
9.7 參考文獻

9.1 前言

　　從前面的命題邏輯、推論和述語邏輯的介紹中，我們發現在這些表示式中，由於連接詞和量詞的使用，各種表示式的樣式相當多樣。如果能將不同的邏輯表示式轉換成某一種正規形式 (Normal Form)，那麼在某些應用上，會帶來很多方便性。正規形式可說是邏輯表示式的一種統一形式，常見的正規形式有三種：PNF (Prenix Normal Form)、CNF (Conjunctive Normal Form；也稱為結合正規形式) 和 DNF (Disjunctive Normal Form；也稱為析取正規形式)。其中，DNF 更是邏輯設計 (Logic Design) 的基石。我們在介紹邏輯設計前會先介紹布林函數 (Boolean Function)。

9.2 PNF 和 CNF 正規形式

　　我們先介紹如何將帶量詞的述語邏輯轉成 PNF。在述語邏輯的表示式中，帶量詞的述語與述語之間是靠連接詞的連接，所謂的 PNF 乃是將所有帶量詞的述語之量詞全部抽離出來並且移到邏輯表示式中的最前面。例如：給一述語邏輯如下所示 [這裡，$P(x)$ 和 $Q(x)$ 的量詞可能不同域 (Domain)]：

$$\forall x\ P(x) \wedge \forall x\ Q(x)$$

可轉換成如下的 PNF：

$$\forall x\ \forall y\ (P(x) \wedge Q(y))$$

範例 9.2.1

將 $\forall x\ \exists y\ ((\forall z\ (P(x,z) \vee Q(y,z))) \to \exists r\ R(x,y,r))$ 轉換成 PNF。

解答 利用 $p \to q = \neg p \vee q$，原式可轉換成

$$\forall x\ \exists y\ (\exists z\ (\sim P(x,z) \wedge \sim Q(y,z)) \vee \exists r\ R(x,y,r))$$
$$= \forall x\ \exists y\ \exists z\ \exists r\ (\sim P(x,z) \wedge \sim Q(y,z) \vee R(x,y,r)).$$

試題 9.2.1.1

將 $\exists x\ P(x) \rightarrow \forall x\ (Q(x) \wedge R(x))$ 轉換成 PNF。這裡，$P(x)$、$Q(x)$ 和 $R(x)$ 的量詞 x 皆為同域。

解答 原式可轉換成

$$\sim (\exists x\ P(x)) \vee (\forall x\ (Q(x) \wedge R(x)))$$
$$= \forall x\ (\sim P(x)) \vee (\forall x\ (Q(x) \wedge R(x)))$$
$$= \forall x\ (\sim P(x) \vee (Q(x) \wedge R(x)))$$
$$= \forall x\ ((\sim P(x) \vee Q(x)) \wedge (\sim P(x) \vee R(x)))。$$

試題 9.2.1.2

$\neg(\forall x\ P(x) \vee \forall x\ Q(x) \vee A)$ 的 PNF 為何？這裡，$P(x)$ 和 $Q(x)$ 的量詞 x 可能不同域。

解答
$$\neg(\forall x\ \forall y\ (P(x) \vee Q(y) \vee A))$$
$$= \exists x\ \exists y\ \neg(P(x) \vee Q(y) \vee A)$$
$$= \exists x\ \exists y\ (\neg P(x) \wedge \neg Q(y) \wedge \neg A)$$

如果給定的述語邏輯都是 PNF 的形式，則述語邏輯的推論或簡化將會較容易進行。談完了如何將述語邏輯轉換成 PNF 後，接下來討論如何將命題邏輯中的表示式轉換成**結合正規形式** (CNF)。

若命題邏輯可表示成如下的形式

$$c_1 \wedge c_2 \wedge c_3 \wedge \cdots \wedge c_k$$

$$c_i = p_{i1} \vee p_{i2} \vee \cdots\ [\ c_i\ 也稱作子句 (Clause)\ ]$$

則稱該命題邏輯的形式為 CNF。例如：

$$(\sim p_1 \vee p_2) \wedge (\sim p_2 \vee p_3)$$

就是一種 CNF 的形式。

範例 9.2.2

將 $(P \vee Q) \rightarrow R$ 轉換成 CNF。

解答 $(P \vee Q) \rightarrow R$ 可依如下的轉換方式轉成 CNF 的正規形式：

$$(P \vee Q) \rightarrow R = \sim(P \vee Q) \vee R$$
$$= (\sim P \wedge \sim Q) \vee R$$
$$= (\sim P \vee R) \wedge (\sim Q \vee R)。$$

▶試題 9.2.2.1（台科大）

布林函數 $x \vee \bar{x}\bar{y}\bar{z}$ 的正規 CNF 是哪一個？

(a) $(x \vee y \vee z)(x \vee \bar{y} \vee z)(x \vee y \vee \bar{z})$

(b) $(\bar{x} \vee y \vee z)(x \vee \bar{y} \vee z)(x \vee y \vee \bar{z})$

(c) $(x \vee \bar{y} \vee z)(x \vee y \vee \bar{z})(x \vee \bar{y} \vee \bar{z})$

(d) $(\bar{x} \vee \bar{y} \vee z)(\bar{x} \vee y \vee \bar{z})(x \vee \bar{y} \vee z)$

(e) $(x \vee y \vee z)(\bar{x} \vee \bar{y} \vee \bar{z})(\bar{x} \vee y \vee z)$

解答 $x \vee \bar{x}\bar{y}\bar{z}$ 真值表如下所示：

x	y	z	$x \vee \bar{x}\bar{y}\bar{z}$
0	0	0	1
0	0	1	0
0	1	0	0
0	1	1	0
1	0	0	1
1	0	1	1
1	1	0	1
1	1	1	1

$x \vee \bar{x}\bar{y}\bar{z} = \sim(\bar{x}\bar{y}z + \bar{x}y\bar{z} + \bar{x}yz) = (x \vee y \vee \bar{z})(x \vee \bar{y} \vee z)(x \vee \bar{y} \vee \bar{z})$，答案選 (c)。

9.3 DNF 正規形式和布林函數

我們接下來討論如何將命題邏輯中的表示式轉換成析取正規形式 (DNF)。命題邏輯的表示形式如下所示

$$c_1 \vee c_2 \vee c_3 \vee \cdots \vee c_k$$
$$c_i = p_{i1} \wedge p_{i2} \wedge \cdots \wedge p_{im}$$

上式中的 c_i 稱為子句 (Clause) 且每個子句中的命題以 "∧" 連接起來，這裡，命題 p_{ij} 也可視為一個變數 (Literal)。例如：

$$(\sim p_1 \wedge p_2) \vee (\sim p_2 \wedge p_3)$$

就是一種 DNF 的形式。

下列的四個法則對將命題邏輯轉換成 DNF 是很有用的：

$$\sim (P \wedge Q) = \sim P \vee \sim Q$$
$$P \wedge (Q \vee R) = (P \wedge Q) \vee (P \wedge R)$$
$$P \to Q = \sim P \vee Q$$
$$P \leftrightarrow Q = (P \to Q) \wedge (Q \to P)$$

例如，利用這些法則，$P \leftrightarrow Q$ 可如下轉換成 DNF：

$$\begin{aligned}
P \leftrightarrow Q &= (P \to Q) \wedge (Q \to P) \\
&= (\sim P \vee Q) \wedge (\sim Q \vee P) \\
&= (\sim P \wedge (\sim Q \vee P)) \vee (Q \wedge (\sim Q \vee P)) \\
&= (\sim P \wedge \sim Q) \vee (\sim P \wedge P) \vee (Q \wedge \sim Q) \vee (Q \wedge P) \\
&= (\sim P \wedge \sim Q) \vee (Q \wedge P)
\end{aligned}$$

從上面的 $P \leftrightarrow Q$ 轉成 DNF 過程中，讀者可發現反覆使用前述的四個法則是關鍵所在。

範例 9.3.1

將 $(P \vee Q) \rightarrow R$ 轉換成 DNF。

解答
$$\sim(P \vee Q) \vee R = (\sim P \wedge \sim Q) \vee R$$

也可將上式的 DNF 轉換成 CNF，$(\sim P \vee R) \wedge (\sim Q \vee R)$。

範例 9.3.2（政大）

請找出下列函數的析取正規形式 (DNF)。

x	y	z	$f(x, y, z)$
1	1	1	1
1	1	0	0
1	0	1	0
1	0	0	1
0	1	1	0
0	1	0	0
0	0	1	0
0	0	0	1

解答 根據上表，我們得到布林函數的積之和 (DNF) 為

$$f(x, y, z) = xyz + x\overline{y}\,\overline{z} + \overline{x}\,\overline{y}\,\overline{z}$$。

在布林代數中，任一變數只有兩個可能值，即為 0 或 1。常使用到的運算子為命題邏輯中的 $\sim$、$\wedge$ 和 $\vee$。0、1、p_1、p_2、…和 p_k 為最基本的**布林表示式** (Boolean Expression)，這裡 p_1、p_2、…和 p_k 為變數。引入三個連接詞 $\sim$、$\wedge$ 和 $\vee$，$\overline{p_i}$、$p_i \wedge p_j$ 和 $p_i \vee p_j$ 亦為合法的布林表示式。除了前面命題邏輯提到的一些法則外，下列的法則也是布林代數常用的法則：

1. $\overline{\overline{P}} = P$

2. $P \vee P = P + P = P$
   $P \wedge P = P \cdot P = P$

3. $P+(Q\cdot R)=(P+Q)\cdot(P+R)$

   $P\cdot(Q+R)=PQ+PR$（前面已提過）

4. $\sim(P\cdot Q)=\sim P+\sim Q=\overline{P}+\overline{Q}$（前面已提過）

   $\sim(P+Q)=\sim P\cdot\sim Q=\overline{P}\cdot\overline{Q}$

上面的法則 2. 也稱為等冪律 (Idempotent Law)，法則 3. 稱為分配律 (Distributive Law)，法則 4. 稱為迪摩根定律 (DeMorgan's Law)。

單有布林代數的法則仍是不夠的，我們還需瞭解布林函數 (Boolean Function) 的意義，以便進行邏輯設計。

透過一個 XOR 的例子來解釋布林函數是很好的方式。例如：兩個單位元的 XOR 運算。x_0 和 y_0 完成 XOR 運算後必須滿足圖 9.3.1。

輸入		輸出
x_0	y_0	z_0
0	0	0
0	1	1
1	0	1
1	1	0

圖 9.3.1　兩個單位元的 XOR 真值表

依照圖 9.3.1 的真值表，兩個單位元完成 XOR 運算後可表示成

$$z_0 = f(x_0, y_0) = \overline{x}_0 y_0 + x_0 \overline{y}_0$$

透過這個例子，布林函數可解釋成：依照輸出和輸入變數的關係，我們將輸出為 1 的對應輸入變數之 AND 形式予以 OR 起來，就得到所謂的布林函數。由於諸輸入變數是以 AND 的方式形成，故布林函數的形式為積之和 (Sum of Products) 的形式，也就是 DNF 的形式。

▶**試題 9.3.2.1**

請問三個布林變數 x、y 和 z 共可形成幾種不同的布林函數？

解答

x	y	z	F_1	F_2	$\cdots$	F_{256}
0	0	0	0	0	$\cdots$	1
0	0	1	0	0	$\cdots$	1
0	1	0	0	0	$\cdots$	1
0	1	1	0	0	$\cdots$	1
1	0	0	0	0	$\cdots$	1
1	0	1	0	0	$\cdots$	1
1	1	0	0	0	$\cdots$	1
1	1	1	0	1	$\cdots$	1

共 $2^{2^3} = 2^8 = 256$ 種不同的布林函數。

▶**試題 9.3.2.2（清大）**

試驗證下列兩個布林代數中的算子是否有交換性 (Communication)？

$$a \oplus b = (a \wedge \bar{b}) \vee (\bar{a} \wedge b)$$
$$a \square b = (\bar{a} \vee b) \vee (\bar{a} \wedge b)$$

解答

$$a \oplus b = (a \wedge \bar{b}) \vee (\bar{a} \wedge b) = (\bar{b} \wedge a) \vee (b \wedge \bar{a})$$
$$= (b \wedge \bar{a}) \vee (\bar{b} \wedge a)$$
$$= b \oplus a$$

所以 $a \oplus b$ 有交換性。

$$a \square b = (\bar{a} \vee b) \vee (\bar{a} \wedge b)$$
$$= ((\bar{a} \vee b) \vee \bar{a}) \wedge ((\bar{a} \vee b) \vee b)$$
$$= (\bar{a} \vee b) \wedge (\bar{a} \vee b)$$
$$= \bar{a} \vee b$$

同理，$b \square a = a \vee \bar{b} \neq \bar{a} \vee b$，所以 $a \square b$ 不具交換性。

▶ 試題 9.3.2.3（政大）

有四個輸入 (Four Inputs) 的布林函數 (Boolean Function) 有幾個？

解答 布林函數是以積之和的形式表示，一共有 2^4 種不同的積形式，在布林函數的積之和表示中，由於任一種積形式可選或不選，故共有 2^{16} 種不同的積之和形式。換言之，共有 2^{16} 種布林函數。

9.4 邏輯設計

在這一節，我們主要介紹如何利用命題邏輯所發展出來的布林代數來幫助邏輯設計 (Logic Design)，消息理論 (Information Theory) 之父 Shannon 在這方面有很原創的貢獻。

我們先介紹如何設計全加器 (Full Adder)。令兩數 $X = x_{n-1}x_{n-2}\cdots x_1 x_0$ 和 $Y = y_{n-1}y_{n-2}\cdots y_1 y_0$ 相加，其核心的部分為

$$\begin{array}{r} c_i \\ x_i \\ + y_i \\ \hline c_{i+1} z_i \end{array}$$

這裡 c_{i+1} 代表進位 (Carry)。利用圖 9.4.1 的真值表，

c_i	x_i	y_i	c_{i+1}	z_i
0	0	0	0	0
0	0	1	0	1
0	1	0	0	1
0	1	1	1	0
1	0	0	0	1
1	0	1	1	0
1	1	0	1	0
1	1	1	1	1

圖 9.4.1　核心部分的真值表

我們得到兩個輸出的布林表示式：

$$c_{i+1} = \bar{c}_i x_i y_i + c_i \bar{x}_i y_i + c_i x_i \bar{y}_i + c_i x_i y_i$$
$$z_i = \bar{c}_i \bar{x}_i y_i + \bar{c}_i x_i \bar{y}_i + c_i \bar{x}_i \bar{y}_i + c_i x_i y_i$$

由 c_{i+1} 和 z_i 的布林表示式，我們可用圖 9.4.2 的邏輯設計圖來完成上兩式的閘實作。

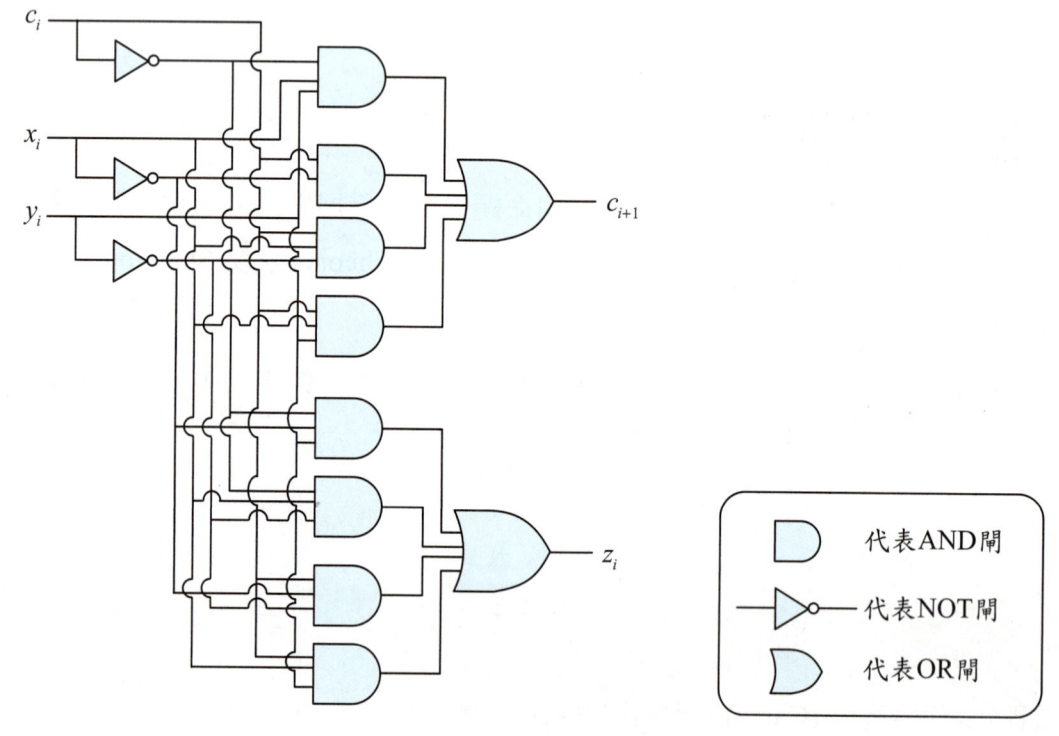

圖 9.4.2　位元相加的基本邏輯設計圖模組 (Module)

完成了兩數相加的核心部分之邏輯設計後，令圖 9.4.2 的邏輯設計圖表示為圖 9.4.3。

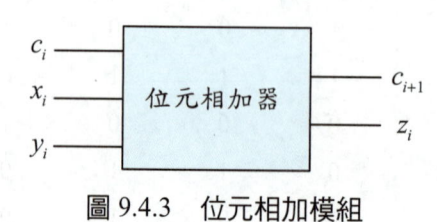

圖 9.4.3　位元相加模組

串接各個位元相加器 [也稱半加器 (Half Adder)] 模組，X 和 Y 的相加可利用圖 9.4.4 的邏輯設計來完成。

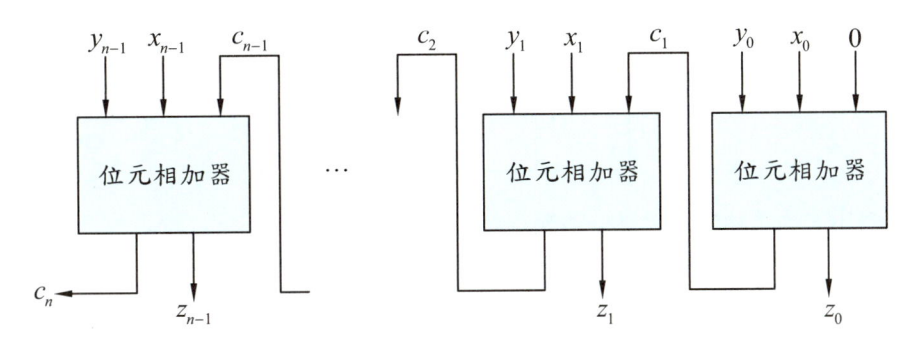

圖 9.4.4　$X + Y$ 的全加器邏輯設計

如何在相同的布林函數下減低邏輯閘個數也是一個重要的課題。

範例 9.4.1

可否減少全加器的邏輯閘數？

解答　卡諾圖 (Karnaugh Map) 是最常用來減低邏輯閘個數的方法。考慮

$$c_{i+1} = \overline{c_i} x_i y_i + c_i \overline{x_i} y_i + c_i x_i \overline{y_i} + c_i x_i y_i$$
$$z_i = \overline{c_i}\,\overline{x_i} y_i + \overline{c_i} x_i \overline{y_i} + c_i \overline{x_i}\,\overline{y_i} + c_i x_i y_i$$

上面第一個式子 c_{i+1} 所對應的卡諾圖如下圖所示。

	$x_i y_i$	$x_i \overline{y_i}$	$\overline{x_i}\,\overline{y_i}$	$\overline{x_i} y_i$
c_i	1	1		1
$\overline{c_i}$	1			

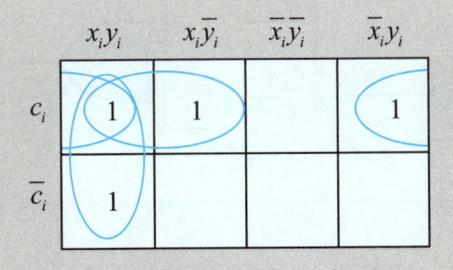

圖中被圈起來的兩個 1 可用較少的邏輯閘來表示，如此一來，c_{i+1} 可表示為

$$c_{i+1} = x_i y_i + c_i x_i + c_i y_i$$

同理，z_i 所對應的卡諾圖如下圖的四個 1 所示。

	$x_i y_i$	$x_i \overline{y_i}$	$\overline{x_i}\,\overline{y_i}$	$\overline{x_i} y_i$
c_i	1		1	
$\overline{c_i}$		1		1

明顯可看出 z_i 的布林表示式是無法簡化的。

▶試題 9.4.1.1

請用邏輯閘完成 XOR 的實作。

〔解答〕

x	y	$x \oplus y$
0	0	0
0	1	1
1	0	1
1	1	0

這裡 $x \oplus y = x$ XOR $y = \overline{x}y + x\overline{y}$。

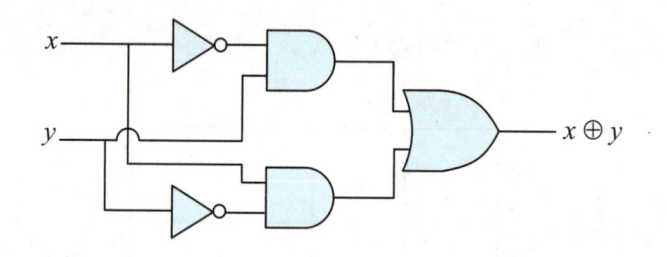

試題 9.4.1.2

請利用 NAND 閘來完成半加器的實作。

解答

x_i	y_i	c_{i+1}	z_i
0	0	0	0
0	1	0	1
1	0	0	1
1	1	1	0

$$c_{i+1} = x_i y_i = \overline{\overline{x_i y_i}}$$

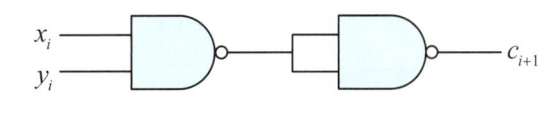

$$z_i = \overline{x_i} y_i + x_i \overline{y_i} = \overline{\overline{\overline{x_i} y_i + x_i \overline{y_i}}} = \overline{\overline{\overline{x_i} y_i} \cdot \overline{x_i \overline{y_i}}}$$

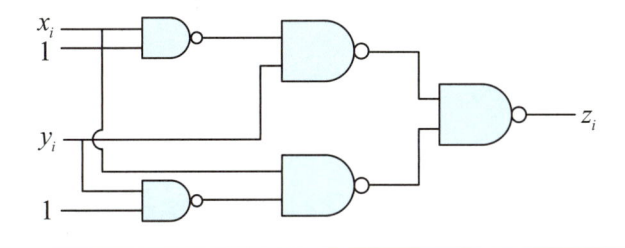

試題 9.4.1.3

請寫出下列卡諾圖的最精簡邏輯表示式？

	yz	$y\overline{z}$	$\overline{y}\,\overline{z}$	$\overline{y}z$
x	1	1		1
$\overline{x}$	1	1		1

解答

	yz	$y\bar{z}$	$\bar{y}\bar{z}$	$\bar{y}z$
x	1	1		1
$\bar{x}$	1	1		1

最精簡邏輯表示式為 $y+z$。

▶ **試題 9.4.1.4**

請利用 NOR 閘來完成 xy 的運算。

解答

$$xy = \overline{\overline{xy}} = \overline{\overline{x}+\overline{y}}$$

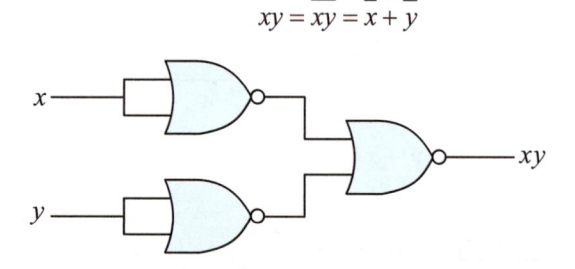

範例 9.4.2

設計 JK 正反器 (Flip Flop) 的邏輯電路。

解答 我們令 $Q_n \in \{0,1\}$ 為目前的狀態，而 $Q_{n+1} \in \{0,1\}$ 為下一次的狀態。當 $<J,K>=<0,0>$ 時，$Q_{n+1}=Q_n$；當 $<J,K>=<1,1>$ 時，$Q_{n+1}=\bar{Q}_n$；當 $<J,K>=<0,1>$ 時，$Q_{n+1}=0$；$<J,K>=<1,0>$ 時，$Q_{n+1}=1$。下圖為 $<J,K>$ 和 Q_{n+1} 的真值表：

J	K	Q_{n+1}
0	0	Q_n
0	1	0
1	0	1
1	1	$\bar{Q}_n$

上述的真值表可轉換為

Q_n	J	K	Q_{n+1}
0	0	0	0
0	0	1	0
0	1	0	1
0	1	1	1
1	0	0	1
1	0	1	0
1	1	0	1
1	1	1	0

上述轉換後的真值表在卡諾圖上的對應可表示為

Q_n \ JK	00	01	11	10
0	0	0	1	1
1	1	0	0	1

我們可進一步得到如下的簡化表示式：

$$Q_{n+1} = J\bar{Q}_n + \bar{K}Q_n$$

透過時間脈衝器 CLK 的幫忙，我們得到下列的電路圖。

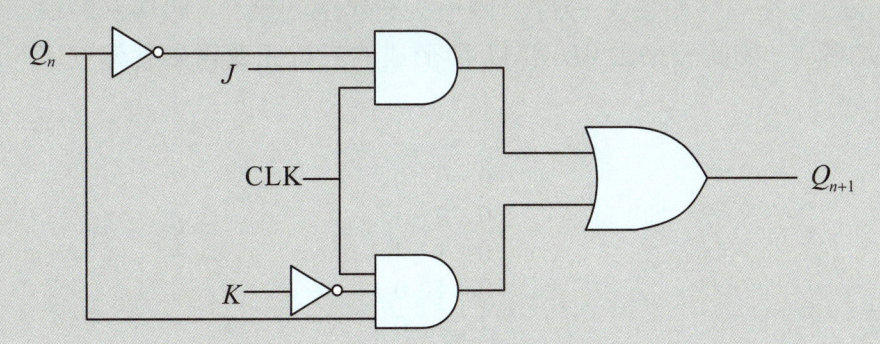

介紹完如何利用卡諾圖以減少閘個數後，另一種減少閘個數的技巧為 Quine-McCluskey 法。為方便讀者瞭解起見，我們先介紹葛雷碼 (Gray Code) 的概念，屆時就很容易懂 Quine-McCluskey 法了。

葛雷碼又叫反身碼 (Reflected Code)。以二位元為例，我們得到下列的葛雷碼：

$$\begin{array}{cc} 0 & 0 \\ 0 & 1 \\ 1 & 1 \\ 1 & 0 \end{array}$$

若想將上述的葛雷碼擴展成三位元的葛雷碼，我們首先依照鏡子反射的原理得到下列暫時狀態：

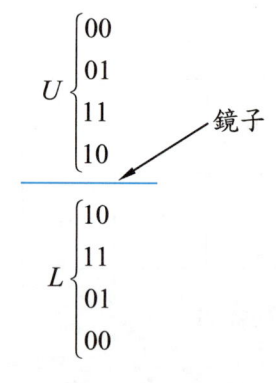

$$U \begin{cases} 00 \\ 01 \\ 11 \\ 10 \end{cases}$$

←鏡子

$$L \begin{cases} 10 \\ 11 \\ 01 \\ 00 \end{cases}$$

令上半部的暫時碼為 U，而下半部的暫時碼為 L。這裡的 U 其實就是二位元的葛雷碼。接下來，我們在 U 的每一個二元碼左邊加個 0，而在 L 的每一個二元碼左邊加個 1，如此一來由 $0U$ 和 $1L$ 所形成的三位元葛雷碼就建立了，請參見下圖。

$$\begin{array}{ccc} 0 & 0 & 0 \\ 0 & 0 & 1 \\ 0 & 1 & 1 \\ 0 & 1 & 0 \\ 1 & 1 & 0 \\ 1 & 1 & 1 \\ 1 & 0 & 1 \\ 1 & 0 & 0 \end{array}$$

建構 m 位元的葛雷碼可利用遞迴式的建構方式。假設我們已建構好了 $m-1$ 位元的葛雷碼 G_{m-1} 且令上半部的葛雷碼為 U_{m-1}，而下半部的葛雷碼為 L_{m-1}。我們可利用下式建構出 m 位元葛雷碼 G_m：

$$G_m = 0U_{m-1} \bigcup 1L_{m-1}$$

接下來，我們用歸納法來證明：任兩個連續葛雷碼的漢明距離 (Hamming Distance) 為 1。歸納法證明的三步驟為：

1. 考慮 $m = 2$ 的特例。由討論可知，任兩個連續葛雷碼的漢明距離為 1 會成立。
2. 假設對任意的 m 而言，上述定理會成立。
3. 考慮 $m+1$ 的情況：在所建的葛雷碼 G_{m-1} 中，上半部的葛雷碼 $0U_m$ 中的任兩個連續的葛雷碼必會滿足該定理。同理，對下半部的葛雷碼 $1L_m$ 而言，該定理也會成立。故我們只需檢查介於 $0U_m$ 中最後一個碼和 $1L_m$ 中最先的一個碼即可，由鏡子的反射性質可知這兩個碼的差別只在於最左邊的位元彼此互補，故得證。

範例 9.4.3

如何將一整數所對應的二進位碼轉成葛雷碼？

解答 令一整數 X 的對應二進位碼為 $(b_{m-1}b_{m-2}\cdots b_1 b_0)$，其所對應的葛雷碼為 $(g_{m-1}g_{m-2}\cdots g_1 g_0)$。兩者的關係為

$$g_{m-1} = b_{m-1}$$
$$g_{m-2} = b_{m-1} \oplus b_{m-2}$$
$$g_{m-3} = b_{m-2} \oplus b_{m-3}$$
$$\vdots$$
$$g_1 = b_2 \oplus b_1$$
$$g_0 = b_1 \oplus b_0$$

例如：$X_1 = (01)_2$，則相對應的葛雷碼為 $G_1 = (g_1 g_0) = (01)$；又例如：$X_2 = (10)_2$，則對應的葛雷碼為 $G_2 = (g_1 g_0) = (11)$。原本 X_1 和 X_2 的漢明距離為 $H(X_1, X_2) = 2$，但是經過轉換後的漢明距離為 $H(G_1, G_2) = 1$。

範例 9.4.4

請利用 Quine-McCluskey 方法來減少下列布林表示式的項數：

$$f(x, y, z) = xyz + x\bar{y}z + \bar{x}\,\bar{y}z + xy\bar{z} + \bar{x}y\bar{z} + x\bar{y}\,\bar{z}$$

解答 利用超立方體 (Hypercube) 的結構來解釋如何用 Quine-McCluskey 方法來簡化 $f(x, y, z)$ 的項數是很好的方法。下圖所示的超立方體 H_3 共有八個端點 (Node)。這八個端點分別標記為 000、001、010、011、100、101、110 和 111。我們可發現 000、001、010 和 011 其實就是 $0U_2$，而 100、101、110 和 111 就是 $1L_2$，如此一來，超立方體和葛雷碼就有了對應。

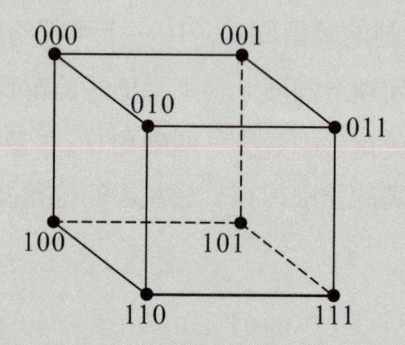

如果將 $f(x, y, z)$ 改寫成

$$f(x, y, z) = 111 + 101 + 001 + 110 + 010 + 100$$

則 $f(x, y, z)$ 的六個項正好可標示於超立方體上被圍住的六個端點上。

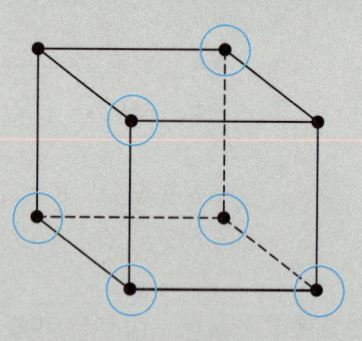

如此一來，原先的 $f(x, y, z)$ 可簡化成

$$\begin{aligned} f(x, y, z) &= 1dd + d10 + d01 \\ &= x + y\bar{z} + \bar{y}z \end{aligned}$$

上式中的符號 d 為 don't care 符號。

9.5 結論

CNF 和 DNF 正規形式在談 Satisfiable 問題時會使用到。布林代數為代數結構中的一種特殊結構，在近世代數的章節中，我們會針對各種的代數結構做進一步的介紹。

9.6 習題

1. True or False? $\neg \exists x[p(x) \vee q(x)] \Leftrightarrow [\forall x \neg p(x) \wedge \forall x \neg q(x)]$ （100 台南）

2. Simplify the Boolean function $(f+g+h)(f+g+\overline{h})(f+\overline{g}+h)$ by using the method of Karnaugh maps. （100 中山）

3. Find the disjunctive normal form of the following function. （100 成大）

x	y	z	$f(x,y,z)$
1	1	1	1
1	1	0	1
1	0	1	0
1	0	0	1
0	1	1	0
0	1	0	0
0	0	1	1
0	0	0	1

$$f(x,y,z) = xyz + xy\overline{z} + x\overline{y}\,\overline{z} + \overline{x}\,\overline{y}z + \overline{x}\,\overline{y}\,\overline{z}$$
$$= xy + \overline{x}\,\overline{y} + \overline{y}\,\overline{z}$$

4. 承上題（習題 3）。Design the circuit using only NAND gates to comput the above function. （100 成大）

5. For simple control designs, you choose the hardwired approach. Given a control bit "R" with the inputs "A", "B" and "C", you have determined that R is asserted in the following four conditions:

(a) $A = 0$ and $C = 1$
(b) $A = 1$ and $B = 1$
(c) $A = 1$, $B = 0$ and $C = 1$
(d) $B = 1$ and $C = 1$

Show your implementation by using a PLA without simplification. (101 中央)

6. Use K-map to simplify the Boolean function. (100 嘉大)

$$F = wxyz + wxyz' + wxy'z' + wxy'z + w'xyz + w'xy'z$$

7. Please use Karnaugh map method to simplify the expression of $(x' \wedge y \wedge z) \vee (x \wedge y' \wedge z) \vee (x' \wedge y' \wedge z)$. (100 中央)

8. You are given a combinatorial circuit.
   (a) Write a Boolean expression corresponding to the given circuit.
   (b) Give the truth table for the given circuit. (101 台北大)

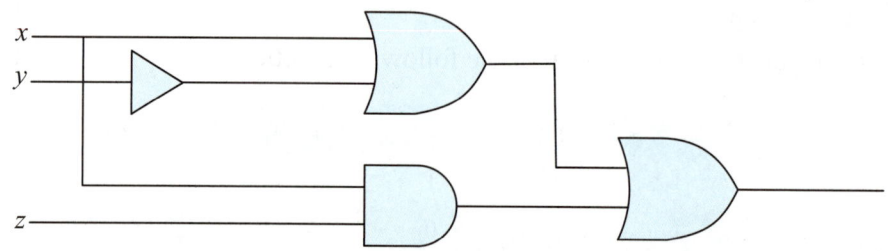

9. Construct a Boolean expression having the given table as its truth table followed. Please show all workings. (100 市北教)

P	Q	R	S
1	1	1	0
1	1	0	0
1	0	1	0
1	0	0	0
0	1	1	1
0	1	0	1
0	0	1	0
0	0	0	0

9.7 參考文獻

[1] R. P. Grimaldi, *Discrete and Combinatorial Mathematics: An Applied Introduction*, 4th Edition, Addison-Wesley, 1999.
[2] C. L. Liu, *Elements of Discrete Mathematics*, 2nd Edition, McGraw-Hill, New York, 1985.
[3] C. L. Chang and R. C. T. Lee, *Symbolic Logic and Mechanical Theorem Proving*, Accademic Press, New York, 1973.

Chapter 10

圖論基礎

10.1 前言
10.2 尤拉迴圈、尤拉式和簡單平面圖
10.3 同構、可到達性檢定和樹
10.4 最短路徑
10.5 結論
10.6 習題
10.7 參考文獻

10.1 前言

在許多的應用問題中，例如：網路的應用問題、影像處理的問題、運輸規劃的問題、資料壓縮的問題、VLSI 佈線的問題和無線通訊的問題等，常可透過圖論 (Graph Theory) 的技巧將待解的問題予以模式化 (Modeling)，再適度引用或修正現成的圖論演算法以便更有效地解決該問題。我們先介紹一些圖論名詞與性質，例如：著名的尤拉迴圈 (Eulerian Cycle)、漢彌頓迴圈 (Hamiltonian Cycle)、尤拉式 (Euler Formula) 和簡單平面圖 (Simple Planar Graph)。我們接著介紹圖論中同構 (Isomorphism)、可到達性檢定 (Reachability Testing) 和樹 (Tree)。我們另外介紹兩種圖的通用表示法 (Representation)。最後，我們介紹最短路徑 (Shortest Path) 演算法和其複雜度分析。

10.2 尤拉迴圈、尤拉式和簡單平面圖

在本節，我們先介紹尤拉 (Euler) 在 1736 年所寫的一篇有關 Königsberg 橋問題的論文，借此引出尤拉迴圈和漢彌頓迴圈的觀念。因為是第一位研究圖論的學者，尤拉被尊稱為圖論之父。

Königsberg (1945 年二次大戰後割讓給俄羅斯) 是德國一座古老的城市，城市內有一條河且河中有兩個小島 A 和 B，兩個小島和河岸的連接情形如圖 10.2.1 所示。為方便圖論的討論，令小島 A 和小島 B 皆退化為一端點 (Node)，而河的一邊 C 和河的另一邊 D 也退化為一端點，圖 10.2.2 為轉換後的圖。一個圖可用 $G = (V, E)$ 表示，此處 V 代表端點的集合 (Node Set)，而 E 代表邊的集合 (Edge Set)。對圖 10.2.2 而言，我們有 $V = \{A, B, C, D\}$ 和 $E = \{(A, C), (A, C), (A, D), (A, D), (A, B), (B, C), (B, D)\}$。

觀察圖 10.2.2，(A, C) 邊出現兩次，而 (A, D) 邊也出現兩次。這種邊出現一次以上的情形叫做多邊情形 (Multiple Edges)。端點 B 的度數 (Degree) 為 3，可表示為 $d(B)=3$，意指端點 B 有三個鄰邊。同理，$d(C) = d(D) = 3$ 和 $d(A) = 5$。

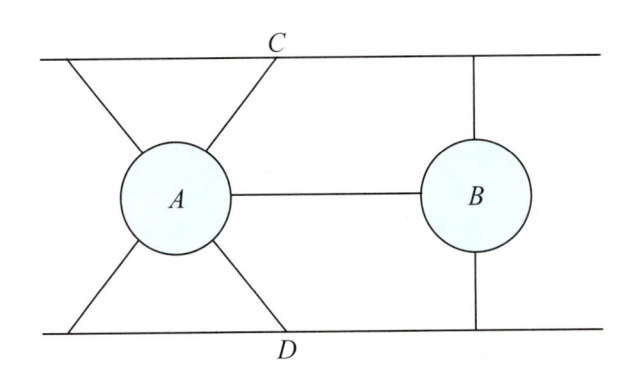

圖 10.2.1　Königsberg 橋

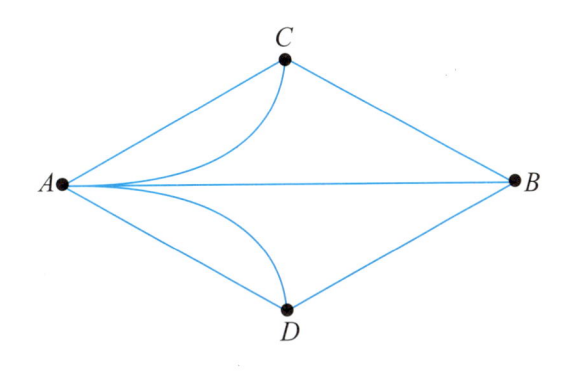

圖 10.2.2　將圖 10.2.1 予以模型化

所謂的 Königsberg 橋問題是指如何從某一端點出發將所有的橋走一遍，也就是將全部的邊走完，但是任何的邊只能被拜訪一次，然後再回到原來的出發點。我們也常以在圖 10.2.2 中找一尤拉迴圈來代表解決 Königsberg 橋問題。一筆畫問題也是指同一類的問題。

假設我們從 A 點先走到 C 點，再從 C 點走到 B 點。我們觀察 C 點，可發現進出 C 點一回會消耗掉兩個鄰邊。根據這個觀察，因為 $d(C)$ 為奇數，所以最後必然會殘留一個鄰邊。對 C 點的討論也適用於 A 點，因為 $d(A)$ 也是奇數。我們的結論是：無法在圖 10.2.2 中找到一個尤拉迴圈。

在兩個端點之間，若是有兩個(含)以上的邊，則稱該圖有重複邊的情形。若一個端點和自身之間有一環形式的邊，則稱該圖有環邊 (Loop Edge) 的情形。沒有重複邊和環邊的圖稱為簡單圖 (Simple Graph)。

範例 10.2.1（雲科大）

令 $G = (V, E)$ 為一無向 (Undirected) 簡單連通圖 (Simple Connected Graph)，且令 (a, b) 為 G 的一邊。證明 (a, b) 為一迴圈的一部分若且唯若它被移除不會使 G 變不連通。

解答 (a) 假若 (a, b) 在該一迴圈上，且令 $a - b - v_1 - v_2 - \cdots - v_i - a$ 為該迴圈。在圖 G 中移除邊 (a, b) 後，依然有一路徑 $b - v_1 - v_2 - \cdots - v_i - a$ 存在且可連通 (a, b)，因為其餘端點的連通性沒有受到影響，故圖 G 依然為連通圖。

(b) 圖 G 移除邊 (a, b) 後依然為連通圖，所以存在有一路徑 $a - v_1 - v_2 - \cdots - v_i - b$。若將邊 (a, b) 加回去，則可得到圖 G 有一迴圈 $a - v_1 - v_2 - \cdots - v_i - b - a$，所以 (a, b) 在某一迴圈上。

範例 10.2.2

令 $G = (V, E)$ 為一連通圖 (Connected Graph)。如何證明：G 有一個尤拉迴圈若且唯若 G 上的所有端點的度數皆為偶數？

解答 (a) 假若 G 有一個尤拉迴圈，則表示對該迴圈上的每一個端點而言，進入的邊數等於離去的邊數。所以對 G 上任何一個端點而言，其度數皆為偶數。

(b) 若 G 上的所有端點的度數皆為偶數，則 G 有一個尤拉迴圈。假設從 G 中挑出兩個不同節點 $x, y \in V$，使得 x 到 y 之間，可建構出一條最長的尤拉鏈 (Eulerian Chain) C_1，此時，必能從 G 中挑出一條邊 (y, z)，不屬於該 C_1。這時將邊 (y, z) 加入 C_1，則可得更大的尤拉鏈 C_2，其實端點 z 就是端點 x。假設 C_1 已包括 G 的所有邊，則得證。若 G 中仍有不在 C_1 的邊且這邊是由 C_1 的某一端點 u 延伸出去。令 G' 為 G 去掉 C_1 的所有邊集合而得。因為 G 為連通圖且每一端點的度數為偶數，所以 G' 上的每一端點的度數仍為偶數。假設 G' 可找到一個迴圈，我們將這個迴圈併入 C_1，則可得比 C_1 更大的尤拉迴圈，這是矛盾的。

假如我們將圖 10.2.2 的重複邊 (A, D) 和 (A, C) 去掉，則可以找到一條尤拉鏈。再來觀察圖 10.2.2 中各節點的度數，我們發現度數為奇數的節點數為四個，也就是為偶數，但這帶來什麼圖論性質呢？在這一章，為方便性，端點和節點會被交錯使用，雖然它們是一樣的。

範例 10.2.3

在 $G = (V, E)$ 上，度數為奇數的端點必有偶數個。

解答 我們先來觀察兩個端點 A 和 B，如圖 10.2.3 所示。

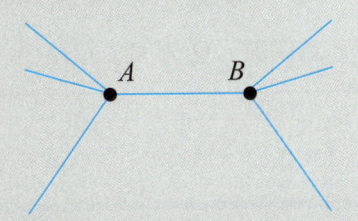

圖 10.2.3　共用邊情形

計算 $d(A)$ 的時候已經考量過一次 (A, B) 邊了，可是在計算 $d(B)$ 時又考量了一次 (A, B) 邊。依此推知，當算完所有端點的度數後，可得知所有端點的度數和等於 $2|E|$，所以我們有

$$\sum_{i=1}^{|V|} d(V_i) = 2|E| = \sum_{d(V_i)\text{是奇數}} d(V_i) + \sum_{d(V_j)\text{是偶數}} d(V_j) \quad (10.2.1)$$

$$= \sum_{d(V_i)\text{是奇數}} d(V_i) + 2k_1$$

這裡 $V_i \in V$ 且式 (10.2.1) 的 k_1 為正整數。我們很容易由上式推得度數為奇數的端點必有偶數個。

▶試題 10.2.3.1（中正）

n-cube 用符號 Q_n 表示。Q_n 指的是圖的頂點用 2^n 個長度為 n 的二元字串表示，而兩個頂點有鄰接若且唯若它們剛好有一個位元位置不同。

(a) n-cube Q_n 共有多少邊？

(b) n 為何值時 n-cube Q_n 才有尤拉路徑？

解答　(a) 令 $Q_n = (V, E)$，且 $v \in V$，所以 $v = (a_1, a_2, a_3, \ldots, a_n)$ 為一個二元字串。又由定義可得 v 連接 n 個頂點，即 v 有 n 條邊，可推得 $\forall v \in V$，$\deg(v) = n$。可得到

$$2|E| = \sum_{v \in V} \deg(v) = n2^n$$

所以 $|E|=n2^{n-1}$。

(b) 對任意連結圖 $G=(V, E)$，若 G 要有尤拉路徑若且唯若 $\forall v \in V$，$\deg(v)$ 為偶數，或恰有兩個頂點的度數為奇數，其餘皆為偶數。因為在 Q_n 中 $\forall v \in V$，$\deg(v)=n$，所以 $n=1$ 或 n 為偶數，Q_n 才有尤拉路徑。

▶ **試題 10.2.3.2（中興）**

頂點度數序列為 5，2，2，2，2，1 的圖共有多少邊？畫出這樣的圖。

解答 令某圖 $G=(V, E)$ 有 5，2，2，2，2，1 度數序列，因為

$$2|E|=\sum_{v \in V} \deg(v) = 5+2+2+2+2+1=14$$

故得 $|E|=7$。我們可從度數 5 開始，則對應的圖形如下所示。

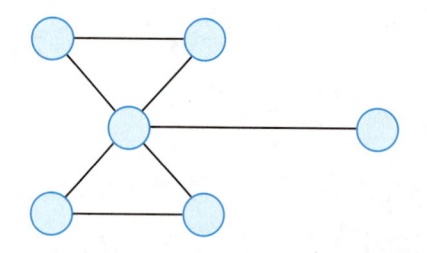

▶ **試題 10.2.3.3**

試證明：一連接樹 (Tree) 共有 n 個節點，則該圖共有 $(n-1)$ 條邊。

解答 利用歸納法來證明其為真。首先驗證 $n=2$ 時，確實只有 1 條邊。假設上述定理在 $n=k$ 時為真。今考慮 $n=k+1$ 的情形。因為加一個端點和加一條邊，會得到：連接樹有 $(k+1)$ 個節點，則共有 k 條邊。

試題 10.2.3.4

給一圖如下,請問是否存在一尤拉迴圈?

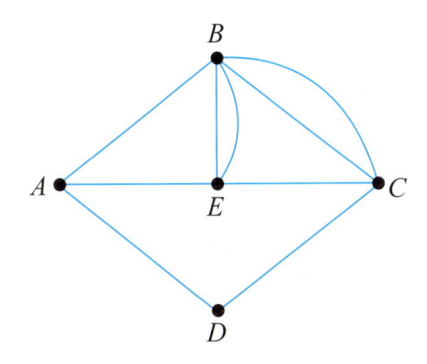

解答 因為 $d(A) = 3$ 和 $d(B) = 5$,所以不存在尤拉迴圈。

試題 10.2.3.5(政大)

假設一樹 (Tree) T,度數為 1 的頂點數有 N_1 個,度數為 2 的頂點數有 N_2 個,度數為 3 的頂點數有 N_3 個,⋯,度數為 k 的頂點數有 N_k 個。求出 N_1,以 N_2、N_3、⋯ 和 N_k 表示。

解答 令 $T = (V, E)$,因為 $2|E| = \sum_{v \in V} \deg(v)$,且 $|E| = |V| - 1$,所以

$$1 \times N_1 + 2 \times N_2 + 3 \times N_3 + \cdots + k \times N_k = 2|E| = 2[(N_1 + N_2 + N_3 + \cdots + N_k) - 1]$$

移項可得

$$N_1 = 2 + N_3 + 2N_4 + \cdots + (k-2)N_k$$
$$= 2 + \sum_{i=3}^{k}(i-2)N_i \text{。}$$

在尤拉迴圈中,我們有興趣的是拜訪全部的邊且不得重複。在現實生活中,我們可能對拜訪全部的端點更有興趣。例如:在選舉期間,對某一個選區的候選人而言,他/她有興趣的是在選前將區內的所有重點全部拜訪完,但同一點不可拜訪兩次,這類似於旅行銷售員問題 (Traveling Salesman's Problem)。

範例 10.2.4

前述的候選人拜票動作是否可模式化為圖論的問題？

解答 我們可將上述問題模式化為在圖上找漢彌頓迴圈的問題。如圖 10.2.4 所示，我們順著 $A \to B \to C \to D \to E \to F \to A$ 的路徑 (Path)，可把圖中所有端點拜訪一次，而且除了出發點 A 外，沒有任何一個端點被拜訪兩次以上。這樣的路徑，我們稱之為漢彌頓迴圈。$A \to B \to C \to D \to E \to F$ 路徑也叫漢彌頓鏈 (Hamiltonian Chain)。

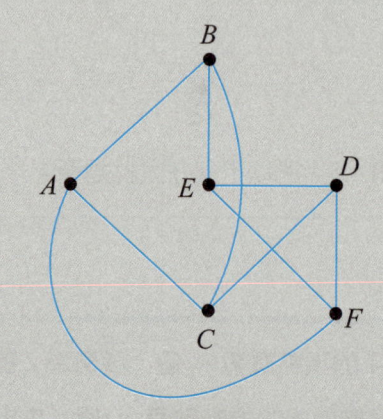

圖 10.2.4　一個漢彌頓迴圈的例子

▶試題 10.2.4.1（清大）

試證下圖不存在漢彌頓路徑。

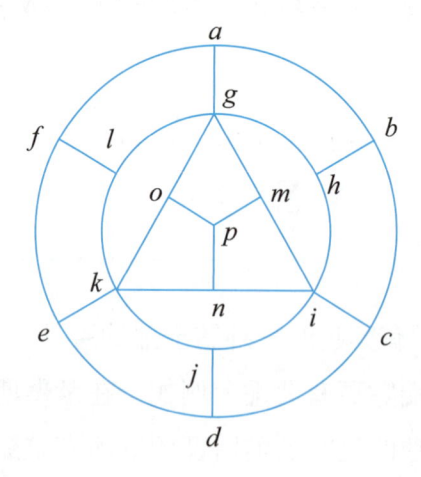

解答 我們將節點 a 塗紅色 (R)，然後將與其相鄰的節點塗藍色 (B)，依此交替塗色，則上圖經塗色後，可得如下的著色圖：

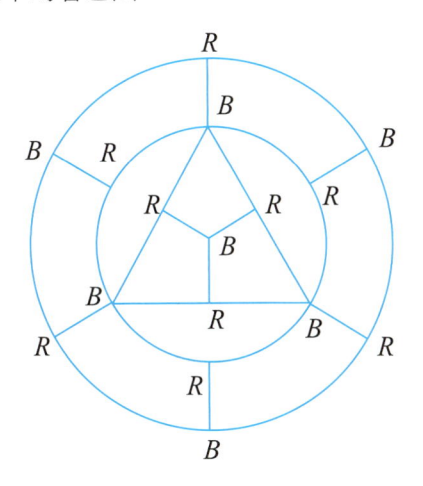

經檢查後，可知 $|R|=9$，而 $|B|=7$。因為 $|R| \neq |B|$，所以不存在漢彌頓路徑。

尤拉在端點、邊和區域的個數間給出 $|V|-|E|+|F|=2$ 這麼一個簡單有力的**尤拉式** (Euler Formula)，這裡 $|F|$ 表示圖中的面個數，也就是區域數。給一圖如下所示：

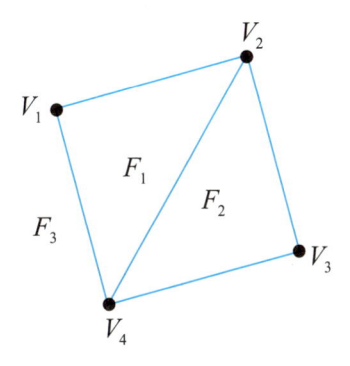

由圖知 $|V|=4$、$|E|=5$ 和 $|F|=3$，因為共有 F_1、F_2 和 F_3 三個面。尤拉式告訴我們，$|V|-|E|+|F|=2$ 恆成立。以上圖為例，我們有 $4-5+3=2$。

範例 10.2.5（99 交大）

如何證明尤拉式？

解答 先考慮 $|F|=1$ 的情形。當 $|F|=1$ 時，$G=(V,E)$ 為一樹 (Tree)，樹的邊數等於端點數減一，也就是 $|E|=|V|-1$。很容易檢驗出 $|V|-|E|+|F|=2$ 會成立。

假設當 $|F|=K$ 時，尤拉式成立。今針對 $|F|$ 來進行歸納，我們在 G 上增加一個三角形的面，也就是增一個端點和兩條邊。如此一來，我們得到一個新的圖 $G'=(V,E')$ 且滿足 $|V'|=|V|+1$、$|E'|=|E|+2$ 和 $|F'|=|F|+1$。很容易可檢驗出 $|V'|-|E'|+|F'|=2$ 仍會成立。

▶試題 10.2.5.1（師大）

假設一個連通平面圖 G，其度數為 2 的頂點有 5 個，度數為 3 的頂點有 2 個，度數為 4 頂點有 3 個。求出 G 的面個數。

解答 令圖 $G=(V,E)$，已知

$$2|E|=\sum_{v\in V}\deg(v)$$

所以可得

$$2|E|=2\times 5+3\times 2+4\times 3=28$$

故得 $|E|=14$。由尤拉式知道 $|V|-|E|+|F|=2$，其中 $|V|$ 為點個數，$|E|$ 為邊個數，$|F|$ 為面個數，故所求為

$$|F|=|E|-|V|+2=14-(5+2+3)+2=6。$$

在前面，我們曾定義過簡單圖，我們現在考慮一種稱作**簡單平面圖** (Simple Planar Graph) 的類型。簡單平面圖除了保有簡單圖的特殊限制外，另外也規定任何兩條邊不可相交，例如圖 10.2.5 所示的 $K_{3,3}$ 圖就不是簡單平面圖，因為在圖中有兩條邊相交，相交的兩邊為 (A, E) 和 (C, D)。在上圖中，任一端點

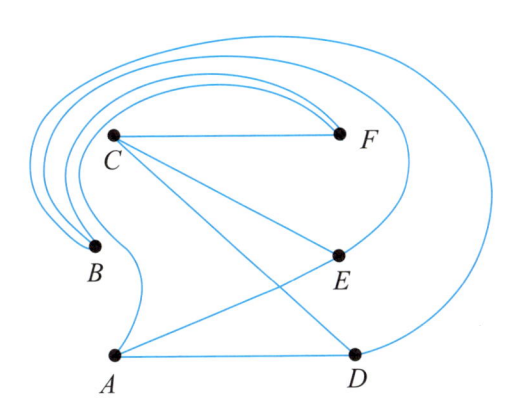

圖 10.2.5　$K_{3,3}$ 不為簡單平面圖

∈ $\{A, B, C\}$ 皆有三邊連接到端點 D、E 和 F；同理，任一端點 ∈ $\{D, E, F\}$ 也有三邊連接到端點 A、B 和 C。

範例 10.2.6

給一簡單平面圖 $G = (V, E)$，是否端點在度數上有最大的限制？

解答　由於簡單平面圖的特殊性，很容易可看出一個面至少需包含三條邊。令 F^i 代表由 i 條邊構成的面數，例如，$F^3 = 2$ 代表由 3 條邊構成的面有 2 個。假設 G 內含最多邊的面包含了 m 條邊，則 G 所含的總面數 F 會滿足

$$|F| = F^3 + F^4 + \cdots + F^m = \sum_{i=3}^{m} F^i$$

考慮一條邊被兩個面共用的事實，我們得到

$$2|E| = \sum_{i=3}^{m} iF^i \geq 3\sum_{i=3}^{m} F^i = 3|F|$$

將上式進行移項，可得到

$$2|E|-3|F|\geq 0 \tag{10.2.2}$$

我們用反證法來證明：在簡單平面圖上，有一個端點的度數小於 6。假設 V 中的每一個端點 v 皆滿足 $d(v)\geq 6$，則可得到

$$|V|=|V^6|+|V^7|+\cdots=\sum_{i=6}^{m'}|V^i| \tag{10.2.3}$$

上式中的 V^i 代表度數為 i 的端點集；m' 代表比 6 大的最大端點度數。由式 (10.2.1) 可推得

$$2|E|=\sum_{i=6}^{m'}i|V^i| \tag{10.2.4}$$

很類似於式 (10.2.2) 的推演，由式 (10.2.3) 和式 (10.2.4) 可得到

$$2|E|\geq 6\sum_{i=6}^{m'}|V^i|=6|V| \tag{10.2.5}$$

如果能利用式 (10.2.2) 和式 (10.2.5) 推翻尤拉式 $|V|-|E|+|F|=2$，也就完成了反證法的證明。我們先試試將式 (10.2.2) 和式 (10.2.5) 合併起來，可得

$$(2|E|-3|F|)+(2|E|-6|V|)\geq 0$$
$$\Leftrightarrow 4|E|-3|F|-6|V|\geq 0$$

在上述不等式中，因為係數之間不盡相同，故無法提出共同係數以便利用到尤拉式，所以將式 (10.2.2) 乘以 2 後再合併式 (10.2.5) 倒不失為一個好方法，我們因此得到

$$\begin{aligned}(4|E|-6|F|)+(2|E|-6|V|)&=6|E|-6|F|-6|V|\\&=6(|E|-|F|-|V|)\geq 0\end{aligned} \tag{10.2.6}$$

由尤拉式可得知式 (10.2.6) 是不會成立的，因為 $|E|-|F|-|V|=-2$。故證得在簡單平面圖上，不可能每個端點的度數皆大於等於 6，也就是說在 G 中有一端點的度數小於 6。

圖論基礎 239

談完了簡單平面圖有關某一端點度數的最大限制後，我們對簡單平面圖至多有多少條邊也很有興趣。

範例 10.2.7

證明簡單平面圖 G 至多只有 $3|V|-6$ 條邊。

解答 如果證明為真的話，等於告訴我們：G 的邊點數為線性的。從範例 10.2.1 推得的一些不等式中，我們的目標是利用尤拉式來推得類似於

$$? \geq |E|$$

的不等式。從式 (10.2.2) 知

$$2|E|-3|F| \geq 0 \Leftrightarrow 3(|E|-|F|) \geq |E| \tag{10.2.7}$$

將尤拉式 $|V|-2=|E|-|F|$ 代入式 (10.2.7) 中的左式，我們可得

$$3(|V|-2) \geq |E| \Leftrightarrow 3|V|-6 \geq |E|$$

至此，我們證得：簡單平面圖至多只有 $3|V|-6$ 條邊。

▶試題 10.2.7.1

試證明簡單平面圖的面數之上限為 $2|V|-4$。

解答 利用前面得到的不等式

$$2|E|-3|F| \geq 0$$

將上式進一步推演，則可得

$$(2|E|-2|F|)-|F| = 2(|E|-|F|)-|F|$$
$$= 2(|V|-2)-|F|$$
$$\geq 0$$

移項後，可得到

$$2|V|-4 \geq |F|$$

於是我們證得：簡單平面圖至多只有 $2|V|-4$ 個面。

上面的結果可以用來檢驗某些圖是否為簡單平面圖。

▶試題 10.2.7.2（清大）

Let $G = (E, V)$ be connected planar simple graph with $|E|$ edges and $|V|$ vertices. Let $|F|$ be the number of regions in a planar representation of G, and Euler formula $|F| = |E| - |V| + 2$.

(a) If G is a connected planar simple graph with $|E|$ edges and $|V|$ vertices where $|V| \geq 3$ and no circuits of length three, prove that $|E| \leq 2|V| - 4$.

(b) Use corollary (a) to show that graph $K_{3,3}$ below is non-planar.

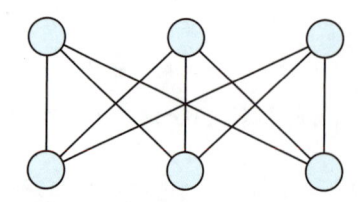

解答 (a) 由不存在三條邊的迴圈，可推得

$$2|E| = \sum_{i=4}^{m} iF^i \geq 4|F|$$

移項可得 $2|E| - 4|F| \geq 0$。進一步可得

$$4(|E| - |F|) \geq 2|E|$$
$$4(|V| - 2) \geq 2|E|$$
$$2|V| - 4 \geq 2|E|$$

(b) $2 \times 6 - 4 = 8 < 9$，故 $K_{3,3}$ 不為平面圖。

範例 10.2.8

K_5 是否為簡單平面圖？

解答 下圖為完全圖 (Complete Graph) K_5 的示意圖，在 K_5 中共有 10 條線，不難由範例 10.2.7 知道簡單平面圖的邊數至多為 $3 \times 5 - 6 = 9$，故 K_5 不是簡單平面圖。

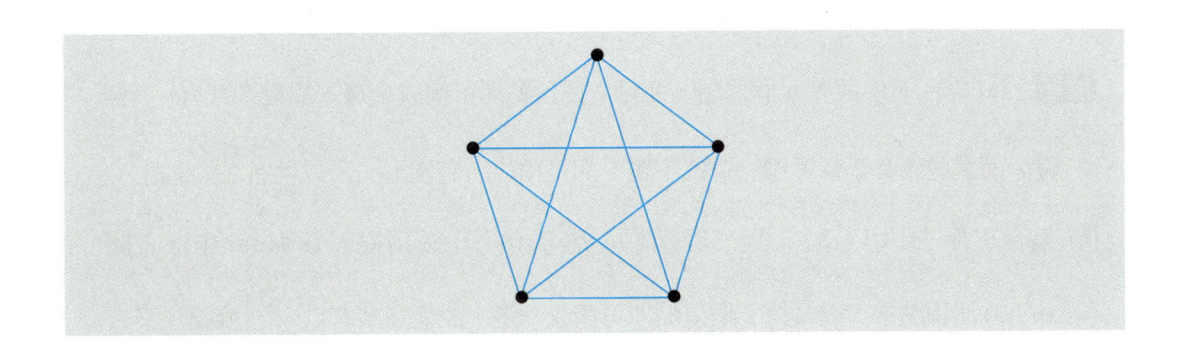

▶試題 10.2.8.1（暨大）

對所有樹 $T = (V, E)$，若 $|V| \geq 2$，則 T 至少有兩個懸吊點 (Pendant Vertices)，懸吊點指的是度數為 1 的頂點。

解答　利用反證法證明此問題，若題目不為真，則可分為以下兩種情形來討論：

(a) 若 T 無懸吊點，且 T 為連通圖或連結圖 (Connected Graph)，則 $\forall v \in V$, $\deg(v) \geq 2$，又 $|E| = |V| - 1$，故得到

$$2(|V|-1) = 2|E| = \sum_{v \in V} \deg(v) \geq 2|V|$$

可推得 $-2 \geq 0$，故矛盾。

(b) 若 T 恰有一懸吊點，則

$$2(|V|-1) = 2|E| = \sum_{v \in V} \deg(v) \geq 2(|V|-1) + 1$$

可推得 $0 \geq 1$，故矛盾。

綜合 (a) 和 (b) 的討論，所以 T 至少有兩個懸吊點。

▶試題 10.2.8.2（中央）

一個圖 G 包含一頂點集合 V 和一邊集合 E，且每一邊 e 是由頂點（也稱端點或節點）的無序配對所組合。令 $V = \{1, 2, 3, ..., n\}$。

(a) 有多少種圖有頂點集合 V？

(b) 有多少種圖包含三角形 123？

解答 (a) 集合 V 中共有 n 個頂點，而每 2 個頂點即可構成一邊，故最多共有 $\binom{n}{2}$ 條邊。而這些邊有 2 種選擇：選或不選，即可構成所有圖形，所以共有 $2^{\binom{n}{2}}$ 種圖。

(b) 集合 V 中去掉 1、2、3 此三個頂點，剩下 $(n-3)$ 個頂點，類似 (a) 作法，此 $(n-3)$ 個頂點中，因為每 2 個頂點即可構成一邊，故最多共有 $\binom{n-3}{2}$ 條邊。又去掉的三個頂點中的每個頂點可連接出去 $(n-3)$ 條邊，所以又多了 $3(n-3)$ 條邊。所以共有 $\binom{n-3}{2}+3(n-3)$ 條邊，而這些邊有 2 種選擇：選或不選，即可構成所有圖形，所以共有 $2^{\binom{n-3}{2}+3(n-3)}$ 種圖。

試題 10.2.8.3（政大）

假設 G 為一有 n 個頂點的任意圖，則 G 最多可能有多少種子圖 (Subgraph) 其頂點個數為 k？（將同構圖視為不同）

解答 當 G 為一頂點個數為 n 的完全圖 (Complete Graph)，才有最多不同的子圖。當頂點個數為 k 時，最多共有 $\binom{k}{2}$ 條邊，而這些邊有 2 種選擇：選或不選，即可構成所有圖形，所以共有 $2^{\binom{k}{2}}$ 種不同圖形。需考慮頂點個數為 k 共有 $\binom{n}{k}$ 種選法，所以所求 $=\binom{n}{k}\times 2^{\binom{k}{2}}$。

試題 10.2.8.4（台大）

令 K_n^* 為一個有 n 個端點的有向圖。若 x、y 為端點，則不是 $(x, y) \in K_n^*$ 就是 $(y, x) \in K_n^*$，但是不能都成立，則稱 K_n^* 為一競賽圖 (Tournament)。一個有向圖 (V, E) 有遞移性時，會滿足 $(a, b) \in E \wedge (b, c) \in E \Rightarrow (a, c) \in E$。有多少種滿足遞移性且人數為 n 的競賽圖？

解答 可將此題視為求元素個數為 n 的全序關係集 (Toset) 有多少種。因為全序關係集所得到的赫斯圖為一直線,所以元素個數為 n,則共有 $n!$ 種赫斯圖,也就是共有 $n!$ 種不同的圖。

▶試題 10.2.8.5(師大)

下列鄰接矩陣所表達的圖為平面圖嗎?證明你的答案。

$$\begin{bmatrix} 0 & 1 & 1 & 1 & 0 & 1 \\ 1 & 0 & 0 & 1 & 1 & 1 \\ 1 & 0 & 0 & 0 & 1 & 0 \\ 1 & 1 & 0 & 0 & 1 & 1 \\ 0 & 1 & 1 & 1 & 0 & 1 \\ 1 & 1 & 0 & 1 & 1 & 0 \end{bmatrix}$$

解答 根據 Kuratowski 定理,我們可在原圖中找到 K_5 的同胚 (Homeomorphic) 子圖,此 K_5 的同胚子圖之示意圖如下所示:

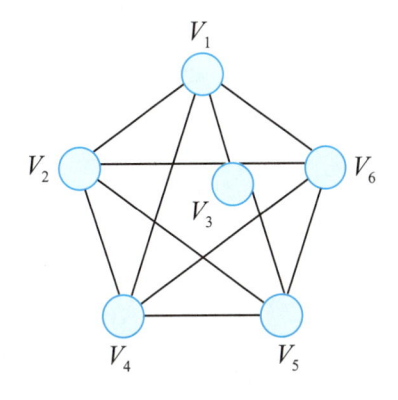

所以原圖不為平面圖。

▶試題 10.2.8.6(師大)

試證明:若一圖為簡單平面圖,則該圖不含有 $K_{3,3}$ 或 K_5 的子圖。

解答 "$p \Rightarrow q$" 的證明等價於 "$\sim q \Rightarrow \sim p$" 的證明。我們由 $\sim q$ 下手!假若該圖含有 $K_{3,3}$ 或 K_5 的子圖,表示子圖 $K_{3,3}$ 或 K_5 並非簡單平面圖,則意味著該圖也並非簡單平面圖。

10.3 同構、可到達性檢定和樹

本節主要介紹下列數個重點：同構 (Isomorphism)、圖的表示法 (Graph Representation)、可到達性檢定 (Reachability Testing)、Warshall 演算法以及樹。同構的觀念主要用來找出兩個圖的同構對應：點對點與邊對邊的一對一對應；可到達性檢定主要用來確定任何兩端點是否存在路徑可連接該兩端點。最後，我們將討論有關樹的相關議題。

範例 10.3.1

給兩個如下的圖，請檢定該兩圖是否為同構？

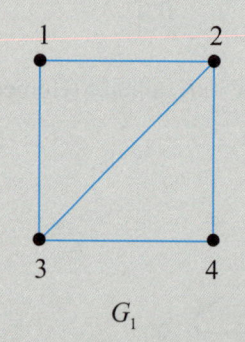

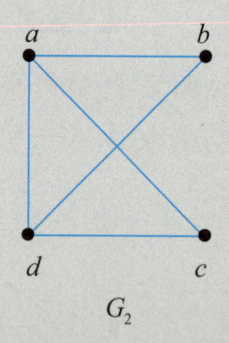

G_1 G_2

解答 考慮 $d(2) = d(b) = d(3) = d(d) = 3$，我們可找到一個對應函數 (Mapping Function) f，使得

$$f : 1 \to b$$
$$f : 2 \to a$$
$$f : 3 \to d$$
$$f : 4 \to c$$

且 $f(1, 2) = (b, a)$、$f(2, 4) = (a, c)$、$f(2, 3) = (a, d)$、$f(1, 3) = (b, d)$ 和 $f(3, 4) = (d, c)$。也就是，我們找到的對應函數可將 G_1 的每一個端點對應到 G_2 的每一個端點，且使得 G_1 中的相關邊也對應到 G_2 的對應邊上。

▶試題 10.3.1.1

下面三個圖例哪兩個是同構？

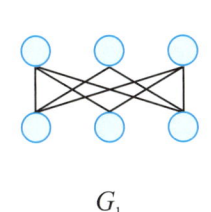

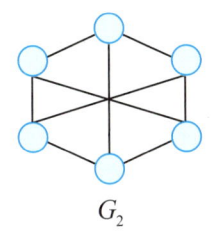

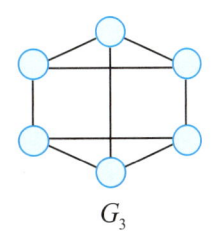

G_1 G_2 G_3

解答　因為 G_3 有 K_3 子圖，但是 G_1 和 G_2 皆無，所以 G_3 與其他兩圖皆不可能同構，令 $G_1 = (V_1, E_1)$ 且 $G_2 = (V_2, E_2)$，並將 G_1 和 G_2 的端點標記如下：

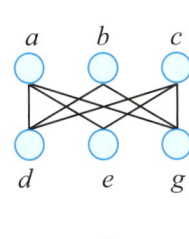

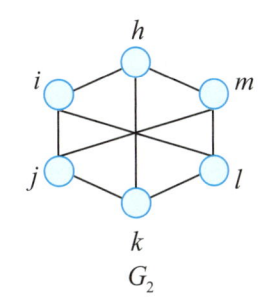

G_1 G_2

令 $f : V_1 \to V_2$ 為一個一對一且映成的函數，考慮 G_1 中的節點 a、b 和 c 中，彼此間沒有邊連接，故可考慮 G_2 中的節點 h、j 和 l 為對應對象。其中 f 定義如下：

$$f(a) = h,\ f(b) = j,\ f(c) = l,\ f(d) = i,\ f(e) = m,\ f(g) = k$$

則根據定義，可得到 $\forall x, y \in V_1, (x, y) \in E_1 \Leftrightarrow (f(x), f(y)) \in E_2$，故 f 為一同構函數，所以 G_1 和 G_2 同構。

範例 10.3.2

因為存在一個**同構函數** (Isomorphism) $F : \{a, b, c, d, e, f, g, h, i, j\} \to \{q, r, s, t, u, v, w, x, y, z\}$，所以使得下面兩圖為同構。若 $(F(a), F(b), F(e), F(f), F(i)) = (q, v, r, w, z)$，則 $(F(c), F(d), F(g), F(h), F(j)) = ?$

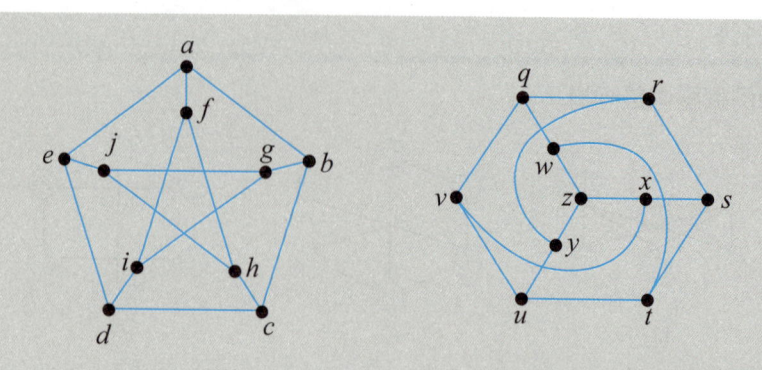

解答 令左圖為 $G_1 = (V_1, E_1)$，而右圖為 $G_2 = (V_2, E_2)$，若 G_1 與 G_2 為同構若且唯若可找到映成函數 $F: V_1 \to V_2$，使得 $(x, y) \in E_1 \leftrightarrow (F(x), F(y)) \in E_2$。因為 $(a, f) \in E_1$、$(f, i) \in E_1$ 且 $(f, h) \in E_1$，又 $(q, w) \in E_2$、$(w, z) \in E_2$ 且 $(w, t) \in E_2$，則利用同構定義可推得

$$F(h) = t$$

再因為 $(e, j) \in E_1$，$(h, j) \in E_1$ 且 $(r, s) \in E_2$，$(t, s) \in E_2$，故又可利用同構定義推得

$$F(j) = s$$

同理可依序推出

$$F(g) = x \text{，} F(c) = u \text{，} F(d) = y$$

故

$$(F(c), F(d), F(g), F(h), F(j)) = (u, y, x, t, s)。$$

　　我們接下來介紹兩種最常用的**圖的表示法** (Graph Representation)。第一種稱作**鄰近串列** (Adjacency List) 表示法，而第二種稱作**鄰近矩陣** (Adjacency Matrix) 表示法。給定一個圖，要在其上設計演算法和該圖使用的資料結構有很密切的關係。換言之，圖論演算法的效益和該圖的資料結構是息息相關的。

範例 10.3.3

何謂圖的鄰近串列表示法？

解答 如圖 10.3.1 所示，所謂的鄰近串列表示法就是將圖中的每一個端點置於串列

表示法的頭，然後將與該端點有連接邊的另一端點以串列的方式依次串接起來。圖 10.3.1 的串列表示法可如圖 10.3.2 所示。給定一個圖 $G = (V, E)$，依照串列表示法，則共有 $|V|$ 個串列。

在圖 10.3.2 中，串列中的每一個節點皆含兩個欄位，一個欄位存圖中端點的註標，而另一個欄位則存連接下一個節點的位址 (Address)。對一個串列的最後一個節點而言，第二個欄位則存 "Null"，也就是俗稱的接地線。這裡得留意一點：因為節點 1 和節點 3 沒有相連，所以節點 3 不用放在第一個串列中。

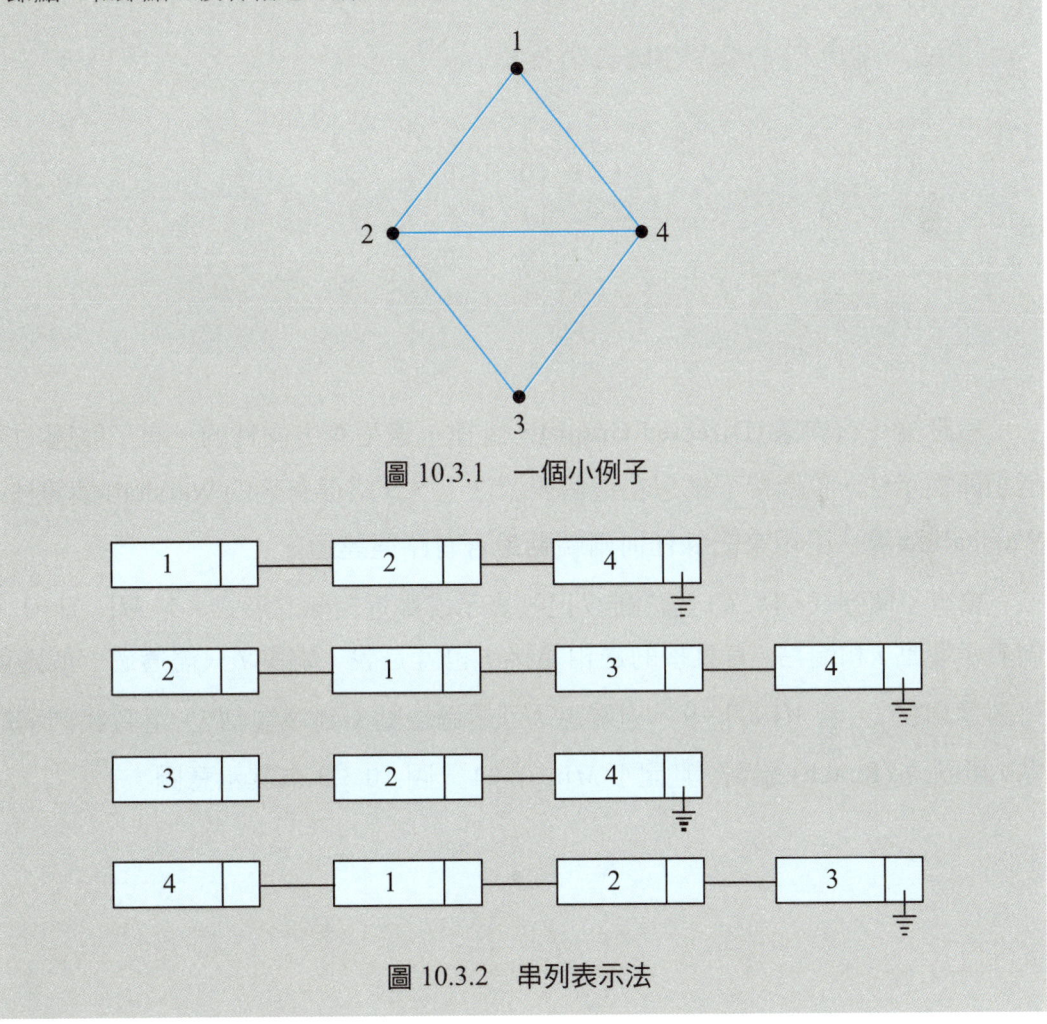

圖 10.3.1　一個小例子

圖 10.3.2　串列表示法

對圖而言，除了鄰近串列表示法外，還有鄰近矩陣表示法。

範例 10.3.4

何謂圖的鄰近矩陣表示法？

解答 為了方便，我們仍以圖 10.3.1 為例。其實所謂的鄰近矩陣表示法相當簡單，我們只需將註標 1、2、3 和 4 當成矩陣 M 的行註標和列註標，然後依下式將矩陣 M 填滿即完成鄰近矩陣表示法：

$$M[i,j] = \begin{cases} 1, & \text{若 } (i,j) \in E \\ 0, & \text{若 } (i,j) \notin E \end{cases}$$

如上所述，圖 10.3.1 的鄰近矩陣表示法為

$$M = \begin{matrix} & \begin{matrix} 1 & 2 & 3 & 4 \end{matrix} \\ \begin{matrix} 1 \\ 2 \\ 3 \\ 4 \end{matrix} & \begin{bmatrix} 0 & 1 & 0 & 1 \\ 1 & 0 & 1 & 1 \\ 0 & 1 & 0 & 1 \\ 1 & 1 & 1 & 0 \end{bmatrix} \end{matrix}$$

假設給一**有向圖** (Directed Graph)，這裡，邊是有方向性的。有了該圖的鄰近矩陣表示法，我們接下來想在這個表示法上，介紹很有名的 Warshall 演算法。Warshall 演算法是用來記錄任何兩端點是否有路徑連通。

給定一個圖 $G = (V, E)$ 且該圖 G 已被表示成鄰近矩陣的形式。若 $M[i, j] = 1$，則表示端點 i 和端點 j 有直接的邊相連接，也就是說，端點 i 只需透過一個邊就可到達端點 j。若 $M[i, j] = 0$，但端點 i 可透過端點 k 到達端點 j，這時我們稱端點 i 可**到達** (Reach) 端點 j 且記下 $M[i, j]^2 = 1$。圖 10.3.3 為其示意圖。

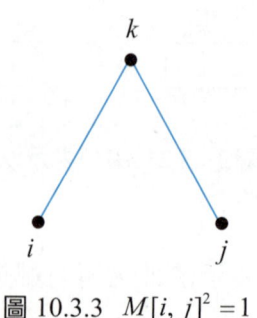

圖 10.3.3　$M[i, j]^2 = 1$

依此方式，我們可推廣到 $M[i, j]^m$ 的討論上。$M[i, j]^m = 1$ 代表端點 i 透過 m 條邊到達端點 j。Warshall 演算法就是想解決圖 G 中任何兩個端點的可到達性 (Reachability) 檢定，也就是計算出

$$M^* = M^1 \vee M^2 \cdots \tag{10.3.1}$$

式 (10.3.1) 中的 $\vee$ 算子就是布林代數中的 OR 算子。這裡，$M^1 = M$。計算式 (10.3.1) 有時也稱作解決圖 G 的遞移封密性 (Transitive Closure) 問題。

在式 (10.3.1) 中，我們來看一個小例子以便瞭解 M^i 如何從 $M \otimes M^{(i-1)}$ 得到，這裡的算子 $\otimes$ 是將傳統矩陣相乘中的乘法替換成 $\wedge$，而將加法替換成 $\vee$。令

$$M = \begin{bmatrix} 1 & 0 & 1 \\ 0 & 0 & 0 \\ 0 & 1 & 0 \end{bmatrix}$$

則可得到

$$M^2 = M \otimes M = \begin{bmatrix} 1 & 1 & 1 \\ 0 & 0 & 0 \\ 0 & 0 & 0 \end{bmatrix}$$

將 M 和 M^2 合併起來看，可得

$$M \vee M^2 = \begin{bmatrix} 1 & 1 & 1 \\ 0 & 0 & 0 \\ 0 & 1 & 0 \end{bmatrix}$$

範例 10.3.5

試敘述蠻力法如何求得 M^* 以完成可到達性的紀錄。

解答 令一圖為 $G = (V, E)$，下列的程序為計算 M^* 的蠻力法：

```
A := M
B := A
for i = 2 to (|V| - 1)
begin
    A := A ⊗ M
    B := B ∨ A
end
```

在上述的程序中，$A \otimes M$ 需花 $O(|V|^3)$ 的時間且 for 迴圈需執行 $|V|-2$ 次，故蠻力法總共需花 $O(|V|^4)$ 的時間。執行完上述的程序，最後的結果 M^* 存於 B 矩陣中。

由圖 10.3.3 中的三個變數 i、j 和 k，Warshall 發現：何不利用三個 for 迴圈來完成上述 M^* 的計算！

Warshall 的方法很簡單，其包含三個 for 迴圈的程序如下所示：

```
B := M
for k = 1 to |V|
begin
    for i = 1 to |V|
    begin
        for j = 1 to |V|
            B[i, j] = B[i, j] ∨ (B[i, k] ∧ B[k, j])
    end
end
```

很明顯地，上述程序只需 $O(|V|^3)$ 的時間。最後的結果 M^* 也是存在 B 陣列中。經 Warshall 的巧妙頭腦一想，M^* 的計算時間就由 $O(|V|^4)$ 降為 $O(|V|^3)$ 了。

範例 10.3.6

給一如下鄰近陣列，請利用 Warshall 演算法求 M^*。

$$\begin{array}{c} & \begin{array}{ccc} 1 & 2 & 3 \end{array} \\ \begin{array}{c} 1 \\ 2 \\ 3 \end{array} & \begin{bmatrix} 0 & 0 & 1 \\ 1 & 0 & 0 \\ 0 & 1 & 0 \end{bmatrix} \end{array}$$

解答 先考慮 $k = 1$，可得如下的 Warshall 矩陣：

$$B = \begin{array}{c} & \begin{array}{ccc} 1 & 2 & 3 \end{array} \\ \begin{array}{c} 1 \\ 2 \\ 3 \end{array} & \begin{bmatrix} 0 & 0 & 1 \\ 1 & 0 & 1 \\ 0 & 1 & 0 \end{bmatrix} \end{array}$$

再考慮 $k = 2$，可得如下 Warshall 矩陣：

$$B = \begin{array}{c} & \begin{array}{ccc} 1 & 2 & 3 \end{array} \\ \begin{array}{c} 1 \\ 2 \\ 3 \end{array} & \begin{bmatrix} 0 & 0 & 1 \\ 1 & 0 & 1 \\ 0 & 1 & 0 \end{bmatrix} \end{array}$$

最後考慮 $k = 3$，可得如下 M^*：

$$M^* = \begin{array}{c} & \begin{array}{ccc} 1 & 2 & 3 \end{array} \\ \begin{array}{c} 1 \\ 2 \\ 3 \end{array} & \begin{bmatrix} 1 & 1 & 1 \\ 1 & 1 & 1 \\ 1 & 1 & 1 \end{bmatrix} \end{array}$$

樹 (Tree) 可說是圖的一種特例，在本節的最後，我們要介紹幾個和樹有關的重要議題。

範例 10.3.7

給一字母數列 <F, C, A, B, D>，請建立出其二分搜尋樹 (Binary Search Tree)。

解答 將字母數列的字母由左到右放入樹中，小者往左放，而大者往右放。最終可得：

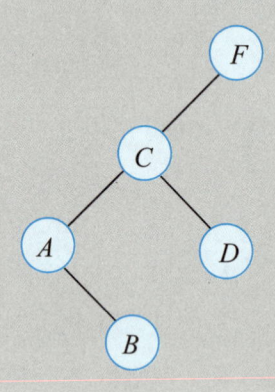

```
        F
       /
      C
     / \
    A   D
     \
      B
```

▶試題 10.3.7.1（續上題）（台大）

請利用前序拜訪 (Preorder Traversal)、中序拜訪 (Inorder Traversal) 和後序拜訪 (Postorder Traversal) 的三種方式列出上個範例所建立的二分搜尋樹的端點。

解答 (a) 前序拜訪方式：<F, C, A, B, D>。

(b) 中序拜訪方式：<A, B, C, D, F>。

(c) 後序拜訪方式：<B, A, D, C, F>。

▶試題 10.3.7.2（交大）

在一棵樹結構上，度數為 1 的節點有 $2n$ 個，度數為 2 的節點有 $3n$ 個，度數為 3 的節點有 n 個。請問這棵樹有幾個節點？有幾條邊？

解答 由式 (10.2.4)，可得到

$$總節點數 = 6n\ (= 2n + 3n + n)$$

$$總邊數 = [(2n) + (2 \times 3n) + (3 \times n)]/2 = \frac{11}{2}n$$

▶試題 10.3.7.3（清大）

有一棵樹 $T = (E, V)$ 具有 E 條邊，今將該樹上的某一邊移除並使得分開的兩棵樹 $T_1 = (E_1, V_1)$ 和 $T_2 = (E_2, V_2)$ 滿足 $E_2 = V_1$，試求出 V_2 和 E_1。

解答 根據本節課文的描述：在 T 上，$V = E - 1$ 會成立。我們的目標是將 E_1 和 V_2 表示成 E 的函數。利用

$$E - 1 = E_1 + E_2 = E_1 + V_1$$
$$= E_1 + (E_1 + 1)$$
$$= 2E_1 + 1$$

可得到

$$E_1 = \frac{E-2}{2} = \frac{E}{2} - 1$$

同理，可推得

$$E - 1 = E_1 + E_2 = E_1 + (V_2 - 1)$$
$$= \frac{E}{2} - 1 + (V_2 - 1)$$

可得到

$$V_2 = \frac{E}{2} + 1 \text{。}$$

▶試題 10.3.7.4（清大）

我們在一棵樹上依前序拜訪方式得到被掃描的節點序列為 *JCBADEFIGH*；依中序拜訪方式得到被掃描的節點序列為 *ABCEDFJGIH*。試問原來的樹為何？

解答 讀取 *J* 後可得

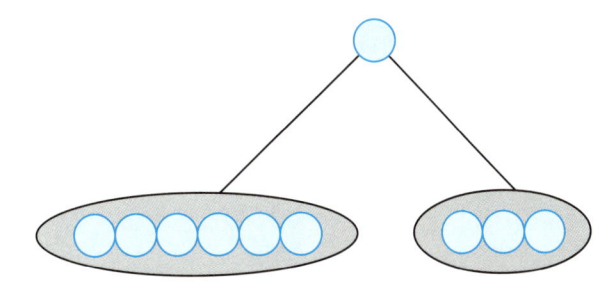

下一步可得

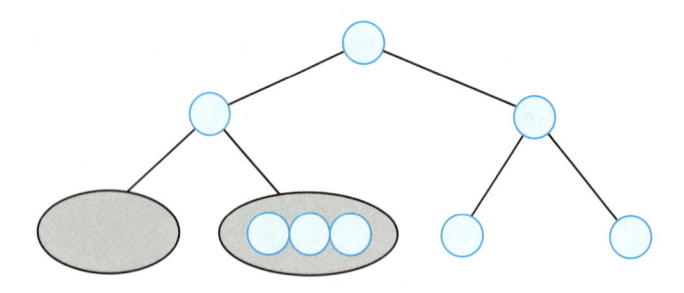

再下一步可得

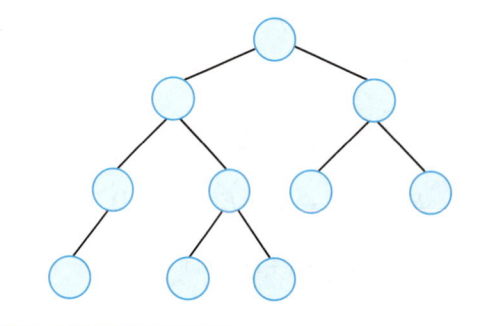

▶**試題 10.3.7.5（清大）**

給一集合 $S = \{0000, 0001, 0010, 1000, 1001, 1100\}$，試建構出壓縮式 (Compressed) 的 Patricia 樹？

解答 首先建構出初始的對應二元樹：

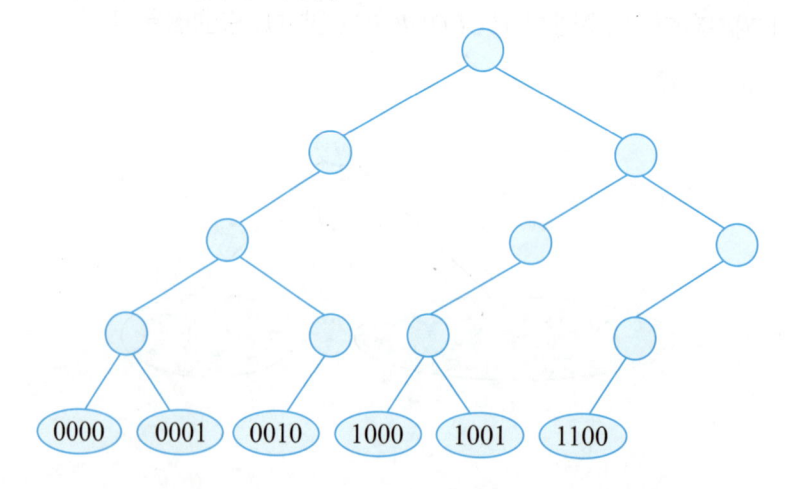

接下來將只有一個父親和一個孩子的節點去除掉，並且將相關的層數資訊記在節點中，我們可得到下列的壓縮式 Patricia 樹：

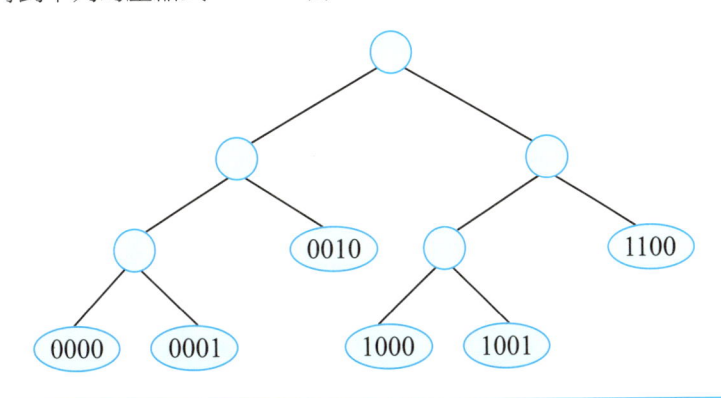

10.4 最短路徑

我們在日常生活中，常常從甲地開車到乙地，基於路途遠近的考量，每個人都從經驗中找出自己的最短路徑 (Shortest Path) 以便能在最短的時間到達目的地。除了這個開車最短路徑的問題外，還有許多不同類型的最短路徑之表現方式。這也是本節要探討的第一個議題。最短路徑有好幾種類型。例如，從某一端點到另一端點的最短路徑問題或是從某一端點到另外多個端點的最短路徑問題等。

範例 10.4.1

最短路徑有幾種類型？

解答 令 $G = (V, E)$ 為一有向圖，我們有興趣的是在 G 上找最短路徑。令 G 中的起始端點 (Source Node) 為 S，而目標端點 (Target Node) 為 T。圖 10.4.1 為最短路徑問題的四種組合。

圖 10.4.1 的 S_0 代表 G 中的出發起始端點，而 T_0 代表 G 中的最終端點 (Sink)。例如，圖 10.4.2 中的端點 1 就是 S_0，而圖中的端點 6 就是 T_0。圖 10.4.2 中的其餘四個端點，編號分別為 2、3、4 和 5 的四個端點被編為內部端點，我們以符號 I 表示這

個內部端點集。

　　第一種類型的最短路徑問題代表從端點 1 走到端點 6 的最短路徑問題。令 $I=4$，則第二種類型的最短路徑問題代表從端點 4 走到端點 6 的最短路徑問題。沿用 $I=4$，則第三種類型的最短路徑問題代表從端點 1 到端點 4 的最短路徑問題。令內部端點 $I_1=3$，而另一個內部端點 $I_2=4$，則第四種類型的最短路徑問題代表從端點 3 到端點 4 的最短路徑問題。以上的內部端點集，集合內的端點個數可以大於 1 以上，甚至於是指全部的內部節點。以上四種類型就是最常見的四種最短路徑問題。

	S	T
1	S_0	T_0
2	I	T_0
3	S_0	I
4	I	I

圖 10.4.1　四類的最短路徑問題

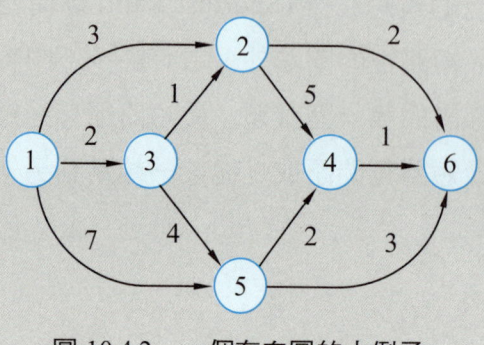

圖 10.4.2　一個有向圖的小例子

　　我們就先來解決最難的第四種類型最短路徑問題。我們要介紹一種稱作 Floyd-Warshall 的演算法來解決此類型的最短路徑問題，因為其他的三種類型問題更容易應付。

範例 10.4.2

Floyd-Warshall 演算法如何用來解決第四種類型的所有配對之最短路徑問題？其時間複雜度為何？

解答 Floyd-Warshall 演算法所解的第四種類型之最短路徑問題也稱作所有配對 (All Pairs) 最短路徑問題。以圖 10.4.2 為例，等於是要解任兩節點之間的最短路徑問題。

只要稍加修改 Warshall 演算法，便可用來解決所有配對最短路徑問題。我們首先將兩兩鄰近端點的加權存於鄰近矩陣上。令這個鄰近矩陣為 W，Floyd-Warshall 的演算法可設計如下：

$$B := W$$
$$\text{for } k = 1 \text{ to } |V|$$
$$\text{begin}$$
$$\quad \text{for } i = 1 \text{ to } |V|$$
$$\quad \text{begin}$$
$$\quad\quad \text{for } j = 1 \text{ to } |V|$$
$$\quad\quad\quad W[i, j] = \min(W[i, j], W[i, k] + W[k, j])$$
$$\quad \text{end}$$
$$\text{end}$$

上述的演算法共有三個 for 迴圈，所以其時間的複雜度為 $O(|V|^3)$。

範例 10.4.3

可否利用 Floyd-Warshall 演算法來解決圖 10.4.2 上的所有配對最短路徑問題？

解答 由圖 10.4.2 可得到起始的鄰近矩陣為

$$W^{(0)} = \begin{array}{c} \\ 1 \\ 2 \\ 3 \\ 4 \\ 5 \\ 6 \end{array} \begin{array}{c} \begin{matrix} 1 & 2 & 3 & 4 & 5 & 6 \end{matrix} \\ \begin{bmatrix} 0 & 3 & 2 & \infty & 7 & \infty \\ \infty & 0 & \infty & 5 & \infty & 2 \\ \infty & 1 & 0 & \infty & 4 & \infty \\ \infty & \infty & \infty & 0 & \infty & 1 \\ \infty & \infty & \infty & 2 & 0 & 3 \\ \infty & \infty & \infty & \infty & \infty & 0 \end{bmatrix} \end{array}$$

這裡，$W^{(0)}[1,4]=\infty$ 表示端點 1 和端點 4 沒有邊相連。當執行完 $k=1$ 後，鄰近矩陣沒有改變，也就是 $W^{(1)}=W^{(0)}$。當執行完 $k=2$ 後，可得到

$$W^{(2)} = \begin{array}{c} \\ 1 \\ 2 \\ 3 \\ 4 \\ 5 \\ 6 \end{array} \begin{array}{c} \begin{matrix} 1 & 2 & 3 & 4 & 5 & 6 \end{matrix} \\ \begin{bmatrix} 0 & 3 & 2 & 8 & 7 & 5 \\ \infty & 0 & \infty & 5 & \infty & 2 \\ \infty & 1 & 0 & 6 & 4 & 3 \\ \infty & \infty & \infty & 0 & \infty & 1 \\ \infty & \infty & \infty & 2 & 0 & 3 \\ \infty & \infty & \infty & \infty & \infty & 0 \end{bmatrix} \end{array}$$

執行完 $k=3$ 後，$W^{(2)}$ 會改變為

$$W^{(3)} = \begin{array}{c} \\ 1 \\ 2 \\ 3 \\ 4 \\ 5 \\ 6 \end{array} \begin{array}{c} \begin{matrix} 1 & 2 & 3 & 4 & 5 & 6 \end{matrix} \\ \begin{bmatrix} 0 & 3 & 2 & 8 & 6 & 5 \\ \infty & 0 & \infty & 5 & \infty & 2 \\ \infty & 1 & 0 & 6 & 4 & 3 \\ \infty & \infty & \infty & 0 & \infty & 1 \\ \infty & \infty & \infty & 2 & 0 & 3 \\ \infty & \infty & \infty & \infty & \infty & 0 \end{bmatrix} \end{array}$$

這裡，注意一下！$W^{(3)}[1,5] = \min(W^{(2)}[1,5], W^{(2)}[1,3]+W^{(2)}[3,5]) = \min(7, 2+4) = 6$。當我們執行完 $k=4$、5 和 6 後，最終我們得到

$$W^{(6)} = \begin{array}{c} \\ 1 \\ 2 \\ 3 \\ 4 \\ 5 \\ 6 \end{array} \begin{array}{c} \begin{matrix} 1 & 2 & 3 & 4 & 5 & 6 \end{matrix} \\ \begin{bmatrix} 0 & 3 & 2 & 8 & 6 & 5 \\ \infty & 0 & \infty & 5 & \infty & 2 \\ \infty & 1 & 0 & 6 & 4 & 3 \\ \infty & \infty & \infty & 0 & \infty & 1 \\ \infty & \infty & \infty & 2 & 0 & 3 \\ \infty & \infty & \infty & \infty & \infty & 0 \end{bmatrix} \end{array}$$

至此，圖 10.4.2 的所有配對最短路徑解就藏於 $W^{(6)}$ 中了。例如：$W^{(6)}[2,6]=2$ 告訴我們，端點 2 到端點 6 的最短距離為 2。

▶ **試題 10.4.3.1（交大）**

給一圖如下所示，請用 Floyd-Warshall 演算法求出其所有配對的最短路徑值。

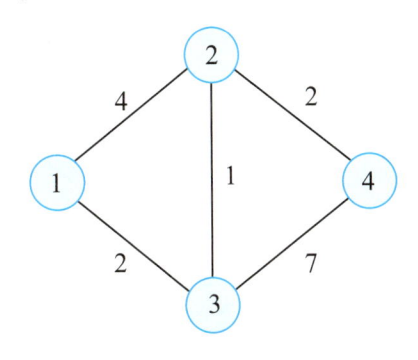

解答

$$W^{(0)} = \begin{array}{c} \\ 1 \\ 2 \\ 3 \\ 4 \end{array} \begin{array}{c} \begin{matrix} 1 & 2 & 3 & 4 \end{matrix} \\ \begin{bmatrix} 0 & 4 & 2 & \infty \\ 4 & 0 & 1 & 2 \\ 2 & 1 & 0 & 7 \\ \infty & 2 & 7 & 0 \end{bmatrix} \end{array}, \quad W^{(1)} = \begin{array}{c} \\ 1 \\ 2 \\ 3 \\ 4 \end{array} \begin{array}{c} \begin{matrix} 1 & 2 & 3 & 4 \end{matrix} \\ \begin{bmatrix} 0 & 4 & 2 & \infty \\ 4 & 0 & 1 & 2 \\ 2 & 1 & 0 & 7 \\ \infty & 2 & 7 & 0 \end{bmatrix} \end{array}$$

$$W^{(2)} = \begin{array}{c} \\ 1 \\ 2 \\ 3 \\ 4 \end{array} \begin{array}{c} \begin{matrix} 1 & 2 & 3 & 4 \end{matrix} \\ \begin{bmatrix} 0 & 4 & 2 & 6 \\ 4 & 0 & 1 & 2 \\ 2 & 1 & 0 & 3 \\ 6 & 2 & 3 & 0 \end{bmatrix} \end{array}, \quad W^{(3)} = \begin{array}{c} \\ 1 \\ 2 \\ 3 \\ 4 \end{array} \begin{array}{c} \begin{matrix} 1 & 2 & 3 & 4 \end{matrix} \\ \begin{bmatrix} 0 & 3 & 2 & 5 \\ 3 & 0 & 1 & 2 \\ 2 & 1 & 0 & 3 \\ 5 & 2 & 3 & 0 \end{bmatrix} \end{array}$$

接下來，我們要介紹另一位杜林獎得主 Dijkstra 在同樣問題上的巧妙解法，Dijkstra 的方法連最短路徑的走法都記下來了。這一點和 Floyd-Warshall 演算法有些不同。

範例 10.4.4

Dijkstra 如何解決第三類型的最短路徑問題？

解答 我們用一個小例子來解釋 Dijkstra 的演算法。給一圖如圖 10.4.3 所示。

圖 10.4.3　一個小例子

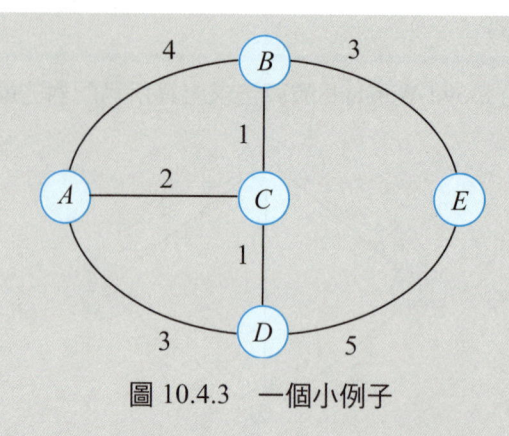

在圖中，我們有五個端點 A、B、C、D 和 E，而端點 A 是我們的出發點。Dijkstra 的演算法中，我們首先挑選端點 A 並將之置於已編號端點集 (Labeled Node Set, LNS)，而其餘四個端點 B、C、D 和 E 皆置於未編號端點集 (Unlabeled Node Set, UNS)。接著，我們找出連接 LNS 和 UNS 的邊點集，並將此邊點集表示為 (LNS, UNS)。在 (LNS, UNS) 的邊點集中，我們找出最小加權的邊為 (A, C)，且其加權值為 2。圖 10.4.4 為目前狀態的示意圖。針對圖中的端點 C，我們在其上記錄 $[A, 2]$，這裡的 A 代表端點 C 的「來時路」為端點 A，而 2 代表端點 A 至端點 C 的最短距離。

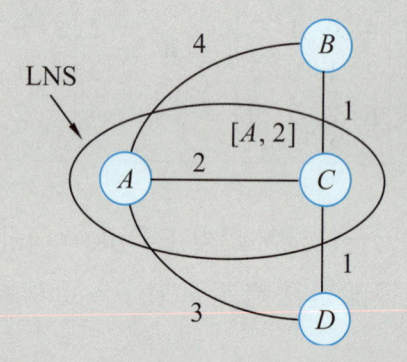

圖 10.4.4　納入端點 C 於 LNS 後的狀態

仔細檢查一下 LNS 和 UNS 的邊連接之情形，我們發現 (A, B)、(A, D)、(C, B) 和 (C, D) 為連接 LNS 和 UNS 的四個邊。我們從圖 10.4.4 可算出

$$\begin{aligned}d(B) &= \min\left(d(C) + w(C, B), w(A, B)\right) \\ &= \min(2 + 1, 4) \\ &= 3\end{aligned} \quad (10.4.1)$$

同理,我們可算出

$$\begin{aligned} d(D) &= \min(d(C) + w(C, D), w(A, D)) \\ &= \min(2+1, 3) \\ &= 3 \end{aligned}$$

這裡,$d(C)$ 代表由起始端點 A 到端點 C 的最短路徑值。由於 $d(B) = d(D)$,我們在端點 B 和端點 D 之間任挑一個端點,就挑端點 B 吧!我們於是在端點 B 的上頭記錄 $[C, 3]$。這樣一來,我們就知道端點 B 的「來時路」為端點 C,且知道端點 A 到端點 B 的最短路徑值為 3。圖 10.4.5 為納入端點 B 後的示意圖。

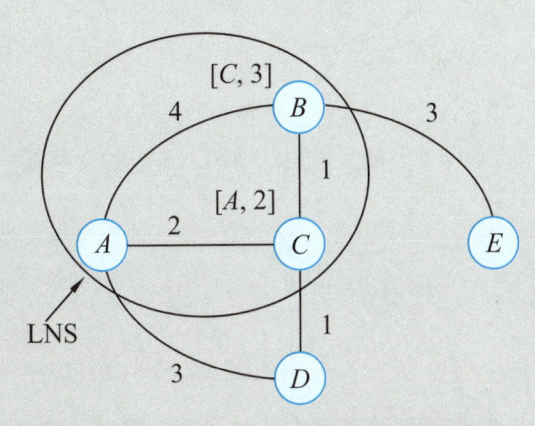

圖 10.4.5　納入端點 B 於 LNS 後的狀態

由圖 10.4.5,利用式 (10.4.1) 類似的修正技巧,接下來,我們挑端點 D 進來。圖 10.4.6 為納入端點 D 於 LNS 的示意圖。最後,我們挑 (B, E) 的邊和端點 E 進來,於是得到圖 10.4.7 的最終結果。

由圖 10.4.7 可得知由端點 A 到任意其他端點的最短路徑走法和最短路徑值。例如:由端點 E 的資訊 $[B, 6]$、端點 B 的資訊 $[C, 3]$ 和端點 C 的資訊 $[A, 2]$,我們可得到 A-C-B-E 為端點 A 到端點 E 的最短路徑且最短路徑值為 6。

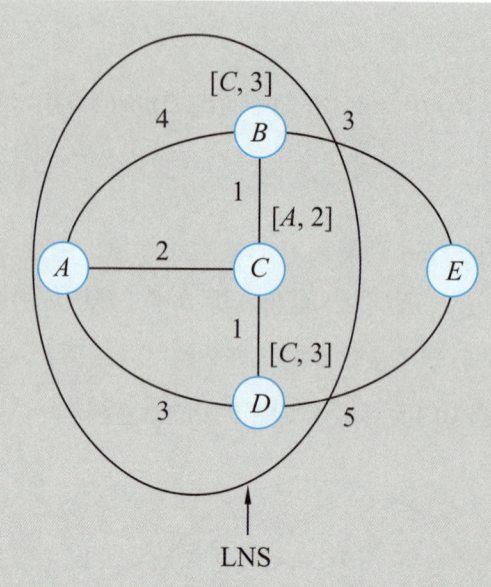

圖 10.4.6 納入端點 D 於 LNS 後的示意圖

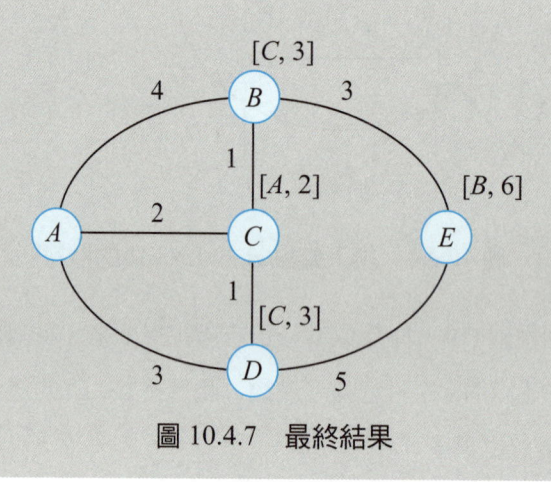

圖 10.4.7 最終結果

範例 10.4.5

Dijkstra 演算法之時間複雜度為何？

解答 給一圖 $G = (V, E)$，假設目前的 LNS 內有 k 個端點，而 UNS 內有 $(|V| - k)$ 個端點。對 LNS 內的任一端點而言，其至多有 $(|V| - k)$ 條邊可連到 UNS 的各端點上。若考慮 LNS 內的所有端點，則最多共有 $k(|V| - k)$ 條邊連接在 LNS 和 UNS 之間。利用類似式 (10.4.1) 的距離調整方式，我們可將所有在 UNS 但接壤 LNS 的端點距離值

調整好。接下來,我們在這些距離中挑出最小的,這需要用到 $O(k(|V|-k))$ 個比較 (Comparisons) 花費。考量 $k = 1, 2, 3, ..., |V|$,則總時間複雜度可寫成

$$T = \sum_{k=1}^{|V|} O(k(|V|-k)) = \sum_{k=1}^{|V|} O(k|V|) - \sum_{k=1}^{|V|} O(k^2) = O(|V|^3) \tag{10.4.2}$$

式 (10.4.2) 告訴我們:利用 Dijkstra 演算法來解所有配對最短路徑問題需花費 $O(|V|^3)$ 的時間。

範例 10.4.6

如何修正 Dijkstra 的最短路徑演算法,以便將時間複雜度從 $O(|V|^3)$ 降為 $O(|V|^2)$?

解答 給一圖 $G = (V, E)$,開始的出發端點為 S_0,修正後的 Dijkstra 演算法為

$$SP(G, S_0)$$

1. $d(S_0) := 0; d(v) = \infty, v$ 為其餘端點
2. UNS $:= V$; LNS $:= \phi$
3. while UNS $\neq \phi$
   begin
4. $v :=$ Min(UNS) /* 在 UNS 中挑出最小 d 的端點 */
5. LNS $:=$ LNS $\cup \{v\}$;記錄 v 的來時路
6. 修正和 v 有相連關係的 UNS 內之所有端點的 d 值
   end

在上述程序中的步驟 4,每次從 UNS 挑出最小 d 的端點需花費 $O(|V|)$ 的時間。步驟 6 的時間複雜度也是 $O(|V|)$。步驟 3 到步驟 6 的迴圈被執行 $O(|V|)$ 次,所以總共花費 $O(|V|^2)$ 的時間複雜度。

10.5　結論

本章介紹了許多基本的圖論性質、定理與 Dijkstra 的最短路徑演算法。在下一章，我們針對應用介紹一些相關的圖論演算法。

10.6　習題

1. Determine which pairs of the following graphs are isomorphic. Also give an isomorphism for each isomorphic pair. （101 台大）

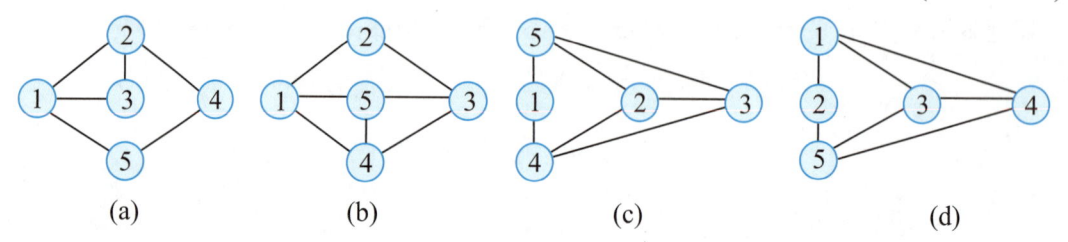

　　(a)　　　　　(b)　　　　　(c)　　　　　(d)

2. A simple graph is called regular if every vertex in this graph has the same degree. A regular graph G of degree m has n vertices.

   (a) How many edges does G have?

   (b) The complementary graph $\bar{G}$ of G has the same vertices as G. Two vertices are adjacent in $\bar{G}$ if and only if they are not adjacent in G. How many edges does $\bar{G}$ have?

   (c) An Euler circuit in G is a simple circuit containing every edge of G. For which value of m and/or n does G have an Euler circuit? （101 中正）

3. There exists an Euler path in a complete bipartite graph $K_{3,3}$. （101 中興）

4. Consider the following undirected graph G: The connected components in G are _____. （101 元智）

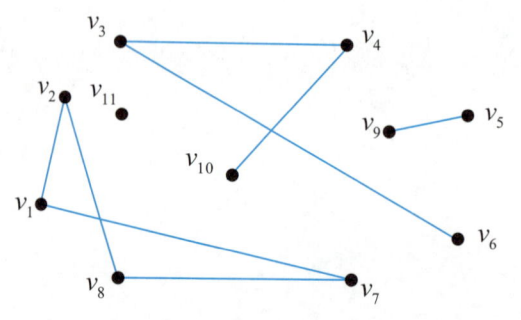

5. Assume that, for any two people x and y, x is a friend of y if and only if y is a friend of x. Show that, in any group of two or more people, there are always two people with exactly the same number of friends inside the group. (101 中山)

6. In a connected graph with at least two vertices, if each of its vertices has even degree, then it must exist an Euler circuit. (101 中興)

7. Let $V = \{1, 2, 3, 4\}$, $E = \{\{1, 4\}, \{2, 4\}, \{3, 4\}\}$, and graph $G = (V, E)$.
   (a) Draw $G = (V, E)$.
   (b) Determine the edge set for the subgraph of induced by $W = \{1, 2, 3\}$.
   (c) What is the distance from 2 to 3?
   (d) Is G bipartite? (101 中山)

8. (a) Draw the graph $K_{4,4}$.
   (b) Find a Hamiltonian cycle in $K_{4,4}$. (Draw it out.) (101 中山)

9. There exists an Euler circuit in a complete simple graph K_6 with 6 vertices. (101 政大)

10.7 參考文獻

[1] J. A. Bondy and U. S. R. Murty, *Graph Theory with Application*, The Macmillan Press, New York, 1976.
[2] N. Deo, *Graph Theory with Applications to Engineering and Computer Science*, Prentice-Hall, New York, 1974.
[3] F. Harary, *Graph Theory*, Addison-Wesley, 3rd Edition, New York, 1972.
[4] E. W. Dijkstra, "A Note on Two Problems in Connexion with Graphs," *Numerische Mathematik*, 1, 1959, pp. 269-271.
[5] L. Euler, "The Königsberg bridges," *Scientific American*, 189, 1953, pp. 66-70.
[6] S. Warshall, "A Theorem on Boolean Matrices," *J. of ACM*, 9(1), 1962, pp. 11-12.
[7] R. W. Floyd, "Algorithm 97: Shortest Path," *CACM*, 5, 1962, pp. 345.

Chapter 11

圖論應用

11.1 前言
11.2 最小擴展樹
11.3 最大網流和最大匹配
11.4 三個應用例子
11.5 結論
11.6 習題
11.7 參考文獻

11.1 前言

本章主要介紹圖論的幾個重要的應用演算法：最小擴展樹 (Minimum Spanning Tree)、最大網流 (Maximum Flow) 和最大匹配 (Maximum Matching) 演算法和其複雜度分析。最後，我們將介紹三個和圖論有關的相關議題：(1) 警衛配置 (Guard Allocation) 問題；(2) 地圖的著色 (Coloring) 問題和 (3) Purfer 碼的建立。

11.2 最小擴展樹

這一節將介紹三種最小擴展樹演算法，分別是：(1) Kruskal 法；(2) Sollin 法和 (3) Prim 法。我們將透過一個小例子來解釋這三種方法的核心觀念和彼此間的不同。圖 11.2.1 為這三種演算法共用的例圖。

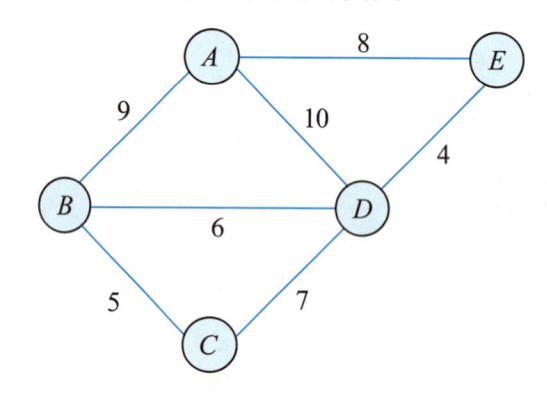

圖 11.2.1　三種演算法共用的例圖

在介紹這三種演算法之前，我們先來定義一下什麼是一個圖的最小擴展樹。給一加權圖 $G=(V, E)$，所謂的擴展樹就是在圖 G 上找出一棵樹且這棵樹包含了 G 上所有的端點，也就是端點集 V。即使是考慮特殊類型的圖，要在這個圖上分析到底有幾種擴展樹也是一件頗傷腦筋的組合問題。還好在這裡我們有興趣的只是在這些可能的擴展樹當中找一棵加權和最小的，也就是圖 G 上的最小擴展樹。

範例 11.2.1

何謂 Kruskal 最小擴展樹演算法？其時間複雜度為何？

解答 Kruskal 演算法的作法很簡單。首先將圖 $G=(V, E)$ 中的所有邊上的加權予以排序。利用快速排序法，我們可以在 $O(|E|\log|E|)$ 的時間內完成所有邊上的加權之排序。例如：圖 11.2.1 的七個加權值經過排序之後，我們得到如下的加權數列：

$$<4, 5, 6, 7, 8, 9, 10>$$

接著，我們在上面的數列中挑出最小值 4，並且將連接加權 4 的邊之兩個端點連起來（見圖 11.2.2(a)）。再來，從數列中挑出次小的加權 5，圖 11.2.2(b) 為加上邊 (B, C) 後的示意圖。圖 11.2.2(c) 為完成下一個加邊動作的示意圖。再來，我們應該挑邊 (C, D) 才對，但這時端點 B、C 和 D 形成了一個迴圈，違反了擴展樹的定義：n 個端點的樹只能有 $(n-1)$ 個邊。因此，我們放棄加入邊 (C, D)，改而加入邊 (A, E)。圖 11.2.2(d) 為最後得到的最小擴展樹結果，而且該樹的加權和為 23。

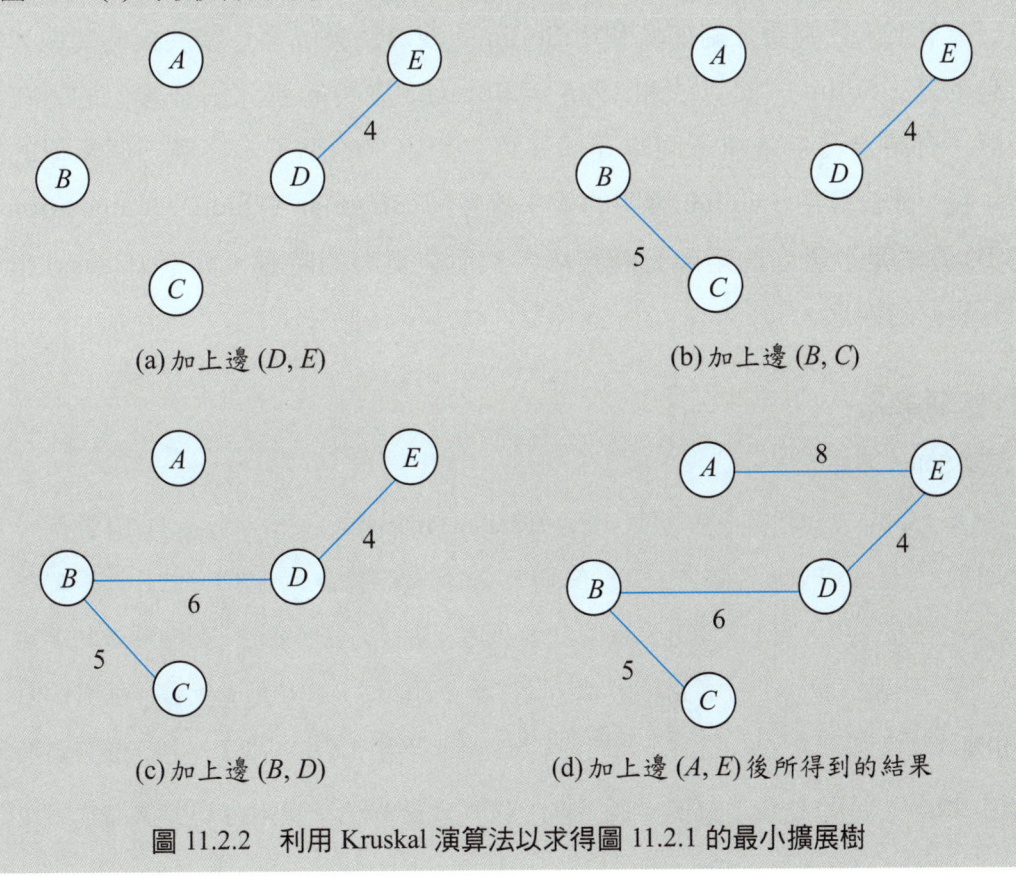

(a) 加上邊 (D, E)

(b) 加上邊 (B, C)

(c) 加上邊 (B, D)

(d) 加上邊 (A, E) 後所得到的結果

圖 11.2.2 利用 Kruskal 演算法以求得圖 11.2.1 的最小擴展樹

在以上的 Kruskal 演算法敘述中,我們發現:演算法一開始的排序需花 $O(|E|\log|E|)$ 的時間。而後,每挑出一個邊出來加上檢查是否會形成迴圈所花的時間都可借助 Union-Find 的技巧和堆積樹結構 (Heap Tree Structure) 以加快完成的時間。Kruskal 演算法的總時間花費主要決定於排序所花的時間,也就是總時間複雜度仍為 $O(|E|\log|E|)$。

由 Dijkstra 最短路徑演算法中的描述 (見前一章),我們可體會到 Dijkstra 演算法是屬於貪婪法 (Greedy Method),因為它每次都是在 UNS 裡找一個修正後有最小距離的端點來納入 LNS。一個演算法如果由一個步驟進行到下一個步驟依靠的是簡單準則,例如:最小或最大,該演算法就屬於「貪婪法」。依照這種判斷的法則,範例 11.2.1 中用來解最小擴展樹問題的 Kruskal 演算法也是屬於一種「貪婪法」。

接下來,我們要介紹如何利用 Sollin 的演算法來解最小擴展樹的問題。很有趣的是,Sollin 的演算法和 1926 年 Boruvka 發明的演算法是類似的。在學術界,有時會發生這種不同時間卻又獨立想出來的點子。再舉一個類似的故事:在矩陣計算中,Golub 發明的單一值分解 (Singular Value Decomposition,SVD) 方法是很著名的矩陣分解技巧,然而在更早的時候,高斯 (Gauss) 也有部分類似的觀念。

範例 11.2.2

何謂 Sollin 演算法?

解答 Sollin 演算法有很強的平行處理 (Parallel Processing) 概念。以圖 11.2.1 為例。一開始,五部 CPU 同時運作,每一部 CPU 負責一個端點。每個 CPU 找出所屬端點的最小加權鄰邊。圖 11.2.3(a) 為各個 CPU 做完一步後的擴展情形。對端點 D 和端點 E 而言,兩部 CPU 同時找到邊 (D, E)。同樣地,對端點 B 和端點 C 而言,兩部 CPU 也是同時找到邊 (B, C)。這時,我們有兩棵最小擴展樹 MST_1 和 MST_2。接下來只需兩台 CPU,一台 CPU 負責 MST_1,而另一台 CPU 負責 MST_2。這兩台 CPU 同時找到加

權最小的鄰邊 (B, D)。至此，我們已找到圖 11.2.3(b) 所示的最小擴展樹。

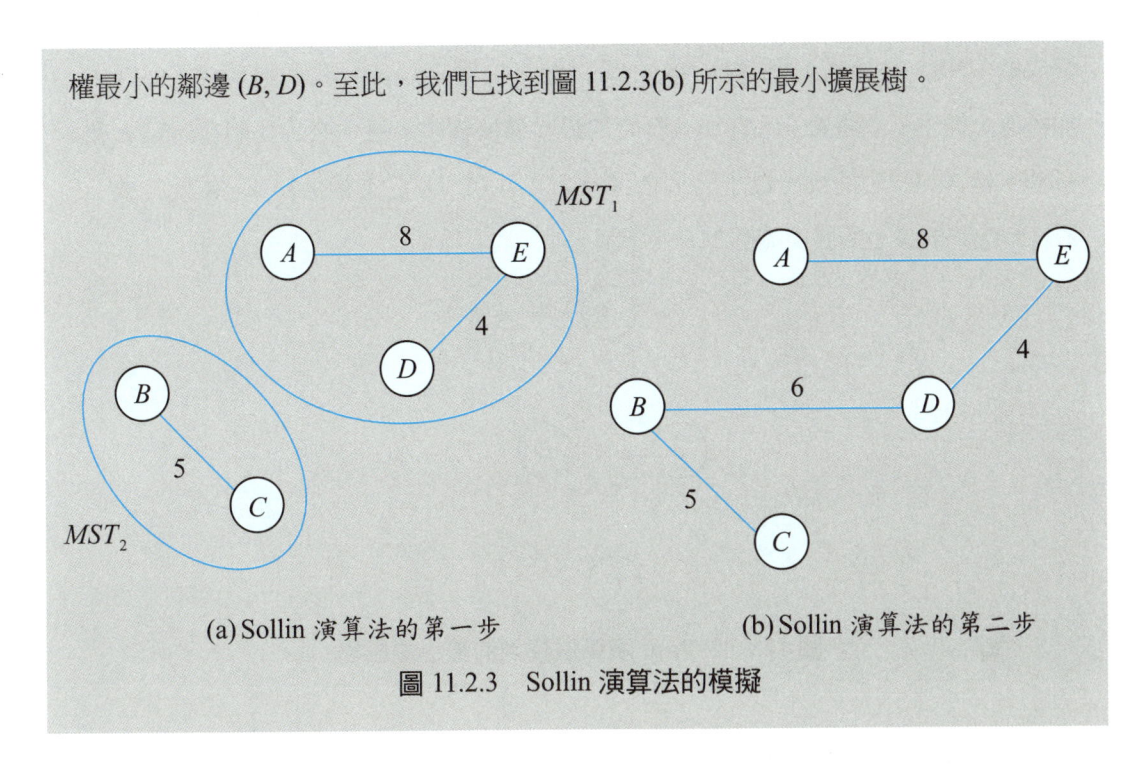

(a) Sollin 演算法的第一步　　　　(b) Sollin 演算法的第二步

圖 11.2.3　Sollin 演算法的模擬

由於 Sollin 演算法是採平行計算的模式，故較不易分析其時間複雜度，在此我們略過複雜度分析。介紹完 Kruskal 貪婪法和 Sollin 平行式的作法後，我們最後來介紹 Prim 的演算法。

範例 11.2.3

何謂 Prim 演算法？其時間複雜度為何？

解答　Prim 演算法和 Kruskal 演算法有些類似又有些不同。兩者類似的部分為每次都是加一條最小加權邊，而不同的部分為：

(a) Kruskal 演算法是依照排序後的加權邊為加邊的根據。

(b) Prim 演算法是利用類似 Dijkstra 演算法中所提的 LNS 和 UNS 觀念，在 LNS 和 UNS 間選一最小加權邊加進來。

在 Prim 演算法中，我們在圖 11.2.1 $G=(V, E)$ 的端點集 V 中任意挑出一個端點 ($A \in V$) 來，並且將端點 A 置於 LNS。這時其餘的四個端點 B、C、D 和 E 為目前構成的 UNS。經檢查 LNS 和 UNS 之間的最小加權邊以後，我們發現邊 (A, E) 的加權值 8 最小，故將邊 (A, E) 加入暫時的最小擴展樹中。接下來，我們在端點 E 和 UNS = $\{B, C, D\}$ 之間找出最小的加權邊 (E, D) 且 (E, D) 的加權值為 4。依此方式，最終所找到的最小擴展樹如圖 11.2.4 所示。

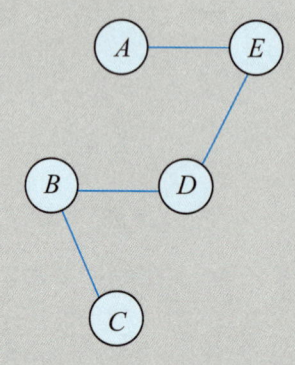

圖 11.2.4　Prim 演算法找到的最小擴展樹

　　由於 Prim 演算法和 Dijkstra 找最短路徑演算法，在基本精神上是相仿的，根據 Dijkstra 演算法的時間複雜度分析，可推知 Prim 的最小擴展樹演算法的時間複雜度也是 $O(|V|^3)$。

▶試題 11.2.3.1（交大）

給一圖如下所示，請利用 Kruskal 演算法找出其最小擴展樹。

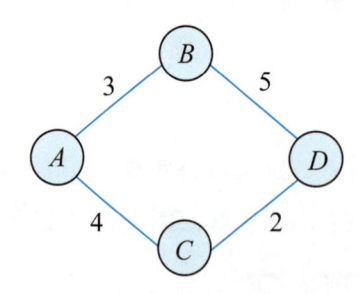

解答　排序後的加權數列為 < 2, 3, 4, 5 >，Kruskal 法可以模擬如下：

(a) (b) (c)

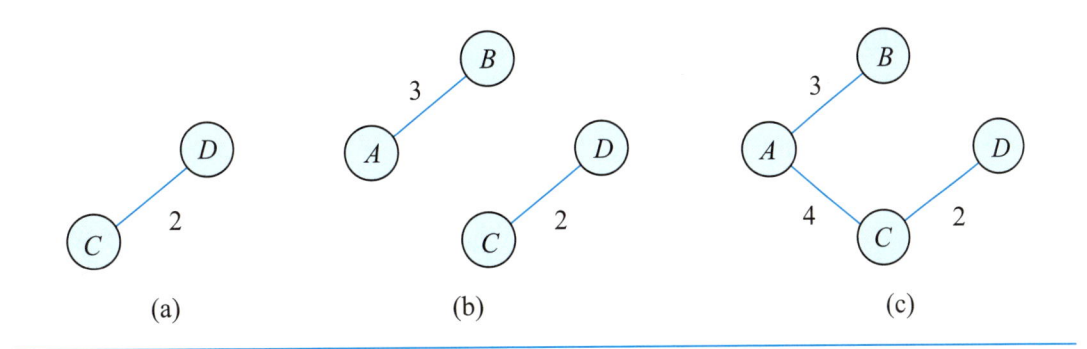

▶試題 11.2.3.2（清大）

請利用 Prim 演算法找出圖上的最小擴展樹。

解答 Prim 演算法可以模擬如下：

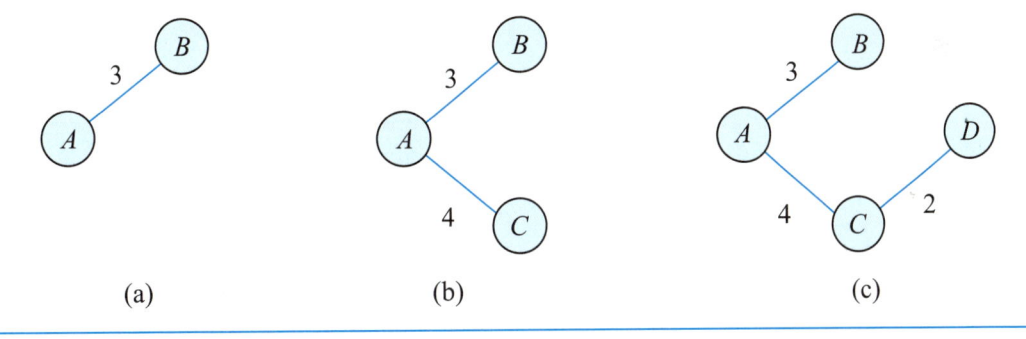

(a) (b) (c)

▶試題 11.2.3.3（清大）

給一如下的圖：

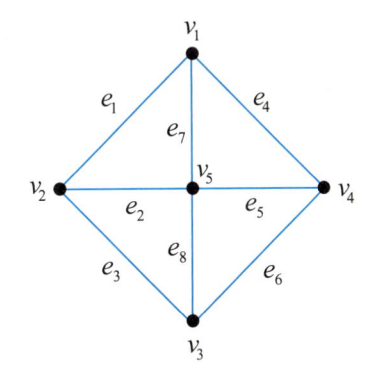

其對應的擴展樹為

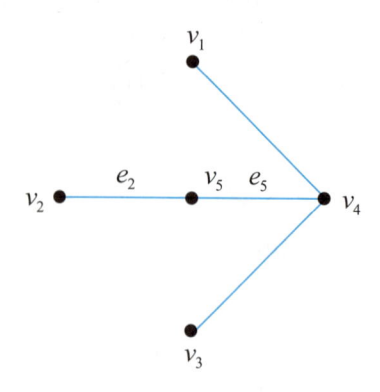

v_1
v_2 e_2 v_5 e_5 v_4
v_3

請加上一條邊使得上面的擴展樹產生迴路。

解答

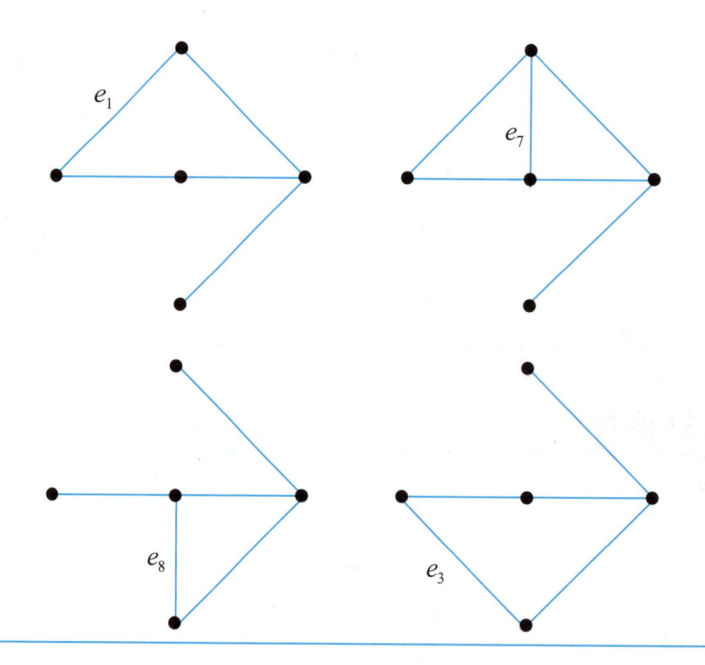

e_1

e_7

e_8

e_3

11.3 最大網流和最大匹配

本節主要介紹下列兩個重要的圖論演算法：最大網流和最大匹配演算法。在一**有向圖** (Directed Graph) 上找出由起始端點到目標端點的最大流量是很有實際應用價值的最佳化問題。架構在有向圖上的最大網流結果上，我們又可以將其應用到解決最大匹配問題上。

11.3.1 最大網流

最大網流的問題已廣泛應用在網際網路的許多實務中。

範例 11.3.1.1

何謂最大網流問題？

解答 給一有向圖如圖 11.3.1 所示，邊上的加權以 (a, b) 表示，這裡的 a 代表容量 (Capacity) 的大小，而 b 代表流過該有向邊的流量 (Flow) 大小。S_0 代表起始端點，而 T_0 代表目標端點。

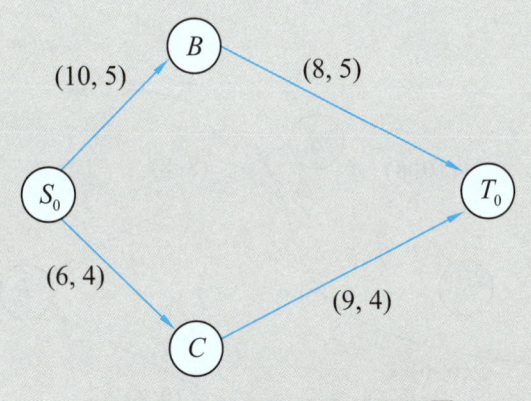

圖 11.3.1　一個有流量的有向圖

在圖 11.3.1 中，我們可計算出由端點 S_0 流到端點 T_0 的流量為 9。我們檢查一下端點 B 及端點 C，其流入的流量和為 $5+4=9$，與流出的流量和相等，這個現象稱作流量守恆 (Flow Conservation)。另外，我們檢查一下各邊上的 (容量,流量) 限制也發現：需滿足「容量 ≥ 流量」。所謂的最大網流問題就是要找出從端點 S_0 流到端點 T_0 的最大流量以及流法。以圖 11.3.1 為例，圖 11.3.2 為其最大網流的流法示意圖。由圖可知最大流量為 14 $(=8+6)$。

圖 11.3.2 (10, 8) S₀→B, (8, 8) B→T₀, (6, 6) S₀→C, (9, 6) C→T₀

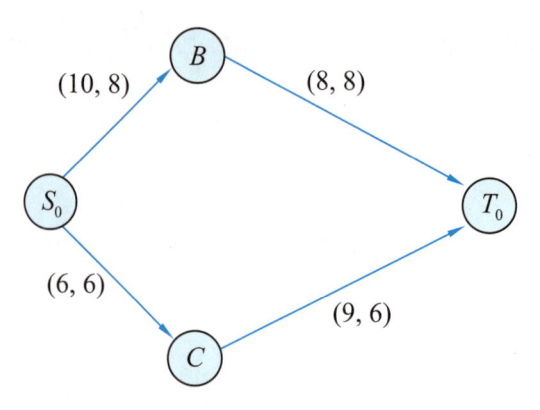

圖 11.3.2　圖 11.3.1 的最大網流之流法

由圖 11.3.2 可發現：若將其<u>切成</u> (Cut) 兩半，如圖 11.3.3 所示，我們將切線通過的容量加起來得到 14 ($=8+6$) 的量，其實這也是圖 11.3.1 的流量<u>瓶頸</u> (Bottleneck) 處。

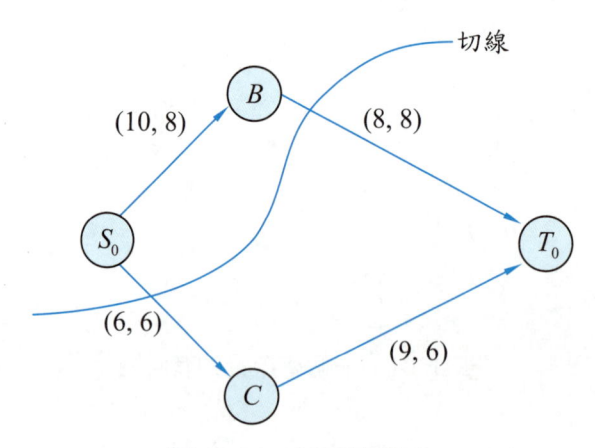

圖 11.3.3　流量瓶頸處

範例 11.3.1.2

流量瓶頸和最大網流有何關係？

解答　給一向量圖 $G=(V, E)$，不同的切線可將圖中的端點集分成兩半，V_1 和 $\overline{V_1}=V \setminus V_1$，且滿足 $S_0 \in V_1$ 和 $T_0 \in \overline{V_1}$。在每一切線上，我們將經過的容量加總起來，並稱這個量為<u>切量</u> (Cut Capacity)，$Q(V_1, \overline{V_1})$。對 G 進行各種不同的切法可得到不同的切量，也就是可得到不同的流量瓶頸。在各種不同的切量下，從 S_0 注入且到達 T_0 的流量 F 必定滿足

$$F_{(S_0, T_0)} \leq Q(V_1, \overline{V_1}) \tag{11.3.1}$$

假若我們將每條邊想成水管。如果式 (11.3.1) 不滿足，則可能發生水管爆裂的情形。藉由上述的討論，可知

$$最大流量 = 最小切量$$

在圖 $G=(V, E)$ 上找出最大網流的問題顯然是受到圖 G 上的最小切量之影響，也就是最大流量會等於最小切量。在介紹最大網流演算法前，我們得先瞭解殘餘圖 (Residual Graph) 和增量路徑 (Augmenting Path) 的概念。

範例 11.3.1.3

何謂殘餘圖？

解答 假設從端點 a 到端點 b 的容量為 $Q(a, b)$，且從端點 a 流到端點 b 的流量為 $F(a, b)$，因為 $Q(a, b) \geq F(a, b)$ 會成立，所以當 $Q(a, b) > F(a, b)$ 時，從端點 a 到端點 b 的管線中仍有 $R(a, b) = Q(a, b) - F(a, b)$ 的殘餘容量可供流水。$R(a, b) > 0$ 的殘餘量有兩種意義

(a) 從端點 a 到端點 b 還可注入 $R(a, b)$ 的水量。

(b) 從端點 b 到端點 a 可注入 $F(a, b)$ 的水量。讀者可想成從端點 a 到端點 b 可減少 $F(a, b)$ 的水量。

以圖 11.3.1 為例，其殘餘圖 R 可表示成圖 11.3.4。

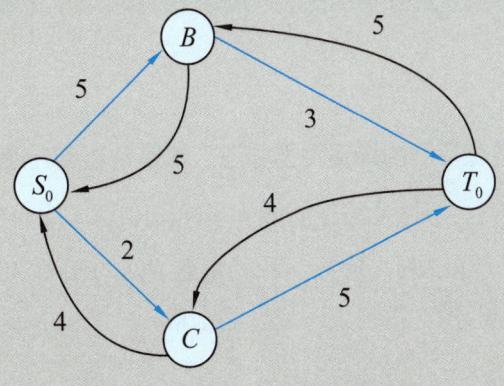

圖 11.3.4　圖 11.3.1 的殘餘圖 R

介紹完殘餘圖的概念後，接下來，我們介紹增量路徑的觀念。

範例 11.3.1.4

何謂增量路徑？

解答 給一個圖 $G=(V, E)$，如圖 11.3.5 所示。

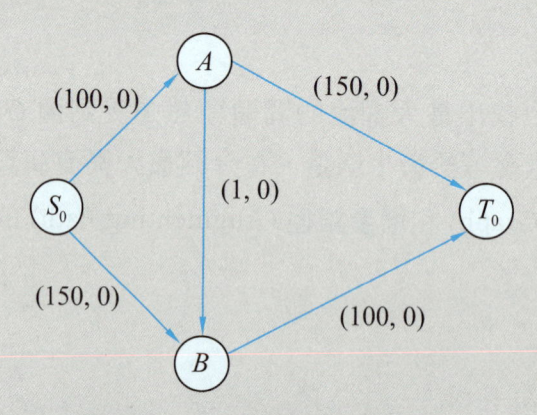

圖 11.3.5　一個增量路徑的例子

假若我們從端點 S_0 注水進去且流經路徑 $S_0 \to A \to B \to T_0$，則在這條增量路徑上，我們只能注入一單位的水量，原因是邊 (A, B) 上的容量只有 1 $(= \text{Min}(Q(S_0, A), Q(A, B), Q(B, T_0)) = \text{Min}(100, 1, 100))$。取消這個路徑的選擇，我們換另一條增量路徑看看，就試試 $S_0 \to A \to T_0$ 吧！在這條增量路徑上，我們可注入 100 的水量，原因是 100 $(= \text{Min}(Q(S_0, A), Q(A, T_0)) = \text{Min}(100, 150))$。由以上的探討可知：不斷地在 S_0 和 T_0 之間找出增量路徑，並且注入最大水量於其上，似乎對解決最大網流問題有很大的幫助。

範例 11.3.1.5

在圖 11.3.5 中，不斷地在不同的增量路徑中注入水量會碰到什麼樣的最壞情形？

解答 假設我們選到的兩條增量路徑如圖 11.3.6(a) 和圖 11.3.6(b) 所示。當我們在第一種增量路徑上注入一單位的水量後，我們得到 $R(A, B)=0$ 和 $R(B, A)=1$。所以，我們接著在第二種增量路徑上再注入一單位的水量。

(a) 第一種增量路徑 　　　　　　　　(b) 第二種增量路徑

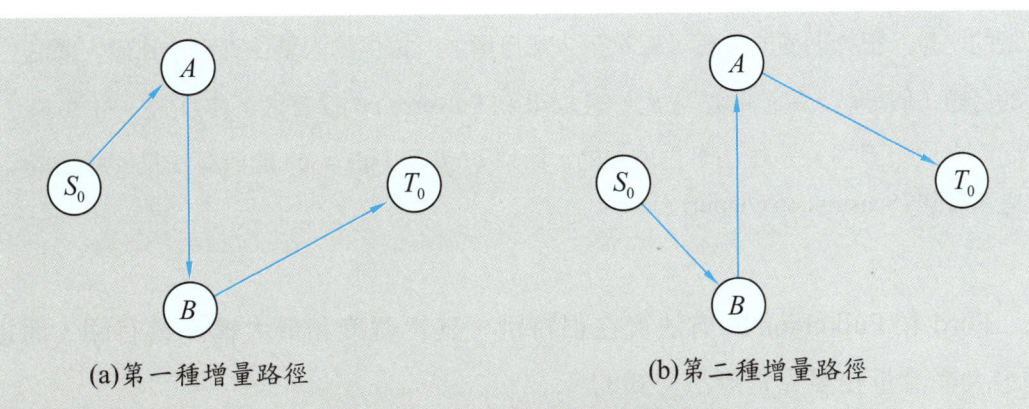

圖 11.3.6　所選取的兩種增量路徑

　　如此，反覆在這兩種增量路徑注入一單位的水量。令一次交替注水代表完成第一種增量路徑和第二種增量路徑的兩單位注水工作。在完成一百次交替注水後，可得如圖 11.3.7 的示意圖。至此，已無法再注水了，因為在這個殘餘圖上已找不出增量路徑了。上面的例子告訴我們：有些增量路徑的選法會碰到最壞情形，也就是每次都只能注入一單位的水量。

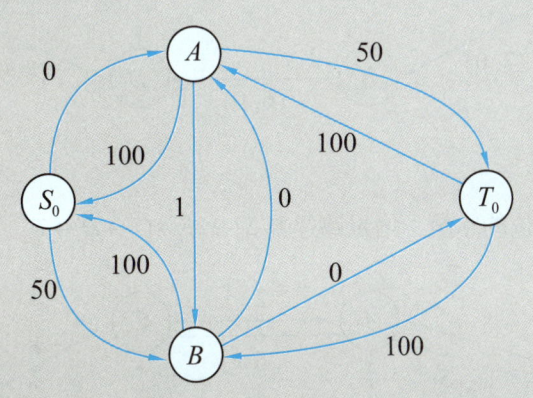

圖 11.3.7　完成一百次交替注水後的殘餘圖

範例 11.3.1.6

如何利用增量路徑和殘餘圖的概念來解決最大網流的問題？

解答　在這裡，我們介紹 Ford 和 Fulkerson 的方法。每次利用在圖 $G=(V, E)$ 上進行深先搜尋 (Depth-First Search) 法，都可在 $O(|E|)$ 的時間內找到一條增量路徑，且記下路徑上的最大允許注水量。根據這個最大的允許注水量，我們從端點 S_0 處注入等

量的水量。根據前面的分析，每次至少都可增加一單位的水量，直到達到最大網流的目標。假設最大網流的量為 $\bar{F}$，則 Ford 和 Fulkerson 的演算法可在 $O(|E|\bar{F})$ 的時間內完成。因為 $\bar{F}$ 是無法事先得知的，所以 Ford 和 Fulkerson 的演算法是<u>和輸出的答案有關</u> (Sensitive to Output)。

Ford 和 Fulkerson 的方法實在很特別，其複雜度和最大網流量有關，而這個最大網流量在事先是無法得知的。

▶**試題 11.3.1.6.1**

給一圖如下所示：

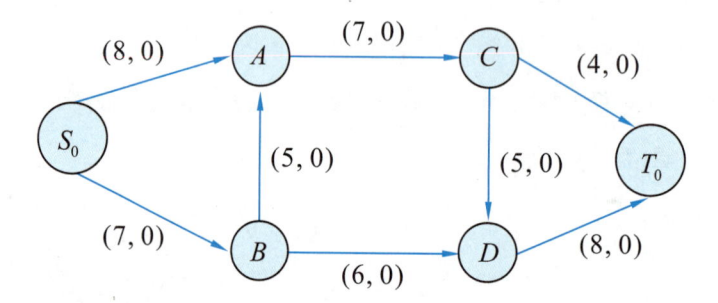

(圖：節點 S_0, A, B, C, D, T_0，邊容量與流量分別為 $S_0 \to A$ (8, 0)、$A \to C$ (7, 0)、$C \to T_0$ (4, 0)、$B \to A$ (5, 0)、$C \to D$ (5, 0)、$S_0 \to B$ (7, 0)、$B \to D$ (6, 0)、$D \to T_0$ (8, 0))

請找出其最大網流量。

解答 (a) 注入五單位的水量：增量路徑為 $S_0 \to A \to C \to D \to T_0$。

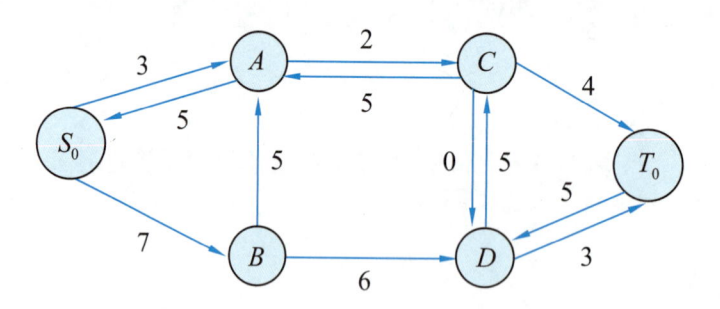

(圖：更新後的殘餘網路，邊標示為 S_0A: 3/5、AC: 2/5、CT_0: 4、BA: 5、CD: 0/5、S_0B: 7、BD: 6、DT_0: 5/3)

(b) 注入四單位的水量：增量路徑為 $S_0 \to B \to D \to C \to T_0$。

(c) 注入兩單位的水量：增量路徑為 $S_0 \to B \to A \to C \to D \to T_0$。

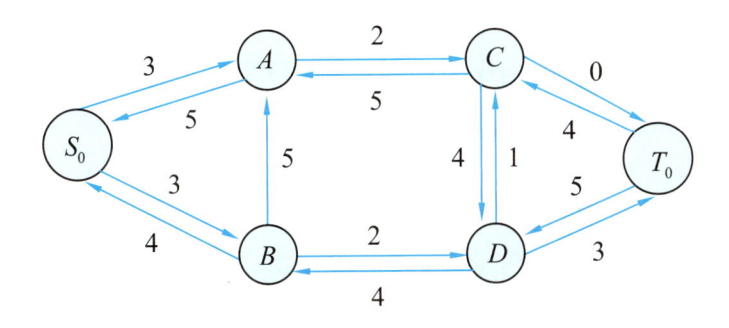

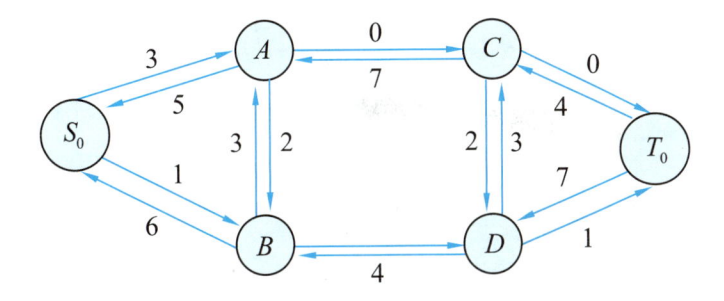

(d) 注入一單位的水量：增量路徑為 $S_0 \to A \to B \to D \to T_0$。

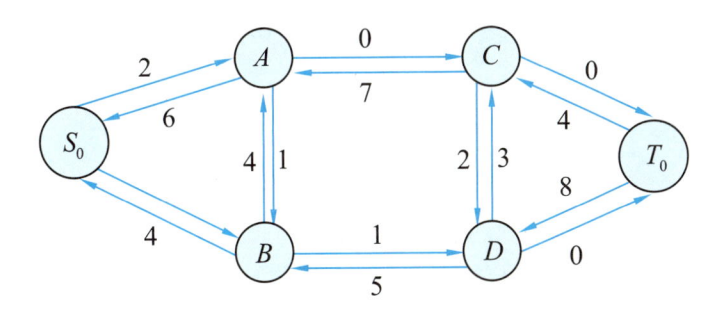

總共注入的水量為 $12 = 5 + 4 + 2 + 1$。讀者也可利用不同的增量路徑得到同樣的最大網流量。這裡求得的最大水量 12 剛好等於下圖所示的最小切量。

最小切量 $= 12 = 4 + 8$

11.3.2 最大匹配

接下來，我們要談一下和最大網流問題很有關係的最大匹配問題。

範例 11.3.2.1

何謂無加權圖的最大匹配問題？

解答 這裡談的最大匹配問題建立在二分圖 (Bipartite Graph) 上。二分圖是一種特殊圖 $G = (V, E)$，這裡 $V = V_1 \cup V_2$ 且 $V_1 \cap V_2 = 0$。在 V_1 的端點集之中，任兩個端點 $x, y \in V_1$，則 $\neg \exists (x, y) \in E$。同理，在 V_2 的端點集之中，任兩個端點 $x, y \in V_2$，則 $\neg \exists (x, y) \in E$。圖 11.3.2.1 就是一個典型的無加權二分圖。

在圖中，$V_1 = \{x_1, x_2, x_3\}$ 和 $V_2 = \{y_1, y_2, y_3, y_4\}$，而在 V_1 或 V_2 中任兩端點之間是沒有邊相連的。所謂的最大匹配問題就是在二分圖上挑出最多的邊數，並且滿足任兩條被挑出的邊沒有共用端點。沒有共用端點在很多的應用上的確有其必要。例如：假若圖 11.3.2.1 中的邊 (x_1, y_1) 和邊 (x_2, y_1) 皆為被挑出的邊，令 V_1 代表三位女生的集合，而 V_2 代表四位男生的集合，則邊 (x_1, y_1) 和邊 (x_2, y_1) 代表了兩女配一夫。反過來說，若邊 (x_1, y_1) 和邊 (x_1, y_2) 被挑出來，就演變成兩男娶一妻了。這兩種情形都是不被允許的。

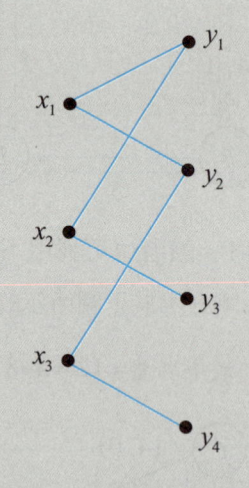

圖 11.3.2.1　一個無加權二分圖

直覺上，要在無加權二分圖上挑出最多的邊數且滿足任兩條邊沒有共用端點的組合意味好濃，得有個有效方法才行。

範例 11.3.2.2

如何解決無加權二分圖的最大匹配問題？

解答 事實上，經過適當的轉換，最大匹配的問題可透過最大網流的演算法來解決。現在將無加權二分圖進行轉換以便適合利用最大網流演算法來解決其最大匹配的問題。在最大網流的問題中，給定的圖需有起始端點 S_0 和結束端點 T_0，因此我們得新加入兩端點 S_0 和 T_0。另外，我們將 S_0 和 V_1 上的每一個端點連接起來，並且也將 V_2 上的每一個端點和 T_0 連接起來，至於原二分圖上的邊和新增的邊之容量一律定為一單位。依照上述的轉換方式，圖 11.3.2.1 就轉換為圖 11.3.2.2 了。節點 S_0 到節點 x_i 之間的容量 1 可防止一女配多男的情況；同理，節點 y_i 到 T_0 間的容量 1 可防止一男配多女的情況。

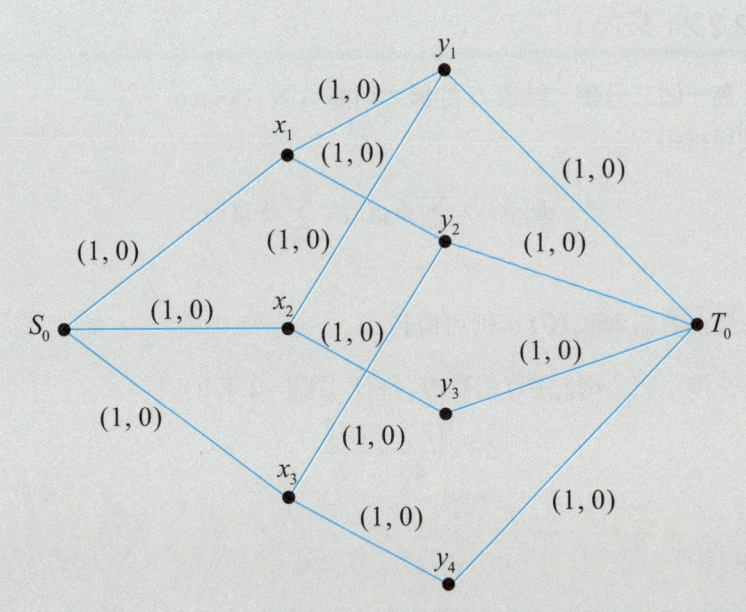

圖 11.3.2.2　將圖 11.3.2.1 轉換為最大網流問題

經此轉換後，圖 11.3.2.1 上的最大匹配問題就變成在圖 11.3.2.2 上找最大網流問題。這時，我們可選用任何最大網流演算法來求解。例如：我們可選用 Ford-Fulkerson 法或更快的演算法。

▶試題 11.3.2.2.1（台科大）

令 $G=(V, E)$ 為一個二分圖 (Bipartite Graph)，試證 $|E| \leq |V|^2 / 4$。

解答 令二分圖 G 中的節點集 $V = V_1 \cup V_2$。為方便分析，令 $K_1 = |V_1|$ 和 $K_2 = |V_2|$。如果在 V_1 和 V_2 間建造出完全二分圖 (Complete Bipartite Graph)，則

$$|E| = |V_1| \times |V_2| = K_1 \times (|V| - K_1)$$

當 $K_1 = \dfrac{|V|}{2}$，可得到最多的邊數 $|E|$。此時，我們有

$$|E| = \dfrac{|V|^2}{4}。$$

▶試題 11.3.2.2.2（交大）

令 $G=(V, E)$ 為一個二分圖，試求 G 的最大可能度數 (Degree)。

解答 我們可推得

$$\deg(G) = \sum_{x \in V_1} \deg(x) + \sum_{y \in V_2} \deg(y)$$

令 $\deg(G)$ 的最大值為 $\deg_M(G)$，則可得到

$$\deg_M(G) \leq |V_1||V_2| + |V_2||V_1| = 2|V_1||V_2|$$
$$\leq 2 \times \dfrac{|V|^2}{4} = \dfrac{|V|^2}{2}$$

所以得到 $\deg_M(G) = \dfrac{|V|^2}{2}$。

11.4 三個應用例子

圖論有很多的應用。許多的應用問題皆可將其轉化成圖的模型來探討，有的可直接引用現成的圖論演算法來解決之，有的卻需另外設計出方法以有效地

解決之。在這一節，我們主要介紹警衛配置問題、圖的著色問題和 Purfer 碼問題的求解。

11.4.1　警衛配置問題

為了簡化問題，我們將要配置警衛的地方表示成多邊型圍住的區域。首先，我們將警衛想像成一個會發光的燈泡。本節圖中有關的邊可想像成牆。

範例 11.4.1.1

什麼情況下的多邊形只需配置一名警衛就足夠了？

解答　凸多邊形 (Convex Polygon)。圖 11.4.1.1 為一個凸五邊形的例子，很明顯地可看出該凸五邊形內的全部區域皆可被監看到，圖中的 × 代表配置的警衛。對於任意凸多邊形，這一點都是對的。

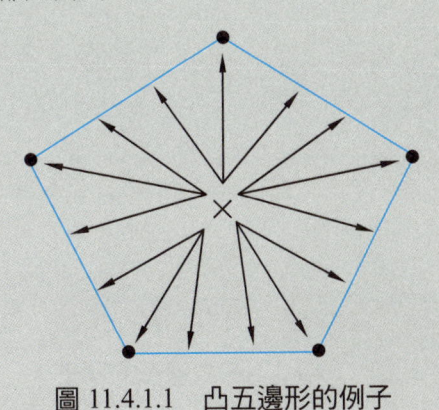

圖 11.4.1.1　凸五邊形的例子

範例 11.4.1.2

若將圖 11.4.1.1 的凸五邊形改成凹五邊形 (Five Concave Polygon)，又如何安置警衛呢？

解答　圖 11.4.1.1 為五凹多邊形的一種情形。我們將警衛安置在圖 11.4.1.2 中打 × 的地方，可發現多邊形內的全部區域皆可被監看到。

圖 11.4.1.2　凹五邊形的例子

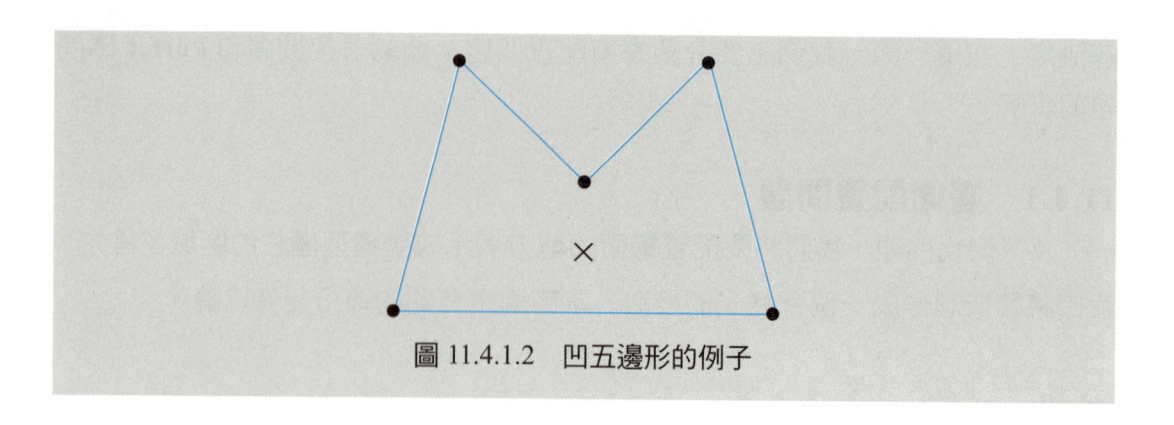

範例 11.4.1.3

若將圖 11.4.1.2 的凹五邊形改成圖 11.4.1.3 的凹六邊形，又要如何配置警衛呢？

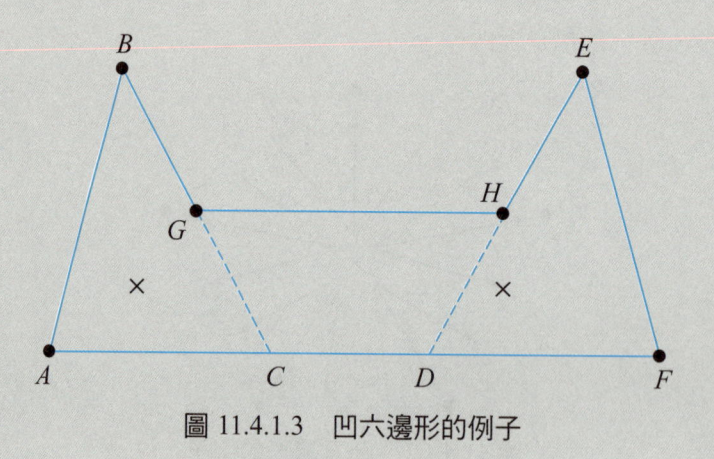

解答

圖 11.4.1.3　凹六邊形的例子

在圖 11.4.1.3 中，我們切割出兩個三角形，△ABC 和 △DEF。在這兩個三角形內，我們在每一個三角形內配置一個警衛。如此一來，連同四邊形區域 □CDGH 也在該兩位警衛的監控範圍內。

範例 11.4.1.4

若將圖 11.4.1.3 的凹六邊形改成任意的 n 邊形，最少需幾名警衛以完全監看全區？這些警衛要如何配置？

解答　我們仍以圖 11.4.1.3 為例，首先將該圖予以三角化 (Triangulation)，假設所得到的三角化圖如圖 11.4.1.4 所示。

在圖 11.4.1.4 中，我們可使用三種顏色，即 R、G 和 B，將某三角形上的端點予以著色，當這個三角形的端點被著完色以後，我們固定其一邊，在這邊的兩個端點上使用了兩種顏色，那麼我們就在鄰近的三角形的另一點上塗上相異的顏色。依此類推，我們可將圖 11.4.1.4 的所有端點，以 R、G 和 B 三種顏色將它們塗滿，並且使得相鄰的顏色彼此互異。以圖 11.4.1.4 為例，我們很容易可算出端點數等於顏色數且 $|R|=|G|=|B|=2$。我們只需在標識為 R 的兩個端點上各放置一個警衛即可。

現在回到 n 邊形的一般情形，仿照上面著色的探討方式，我們首先將 n 邊形予以三角化，再來進行三種顏色的著色動作，直到所有的端點都著完色為止。在這些顏色中，一定存在有某一種顏色，其個數 $\leq \lfloor n/3 \rfloor$。我們只需在這一種顏色上安置警衛即可，如此全區皆可被不超過 $\lfloor n/3 \rfloor$ 位的警衛們所監看住。

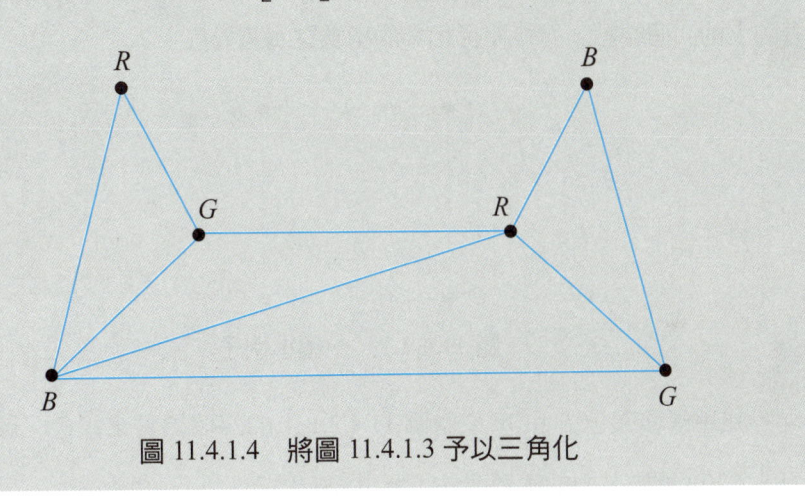

圖 11.4.1.4　將圖 11.4.1.3 予以三角化

本小節探討的警衛安置問題，有時也稱為藝廊問題 (Art Gallery Problem)。

11.4.2　圖的著色問題

我們在上一小節中於介紹警衛配置問題的解法時，除了引入三角化的觀念外，也引入著色的技巧來解出警衛數量及安置於何處的問題。在這一小節，我們要對圖 $G=(V, E)$ 的著色量問題深入一點地予以探討。

範例 11.4.2.1

何謂圖的最小著色量 (Chromatic Number)？

解答 給一圖 $G=(V, E)$，這裡所謂的著色乃是針對每條邊的兩端點予以著不同色而使得 G 上的每個端點被著色後，所使用到的顏色種類為最少。這個最少的顏色使用量就記為 $C(G)$。

範例 11.4.2.2

可否舉一個例子以計算 $C(G)$？

解答 如圖 11.4.2.1 所示，今假設只有一個顏色可供使用且將圖上的端點 A 塗上該顏色。這時，圖上的端點 B 和端點 D 勢必沒有別種顏色可塗。故只用一種顏色不足以塗滿圖上的四個端點，而能使得相鄰的兩端點為相異色。

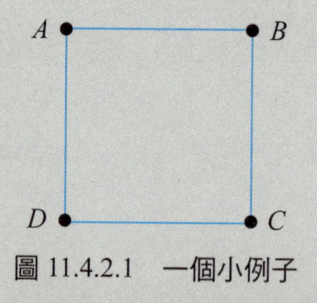

圖 11.4.2.1　一個小例子

現考慮用兩種顏色 R 和 W 來對圖 11.4.2.1 上的四個端點來塗色。圖 11.4.2.2(a) 和圖 11.4.2.2(b) 即為其中的兩種塗法，所以 $C(G)=2$。

(a) 只允許兩種顏色的第一種塗法　　(b) 只允許兩種顏色的第二種塗法

圖 11.4.2.2　兩種顏色的兩種塗法

我們不禁會問：如果允許的顏色數為一個參數 n，那麼圖的塗法數又有多少呢？當然，那得視圖的結構而定。

範例 11.4.2.3

如果允許的顏色數為 n，則圖 11.4.2.1 有幾種塗 $P(G, n)$ 呢？

解答 令塗法數為 $P(G, n)$，則考慮圖 11.4.2.1 上端點 A 和 C 同色及不同色時的最大塗法數示意於圖 11.4.2.3(a) 及 (b)，我們可算出

$$P(G, n) = n(n-1)(n-1) + n(n-1)(n-2)(n-2) \\ = n(n-1)(n^2 - 3n + 3)$$

(11.4.2.1)

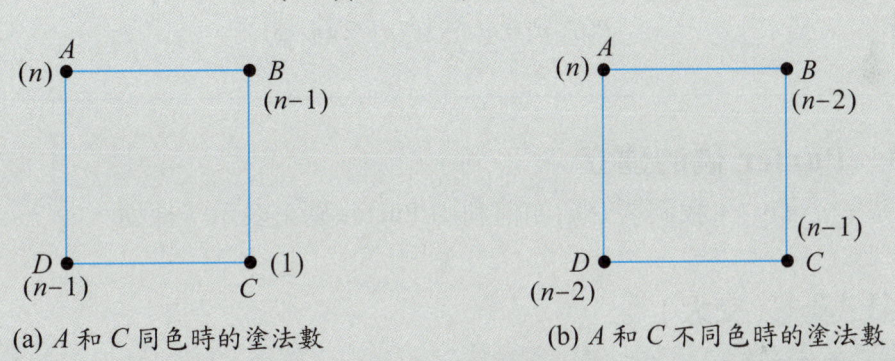

(a) A 和 C 同色時的塗法數　　(b) A 和 C 不同色時的塗法數

圖 11.4.2.3　分兩種情形討論

從式 (11.4.2.1) 可看出：當 $n \geq 2$ 時，$P(G, n)$ 才會大於 0，這才有意義。很自然地，最小的 n 可取成 2。將 $n = 2$ 代入式 (11.4.2.1) 可得到 $P(G, n) = 2$。這和範例 11.4.2.2 的結果是一致的。

▶ **試題 11.4.2.3.1**

請算出下圖的 $P(G, n)$。

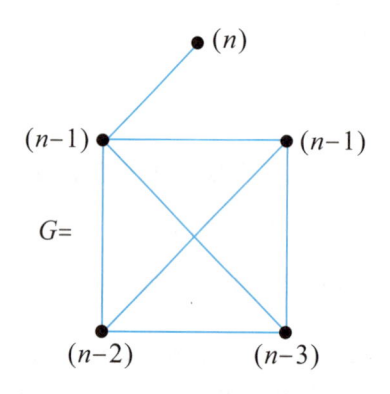

$$G =$$

解答　$P(G, n) = n(n-1)^2(n-2)(n-3)$。

11.4.3　Purfer 碼的建立

在這一小節中,我們要介紹如何利用 Purfer 碼來表示一棵樹。

▶ **範例 11.4.3.1（交大）**

如何將一棵轉換成 Purfer 碼?

解答　假設原始樹 (V, E) 上的節點是以 $1, 2, ..., |V|$ 一直編號上去的,將一棵樹轉換成 Purfer 碼,稱作該樹的 編碼 (Encode)。Purfer 碼的編碼工作主要為:

1. 在樹中挑選度數為 1 且編號最小的節點。
2. 將這個被挑選到的節點之鄰點置入串列中。
3. 移除這個被挑到的節點及其鄰邊。
4. 重複上述的步驟,直到整棵樹只剩下兩個節點為止。

例如:給一棵樹如下圖所示:

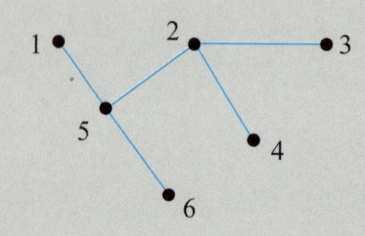

首先挑選出度數為 1 且編號最小的節點,即節點 1,接著將節點 1 的鄰點 5 放在串列中,我們於是得到

$$< 5 >$$

刪去節點 1 和其鄰邊後,可得到

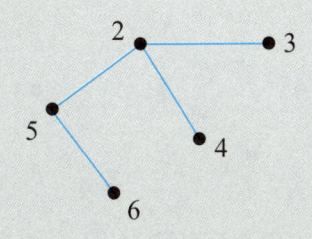

同理,我們可依序得到

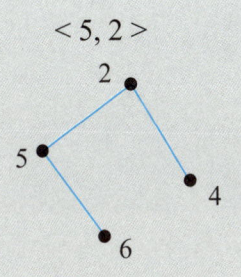

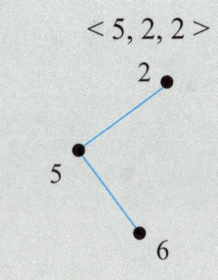

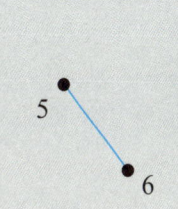

$< 5, 2 >$ $\qquad$ $< 5, 2, 2 >$ $\qquad$ $< 5, 2, 2, 5 >$

故最終所建立的 Purfer 碼為 $< 5, 2, 2, 5 >$。

範例 11.4.3.2

給一 Purfer 碼 $< 5, 2, 2, 5 >$,如何將原先的樹解碼 (Decode) 回來呢?

解答 從 Purfer 碼 $< 5, 2, 2, 5 >$ 中的第一個數 5,可解碼出

從剩餘碼 $< 2, 2, 5 >$,可以解碼出

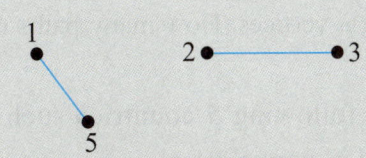

從剩餘碼 < 2, 5 >，又可以解碼出

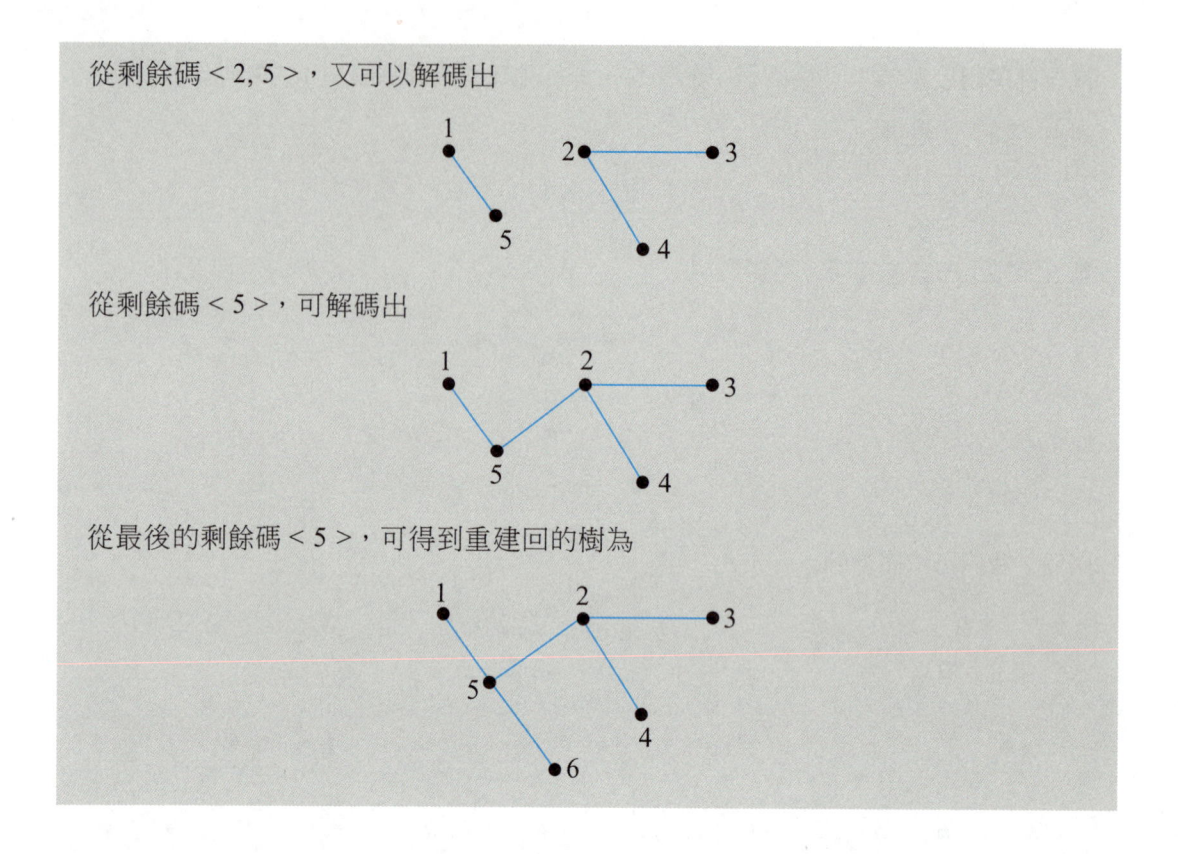

從剩餘碼 < 5 >，可解碼出

從最後的剩餘碼 < 5 >，可得到重建回的樹為

11.5 結論

本章針對圖論的應用問題，介紹了不同的著名圖論演算法。圖論有很多的應用，許多應用問題透過圖論的技巧往往都可得到不錯的結果。

11.6 習題

1. What is the smallest number of edges that can be removed from K_5 in order to leave a bipartite graph? （101 宜大）

2. Let $K_{m,n}$ denote a complete bipartite graph with one partite containing m vertices and the other partite containing n vertices. How many paths of length 5 are there in $K_{3,7}$? （101 東華）

3. Mary wants to paint the following 5 countries such that any two neighboring countries cannot be painted in a same color.

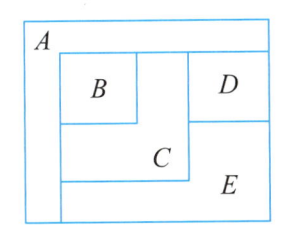

(a) Plot the relations of these 5 countries in a graph G such the 5 vertices are A, B, C, D, and E, and the edges are (x, y), $x \neq y$, that x and y are neighbors.
(b) What is the chromatic number of the graph G in (a)?
(c) What is the chromatic polynomial of the graph G in (a)?
(d) What is the number of possible colorings if 6 colors are used?　　　(101 高雄)

4. Given the graph shown below.

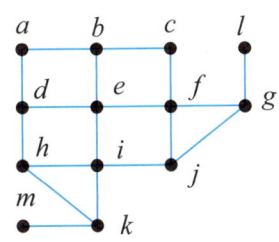

(a) Use a breadth-first search to find a spanning tree with root e for the graph.
(b) Based on the tree constructed in (a), answer the following questions:
　　(i) If the tree is an m-ary tree or not? If yes, $m = ?$
　　(ii) If the tree is balanced or not? Why or why not?
　　(iii) What is the height of the tree?　　　(101 台北大)

5. (a) Let $T = (V, E)$ be a tree with $|V| = n \geq 2$. How many distinct paths are there in the tree T?
(b) A tree has three vertices of degree 2, two vertices of degree 3, and four vertices of degree 4. How many vertices of degree 1 does it have?　　　(101 台科大)

6. Draw a minimum cost spanning tree for the graph G shown below and then find its minimum cost.　　　(101 北科大)

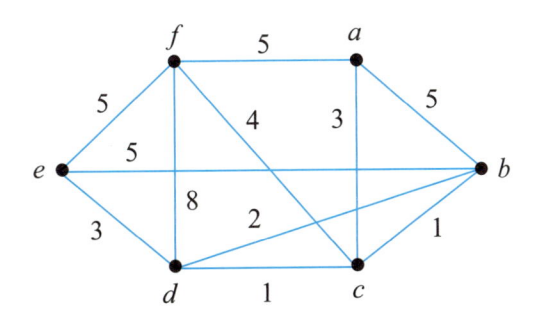

7. If T is a full binary tree of height 4, let x be the minimum number of leaves in T and y be the maximum number of leaves in T. Find the value of $x+y$? （101 淡江）

8. For a complete n-ary tree T of height h ($n, h \in Z^+, n \geq 2$).
    (a) The number of vertices in T is?
    (b) The number of edges in T is? （101 元智）

9. Some binary tree has a pre-order traversal as *ABFGCDE*, and a post-order traversal as *GFBEDCA*.
    (a) Draw the binary tree and list the order in which the vertices are processed using inorder traversal.
    (b) Use topological sort to sort the nodes, starting from the root. （101 成大）

11.7 參考文獻

[1] J. A. Bondy and U. S. R. Murty, *Graph Theory with Application*, The Macmillan Press, New York, 1976.
[2] R. E. Tarjan, *Data Structures and Network Algorithms*, SIAM Press, Pennsylvania, 1983.
[3] N. Deo, *Graph Theory with Applications to Engineering and Computer Science*, Prentice-Hall, New York, 1974.
[4] E. W. Dijkstra, "A Note on Two Problems in Connexion with Graphs," *Numerische Mathematik*, 1, 1959, pp. 269-271.
[5] L. Euler, "The Königsberg bridges," *Scientific American*, 189, 1953, pp. 66-70.
[6] J. B. Kruskal, "On the Shortest Spanning Subtree of A Graph and the Traveling Salesman Problem," *Proc. Amer. Math. Soc.*, 7, 1956, pp. 48-50.
[7] R. L. Graham and P. Hell, *On the History of the Minimum Spanning Tree Problem*, Ann. History of Computing, 7(1), 985, pp. 43-57.
[8] R. C. Prim, "Shortest Connection Networks and Some Generalizations," *Bell System Tech. J.*, 36, 1957, pp. 1389-1401.
[9] P. Elias, A. Feinstein, and C. E. Shannon, "Note on Maximum Flow Through A Network," *IRE Trans on Information Theory*, 2, 1956, pp. 117-119.
[10] L. R. Ford and D. R. Fulkerson, "Maximal Flow through A Network," *Canadian J. of Math.*, 8, 1956, pp. 399-404.

Chapter 12

自動機與正規語言

12.1 前言
12.2 有限自動機
12.3 正規語言
12.4 具輸出功能的自動機
12.5 結論
12.6 習題
12.7 參考文獻

12.1 前言

在這一章中，我們首先介紹有限狀態自動機 (Finite State Automata)。有限狀態自動機也常被稱作自動機。自動機的運作和文法 (Grammar) 及語言 (Language) 有著密切的關係，我們接著介紹相關的正規語言 (Formal Language)。最後，我們介紹另一種類型的有限自動機：有輸出功能 (Output Capability) 自動機。

12.2 有限自動機

有限狀態自動機，簡稱為 FA。我們常用 (S, S_0, S_f, Σ, T) 代表 FA，相關的五個變數的定義為

- S ：狀態集 (Set of States)
- S_0 ：起始狀態 (Initial State)
- S_f ：最終狀態 (Final State)
- Σ ：字母集 (Alphabet Set)
- T ：轉換函數 (Transition Function)

這裡，S_0 代表 FA 的起始狀態。若 FA 讀完某字串 (String) 後，進入最終狀態，則表示該字串能被 FA 接受 (Accept)。所謂的字串是由字母集的諸字母形成的。轉換函數 T 代表 FA 從目前的狀態因為讀入某字母，而轉換至另一個狀態。

圖 12.2.1 為一個很簡單的 FA 例子。

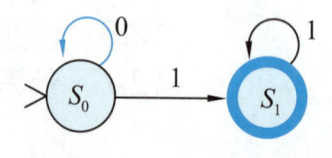

圖 12.2.1　一個 FA 例子

上述中的狀態 S_0 為起始狀態，我們在其旁邊加一個 > 以表示 FA 由這裡起動。相關的變數定義如下：

$$S = \{S_0, S_1\}$$
$$S_0 = \{S_0\}$$
$$S_f = \{S_1\}$$
$$\Sigma = \{0, 1\}$$
$$T(S_0, 0) = S_0$$
$$T(S_0, 1) = S_1$$
$$T(S_1, 1) = S_1$$

上述的轉換函數 $T(S_0, 0) = S_0$ 代表 FA 在狀態 S_0 時，若讀入字母 0，則仍進入原來狀態 S_0。$T(S_0, 1) = S_1$ 代表 FA 在狀態 S_0 時，若讀入字母 1，則進入狀態 S_1。轉換函數也可寫成 $T : S \times \Sigma^* \to S$ 的形式。圖 12.2.1 的自動機很容易被驗證，其可接受字串為 1，01，11，011，001，111，…等。也就是說，任何一個可接受字串經 FA 處理完後，FA 會進入最終狀態 S_f。將所有 FA 能接受的字串集合起來就形成了 FA 能接受的語言 (Language)。我們記為 $L(\text{FA})$。圖 12.2.1 所能接受的語言可寫成

$$L(\text{FA}) = 0^*11^* = 0^*1^+$$

其中 0^* 代表字母 0 出現的個數需大於或等於 0 次，而 1^+ 代表字母 1 出現的個數需大於或等於 1 次。$0^* = \{\varepsilon, 0, 00, 000, ...\}$ 和 $1^+ = \{1, 11, 111, ...\}$。

由圖 12.2.1 的例子，相信讀者已掌握住 FA 和語言的初步關係了。在上述的 FA 例子中，某一個狀態接受一個輸入後只能轉換到另一個狀態。這一類的 FA 也稱作可決定式有限狀態機 (Deterministic FA，簡稱為 DFA)。有時候，DFA 也可以允許一個以上的最終狀態，但是只允許一個起始狀態。

範例 12.2.1（師大）

決定下列何種語言可被下圖的有限狀態機所接受。(Determine which ones in the following languages are accepted by the following finite-state automata.)

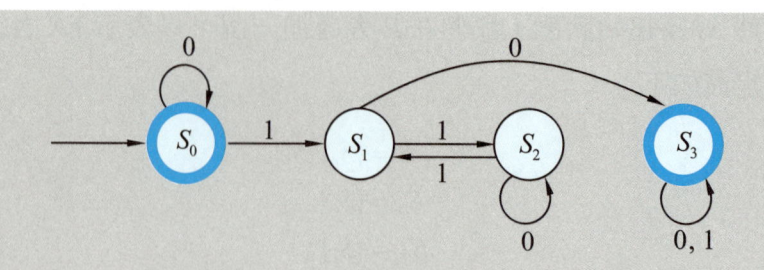

(a) $\{0^m(101)^n \mid m \geq 1, n \geq 0\}$

(b) $\{(0111)^n \mid n \geq 0\}$

(c) $\{1^m 0^n \mid m \geq 0, n \geq 0\}$

(d) $\{(010)^m \mid m \geq 1\}$

(e) $\{0^n 1^m \mid n \geq 0, m \geq 1\}$

解答 (a) 很容易可檢測出，此語言可被上述有限狀態機所接受。

(b) 當 $n = 1$ 時，此有限狀態機會停在 S_1，但是 S_1 不為接受狀態，故答案為非。

(c) 當 $m = 1$，$n = 0$ 時，此有限狀態機會停在 S_1，但是 S_1 不為接受狀態，故答案為非。

(d) 很容易可檢測出，此語言可被上述有限狀態機所接受。

(e) 當 $m = 2$，$n = 0$ 時，此有限狀態機會停在 S_2，但是 S_2 不為接受狀態，故答案為非。

範例 12.2.2

可否設計一台只接受偶數個 1 的 FA？

解答 這裡規定零個 1 也算是偶數個 1。下圖為所設計出的 FA。很容易可檢驗 $0101 \in L(FA)$。

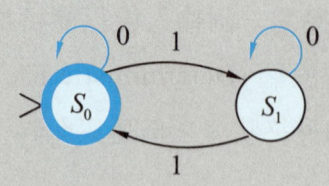

由範例 12.2.2，我們很容易設計出如下圖所示的 FA 以便接受 1 的個數為 $3k$ 形式的字串。

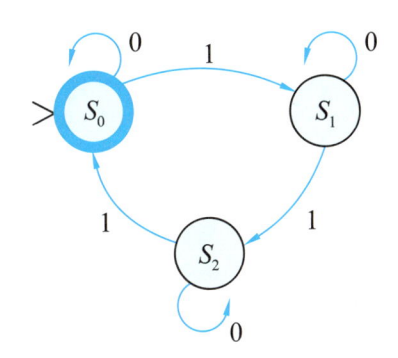

範例 12.2.3（政大）

請畫一個能夠認知由 baa 起頭的字串的自動狀態機佈於 $\{a, b\}$ 上。

解答 令 $S = \{S_0, S_1, S_2, S_3, S_4\}$ 和 $I = \{0, 1\}$，其中 S_0 為起始狀態且 S_3 為接受狀態，則此自動狀態機可如下圖所示。

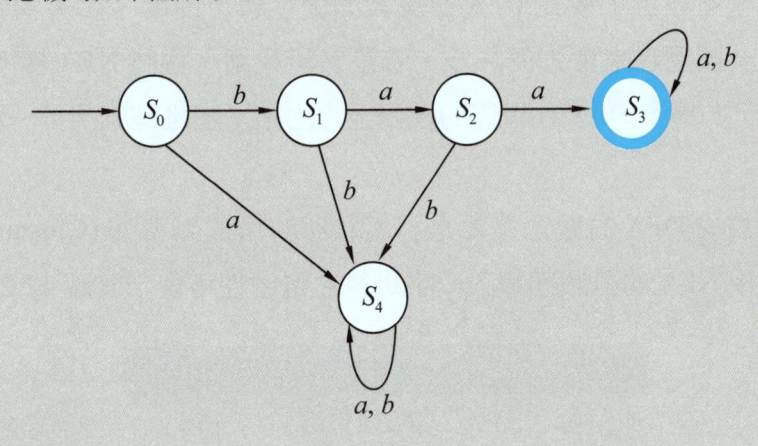

範例 12.2.4

是否也有**不可決定式有限狀態機** (Nondeterministic FA，簡稱為 NFA)？

解答 在 FA 中，若存在某一個狀態在接受到一個輸入後，可轉換到一個以上的狀態時，就稱這種 FA 為 NFA。例如：圖 12.2.2 就是一個 NFA 的例子，這裡，符號 ε 代表 FA 即使沒有讀到任何字母也會從狀態 S_0 轉換到狀態 $S_f = S_1$。

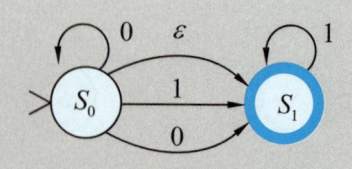

圖 12.2.2　一個 NFA 例子

圖 12.2.2 所示的 NFA，其可接受的語言為

$$L(\text{NFA}) = 0^*(1+0)1^* + 0^*1^*$$
$$= 0^*1^*$$

在 NFA 中，由於一個狀態在讀入一個輸入後，會進到一個以上的狀態，這種機器我們說它有很強的猜測 (Guess) 能力。

NFA 似乎在設計上要比 DFA 有更大的彈性與自由度。如果我們都從 NFA 的設計下手，感覺起來會方便許多。若是又能找到一個將 NFA 轉換成 DFA 的方法就太好了，畢竟 DFA 在程序的模擬上，由某一步推進到另外一步都有明確的決定性。

NFA 轉換成 DFA 的觀念主要是利用狀態轉換的封密性 (Closure)。例如：範例 12.2.4 中 NFA 的各狀態讀入一字母後之封密性可表示於圖 12.2.3 中。

	0	1
S_0	$[S_0, S_1]$	$[S_1]$
S_1	ϕ	$[S_1]$

圖 12.2.3　圖 12.2.2 的狀態封密性示意圖

根據圖 12.2.2 的狀態封密性所形成的狀態集合，我們將 $[S_0, S_1]$ 編成新的符號 $\overline{S}_0$，而將 $[S_1]$ 編成符號 $\overline{S}_1$。為什麼 $(S_0, 0) = \{S_0, S_1\}$ 呢？原因是狀態 S_0 讀入字母 0 可進入狀態 S_0 或進入狀態 S_1，所以我們將 S_0 和 S_1 都收集起來並以 $[S_0, S_1]$ 表示 $\{S_0, S_1\}$，讀者可將 $\overline{S}_0 = [S_0, S_1]$ 想像成一個新的狀態符號。

根據圖 12.2.3，圖 12.2.2 的 NFA 可轉換成圖 12.2.4 的 DFA。

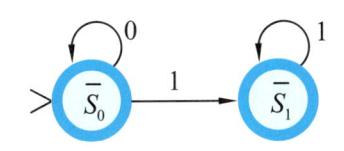

圖 12.2.4　圖 12.2.2 轉換後的 DFA

在圖中，除了新狀態 $\bar{S_1}$ 因為含有原先 NFA 的最終狀態 S_1 外，新狀態 $\bar{S_0}$ 因為內含 S_0 和 S_1，故 $\bar{S_0}$ 既被視為起始狀態也被視為最終狀態。上述圖中所示的 DFA 可接受的語言可表示為

$$L(\text{DFA}) = 0^* + 0^*1^+ = 0^*1^* = L(\text{NFA})$$

到目前為止，我們對 DFA、NFA 和語言都有了一些基本的瞭解。

12.3　正規語言

能被 DFA 接受的語言類型稱之為 正規表式 (Regular Expression)，為了方便，我們以 RE 稱之。RE 可被定義如下：

1. RE 可以是空字母 ε。
2. 在 DFA 中的字母集 Σ 內，若 $t \in \Sigma$，則 t 亦為 RE。
3. 若 x 為 RE 且 y 亦為 RE，則 $(x+y)$ 和 (xy) 也是 RE。
4. 若 x 為 RE 且 y 亦為 RE，則 x^* 和 y^* 也是 RE。

定義完 RE 後，接下來的工作是比較難的部分。我們打算從建構 DFA 以接受給定 RE 的策略來支持我們的論點。由前面已知 NFA 可以轉換到 DFA，因為 NFA 有設計上的彈性優點，所以我們利用 NFA 的建構來下手。在此，我們只針對三種 RE 類型，即 $(x+y)$、(xy) 和 x^*，來討論相關 NFA 的建立。假設能接受字串 x 和 y 兩個 RE 的 NFA_x 和 NFA_y，如圖 12.3.1 所示。

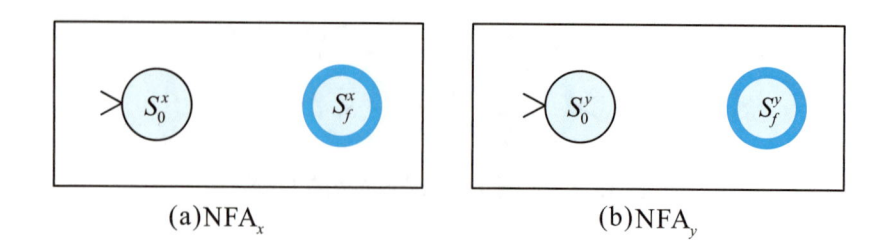

圖 12.3.1　NFA_x 和 NFA_y

在圖 12.3.1(a) 中的起始狀態 S_0^x，而最終狀態為 S_f^x。因為 x 可以是任意的 RE 字串，所以我們只以一個內含 S_0^x 和 S_f^x 的方框來代表接受 x 的 NFA。讀者可將方框想像成黑箱 (Black Box)，該黑箱滿足 $x \in L(NFA)$。

有了 NFA_x 和 NFA_y 後，我們就可將它們組裝一番，以接受前面所提的三種 RE。$(x+y)$ 可被如圖 12.3.2(a) 所示的組裝後 NFA 所接受。同理，(xy) 可被圖 12.3.2(b) 所接受，而 x^* 則可被圖 12.3.2(c) 所接受。

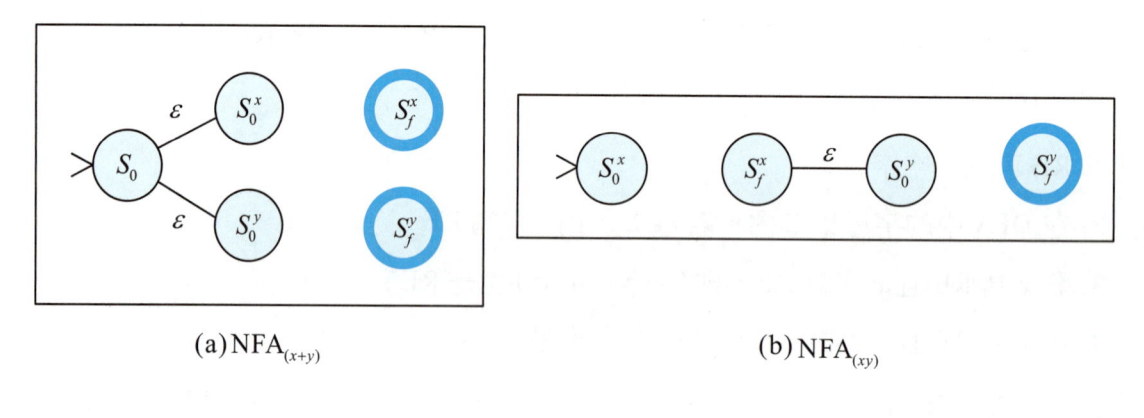

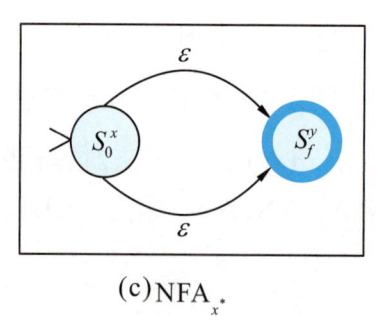

圖 12.3.2　組裝後的 $NFA_{(x+y)}$、$NFA_{(xy)}$ 和 NFA_{x^*}

由上述的 NFA 建構證明中,我們已明白 NFA 可接受的語言為 RE。因為 NFA 可轉換為 DFA,所以 DFA 可接受的語言亦為 RE。

範例 12.3.1(中山)

使用正規表示法表達下列自動狀態機所能接受的字串。

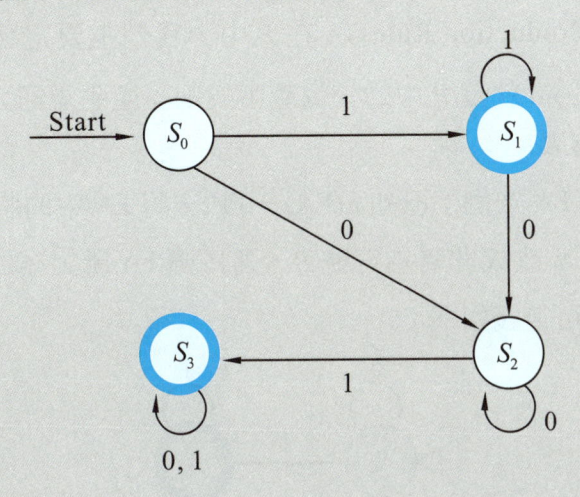

解答 從三條狀態路徑 $S_0 \to S_1$、$S_0 \to S_1 \to S_2 \to S_3$ 和 $S_0 \to S_2 \to S_3$ 可得到三道能接受的字串。令此三道字串為 $A = 1^+$、$B = 1^+ 0^+ 1 (0 \vee 1)^*$ 和 $C = 0^+ 1 (0 \vee 1)^*$,則所求為 $RE = A \vee B \vee C$。

FA 所對應的文法也稱作第三類型 (Type III) 文法,此類型的文法 G 定義如下:

$$G = (N, T, P, S)$$
$$N = \{A, B\}$$
$$T = \{a\}$$
$$S = \{A\}$$
$$P: A \to a$$
$$\quad\; A \to aB \mid Ba$$

上述文法 $G = (N, T, P, S)$ 中,各符號的意思為:

N: 非終結符號集 (Nonterminal Symbols)。N 內的符號還可再轉換成別的符號串。例如：$A \to aB$ 代表符號 A 可轉換成 aB。

T： 終結符號集 (Terminal Symbols)。T 內的符號不能再轉換成別的符號。例如：$A \to a$ 中的 a 就是終結符號集。

S： 起始符號集 (Start Symbols)。在上述的文法定義中，符號 $A \in S$ 就是起始符號。

P： 產生規則集 (Production Rules)。在 P 中，我們主要定義文法中的產生規則。例如：$A \to a$ 就是 P 中的一個產生規則；產生規則 $A \to aB\,|\,Ba$ 等同於 $A \to aB$ 或 $A \to Ba$。

我們以下圖之 FA 為例；已知 $L(\text{FA}) = 0^*1^+$。將 FA 中的狀態 S_0 改成非終結符號 A，而將狀態 S_1 改成非終結符號 B，則按照 FA 所對應的第三類型文法，$L(\text{FA})$ 的對應文法可定義如下：

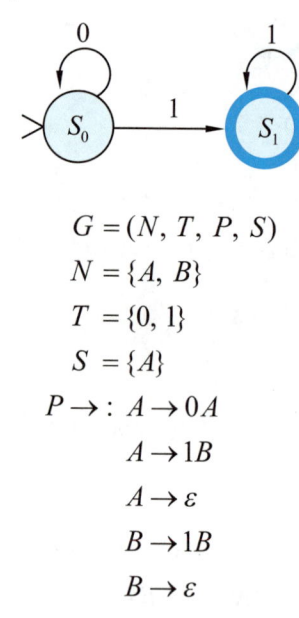

$G = (N, T, P, S)$
$N = \{A, B\}$
$T = \{0, 1\}$
$S = \{A\}$
$P \to :\ A \to 0A$
$\qquad A \to 1B$
$\qquad A \to \varepsilon$
$\qquad B \to 1B$
$\qquad B \to \varepsilon$

在上述文法產生規則中，若給一字串 0011，依照上述文法的 推演 (Derivation)，我們得到

$$A \to 0A$$
$$\to 00A$$
$$\to 001B$$
$$\to 0011B$$
$$\to 0011$$

至此，我們已推演出 0011。

範例 12.3.2（中正）

找出一個**詞組結構** (Phrase-Structure) 的文法生成集合 $\{0^m1^{m+n}0^n \mid m \geq 0, n \geq 0\}$。注意一個詞組結構的文法 $G = (V, T, S, P)$ 包含一個詞彙集合 V、一個 V 的子集合 T 包含終端符號、一個屬於 V 的開始符號 S，以及一個集合 P 包含生成規則。

解答 令所求為 $G = (V, T, S, P)$

其中，$V = \{S, A, B, 0, 1\}$

$T = \{0, 1\}$

$S = S$

$P = \{S \to AB,\ A \to 0A1,\ A \to \lambda,\ B \to 1B0,\ B \to \lambda\}$

範例 12.3.3（中興）

決定 1011 是否屬於下列哪一個正規集？

(a) 10^*1^*

(b) $0^*(10 \cup 11)^*$

(c) $1^*01(0 \cup 1)$

(d) $1(00)^*(11)^*$

(e) $(1 \cup 00)(01 \cup 0)1^*$

解答 (a) 因為 $1011 = 10^1 1^2$，所以 $1011 \in 10^*1^*$。

(b) 因為 $1011 = 0^0(10)^1(11)^1$，所以 $1011 \in 0^*(10 \cup 11)^*$。

(c) 因為 $1011 = 1^1 011$，所以 $1011 \in 1^*01(0 \cup 1)$。

(d) $1011 \notin 1(00)^*(11)^*$。

(e) 因為 $1011 = 101^2$，所以 $1011 \in (1 \cup 00)(01 \cup 0)1^*$。

從前面幾個 FA 的例子，我們不免好奇 FA 的能力之限制。

範例 12.3.4（政大）

FA 能否唯一接受 $L = \{0^n 1^n | n \geq 1\}$？

解答 直覺上，FA 因為沒有記憶的功能，故無法在處理完連續的 n 個 0 後，仍能記住 0 的出現個數，以便在後頭還能利用所得到的 n 去檢查是否已處理完 n 個 1。直覺歸直覺，畢竟能夠利用數學來證明才算嚴謹。這裡，我們採用鴿籠定理來證明 FA 是無法唯一接受 $L = \{0^n 1^n | n \geq 1\}$ 的，從而交待出 FA 的能力之限制。

因為 FA 的狀態數是有限的，我們可以合理地假設 FA 的狀態數為 $|S| = k$，k 為一個定數。反觀 L 中的 n，$n \geq 1$，可看成無限大的數。假設 FA 的 k 個狀態為 S_0，S_1，… 和 S_{k-1} 且 $n > k$。當 FA 處理完 0^n 時，鴿籠定理告訴我們：在 FA 的 k 個狀態中，必有兩個狀態，S_i 和 S_j，會呈現圖 12.3.3 的迴圈組態 (Configuration)。

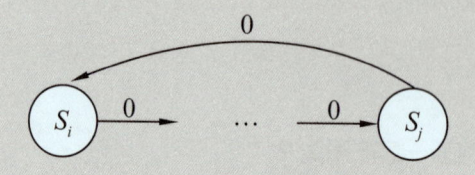

圖 12.3.3　狀態 S_i 被拜訪兩次

這時，若 $0^n 1^n$ 能唯一被假設的 FA 接受的話，則意味著 $0^{n-(j-i+1)} 1^n = 0^{n-j+i-1} 1^n$ 也會被 FA 接受。這麼一來，可糟啦！FA 竟然也接受起 0 的個數不等於 1 的個數的字串！這和假設是衝突的。

▶試題 12.3.4.1（北科大）

證明語言 $L = \{a^k | k = i^2, i \geq 1\}$ 不是一種有限狀態語言 (Finite State Language)。

解答 利用反證法證明此問題。若 L 為一種有限狀態語言，則存在一自動狀態機 M

可認知 L。假設 M 的狀態個數為 $|S| = N$，則存在 $j \in N$ 使得 $(j+1)^2 - j^2 > N$。

令 $X = a^{(j+1)^2} \in L$，則 X 輸入 M 後可被認知，其狀態轉換可假設為如下所示：

$$s_0 \xrightarrow{a} s_1 \xrightarrow{a} \cdots \xrightarrow{a} s_{j^2} \xrightarrow{a} s_{j^2+1} \xrightarrow{a} \cdots \xrightarrow{a} s_{(j+1)^2}$$

其中 s_0 為初始狀態，$s_{(j+1)^2}$ 為接受狀態。因為 s_{j^2+1} 至 $s_{(j+1)^2}$ 共有 $(j+1)^2 - j^2$ 狀態，又 $|S| = N$ 且 $(j+1)^2 - j^2 > N$，故根據鴿籠原理，可知存在 k、l 使得 $s_k = s_l$，其中 $j^2 + 1 \leq k < l \leq (j+1)^2$，所以可推得

$$s_0 \xrightarrow{a} s_1 \xrightarrow{a} \cdots \xrightarrow{a} s_{j^2} \xrightarrow{a} s_{j^2+1} \xrightarrow{a} \cdots \xrightarrow{a}$$
$$s_{k-1} \xrightarrow{a} s_k \xrightarrow{a} s_{l+1} \xrightarrow{a} \cdots \xrightarrow{a} s_{(j+1)^2}$$

亦是一種可接受的走法，且此走法得到之字串為 $Y = a^m$，其可被 M 認知，其中 $j^2 < m < (j+1)^2$，但 $Y \notin L$，故矛盾，所以 L 不是一種有限狀態語言。

▶試題 12.3.4.2（北科大）

試證無法建構一有限狀態機只認知語言 $L = \{0^i 1^j \mid i, j \in Z^+, i < j\}$。

解答 利用反證法證明此問題。若 L 為一種有限狀態語言，則存在一自動狀態機 M 可認知 L。假設 M 的狀態個數為 $|S| = N$。

令 $X = 0^N 1^{N+1} \in L$，則 X 輸入 M 後可被認知，其狀態轉換可假設為如下所示：

$$s_0 \xrightarrow{0} s_1 \xrightarrow{0} \cdots \xrightarrow{0} s_N \xrightarrow{1} s_{N+1} \xrightarrow{1} \cdots \xrightarrow{1} s_{2N+1}$$

其中 s_0 為初始狀態，s_{2N+1} 為接受狀態，因為 s_{N+1} 至 s_{2N+1} 共有 $N+1$ 狀態，又 $|S| = N$，故根據鴿籠原理，可知存在 k、l 使得 $s_k = s_l$，其中 $N+1 \leq k < l \leq 2N+1$，所以可推得

$$s_0 \xrightarrow{0} s_1 \xrightarrow{0} \cdots \xrightarrow{0} s_N \xrightarrow{1} s_{N+1} \xrightarrow{1} \cdots \xrightarrow{1}$$
$$s_{k-1} \xrightarrow{1} s_k \xrightarrow{1} s_{l+1} \xrightarrow{1} \cdots \xrightarrow{1} s_{2N+1}$$

亦是一種可接受的走法，且此走法得到之字串為 $Y = 0^m 1^n$，其可被 M 認知，但其中 $m \geq n$，這造成 $Y \notin L$，故矛盾，所以 L 不是一種有限狀態語言。

範例 12.3.5

可否寫一文法以辨識 $L = \{0^n 1^n \mid n \geq 1\}$？

解答 我們可定義如下的文法以完成 $L = \{0^n 1^n \mid n \geq 1\}$ 的辨識工作：

$$G = (N, T, P, S)$$
$$N = \{S\}$$
$$T = \{0, 1, \varepsilon\}$$
$$S = \{S\}$$
$$P: S \to 0S1$$
$$S \to \varepsilon$$

上面的文法屬於一種語境自由文法 (Context-Free Grammar，CFG)。CFG 中的產生規則 $P: A \to \alpha$ 需滿足 $A \in N$ 和 $\alpha \in (N \cup T)^*$。這裡，N 代表非終結符號集，而 T 代表終結符號集。CFG 所定的文法規則也稱作第二類型 (Type II) 的文法。

在形式語言的四種文法類型中，除了前述介紹的第二、三類型外，另外的兩種分別為第一類型文法和第零類型文法。它們被定義如下：

1. **第一類型 (Type I)**：產生規則需滿足

$$\alpha \to \beta$$
$$|\beta| \geq |\alpha|$$

這裡 $\alpha, \beta \in (T \cup N)^*$，但 β 的長度需大於等於 α 的長度。

2. **第零類型 (Type 0)**：產生規則需滿足

$$\alpha \to \beta$$
$$\alpha \neq \varepsilon$$

這裡 α 和 β 無特別限制。除了 $\alpha \neq \varepsilon$ 和 $\alpha, \beta \in (T \cup N)^*$ 外。

第一類型的文法也稱為語境限定文法 (Context-Sensitive Grammar，CSG)，而第零類型的文法也稱為非限制形文法 (Unrestricted Grammar，UG)。所謂的 Chomsky 階層可表示成圖 12.3.4，這個階層圖最適合用來表達前述四種文法類型的集合包含性。

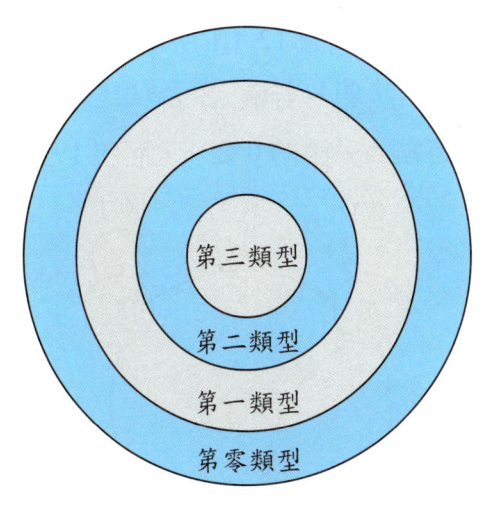

圖 12.3.4　四種文法類型的 Chomsky 階層圖

範例 12.3.6

四種文法類型與對應的機器模型為何？

解答　上述四種文法類型和對應的機器模型之關係如下所示：

$$RG \leftrightarrow 第三類型文法 \leftrightarrow FA$$
$$CFG \leftrightarrow 第二類型文法 \leftrightarrow PA$$
$$CSG \leftrightarrow 第一類型文法 \leftrightarrow LBA$$
$$UG \leftrightarrow 第零類型文法 \leftrightarrow TM$$

這裡，PA 代表下推自動機 (Pushdown Automata)，LBA 代表線性有限自動機 (Linear Bounded Automata)，而 TM 代表杜林機 (Turing Machine)。

12.4　具輸出功能的自動機

在這一節中，我們將介紹有輸出功能的有限自動機和一些應用。在不同的教材或題目設計中，輸入和輸出的格式安排多多少少有一些出入，但大多能一眼看出。

給一帶有輸出功能的 FA，如圖 12.4.1 所示。圖中的 a/b 代表輸入為 a 時，則輸出為 b。狀態 S_0 為起始狀態。若輸入的字串為 0110111，則輸出的字串為 1001000。圖中的 FA 可將輸入字串的 0 變 1，而將 1 變 0。

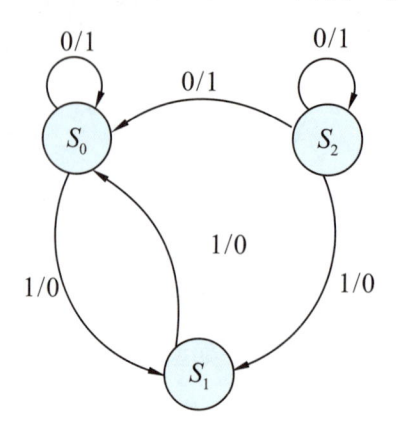

圖 12.4.1　帶有輸出功能的 FA

範例 12.4.1

將圖 12.4.1 中的 FA 修改為圖 12.4.2。

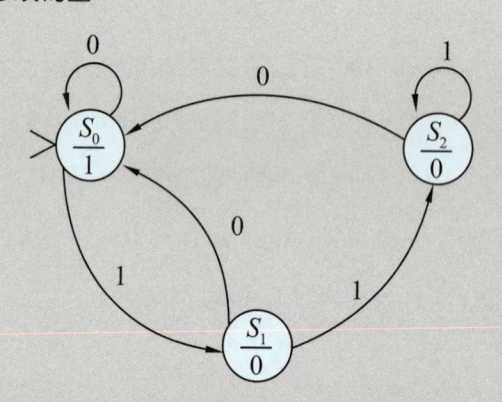

圖 12.4.2　另一類型的帶有輸出功能之 FA

解答　我們在圖 12.4.2 中的起始狀態輸入字串 0110111，則輸出的字串為 11001000。對於相同的輸入字串，圖 12.4.2 的 FA 會比圖 12.4.1 的 FA 在開始的時候多輸出一個位元，主要的原因是起始狀態 S_0 內已註明輸出位元 1 了。當然，我們也可認為起始狀態 S_0 必須讀入輸入的字母才能輸出某個字母。若是如此的話，則圖 12.4.1 和圖 12.4.2 得到相同的輸出字串 1001000。

有時用表格(Table)的方式來表示 FA 也是很方便的方法。

範例 12.4.2

可否用表格的方式表示圖 12.4.1 的 FA？

解答 圖 12.4.1 的表格表示法如圖 12.4.3 所示。

目前狀態	下個狀態 0	下個狀態 1	輸出 0	輸出 1
S_0	S_0	S_1	1	0
S_1	S_0	S_2	1	0
S_2	S_0	S_2	1	0

圖 12.4.3　圖 12.4.1 的表格表示法

試題 12.4.2.1

請描述下列有限狀態機能夠認知的語言。

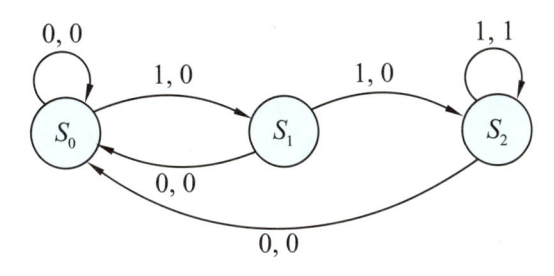

解答 假設輸出 1 時 (表示於有向邊上的右邊字元) 表示接受此字串。依據題目之有限狀態機，可知其可接受 (認知) 任何字串中有連續三個或以上的 1 之字串。

試題 12.4.2.2

(a) 建構一個有限狀態機能夠認知任何有偶數個 1 的字串。

(b) 建構一個有限狀態機能夠認知任何至少一個 1 和至少一個 0 的字串。

解答 (a) 令 $S = \{S_0, S_1\}$、$I = \{0, 1\}$ 和 $O = \{0, 1\}$，其中 S_0 為起始狀態。若輸出為 1，則表示字串從最左位元開始輸入到目前位元共有偶數個 1；若輸出為 0，則表示字串從最左位元開始輸入到目前位元共有奇數個 1。此有限狀態機可如下圖所示。

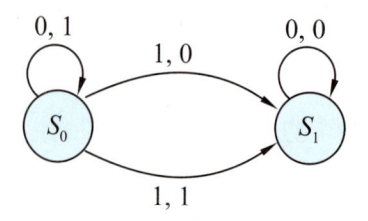

(b) 令 $S = \{S_0, S_1, S_2, S_3\}$、$I = \{0, 1\}$ 和 $O = \{0, 1\}$，其中 S_0 為起始狀態。若輸出為 1，則表示字串從最左位元開始輸入到目前位元至少有一個 1 和至少一個 0；若輸出為 0，則表示字串從最左位元開始輸入到目前位元沒有至少有一個 1 和至少一個 0。此有限狀態機可如下圖所示。

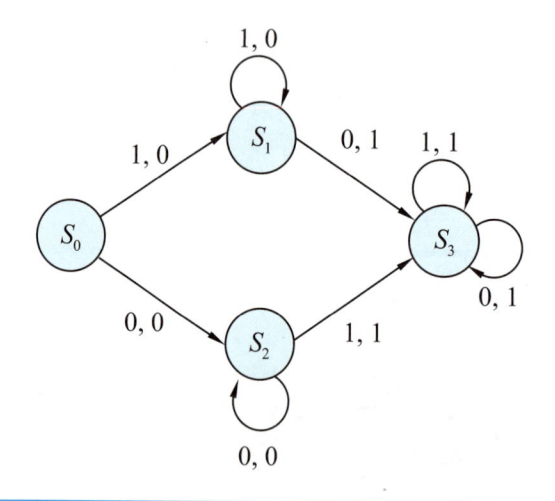

▶試題 12.4.2.3

設 $I = O = \{0,1\}$。請建構出一狀態圖，使有限狀態機可以認知在 I 中的字串 x 裡每次出現含有 0100（可允許重複）。[Let $I = O = \{0, 1\}$. Please construct a state diagram for a finite state machine that recongnizes each occurrence of 0110 in a string x which is in I (Here overlapping is allowed).]

解答　令 $S = \{S_0, S_1, S_2, S_3\}$、$I = \{0, 1\}$ 和 $O = \{0, 1\}$。若輸出為 1，則表示字串開始輸入到目前位元出現 0110；若輸出為 0，則表示字串開始輸入到目前位元未出現 0110。此有限狀態機可如下圖所示。

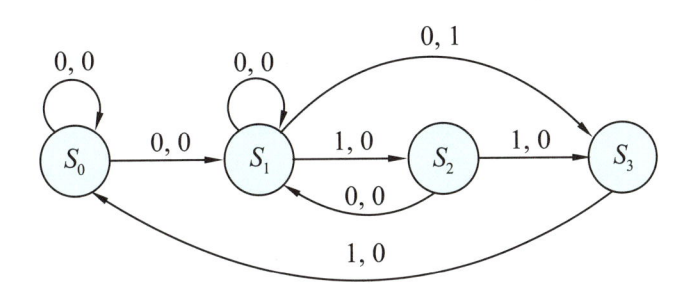

試題 12.4.2.4

對下列的有限狀態機進行簡化處理。

	v		w	
	0	1	0	1
S_1	S_6	S_3	0	0
S_2	S_3	S_1	0	0
S_3	S_2	S_4	0	0
S_4	S_7	S_4	0	0
S_5	S_6	S_7	0	0
S_6	S_5	S_2	1	0
S_7	S_4	S_1	0	0

解答 由於輸入 0 或 1 後所有狀態得到的輸出只有 (0, 0) 或 (1, 0) 兩種，所以令 $X_1 = \{\{S_1, S_2, S_3, S_4, S_5, S_7\}, \{S_6\}\}$。因為 $f_s(S_1, 0) = f_s(S_5, 0) = S_6$，所以令 $X_2 = \{\{S_1, S_5\}, \{S_2, S_3, S_4, S_7\}, \{S_6\}\}$。同理 $X_3 = \{\{S_1, S_5\}, \{S_2, S_7\}, \{S_3, S_4\}, \{S_6\}\}$ 且 $X_4 = \{\{S_1\}, \{S_2, S_7\}, \{S_3, S_4\}, \{S_5\}, \{S_6\}\}$。令 $A = \{S_1\}$，$B = \{S_2, S_7\}$，$C = \{S_3, S_4\}$，$D = \{S_5\}$ 和 $E = \{S_6\}$，其簡化後的有限狀態機可如下表所示：

	v		w	
	0	1	0	1
A	E	C	0	0
B	C	A	0	0
C	B	C	0	0
D	E	B	0	0
E	D	B	1	0

▶ **試題 12.4.2.5**

Mearly 機器是有限狀態機的一種形式，其輸出是根據狀態之間的轉換。Moore 機器是根據本身狀態決定輸出的一種有限狀態機。

(a) 建構一個 Mearly 機器且使用最少的狀態去實現一個偶數等價的生成機 (Even Parity Generator)，其中輸入 x 是一個位元訊號，且如果到目前有奇數個 1 則輸出 $p = 1$；反之 $p = 0$。

(b) 建構一個 Moore 機器且使用最少的狀態去實現一個相同偶數等價的生成機。

解答 (a) 令狀態集 $S = \{s_0, s_1\}$、輸入字母集 $I = \{0, 1\}$ 和輸出字母集 $O = \{0, 1\}$，其中 S_0 為起始狀態，則此 Mearly 機器可以下圖表示：

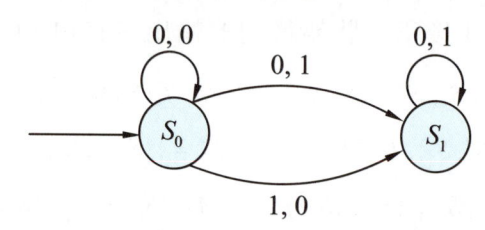

在上述機器中，有向邊上的 0, 1 表示輸入為 0，而輸出為 1。若輸入字串為 $x_1 x_2 ... x_n$，將得到輸出為 $y_1 y_2 ... y_n$，則 $y_1 y_2 ... y_n$ 即為所求。

(b) 令 $S = \{s_0, s_1\}$、$I = \{0, 1\}$ 和 $O = \{0, 1\}$，其中 S_0 為起始狀態，則此 Moore 機器可以下圖表示：

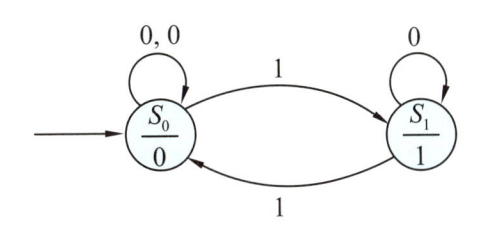

若輸入字串為 $x_1x_2...x_n$，將得到輸出為 $0\,y_1y_2...y_n$，則 $y_1y_2...y_n$ 即為所求。

▶試題 12.4.2.6

設計一個除以 3 的計數器。例如：一有限狀態機的輸出為目前 1 的個數再 mod 3。如此例：一個可能的輸入數列以及對應的輸出。(Design a mod 3 counter, i.e., an FSM (Finite State Machine) whose output at a given time equals the total number of 1's (mod 3) in the input stream, up to that time.)

輸入 (X_n)	0	1	1	0	1	1	1	1	0	1	1	0	0	1	...
輸出 (Y_n)	0	1	2	2	0	1	2	0	0	1	2	2	2	0	...

解答 令 $S = \{S_0, S_1, S_2\}$、$I = \{0, 1\}$ 和 $O = \{0, 1, 2\}$。若輸出為 0，則表示字串開始輸入到目前位元 1 的各數總和 (mod 3) 之值為 0；若輸出為 1，則表示字串開始輸入到目前位元 1 的各數總和 (mod 3) 之值為 1；若輸出為 2，則表示字串開始輸入到目前位元 1 的各數總和 (mod 3) 之值為 2。此有限狀態機可如下圖所示。

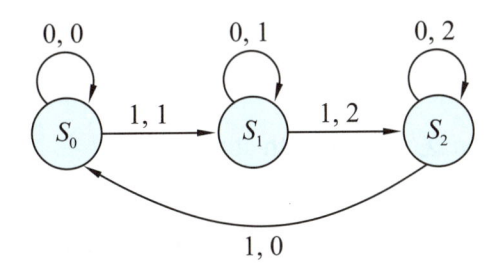

12.5 結論

我們已介紹完有限自動機基本定義和一些實例，同時，我們也介紹了其和語言及文法的關係；由於缺乏記憶裝置，我們透過實例證明了有限自動機的能力限制。

12.6 習題

1. For an alphabet Σ, let $A, B, C \subseteq \Sigma^*$. Which statement is FALSE?
   (a) $(AB)C = A(BC)$
   (b) $AB \cup AC = A(B \cup C)$
   (c) $AB \cap AC \subseteq A(B \cap C)$
   (d) $(A \cup B)^* = (A^*B^*)^*$
   (e) $A^*A^* = A^*$. （101 成大）

2. Design a finite-state automaton M that accepts exactly the strings generated by the regular grammar G_1. The production rules of G_1 are:
$$\alpha \to y\alpha,\ \alpha \to xN,\ N \to yN,\ N \to y.$$
   The starting symbol is α. The set of terminal symbols and the set of nonterminal symbol are $\{x, y\}$ and $\{\alpha, N\}$, respectively. （101 成大）

3. There are regular languages which are not context-free. （101 政大）

4. Let $\Sigma = \{a,b,c,d,e\}$.
   (a) What is $|\Sigma^2|$? $|\Sigma^3|$?
   (b) How many strings in Σ^* have length at most 5? （101 雲科大）

5. Let $G = (V, T, S, P)$ be a context free grammar where $N = \{S\}$ is the set of non-terminal symbols, $T = \{0, 1\}$ is the set of terminal symbols, S is the start symbol and the set if productions $P = \{S \to 1,\ S \to 0SS,\ S \to S0S,\ S \to SS0\}$. Then which of the following strings is derivable from the grammar?
   (a) 01010   (b) 10010   (c) 11100   (d) 00011. （100 政大）

6. Please minimize the finite state machine shown below. （101 雲科大）

	Next state		Output	
	0	1	0	1
S_1	S_4	S_3	0	0
S_2	S_5	S_2	1	0
S_3	S_2	S_4	0	0
S_4	S_5	S_3	0	0
S_5	S_2	S_5	1	0
S_6	S_1	S_6	1	0

7. A finite state machine is a five-tuple $M = (S, I, O, v, w)$, where S is the set of states for M; I is the input alphabet for M; O is the output alphabet for M; $v: S \times I \to S$ is the next state function; $w: S \times I \to O$ is the output function. A string $x \in I^*$ is said to be even parity if it contains an even number of 1's.

   Construct a finite state machine M with $I = O = \{0, 1\}$ that recognizes all nonempty strings of even parity. (100 台南)

8. Let G be the grammar with vocabulary $V = \{S, A, B, a, b\}$, set of terminals $T = \{a, b\}$, starting symbol S, and productions $P = \{S \to AB, A \to aAb, B \to bBa, A \to ab, B \to ba\}$. What is $L(G)$, the language generated by G? (100 中正)

9. Construct deterministic finite-state automaton that recognize the set of (binary) bit string that contain an odd number of 1's and that end with at least three consecutive 0's. (100 逢甲)

10. Find the finite-state automata equivalent to the nondeterministic finite-state automata defined as follows, where the input set of symbols $=\{a, b, c\}$, the set of states $=\{S_0, S_1, S_2\}$, and the initial state $=\{S_0\}$. (100 成大)

Input/State	a	b	c
S_0	$\{S_1\}$	Empty set	Empty set
S_1	$\{S_0\}$	$\{S_2\}$	$\{S_0, S_2\}$
S_2	$\{S_0, S_1, S_2\}$	$\{S_0\}$	$\{S_0\}$

12.7 參考文獻

[1] M. Sipser, *Introduction to the Theory of Computation*, PWS Pub., New York, 1997.
[2] J. C. Martin, *Introduction to Languages and the Theory of Computation*, 2nd Edition, McGraw-Hill, NewYork, 1997.
[3] M. R. Graey and D. S. Johnson, *Computers and Intractability: A Guide to the Theory of NP-Completeness*, Freeman, New York, 1979.

Chapter 13

數論基礎

13.1 前言
13.2 質數的定義和性質
13.3 歐幾里得演算法
13.4 中國餘式定理
13.5 結論
13.6 習題
13.7 參考文獻

13.1 前言

近年來，由於 RSA 密碼 (Encryption) 的發明及其在網路 (Network) 和資訊安全 (Security) 上的應用，數論 (Number Theory) 這個領域已成為很熱門的研究題材。透過密碼學的引入，使得資訊具有更高的安全性。本章主要介紹數論中最基本的三個主題：質數 (Prime) 的定義和性質、歐幾里得演算法 (Euclid Algorithm) 和中國餘式定理 (Chinese Remainder Theorem)。

13.2 質數的定義和性質

在整數系 Z 中，我們針對大於等於 1 的正整數系 Z^+ 來探討質數的主題。有時正整數系也叫自然數系 $N = \{1, 2, ...\}$。計算目前最大的質數一直是學界很有興趣的事且大多是借助超級電腦 (Supercomputer) 或多處理機 (Multiprocessor) 的快速計算能力。

範例 13.2.1

何謂質數？

解答 有一個正整數 $n > 1$，若 n 想寫成兩個正整數的乘積且只能唯一表示成 $n = 1 \times n$，也就是說，除了 $n = 1 \times n$ 的表示方式外，再沒有別的表示方式時，我們稱 n 為質數。例如：2 的乘積只能寫成 1 和本身的乘積，也就是 $2 = 1 \times 2$，所以 2 是質數且是最小的質數。1 並不是質數。

範例 13.2.2

給一個很大的正整數 n，如何判定其是否為質數？

解答 最蠻力的方法是將 n 除以 2，若除得盡，則 n 不為質數，因為 n 除了可表示為 $n = 1 \times n$ 外，也可表示為 $n = 2 \times (n/2)$，這違背了質數唯一表示為 $n = 1 \times n$ 的特性。這時候，n 也稱作合成數 (Composite Number)。假若 n 除以 2 後有非零餘數，則試試

將 n 除以 3，若仍除不盡，則再往下試試，將 n 除以 5、除以 7、…、除以 $n-1$。如果 n 除以這些數皆有非零餘數，則 n 必為質數。

▶**試題 13.2.2.1**

31 是否為質數？

解答 我們從質數 2、3、5…一直檢查到 29，得到

$$31 = 2 \times 15 \ldots 1$$
$$31 = 3 \times 10 \ldots 1$$
$$31 = 5 \times 6 \ldots 1$$
$$31 = 7 \times 4 \ldots 3$$
$$31 = 11 \times 2 \ldots 9$$
$$31 = 13 \times 2 \ldots 5$$
$$\vdots$$
$$31 = 29 \times 1 \ldots 2$$

所以 31 是質數。

上述的質數判定法相當笨拙，在最壞的情況下需花 $O(n)$ 的時間來判定 n 是否為質數。

範例 13.2.3

是否有比 $O(n)$ 更快的質數判定法？

解答 舉個小例子來說明。令 $n = 61$，則 61 除以 2、3、5 和 7 皆得非零的餘數，那麼 61 需要除以 11 以判定其是否為質數嗎？並不需要！原因是 $61 = 5 \times 11 + 6$，那意味著 $61 = 11 \times 5 + 6$。這隱含著 61 除以 5 有非零餘數時，也等同於 61 除以 11 有非零餘數。從這個例子，不難感覺出判定 n 是否為質數，只需檢查 2、3、5、… 和 $\lfloor\sqrt{n}\rfloor$ 是否可被 n 除盡即可。依照這種改良式的質數判定法 [也叫 埃拉托森 (Eratosthenes) 篩洗法]，最壞情況需花 $O(\sqrt{n})$ 的時間即可判定 n 是否為質數。當 n 愈大時，$O(\sqrt{n})$ 的成長率 (Growth Rate) 遠比 $O(n)$ 的成長率來得小。依照成長率的定義，利用羅比達法

則 (L'Hospital Rule)，我們不難導出 $\lim_{n\to\infty} \sqrt{n}/n = 0$。這意味著改良式的質數判定法比範例 13.2.2 的質數判定法好多了。

如果質數的個數是有限個的時候，我們大可將這些有限的質數列表儲存再和待檢測的數比對，如此一來，仍不失為一個檢查質數的方法。很自然地，我們不禁要問下列的問題：如果質數的個數是無限個，那麼查表法就行不通了。

範例 13.2.4（中央）

質數的個數是否為有限個？

解答 這個問題要用正面的方式來證明它並不容易，我們採用反證法 (Prove by Contradiction)。反證法的精神是先給一個反向的假設，再推翻該假設，這等同於證明了原假設的反面是成立的。假設質數的個數為有限個，且令其個數為 k。另外，令這 k 個質數為 P_1、P_2、P_3、⋯ 和 P_k。因為在這個假設中，我們假想質數的個數是有限個且已將這些質數全部列出來，這些列出來的質數形成數列 $P = <P_1, P_2, ..., P_k>$。因為數列 P 中已包含了所有的質數，所以任何一個不在數列 P 內的數必為合數。我們現在找出一個合數，其形式為 $C = \left(\prod_{i=1}^{k} P_i\right) + 1$。很容易可檢查出該合成數 C 必大於假設中的最大質數且該合成數 C 除以任何一個 $P_i(1 \le i \le k)$ 後的餘數必為 1，這是矛盾的。也就是說，質數的個數為有限個的假設是不成立的，因為我們找到了一個更大的質數 $C = \left(\prod_{i=1}^{k} P_i\right) + 1$ 且 $C \notin P$。故證得：質數的個數為無限個。

上面的證明方法不能用來產生所有的質數，原因是 $\left(\prod_{i=1}^{k} P_i\right) + 1$ 和 P_k 之間的間隔太遠了，這會遺漏一些可能的質數。質數的個數既然是無限個，顯然建構一個質數表的想法是不切實際的。我們很自然會問：一個質數和下一個質數的距離是否有規律性或為固定間隔？

試題 13.2.4.1

一個質數和下一個質數之間的距離有多遠呢？

解答　兩個相鄰的質數，其間隔可大到任意大。因為要找兩個很大的相鄰質數不是很容易，不如建構出一個任意長的數列，只要保證數列中的任一元素皆為合數，即可將該相鄰兩質數推開得任意遠。令該數列 $=<n!+2,\ n!+3,\ ...,\ n!+n>$，這裡 n 為一任意大的正整數。很容易可驗證 $n!+2$ 可除盡 2，$n!+3$ 可除盡 3，…，$n!+n$ 可除盡 n。以上的可除盡性，我們用符號 $k|(n!+k)$，$2 \le k \le n$ 表示之。如此一來，這個數列中的任一元素皆為合成數，再加上數列中後面元素比前面大 1 的關係，所以可得知在該數列兩側外的某兩質數之距離可大到任意大。

試題 13.2.4.2

任何一個大於 1 的合數可表示為一連串的質數之積 (Product) 嗎？

解答　令 C 為該合數。C 既然為合數，則 C 可表示為 $C = pq$，$1 < p, q$。若 p 為質數且 q 為質數，則合數 C 就已經表示為兩質數 p 和 q 的乘積，否則共有下列三種組合：

p	q
質數	合數
合數	質數
合數	合數

針對第一種組合，因為 p 已是質數，只需將合數 q 表示成 $q = xy$，然後依照 x 和 y 的質數與合數之四種組合仿照相同的討論即可。上表中的第二種組合和第三種組合的討論也類似於第一種組合之討論。依此層層剝離出質數的觀念，原合數最終必可表示成一連串的質數之積。

從上面的討論中，可知曉一個合數只能唯一表示成一連串的質數之積，這裡假設這些質數的連乘是依由小到大的乘積形式構成的。例如：合數 30 可表示為 $30 = 2 \times 15 = 2 \times 3 \times 5$。

▶試題 13.2.4.3

對大一點的合成數,可有較好的算術運算式以求得其質數的連乘積形式?

解答 我們通常用長除法來求得一個合數的質數連乘積。例如,以長除法求 120 的質數連乘形式可如下表示:

$$
\begin{array}{r|r}
2 & 120 \\ \hline
2 & 60 \\ \hline
2 & 30 \\ \hline
2 & 15 \\ \hline
& 5
\end{array}
$$

我們得 $120 = 2^3 \times 3 \times 5$。

介紹完一個合數的質數連乘表示形式後,我們接著要談**最大公因數** (Greatest Common Divisor) 的相關議題。為方便書寫,a 和 b 的最大公因數表示成 $\gcd(a, b)$。

▶試題 13.2.4.4(清大)

證明 $f(n) = 3^{2n+2} - 5^{n+1}$ 為 4 的倍數,其中 n 為非負整數。

解答 因為

$$
\begin{aligned}
f(n) &= 3^{2n+2} - 5^{n+1} = (4-1)^{2n+2} - (4+1)^{n+1} \\
&= \binom{2n+2}{0}4^0(-1)^{2n+2} + \binom{2n+2}{1}4^1(-1)^{2n-1} + \cdots + \binom{2n+2}{2n+2}4^{2n+2}(-1)^0 \\
&\quad - \binom{n+1}{0}4^0 1^{n+1} - \binom{n+1}{1}4^1 1^n - \cdots - \binom{n+1}{n+1}4^{n+1} 1^0 \\
&= 1 + 4t - 1 - 4p \\
&= 4(t - p)
\end{aligned}
$$

其中 $t, p \in Z$,故得證。

試題 13.2.4.5（雲科大）

令 $S = \{2, 16, 128, 1024, 8192, 65536\}$，若從 S 中取出四個數，證明其中必定有兩數的乘積為 131072。

解答 令 $S_1 = \{2, 65536\}$、$S_2 = \{16, 8192\}$ 和 $S_3 = \{128, 1024\}$，則在 S 中取四數，根據鴿籠原理可知必定有一集合 S_i 中的兩數皆被取得，其中 $i \in \{1, 2, 3\}$，而此兩數乘積為 131072。故得證。

試題 13.2.4.6

試證明存在兩個質數，它們之間的距離可大於 $100! + 99$。

解答 因為

$$100! + 2 = 2 \times k_1 \ldots 0$$
$$100! + 3 = 3 \times k_2 \ldots 0$$
$$100! + 4 = 4 \times k_3 \ldots 0$$
$$\vdots$$
$$100! + 99 = 99 \times k_{98} \ldots 0$$
$$100! + 100 = 100 \times k_{99} \ldots 0$$

可得知 $100! + l\ (2 \leq l \leq 100)$ 為合成數，也就是 $100! + 2$、$100! + 3$、… 和 $100! + 100$ 皆不是質數。所以存在兩個質數，它們之間的距離可大於 $100! + 99$。

試題 13.2.4.7

1350 的質數連乘形式為何？

解答 以長除法，可得

```
2 | 1350
3 |  675
3 |  225
3 |   75
5 |   25
         5
```

所以 $1350 = 2 \times 3^3 \times 5^2$。

試題 13.2.4.8（清大）

在 1~300 之間，有多少個數無法被 3、5 或 7 整除？

解答 令 A_i 為 1~300 之間被 i 整除的數字個數。根據排容原理，可得

$$|A_3 \cup A_5 \cup A_7| = |A_3| + |A_5| + |A_7| - (A_3 \cap A_5) - (A_5 \cap A_7)$$
$$- (A_3 \cap A_7) + (A_3 \cap A_5 \cap A_7)$$
$$= 100 + 60 + 42 - 20 - 8 - 14 + 2$$
$$= 162$$

最後，我們得到答案為 $300 - 162 = 138$。

試題 13.2.4.9（清大）

給六個數 1、3、5、6、8 和 9，試求在不重複的情況下，可形成

(a) 幾種四位數？

(b) 幾種小於 5000 的四位數？

(c) 幾種四位數（內含 1 和 9）？

解答 (a) $P_4^6 = 6 \times 5 \times 4 \times 3 = 360$。

(b) 四位數中的最左位必為 1 或 3，故答案為 $2P_3^5 = 2 \times 5 \times 4 \times 3 = 120$。

(c) 令四位數中不含 1 的個數為 N_1，而不含 9 的個數為 N_9。可推得

$$N_1 = P_4^5 = 5 \times 4 \times 3 \times 2$$
$$= 120$$
$$N_9 = P_4^5 = 120$$

令四位數中不含 1 又不含 9 的個數為 $N_{1,9}$，則可推得

$$N_{1,9} = P_4^4 = 4 \times 3 \times 2 \times 1$$
$$= 24$$

故答案為

$$P_4^6 - N_1 - N_2 + N_{1,9} = 360 - 120 - 120 + 24$$
$$= 144 \text{。}$$

13.3 歐幾里得演算法

假設給兩數 $a = 120$ 和 $b = 140$，由前一節的長除法可知 $120 = 2^3 \times 3 \times 5$ 和 $140 = 2^2 \times 5 \times 7$，於是很容易得到 $\gcd(120, 140) = 20$。事實上，若 $a = P_1^{a_1} P_2^{a_2} ... P_m^{a_m}$ 和 $b = P_1^{b_1} P_2^{b_2} ... P_m^{b_m}$，則 $\gcd(a, b) = \prod_{i=1}^{m} P_i^{\min(a_i, b_i)}$，這裡 P_i ($1 \leq i \leq m$)，皆表質數。在這一節中，我們打算先介紹最早的最大公因數求法：歐幾里得演算法 (Euclid Algorithm)。接下來，我們分析歐幾里得演算法的時間複雜度。

這裡談的歐幾里得演算法正是中學時代所學的輾轉相除法。令 $a = 138$ 和 $b = 24$，則 a 和 b 的輾轉相除法可如下計算：

```
    1 │  24  │ 138 │ 5
      │  18  │ 120 │
      ├──────┼─────┤
      │   6  │  18 │ 3
      │      │  18 │
      │      ├─────┤
      │      │   0 │
```

我們因此得到 $\gcd(24, 138) = 6$。上述的輾轉相除法可寫成下列的橫式算術式：

$$138 = 5 \times 24 + 18$$
$$24 = 1 \times 18 + 6$$
$$18 = 3 \times 6$$

我們可發現 $\gcd(a, b)$ 是由除數和餘數的反覆求 gcd 而得。

範例 13.3.1

如何證明上述輾轉相除法求 $\gcd(a, b)$ 的演算法是對的？

解答 令 $a = q \times b + r$，我們的目標是證明 $\gcd(a, b) = \gcd(b, r)$。首先令 $d = \gcd(a, b)$，很自然可知 $d \mid a$ 和 $d \mid b$，這裡 $d \mid a$ 代表 a 可被 d 整除。由 $d \mid a$ 和 $d \mid b$ 兩個條件，可推得 $d \mid (a - q \times b)$，也就是推得 $d \mid r$。綜合 $d \mid a$、$d \mid b$ 和 $d \mid r$ 三個條件，可得到：若 d 為 (a, b) 的因數，則 d 亦為 (b, r) 的因數。剩下的工作是證明：

若 d 為 (b, r) 的因數，則 d 亦為 (a, b) 的因數。若 $d\,|\,(b, r)$，則 $d\,|\,(q \times b + r)$，也就是得 $d\,|\,a$。如此一來，證得了 $d\,|\,(a, b)$ 會成立。綜合上述兩個方向的分析，我們證得 $\gcd(a, b) = \gcd(b, r)$。換言之，a 和 b 的 gcd 會傳遞到下一次的除數和餘數中。

上述的討論，等於提供了歐幾里得演算法在求兩數之 gcd 的正確性證明。

範例 13.3.2

請寫出輾轉相除法的演算法形式。

解答 給定兩正整數 a 和 b，由前述可知，我們需要兩個補助變數 v 和 w，來當作除數和餘數的替換之用。有了 v 和 w 兩個補助變數後，求 $\gcd(a, b)$ 的輾轉相除法程序可設計如下：

```
Procedure gcd (a, b)
v ← a
w ← b
while w ≠ 0
r ← v mod w
v ← w
w ← r
end
```

在以上的程序中，最終的 $\gcd(a, b)$ 結果存於最後的變數 v 中。

由上述輾轉相除法之程序，很明顯可看出在輾轉相除法的過程中，餘數會愈變愈小。

範例 13.3.3

利用輾轉相除法求 $\gcd(a, b)$ 的過程是否可在有限步驟內完成？

解答 這裡指的所需步驟數是所需除法的個數。為了方便分析，令 $r_0 = a$ 和 $r_1 = b$，利用輾轉相除法，第 $(k+1)$ 次除法後，我們得到

$$r_k = q_{k+1} \times r_{k+1} + r_{k+2}$$

$k = 0, 1, 2, ..., n-2$。當 $k = n-2$ 時，我們得到 $r_{n-2} = q_{n-1} \times r_{n-1} + r_n$，這時最後一個餘數 $r_n > 0$ 且 $r_n = \gcd(a, b)$。令 $S = \{r_0, r_1, r_2, ..., r_n\} \subseteq N$，由良序性原理 (Well Order Principle)，可知 S 有最小元素，又已知 $r_0 > r_1 > r_2 > \cdots > r_n$ 會成立，故可推得輾轉相除可在有限的 n 步除法後完成 $\gcd(a, b)$ 的計算。

由上述的討論中，可推演出輾轉相除法可在有限的除法步驟後完成，但是 n 仍然是一個變數，如果能知道 n 和 a 或 b 的關係，也就是得出 $n = f(a, b)$ 的形式，就能掌握歐幾里得演算法的時間複雜度了。

範例 13.3.4

輾轉相除法的諸多除數中有特殊性質嗎？

解答 拉梅 (Lamé) 在這個問題上給出了一個很漂亮的時間複雜度分析。拉梅證得輾轉相除法所需的除法數不超過 $1.5 \log[\min(a, b)] + 1$，他對輾轉相除過程中諸多除數有這樣的分析。假設 $a > b$ 且令 $r_0 = a$ 和 $r_1 = b$，經過 n 次的除法後，這些除法可條列如下：

$$r_0 = q_1 \times r_1 + r_2,\ 0 < r_2 < r_1$$
$$r_1 = q_2 \times r_2 + r_3,\ 0 < r_3 < r_2$$
$$r_2 = q_3 \times r_3 + r_4,\ 0 < r_4 < r_3$$
$$\vdots$$
$$r_{n-2} = q_{n-1} \times r_{n-1} + r_n,\ 0 < r_n < r_{n-1}$$

因為 r_n 為所求得的 gcd，所以最後一個除法為 $r_{n-1} = q_n \times r_n$。從 $r_n < r_{n-1}$ 這個條件，可分析出 $q_n \geq 2$；否則的話，若 $q_n = 1$，則 $r_{n-1} = r_n$，那不合理。至於其餘的 $q_1, q_2, ..., q_{n-1}$ 則皆滿足 $q_1, q_2, ..., q_{n-1} \geq 1$。利用這些分析出來的條件，我們得到下面很基本的性質

$$q_1, q_2, ..., q_{n-1} \geq 1$$
$$q_n \geq 2$$

雖然從輾轉相除法當中，我們分析出 $q_1, q_2, ..., q_{n-1} \geq 1$ 和 $q_n \geq 2$ 的性質，但是距離證出相關的時間複雜度仍有一段路要努力。

範例 13.3.5

輾轉相除法的過程中，餘數和費氏數列有關係嗎？

解答 因為 r_n 是最後一個非零餘數，所以 $r_n \geq 1$。由 $r_n \geq 1$、$r_{n-1} = q_n \times r_n$ 和 $q_n \geq 2$，可推得 $r_{n-1} \geq 2$。又由 $r_{n-2} = q_{n-1} \times r_{n-1} + r_n$，可推得 $r_{n-2} \geq 3$。引入費氏數列

$$F_n = F_{n-1} + F_{n-2}$$
$$F_2 = 1$$
$$F_1 = 1$$

利用費氏數列的符號，我們將範例 13.3.4 中的諸多條列式倒轉後可得到

$$r_n \geq 1 = F_2$$
$$r_{n-1} = q_n \times r_n \geq 2 = F_3$$
$$r_{n-2} = q_{n-1} \times r_{n-1} + r_n \geq 3 = F_4$$
$$r_{n-3} = q_{n-2} \times r_{n-2} + r_{n-1} \geq 3 + 2 = F_5$$
$$r_{n-4} \geq F_6$$
$$\vdots$$
$$r_2 \geq F_n$$
$$r_1 \geq F_{n+1}$$

依照上述的餘數和費氏數列的不等關係，我們得到

$$r_i \geq F_{n-i+2}。$$

範例 13.3.6

如何利用不等式 $r_i \geq F_{n-i+2}$ 求得 n 的值？

解答 即使 a 和 b 為任意兩正整數，令 $a = \max(a, b)$ 和 $b = \min(a, b)$，則之前所述的輾轉相除法皆適用。由 $r_1 = F_{n+1} = \min(a, b)$，若能證明出 $F_{n+1} = \min(a, b) > f(n)$，則 n 可由 $f(n)$ 和 $\min(a, b)$ 求得。

由 $F_n = F_{n-1} + F_{n-2}$，可得出特徵多項式 $\alpha^2 - \alpha - 1 = 0$，求解此一元二次式，可得 $\alpha = \dfrac{1+\sqrt{5}}{2} = 1.618$。猜測 $f(n) = \alpha^{n-1}$，$n > 2$，則 $F_{n+1} > \alpha^{n-1}$ 會成立嗎？$n = 3$ 時，我們有 $F_4 = 3 > (1.618)^2 = 2.618$。假設對 $n \geq 2$ 而言，$F_{n+1} > \alpha^{n-1}$ 成立。現在來試試 $F_{n+2} > \alpha^n$ 會成立嗎？這也是歸納法的關鍵。

$$\begin{aligned} F_{n+2} &= F_{n+1} + F_n \\ &> \alpha^{n-1} + \alpha^{n-2} \\ &= \alpha^{n-2}(\alpha + 1) \\ &= \alpha^{n-2} \times \alpha^2 \\ &= \alpha^n \end{aligned}$$

$F_{n+2} > \alpha^n$ 的確會成立。利用 $r_1 = \min(a, b) \geq F_{n+1}$，又可得

$$\min(a, b) > \alpha^{n-1}$$

兩邊取 $\log_2$，則可得到

$$\log_2 \min(a, b) > (n-1)\log_2 \alpha$$

移項後，得到

$$\begin{aligned} \dfrac{\log_2 \min(a, b)}{\log_2 \alpha} + 1 &= \dfrac{\log_2 \min(a, b)}{\log_2 1.618} + 1 \\ &\approx 1.5 \log_2 \min(a, b) + 1 \\ &> n \end{aligned}$$

若是取 $\log_{10}$，則可得到 $5 \log_{10} \min(a, b) + 1 > n$。

拉梅的證明可說相當漂亮，但是我們心中不免納悶，為何一定要從 $F_{n+2} > \alpha^n$ 下手呢？為何不直接從 $r_2 \geq F_n$ 推導出 n 的上限呢？因為 F_n 的解形式為

$$a_1\left(\dfrac{1+\sqrt{5}}{2}\right)^n + a_2\left(\dfrac{1-\sqrt{5}}{2}\right)^n = a_1(1.618)^n + a_2(-0.618)^n$$

這裡 a_1 和 a_2 為常數。很容易可看出 F_n 無法寫成 A^n 的形式，這裡 A 為常數，故無法從 $r_2 \geq F_n$ 直接推導出 n 的上限。

我們利用輾轉相除法得到 $\gcd(24, 138) = 6$。在求得 gcd 之前，似乎每個除式之中，都具有簡單的重複性。假若我們將 a 和 b 視為兩個基底向量而將 $\gcd(a, b)$ 視為任意向量，則很容易問到下列問題。這裡留意一下，a 和 b 是整數。

範例 13.3.7

試將 $\gcd(a, b)$ 表示成 a 和 b 的線性組合 (Linear Combination)。

解答 沿用前面的例子

$$138 = 5 \times 24 + 18$$
$$24 = 1 \times 18 + 6$$
$$18 = 3 \times 6$$

我們得到

$$\begin{aligned}6 &= \gcd(138, 24) \\ &= 24 - 1 \times 18 \\ &= 24 - (138 - 5 \times 24) \\ &= 6 \times 24 - 138 \\ &= 6 \times 24 - 1 \times 138 \\ &= (-1) \times 138 + 6 \times 24\end{aligned}$$

按照上述這種代回去的作法，138 和 24 的 gcd 的確可寫成 138 和 24 的線性組合，即 $(-1) \times 138 + 6 \times 24$。

▶ 試題 13.3.7.1（中山）

請解出下列二元一次方程式的所有可能整數解

$$250x + 111y = 7$$

解答 利用範例 13.3.7 的技巧，我們得到

$$250 \times (4) + 111 \times (-9) = 1$$

兩邊乘以 7 又可得到

$$250 \times (28) + 111 \times (-63) = 7$$

故得通解為

$$\begin{cases} x = 111t + 28 \\ y = -250t - 63 \end{cases}$$

其中 t 為整數。

▶試題 13.3.7.2

我們曾述及 $\gcd(a, b)$ 和 $\text{lcm}(a, b)$ 皆可在 $1.5 \log_2 \min(a, b) + 4$ 個除法以內的時間內完成，不曉得 $\gcd(a, b) = ma + nb$ 可在多少時間內完成？

解答 在代回去的過程中，每一步皆可在 $O(1)$ 時間內完成，故總共需花 $O(\log_2 \min(a, b))$ 的時間來完成 $\gcd(a, b) = ma + nb$ 的工作。

▶試題 13.3.7.3

求 $\gcd(1280, 950)$。

解答

2	950	1280	1
	660	950	
7	290	330	1
	280	290	
	10	40	4
		40	
		0	

所以 $\gcd(1280, 950) = 10$。

▶ **試題 13.3.7.4（續上題）**

求 $\gcd(1280, 950) = 1280 \times m + 950 \times n$ 中的 m 和 n。

解答

$$\begin{aligned}
10 &= 290 - 280 \\
&= 290 - 7 \times (330 - 290) \\
&= 8 \times 290 - 7 \times 330 \\
&= 8 \times (950 - 2 \times 330) - 7 \times 330 \\
&= 8 \times 950 - 23 \times 330 \\
&= 8 \times 950 - 23 \times (1280 - 950) \\
&= -23 \times 1280 + 31 \times 950
\end{aligned}$$

所以 $m = -23$ 和 $n = 31$。

13.4 中國餘式定理

即使在西方的數學界，中國餘式定理的地位也是很顯赫的。中國餘式定理可說是中國人的驕傲。在介紹中國餘式定理前，我們得先瞭解一些基本的預備知識。

在中國古時候的一本數學書「孫子算經」中，曾有這麼一段敘述：

    今有物不知數

    三三數之剩二

    五五數之剩三

    七七數之剩二

    問物幾何？

上面的描述寫成白話文就是

    現在有一個不知道的數

    將該數除以 3，則餘 2

    將該數除以 5，則餘 3

    將該數除以 7，則餘 2

    試問該數為何？

所謂的中國餘式定理指的就是如何解出該數的數學定理。上面白話文的描述，可用較數學的形式表達。假設該數為 x，x 除以 3 餘 2 可表示成同餘式 $x \equiv 2\,(3)$。同理，x 除以 5 餘 3 可表示成 $x \equiv 3\,(5)$，而 x 除以 7 餘 2 可表示成 $x \equiv 2\,(7)$。綜合起來，中國餘式定理就是在解下列三個線性同構式 (Linear Congrunce)：

$$x \equiv 2\,(3)$$
$$x \equiv 3\,(5)$$
$$x \equiv 2\,(7)$$

上式中的 3、5 和 7 也叫模數 (Modulus)，這裡有一個限制，3、5 和 7 之中，任兩數互質。

看到線性同構式 $x \equiv r\,(a)$，我們可將其改寫成 $x = a \times q + r$。所以上述的三個線性同構式的解答相當於在找一個正整數解 x 以滿足 $x = 3 \times q_1 + 2$、$x = 5 \times q_2 + 3$ 和 $x = 7 \times q_3 + 2$。因為多了三個變數 q_1、q_2 和 q_3 待決定，這個問題還真有點難。或許 x 還不只一個解。

範例 13.4.1

雖然可將滿足 $x = 3 \times q_1 + 2$ 的所有解 {2, 5, 8, 11, 14, 17, 20, 23, ...} 中之每一個元素拿出來檢查，看是否同時也滿足 $x = 5 \times q_2 + 3$ 和 $x = 7 \times q_3 + 2$，但這太缺乏效率了。是否有更快的方法？

解答 我們畫一張圖如圖 13.4.1 所示，以便讓大家更能體會中國餘式定理解法中的分割與克服之精神。圖中的任一節點 A、B 或 C 皆代表一個待解的子問題。圖 13.4.1 最能點出中國餘式定理的精神。先看節點 A 中的三個特殊線性同構式：$x \equiv 1\,(3)$、$x \equiv 0\,(5)$、$x \equiv 0\,(7)$，不難解出 $x = 35 \times k_1 = 70$ 為滿足三個線性同構式所代表的子問題之其中一解。同理，由節點 B，也可解出 $x = 21 \times k_2 = 21$ 為其中一解。由節點 C，我們解出 $x = 15 \times k_3 = 15$ 為其中一解。將節點 A 中的 $x \equiv 1\,(3)$ 調整回 $x \equiv 2\,(3)$，則節點 A 中的原先解 $x = 70$ 需修改為 $x = 140$。同理，對節點 B 而言，$x = 63$，而對節點 C 而言，$x = 30$。這就是「算法統宗」所說：

三人同行七十稀

五樹梅花廿一枝

七子團圓整半月

除百零五便得知

「三人同行七十稀」指的是滿足 $x \equiv 1(3)$、$x \equiv 0(5)$ 和 $x \equiv 0(7)$ 三個線性同構式的解為 70。「五樹梅花廿一枝」的廿一枝指的是滿足 $x \equiv 0(3)$、$x \equiv 1(5)$ 和 $x \equiv 0(7)$ 的解為 21。「七子團圓整半月」的整半月指的是滿足 $x \equiv 1(3)$、$x \equiv 0(5)$ 和 $x \equiv 1(7)$ 的解為 15。令 $x = 140 + 63 + 30 = 233$，很容易可檢定出 x 滿足最原始的三個線性同構式。其實 $x = 233 + 105k$ 即為通解。至此，我們也初步完成了「克服」的工作。當 $k = -2$ 時，$x = 23$ 為得到的最小整數解。所謂的「除百零五便得知」指的就是將 233 除以 105 得到 $x = 23$ 的最後解。$x = 23$ 也是最小整數解。

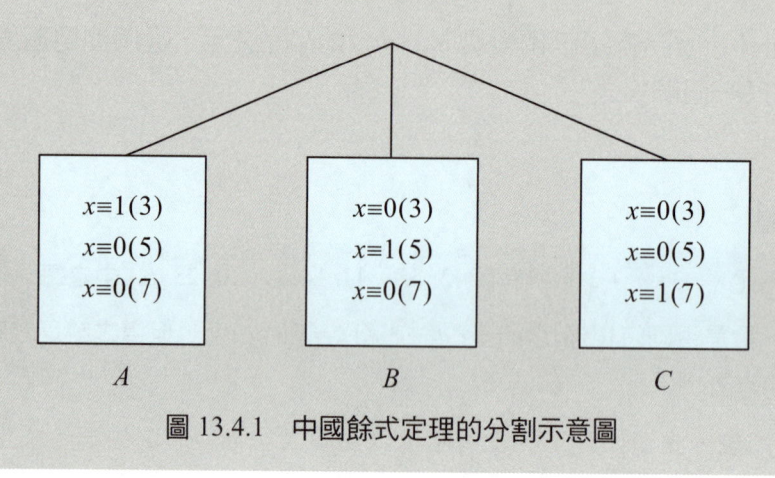

```
        ┌──────────┼──────────┐
   ┌────┴────┐ ┌────┴────┐ ┌────┴────┐
   │x≡1(3)   │ │x≡0(3)   │ │x≡0(3)   │
   │x≡0(5)   │ │x≡1(5)   │ │x≡0(5)   │
   │x≡0(7)   │ │x≡0(7)   │ │x≡1(7)   │
   └─────────┘ └─────────┘ └─────────┘
        A           B           C
```

圖 13.4.1　中國餘式定理的分割示意圖

上面的例子已含有分割與克服 (Dicide-and-Conquen) 的觀念。

範例 13.4.2

範例 1 似乎是針對特殊的三個線性同構式，是否可給一個較一般的通解？

解答　假設有 m 個線性同構式如下所示：

$$x \equiv r_1 \ (P_1)$$
$$x \equiv r_2 \ (P_2)$$
$$\vdots$$
$$x \equiv r_m \ (P_m)$$

這裡 $\gcd(P_i, P_j) = 1$，當 $i \neq j$。利用圖 13.4.1 所示的分割與克服觀念，我們首先將前面 m 個線性同構式分割成 m 個子問題，也就是得到 m 個節點。針對分割樹中第 i 個節點，我們要解的 m 個線性同構如下所示：

$$x \equiv 0 \ (P_1)$$
$$x \equiv 0 \ (P_2)$$
$$\vdots$$
$$x \equiv 1 \ (P_i)$$
$$\vdots$$
$$x \equiv 0 \ (P_m) \tag{13.4.1}$$

滿足上述 m 個同構式之解的形式為

$$x = \left(\frac{\prod_{j=1}^{m} P_j}{P_i} \right) \times b_i = S_i \times b_i \tag{13.4.2}$$

式 (13.4.2) 中的 b_i 可用嘗試法求得。將式 (13.4.1) 中的第 i 個式子調整回

$$x \equiv r_i \ (P_i)$$

則滿足調整後的 m 個同構式之解為

$$x = r_i \times S_i \times b_i$$

在分割樹中，共有 m 個節點，透過類似的作法，我們將這 m 個暫時解加起來，即得到所要的通解，其形式如下：

$$x = \sum_{i=1}^{m} r_i \times S_i \times b_i$$

將所求的通解再除以 $P = \prod_{j=1}^{m} P_j$ 即得到最小的正整數解，式 (13.4.1) 的最小整數解之形式如下所示：

$$x = \left(\sum_{i=1}^{m} r_i \times S_i \times b_i \right)(P)$$

▶試題 13.4.2.1（東華）

證明或反駁 (Disprove) $a \equiv 3\ (4)$ 不可能有一個質因數 $b \equiv 1\ (4)$。

解答 取 $a = 35$ 和 $b = 5$，會滿足 $35 \equiv 3\ (4)$ 且 $5 \equiv 1\ (4)$，但是 5 為 35 之質因數，所以此命題不成立。

▶試題 13.4.2.2（海洋大學）

請找出滿足下列線性同餘式的最小整數解：

$$X \equiv 1\ (3)$$
$$X \equiv 4\ (5)$$
$$X \equiv 2\ (7)$$

解答 根據前面的中國餘式定理，可得到

$$X \equiv 184\ (105)$$

故 $\qquad X \equiv 184 + 105t，t \in \mathbb{Z}$

當 $t = -1$ 時，可得最小正整數解 $184 - 105 = 79$。

▶試題 13.4.2.3

試解出最小正整數 x 以滿足下列三個線性同構式：

$$x \equiv 1\ (3)$$
$$x \equiv 2\ (5)$$
$$x \equiv 3\ (11)$$

解答

$$x \equiv 1 \ (3)$$
$$x \equiv 0 \ (5)$$
$$x \equiv 0 \ (11)$$

則 $x = 55k_1 = 55$。

$$x \equiv 0 \ (3)$$
$$x \equiv 1 \ (5)$$
$$x \equiv 0 \ (11)$$

則 $x = 33k_2 = 66$。考慮 $x \equiv 2 \ (5)$，得 $x = 66 \times 2 = 132$。

$$x \equiv 0 \ (3)$$
$$x \equiv 0 \ (5)$$
$$x \equiv 1 \ (11)$$

則 $x = 15k_3 = 45$。考慮 $x \equiv 3 \ (11)$，得 $x = 45 \times 3 = 135$。合併起來，$x = 55 + 132 + 135 + 165k = 322 + 165k$。當 $k = -1$ 時，$x = 157$ 為滿足給定三個線性同構式的最小整數解。

▶試題 13.4.2.4

試求出最小正整數 x 以滿足下式：

$$x \equiv 1 \ (17)$$
$$x \equiv 2 \ (7)$$

解答 由 $x \equiv 1 \ (17)$ 和 $x \equiv 0 \ (7)$，得到 $x = 7k_1 = 35$。又由 $x \equiv 0 \ (17)$ 和 $x \equiv 1 \ (7)$，得到 $x = 17k_2 = 85$。考慮 $x \equiv 2 \ (7)$，又得到 $x = 170$。合併起來，$x = 35 + 170 + 119k$。當 $k = -1$ 時，$x = 86$ 為滿足上面兩個線性同構式的最小整數解。

試題 13.4.2.5（中正）

請解出下列線性同餘式：

$$x \equiv 5 \ (6)$$
$$x \equiv 9 \ (10)$$
$$x \equiv 14 \ (15)$$

解答 可得到

$$x \equiv 5 \ (6) \Leftrightarrow x \equiv 5 \ (2) \text{ 且 } x \equiv 5 \ (3)$$
$$\Leftrightarrow x \equiv 1 \ (2) \text{ 且 } x \equiv 2 \ (3)$$
$$x \equiv 9 \ (10) \Leftrightarrow x \equiv 9 \ (2) \text{ 且 } x \equiv 9 \ (5)$$
$$\Leftrightarrow x \equiv 1 \ (2) \text{ 且 } x \equiv 4 \ (5)$$
$$x \equiv 14 \ (15) \Leftrightarrow x \equiv 14 \ (3) \text{ 且 } x \equiv 14 \ (5)$$
$$\Leftrightarrow x \equiv 2 \ (3) \text{ 且 } x \equiv 4 \ (5)$$

故上述線性同餘式等同於求解下面的線性同餘式：

$$x \equiv 1 \ (2)$$
$$x \equiv 2 \ (3)$$
$$x \equiv 4 \ (5)$$

根據前面所介紹的中國餘數定理，可解得

$$x \equiv 59 \ (30)$$

故

$$x = 30t - 1, \ t \in Z。$$

試題 13.4.2.6（中正）

若 a 和 b 為整數且 m 為正整數，則 a 同餘 b 模 m 若且唯若 $m \mid a-b$，此關係寫成 $a \equiv b \pmod{m}$。請求出下列線性同餘式的所有解。

$$x \equiv 1 \ (6)$$
$$x \equiv 9 \ (10)$$
$$x \equiv 4 \ (15)$$

解答 可得到

$$x \equiv 1 \ (6) \Leftrightarrow x \equiv 1 \ (2) \ \text{且} \ x \equiv 1 \ (3)$$
$$x \equiv 9 \ (10) \Leftrightarrow x \equiv 9 \ (2) \ \text{且} \ x \equiv 9 \ (5)$$
$$\Leftrightarrow x \equiv 1 \ (2) \ \text{且} \ x \equiv 4 \ (5)$$
$$x \equiv 4 \ (15) \Leftrightarrow x \equiv 4 \ (3) \ \text{且} \ x \equiv 4 \ (5)$$
$$\Leftrightarrow x \equiv 1 \ (3) \ \text{且} \ x \equiv 4 \ (5)$$

上述線性同餘式等同於求解下面的線性同餘式：

$$x \equiv 1 \ (2)$$
$$x \equiv 1 \ (3)$$
$$x \equiv 4 \ (5)$$

根據中國餘數定理，可解得

$$x \equiv 19 \ (30)$$

故

$$x = 19 + 30t \text{，} t \in Z \text{。}$$

▶試題 13.4.2.7（台科大）

證明線性同餘式 $x \equiv a_1 (m_1)$ 和 $x \equiv a_2 (m_2)$ 有解若且唯若 $\gcd(m_1, m_2) \mid a_1 - a_2$。

解答 (a) 令 $\gcd(m_1, m_2) = d$，則 $m_1 = d \times p_1$，$m_2 = d \times p_2$，這裡 $p_1, p_2 \in \mathbb{N}$。因為

$$\begin{cases} x \equiv a_1 \ (m_1) \\ x \equiv a_2 \ (m_2) \end{cases}$$ 有解，令此解為 X 且代入方程式可得到

$$X = k_1 m_1 + a_1 \cdots\cdots (1)$$
$$X = k_2 m_2 + a_2 \cdots\cdots (2)$$

由式 (1) －式 (2)，可得

$$0 = k_1 m_1 - k_2 m_2 + (a_1 - a_2)$$
$$\Rightarrow -k_1 m_1 + k_2 m_2 = a_1 - a_2 \text{，將 } m_1 = d \times p_1 \text{，} m_2 = d \times p_2 \text{ 代入之}$$
$$\Rightarrow -k_1(dp_1) + k_2(dp_2) = a_1 - a_2$$
$$\Rightarrow d(-k_1 p_1 + k_2 p_2) = a_1 - a_2$$
$$\Rightarrow d \mid a_1 - a_2$$

所以 $\gcd(m_1, m_2) \mid a_1 - a_2$。

(b) 令 $\gcd(m_1, m_2) = d$，所以 $\exists k, l \in \mathbb{Z}$ 使得 $d = km_1 + lm_2$

又因為已知 $\gcd(m_1, m_2) \mid a_1 - a_2$，所以 $\exists \alpha \in \mathbb{Z}$ 使得 $a_1 - a_2 = \alpha d$

$$\Rightarrow a_1 - a_2 = \alpha(km_1 + lm_2)$$
$$\Rightarrow a_1 - a_2 = \alpha km_1 + \alpha lm_2$$
$$\Rightarrow -\alpha km_1 + a_1 = \alpha lm_2 + a_2$$

令 $-\alpha km_1 + a_1 = \alpha lm_2 + a_2 = X$，則

$$\begin{cases} X = -\alpha km_1 + a_1 \equiv a_1 \ (m_1) \\ X = \alpha lm_2 + a_2 \equiv a_2 \ (m_2) \end{cases}$$

亦即 X 為線性同餘式 $\begin{cases} x \equiv a_1 \ (m_1) \\ x \equiv a_2 \ (m_2) \end{cases}$ 的一個解。

13.5 結論

在本章中，我們從最簡單的質數定義一路談到中國餘式定理。在下一章，我們要介紹著名的 RSA 加密與解密法和一些應用。

13.6 習題

1. How many integers between 1 and 250, including 1 and 250, are divisible neither by 3 nor by 7 but are divisible by 5? 　　　　　　　　　　　　（101 北科大）
2. Please find out how many zeros at the end of 100!. (For example, there are two zeros at the end of 105500.) 　　　　　　　　　　　　（99 中央）

3. Determine the values of the positive integer n for which the number $9n^3 - 9n^2 + n - 1$ is a prime number. （99 新竹教大）

4. Use mathematical induction to show that $11^{n+2} + 12^{2n+1}$ is divisible by 133 for any natural number n. （100 嘉義大學）

5. For all $n \in Z$, $n \geq 0$, prove that $n^3 + (n+1)^3 + (n+2)^3$ is divisible by 9. （101 台科大）

6. 試利用歐幾里得演算法，找出整數 x 和 y，使得 $396x + 312y = 228$。（101 淡江）

7. Use extended Euclidean algorithm to find integers x and y such that $539x + 396y = 154$. （101 台北大）

8. Write $\gcd(1326, 252)$ as a linear combination of 1326 and 252. （100 雲科大）

9. Find all solutions, if any, to the system of congruences. （100 中央）

$$\begin{cases} x \equiv 5 \pmod{6} \\ x \equiv 3 \pmod{10} \\ x \equiv 8 \pmod{15} \end{cases}$$

10. Solve the following system, if any, find all solutions. Show your work. （100 台南）

$$\begin{cases} y \equiv 7 \pmod{9} \\ y \equiv 4 \pmod{12} \\ y \equiv 16 \pmod{21} \end{cases}$$

13.7 參考文獻

[1] L. K. Hua, *Introduction to Number Theory*, Springer-Verlag, New York, 1979.

[2] K. H. Rosen, *Elementary Number Theory and Its Applications*, 3rd Edition, Addison Wesley, New York, 1993.

[3] D. E. Knuth, *The Art of Computer Programming*, Vol. 2: Seminumerial Algorithms, 3rd Edition, Addison Wesley, Berkeley, CA, 1998.

Chapter 14

數論應用

14.1 前言
14.2 RSA 加密法
14.3 RSA 加密法的正確性證明
14.4 兩個應用例子
14.5 結論
14.6 習題
14.7 參考文獻

14.1 前言

在上一章，我們主要介紹基礎數論的素材。在本章，我們要介紹一些數論的應用，主要著重於 RSA 加密法 (Encryption)，以及它的正確性證明。RSA 加密法為 Rivest、Shamir 和 Adleman 所發明，取三位學者名字的第一個字母而稱為 RSA 方法，三位學者後來也因為這方面的貢獻而得到了計算機的最高獎項「圖靈獎」(Turing Award)。接下來，我們介紹兩個應用：字串匹配 (String Matching) 和 Erdös 關於數列的一個有名定理。

14.2 RSA 加密法

在介紹 RSA 加密法前，我們需先熟悉一些相關的預備知識。除了前面介紹過的輾轉相除法、$\gcd(a, b) = ma + nb$ 和中國餘式定理外，我們主要仍需瞭解 (1) modulo b 的反元素 (Inverse) 計算；(2) 費瑪小定理 (Fermat Little Theorem)；(3) 模的指數運算 (Modular Exponentiation)；和 (4) 何謂大數的質因數分解等基本知識。

依照順序，先從 modulo b 的反元素計算談起。

範例 14.2.1

何謂 modulo b 的反元素計算？

解答 已知正整數 a 和 b 互質，也就是 $\gcd(a, b) = 1$，modulo b 的反元素求解等同於解下式中的 $\bar{a}$：

$$\bar{a}a \equiv 1 \,(b) \tag{14.2.1}$$

已知 $\gcd(a, b) = 1$，藉由 a 和 b 輾轉相除之逆過程可得到

$$a_1 a + b_1 b = 1$$

兩邊皆對模數 b 進行模運算，可得同餘式

$$a_1 a \equiv 1\,(b)$$

上式中的 a_1 即為式 (14.2.1) 中要解的 $\bar{a}$。

例如：$a = 2$ 和 $b = 5$，可先算出 $-2 \times 2 + 1 \times 5 = 1$，依上法可解出 $\bar{a} = -2$ 會滿足下列的同餘式 $\bar{a} 2 \equiv 1\,(5)$。

範例 14.2.2

假設 $\gcd(a, b) = 1$，待解的同餘式如下所示：

$$ax \equiv c\,(b)$$

請解出 x。

解答 仍然先看同餘式

$$\bar{a} a \equiv 1\,(b)$$

利用前述的方法，我們可解出 $\bar{a}$。將原問題中的同餘式 $ax \equiv c\,(b)$ 兩邊各乘上 $\bar{a}$，可得下式：

$$\bar{a} a x \equiv \bar{a} c\,(b)$$

簡化後，可得

$$x \equiv \bar{a} c\,(b)$$

則 $x = bk + \bar{a}c$ 即是我們要的解。

▶試題 14.2.2.1

若 $\gcd(a, p) = 1$ 且 $\gcd(b, p) = 1$，試證明 $\gcd(ab, p) = 1$。

解答 由 $\gcd(a, p) = 1$ 可得 $am + pn = 1$。又由 $\gcd(b, p) = 1$ 可得 $bm' + pn' = 1$。利用 $am + pn = 1$ 和 $bm' + pn' = 1$ 的相乘，我們可得到

$$abmm' + apmn' + bpnm' + p^2nn' = ab(mn') + p(amn' + bnm' + pnn') = 1$$

故證得 $\gcd(ab, p) = 1$。

▶試題 14.2.2.2

已知 $a = 3$ 和 $b = 7$，求解 $ax \equiv 1\ (b)$。

解答 由 $a = 3$ 和 $b = 7$，得到 $\gcd(3, 7) = 1$。故可得到線性組合 $-2 \times 3 + 1 \times 7 = 1$。對線性組的兩邊進行 mod 7，則得到

$$-2 \times 3 \equiv 1\ (7)$$

所以 $x = -2$。

▶試題 14.2.2.3

試求解 $5x \equiv 4\ (7)$。

解答 先解 $5x \equiv 1\ (7)$，可求得 $x = 3$ 滿足該式。將 $5x \equiv 4\ (7)$ 的兩邊皆乘上 3，得到

$$15x \equiv 12\ (7)$$

上式相當於 $x \equiv 5\ (7)$，也就是 $x = 7k + 5$ 的解會滿足 $5x \equiv 4\ (7)$。

▶試題 14.2.2.4（台大、中央）

求 mod 11 之下，5 的反元素。

解答 利用前述的技巧，可得

$$11 + (-2) \times 5 = 1$$
$$(-2) \times 5 \equiv 1\ (11)$$

所以反元素為 -2。

接下來，要介紹 RSA 密碼會用到的費瑪小定理。費瑪小定理為：令 p 為一

質數,且 $a \nmid p$,則 $a^{p-1} \equiv 1(p)$ 成立。費瑪小定理不同於費瑪最後定理 (Fermat Last Theorem)。所謂費瑪最後定理指的是費瑪給的一個猜測 (Conjecture),該猜測為當 $n > 2$ 時,$x^n + y^n = z^n$ 沒有整數解。近年來,這個猜測已被普林斯頓大學數學系懷爾斯 (Wiles) 教授證明出來。

範例 14.2.3

試證明費瑪小定理。

解答 由已知條件可知 $\gcd(a, p) = 1$。又因為 p 為一質數,故 $\gcd(i, p) = 1$,$1 \leq i \leq p-1$。由試題 14.2.2.1 得知 $\gcd(ia, p) = 1$,$1 \leq i < j \leq p-1$,可推出 $ia \equiv ja(p)$ 是不成立的。由 $ia \equiv ja(p)$ 的不成立可推得對 $1 \leq i < j \leq p-1$ 而言,$1a$、$2a$、$3a$、…和 $(p-1)a$ 除以 p 的餘數剛好形成集合 $\{1, 2, 3, ..., p-1\}$,所以可推得

$$\left(\prod_{i=1}^{p-1} i\right) a^{p-1} \equiv \prod_{i=1}^{p-1} i\, (p)$$

利用 $\gcd\left(\prod_{i=1}^{p-1} i, p\right) = 1$,上式可簡化成

$$a^{p-1} \equiv 1(p)$$

故得證明。

▶ 試題 14.2.3.1

令 $a = 3$ 和 $p = 7$,請驗證費瑪小定理。

解答 $3^{7-1} \equiv 3^6\,(7) \equiv 2^3\,(7) \equiv 8\,(7) \equiv 1\,(7)$。

到目前為止,RSA 方法所需的 modulo b 的反元素計算和費瑪小定理都介紹過了。接下來再介紹模的指數運算和大數的質因數分解。

所謂的指數模運算 (Exponentiation Modulo) 就是在計算下式:

$$a^b \bmod n$$

重點在於如何快速算出 $a^b \bmod n$。先舉個小例子來模擬一下吧！令 $a=3$、$b=41$、$n=17$，則

$$3^1 \equiv 3\ (17)$$
$$3^2 \equiv 9\ (17)$$
$$3^4 \equiv 81 \equiv 13\ (17)$$
$$3^8 \equiv 169 \equiv 16\ (17)$$
$$3^{16} \equiv 256 \equiv 1\ (17)$$
$$3^{32} \equiv 1\ (17)$$
$$3^{41} \equiv 3^8 \times 3^1 \equiv 48 \equiv 14\ (17)$$

範例 14.2.4

指數模運算是否和二進位表示法有些關係呢？

解答 的確有關係。首先將 b 寫成二進位 (Binary Representation)

$$b = b_1 b_2 \ldots b_m$$

例如 $m=8$ 時，$b=41=00101001$。仿前面的例子模擬，$a^{41} = a^{32} \times a^8 \times a^1$，很容易可證出 $a^{41} \bmod n$ 可在 $O(m)$ 的時間複雜度內算出來。也就是 $a^b \bmod n$ 的指數模運算可在 $O(m)$ 的時間內完成，這裡的一個單位時間包含一個乘法和一個除法。

介紹完模的指數運算，RSA 密碼的基本知識只剩大數的質因數分解一項。什麼叫大數的質因數分解？給一很大的整數 n，如何將 n 表示成一連串的質數相乘。我們利用長除法來得到 n 的質數連乘形式。很容易可得出 $120 = 2^3 \times 3 \times 5$。在 RSA 密碼學的應用中，$n$ 通常為非常大的數，如何將 n 表示成兩個很大的質數相乘為其中一個難題。給一個很大的整數 n，一般來說，我們無法在多項式時間內，將 n 表示成 $p_1 \times p_2$，這裡 p_1 和 p_2 是兩個很大的質數。也就是說大數的質因數分解為 NP 完備。

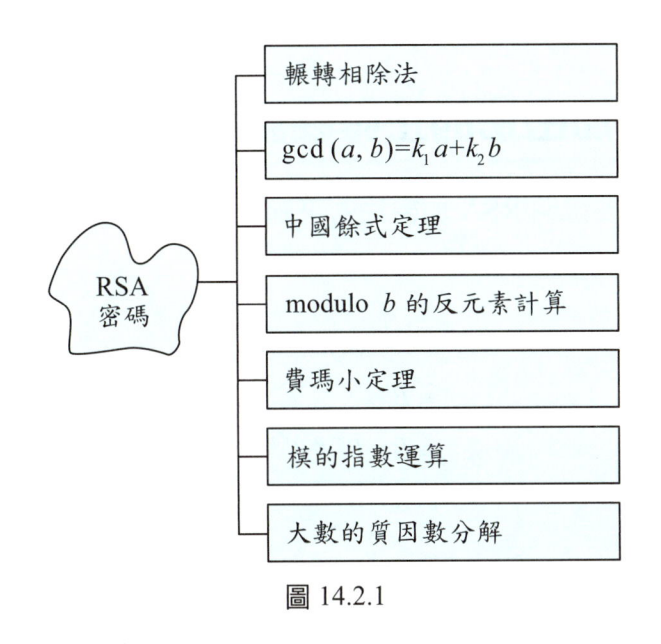

```
                    ┌──────────────────────────┐
                    │      輾轉相除法          │
                    ├──────────────────────────┤
                    │  gcd(a, b) = k₁a + k₂b   │
                    ├──────────────────────────┤
                    │     中國餘式定理         │
  ┌──────┐          ├──────────────────────────┤
  │ RSA  │──────────┤  modulo b 的反元素計算   │
  │ 密碼 │          ├──────────────────────────┤
  └──────┘          │      費瑪小定理          │
                    ├──────────────────────────┤
                    │      模的指數運算        │
                    ├──────────────────────────┤
                    │    大數的質因數分解      │
                    └──────────────────────────┘
```

圖 14.2.1

　　介紹到此，我們用圖 14.2.1 來表示 RSA 密碼所需具備的所有數論知識。

　　既然該具備的數論知識都有了，現在來介紹 RSA 加密法。首先將訊息 (Message) 切割成很多區塊 (Block)。假設送方要送的訊息已依照 ASCII 碼轉成對應的數字串 (Number Stream)，且每一區塊為含五個數字的包裹，令一區塊為 $B = b_1b_2b_3b_4b_5$。這時送方公開向收方說：「我將區塊 B 進行模運算 $R = B^b \mod n$。」這時除了區塊 B 以外，收方和旁邊的第三者也聽到了模運算的形式與 n。送方使用的 n 很大，相較之下，b 可小多了，例如 $b = 17$，通常可選 b 為一小的質數使得 $\gcd(b, (p_1-1)(p_2-1)) = 1$ 會成立。因為 $\gcd(b, (p_1-1)(p_2-1)) = 1$，所以很容易求出 k_1 和 k_2 使得 $1 = k_1b + k_2(p_1-1)(p_2-1)$ 會成立。兩邊進行模運算，可得

$$\bar{b}b \equiv 1\,((p_1-1)(p_2-1))$$

這裡解出的 $\bar{b}$ 也是得先有 p_1 和 p_2 才行。我們可說 p_1 和 p_2 為收方私下擁有的兩把金鑰 (Private Keys)。旁聽者要想透過大數的質因數分解以獲得這兩把金鑰很難在多項式時間內完成。有了 $\bar{b}$ 後，收方只需進行下列運算就可將原區塊訊息 B 解開 $R^{\bar{b}} \equiv B(n)$。

14.3　RSA 加密法的正確性證明

接下來，我們要證明 RSA 加密法的正確性，也就是證明解密出的區塊訊息是對的。先看下列式子：

$$R^{\bar{b}} \equiv B^{b\bar{b}}\,(n)$$
$$\equiv B^{1+k(p_1-1)(p_2-1)}\,(n)$$
$$\equiv B \times B^{k(p_1-1)(p_2-1)}\,(n)$$
$$\equiv B \times B^{(p_1-1)k(p_2-1)}\,(n)$$

因為 n 很大，所以分解出的質數 p_1 和 p_2 通常也頗大，而且很容易會造成 $B \ll p_1, p_2$。$B \ll p_1$ 意味著 $\gcd(B, p_1)=1$，根據費瑪小定理，可知 $B^{p_1-1} \equiv 1\,(p_1)$，因此 $R^{\bar{b}} \equiv B \times B^{(p_1-1)k(p_2-1)}(p_1)$ 可簡化為

$$R^{\bar{b}} \equiv B\,(p_1)$$

同理，我們可得

$$R^{\bar{b}} \equiv B\,(p_2)$$

因為 $\gcd(p_1, p_2)=1$，所以可得出 k_1 和 k_2 以滿足 $k_1 p_1 + k_2 p_2 = 1$。

利用中國餘式定理，解開下面兩個式子：

$$R^{\bar{b}} \equiv B\,(p_1)$$
$$R^{\bar{b}} \equiv 0\,(p_2)$$

我們得到

$$R^{\bar{b}} = B k_2 p_2$$

同理，解開下面兩個式子：

$$R^{\bar{b}} \equiv 0 \ (p_1)$$
$$R^{\bar{b}} \equiv B \ (p_2)$$

我們得到

$$R^{\bar{b}} = Bk_1 p_1$$

綜合起來，滿足下面兩式：

$$R^{\bar{b}} \equiv B \ (p_1)$$
$$R^{\bar{b}} \equiv B \ (p_2)$$

的解為

$$R^{\bar{b}} = p_1 p_2 k_3 + Bk_1 p_1 + Bk_2 p_2$$
$$= p_1 p_2 k_3 + B$$

進行 n 的模運算後，可得

$$R^{\bar{b}} \equiv B \ (n)$$

至此，我們證出 RSA 解密的正確性。

RSA 密碼的解密工作的正確性已證出，接著談一下整個過程中，送方、偷聽者和收方的相關時間複雜度。送方、偷聽者和收方的關係如圖 14.3.1 所示。

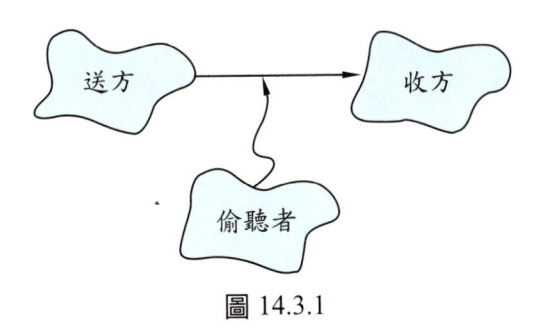

圖 14.3.1

對送方而言，他只做了 $R = B^b \bmod n$ 的加密工作，這個模的指數運算可在多項式時間內完成。對偷聽者而言，從 n 中要解出 p_1 和 p_2 使得 $n = p_1 p_2$，這項工作無法在多項式時間內完成。對收方而言,可在多項式的時間內完成 $B \equiv R^{\bar{b}} \bmod n$ 的解密工作,這裡 $\bar{b}$ 也可在多項式的時間內求得。加密和解密很容易,但是破解卻很難,這正好吻合了單程函數 (One-way Function) 的精神。這裡注意一點,由於 RSA 碼是公開發送,所以偷聽者可視為公開聆聽。

範例 14.3.1

送方打算將訊息 $B=11$ 透過公用鑰 (Public Keys) $b=5$ 和 $n=91$ 傳給收方,請問收方收到的碼 R 為何?另外,請說明收方如何解密出 $B=11$。

解答 收方收到的訊息為

$$R \equiv B^b \bmod n$$
$$\equiv 11^5 \bmod 91$$
$$\equiv 11^2 \times 11^2 \times 11 \bmod 91$$
$$\equiv 30 \times 30 \times 11 \bmod 91$$
$$\equiv 72 \bmod 91$$

接下來,利用 $P_1=13$ 和 $P_2=7$,我們求解

$$b\bar{b} \equiv 1\,((P_1-1)(P_2-1))$$
$$5\bar{b} \equiv 1\,(12 \times 6)$$
$$5\bar{b} \equiv 1\,(72)$$

可得到 $\bar{b}=29$。再利用下式:

$$R^{\bar{b}} \equiv B\,(n)$$

可得到解密後的原訊息為

$$B \equiv R^{\bar{b}}\,(91)$$
$$\equiv 72^{29}\,(91)$$
$$\equiv 72^{16} \times 72^8 \times 72^4 \times 72\,(91)$$
$$\equiv 9 \times 81 \times 9 \times 72\,(91)$$
$$\equiv 472392\,(91)$$
$$\equiv 11\,(91)。$$

14.4 兩個應用例子

在這一節中，我們要介紹兩個應用。第一個應用為植基於數論基礎上的隨機式字串匹配演算法。第二個應用為 Erdös 和 Szekeres 關於一個和數列有關的定理。

所謂字串匹配的問題可定義如下：給一型樣 (Pattern) $Y = y_1 y_2 \ldots y_m$ 和一本文 (Text) $X = x_1 x_2 \ldots x_n$，$x_i, y_i \in \{0, 1\}$。通常 $n \gg m$。在本文中找出所有和型樣 Y 相等的子字串 (Substring)，並將其對應位置輸出。

數論在字串匹配的關鍵在於利用簡易的編碼 (Coding) 原理，但會涉及較難的錯誤分析。Karp 和 Rabin 的方法對寫程式的人來說很容易撰寫，這也是拉斯維加式隨機演算法 (Las Vegas Randomized Algorithm) 的特性。換言之，這種演算法很容易撰寫且時間複雜度不高，但是輸出的答案並不一定完全正確。這裡所謂的編碼就是將型樣 $Y = y_1 y_2 \ldots y_m$ 這個字串先轉換成一個如下所示的整數：

$$\begin{aligned} C(Y) &\equiv 2^{m-1} y_1 + 2^{m-2} y_2 + \cdots + 2^0 y_m (p) \\ &\equiv \sum_{i=1}^{m} 2^{m-i} y_i (p) \end{aligned} \qquad (14.4.1)$$

這裡進行模 p 的運算，是怕 $C(Y)$ 的值太大而會產生溢位 (Overflow) 的問題。式 (14.4.1) 也可寫成

$$C(Y) \equiv 2^{m-1} y_1 +_p 2^{m-2} y_2 +_p \cdots +_p 2^0 y_m$$

如此，$C(Y)$ 的值就不會超過 p 了。這裡 p 為一質數 $\in [1, M]$。考慮本文的第一個位置，長度為 m 的子字串可編碼如下：

$$C(X(1)) \equiv 2^{m-1} x_1 +_p 2^{m-2} x_2 +_p \cdots +_p 2^0 x_m$$

同樣地，$C(X(1))$ 的值也不會超過 p。我們只需檢查 $C(Y) = C(X(1))$ 會不會成立。若成立，則型樣 Y 和 $X(1)$ 字串有很高的機率會相等，否則 Y 和 $X(1)$ 不匹配。

上面的討論只針對本文中的第一個位置進行字串匹配，對其他位置的討論是類似的。

範例 14.4.1

$C(X(2))$ 可否利用 $C(X(1))$ 在 $O(1)$ 的時間內得到？

解答 利用下式：

$$C(X(2)) = 2(C(X(1)) - 2^{m-1}x_1) + 2^0 x_{m+1}$$

$C(X(2))$ 可在 $O(1)$ 時間內完成編碼工作。一般而言，我們有

$$C(X(i)) = 2(C(X(i-1)) - 2^{m-1}x_{i-1}) + 2^0 x_{m+i-1}$$ 。

範例 14.4.2

若 $C(Y) = C(X(i))$ 時，請問誤判的機率有多高？如何加強可信度？

解答 根據 Karp 和 Rabin 的結果，假若 $v \geq 29$ 且 $w \leq 2^v$，則 w 有小於 $\phi(v)$ 個的不同質數，這裡 $\phi(v)$ 為 尤拉數 (Euler Number)。對本文的第 i 個位置而言，令 $w = |\bar{C}(Y) - \bar{C}(X(i))|$，則 $w < 2^m$，這裡 $\bar{C}(Y)$ 和 $\bar{C}(X(i))$ 指的是 $C(Y)$ 和 $C(X(i))$ 的運算，但不含模 p 的運算。通常質數 $p \in [1, M]$ 時，M 都設定為極大，故誤判的機率至多為 $\dfrac{\phi(m)}{\phi(M)}$。

對第 i 個位置而言，若 $C(Y) = C(X(i))$，則 $Y = X(i)$ 的機率至少為 $1 - \dfrac{\phi(m)}{\phi(M)}$，也就是誤判的機率至多為 $\dfrac{\phi(m)}{\phi(M)}$。我們選取 k 個不同的質數，針對每一個質數，檢查 $C(Y) = C(X(i))$ 是否成立。若經過 k 次檢查，等式皆成立，則 $Y \neq X(i)$ 的機率至多為 $\left(\dfrac{\phi(m)}{\phi(M)}\right)^k$。例如，$\dfrac{\phi(m)}{\phi(M)} = 0.1$ 和 $k = 10$，若每次針對不同的質數，皆滿足 $C(Y) = C(X(i))$，我們發現會誤判 $Y = X(i)$ 的機率小於 10^{-10}。如此一來，大可放心地相信，在位置 i 的地方，$Y = X(i)$。

範例 14.4.3

上述的隨機式字串匹配演算法的時間複雜度為何？

解答 $C(X(i))$ 可於 $O(1)$ 時間得到，總共有 $(n-m+1)$ 個位置需檢查，所以時間複雜度為 $O(n)$。這裡注意一點，$n >> m$ 且 k 視為常數。

範例 14.4.4

何謂最長共同子字串 (Longest Common Subsequence) 問題？

解答 給一字串 $S = S_1S_2...S_n$ 和一子字串 $C = C_1C_2...C_m$，我們打算找出一個最長的遞增註標數列 $<i_1, i_2, ..., i_k>$ 使得字串 S 中有 k 個依註標排列的字母和子字串 C 中的 k 個對應字母會相同。這個問題就是最長共同子字串問題。例如：$S = acbdcce$ 和 $C = abca$，則找到的最長遞增註標數列為 $<1, 3, 5>$。找到的最長共同子字串，例如：abc，也常被稱作 LCS。

範例 14.4.5（續上題）

如何利用動態規劃的技巧解決最長共同子字串問題？

解答 令 $S[1..i] = s_1s_2...s_i$ 且 $C[1..j] = c_1c_2...c_j$。定義 $S[1..i]$ 和 $C[1..j]$ 的 LCS 之長度為 $l[i, j]$。利用動態規劃的技巧，$l[i, j]$ 可計算如下：

$$l[i, j] = \begin{cases} 0, & \text{當 } i = 0 \text{ 或 } j = 0 \\ \max(l[i, j-1], l[i-1, j]), & \text{當 } s_i \neq c_j \\ l[i-1, j-1]+1, & \text{當 } s_i = c_j \end{cases}$$

1997 年以 82 歲高齡過世的 Erdös，是一位非常多產且貢獻卓著的數學家，在他一千多篇的論文著作中，涵蓋了很多領域，他也是機率演算法 (Probabilistic Algorithm) 的奠基者，在這裡，我們要介紹 Erdös 和夥伴一個和數列有關的著名定理，這個定理的證明只用到簡單的鴿籠原理。

Erdös 和夥伴提出的定理為：

給 n^2+1 個不同的數，在這 n^2+1 個數所形成的數列中，我們一定可在其中找到一個長度至少為 $n+1$ 的遞增或遞減數列。例如：在長度 $10(=3^2+1)$ 的數列 $<3, 2, 6, 1, 5, 4, 7, 10, 9, 8>$ 中，我們可找到長度為 $4(=3+1)$ 的遞增數列 $<1, 4, 7, 10>$。

現在要證明上述定理為真。令長度 n^2+1 的數列為 $<S_1, S_2, ..., S_{n^2+1}>$。我們以 $S_i(1\le i\le n^2+1)$ 為基準，在數列 $<S_i, S_{i+1}, ..., S_{n^2+1}>$ 中找出最長的遞增數列和最長的遞減數列，並假設最長的遞增數列長度為 I_i，而最長的遞減數列長度為 D_i。

這裡使用的證明法為反證法。假設 I_i 和 D_i 同時小於等於 n，其中 $1\le i\le n^2+1$。將 I_i 和 D_i 合起來成為一配對 (I_i, D_i)，則 $(I_i, D_i)\in P=\{(1, 1), (1, 2), (1, 3), ..., (1, n), (2, 1), (2, 2), ..., (2, n), ..., (n, 1), (n, 2), ..., (n, n)\}$。因為 $|P|=n^2$，我們就造出 n^2 個鴿舍如圖 14.4.1 所示，圖中的配對 $(1, 1)$ 對應到鴿舍 1、配對 $(1, 2)$ 對應到鴿舍 2、…和配對 (n, n) 對應到鴿舍 n^2。

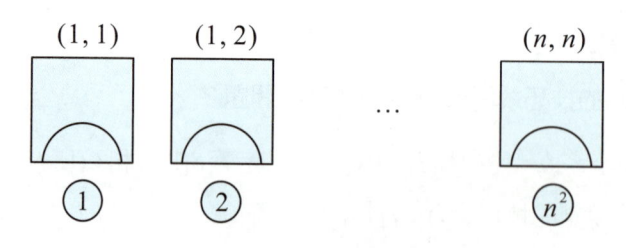

圖 14.4.1　n^2 個鴿舍

令 (I_i, D_i) 為第 i 隻鴿子的編號，且飛入對應編號的鴿舍。因為 $1\le i\le n^2+1$，所以共有 n^2+1 隻鴿子。已知共有 n^2 個鴿舍，所以依據鴿籠原理，一定至少有一個鴿籠內聚了兩隻鴿子以上。我們就假設擠在同一個鴿籠內的兩隻鴿子之編號為 (I_{k_1}, D_{k_1}) 和 (I_{k_2}, D_{k_2}) 且 $k_2>k_1$。因為 $k_2>k_1$，這表示介於 S_{k_1} 到 S_{k_2-1} 之間的數皆大於 S_{k_2}。如此一來，可在 S_{k_1} 到 S_{k_2-1} 之間找到一數並且可納入 D_{k_1} 所對應的遞減數列，我們於是得到一個長度大於 D_{k_1} 的遞減數列，這是矛盾的。

範例 14.4.6

給一長度為 10 的數列，如下：

$$1\ 3\ 2\ 5\ 4\ 7\ 6\ 9\ 8\ 10$$

請找出長度至少為 4 的遞增數列或遞減數列？

解答　　　　　　　　$<1, 2, 4, 6, 9, 10>$。

14.5 結論

在本章中，我們介紹了 RSA 加密與解密及正確性證明。再來，也談到 Karp 和 Rabin 的隨機字串匹配以及 Erdös 和夥伴的定理。數論和其應用是很豐富的領域，頗值得我們研究。

14.6 習題

1. Find an inverse of 19 modulo 141. 　　　　　　　　　　　（101 長庚）

2. We know gcd (43, 96) =1.

   Find $x \in \{0, 1, 2, 3, ..., 95\}$ such that $43x$ mod $96 = 1$. 　　（100 台北大）

3. Show that $(37^{100} - 27^{20})$ is a multiple of 10. 　　　　　　（100 台南）

4. 求 (123412×45326) mod 9? 　　　　　　　　　　　　（100 淡江）

5. If a and b are integers and m is a positive integer, then a is congruent to b modulo m if m divides $a - b$.

   We use notation $a \equiv b$ (mod m) to indicate that a is congruent to b modulo m.

   (a) Find an inverse of 5 modulo 47.

   (b) Solve the congruence $5x \equiv 7$ (mod 47). 　　　　　　（100 中正）

6. What is the value of 13^{23} mod 23? 　　　　　　　　　　（100 中興）

7. Solve for x in $7^x \equiv 1$ (mod 29). 　　　　　　　　　　（99 清大）

8. Apply the modular equivalence rules to find 144^4 mod 713. 　（101 成大）

9. Answer the following questions briefly.

   (a) Compute the value of $3^{100} \mod 4$.

   (b) Compute the value of $1+3+3^2+\cdots+3^{100} \mod 4$. （101 宜大）

14.7 參考文獻

[1] R. L. Rivest, A. Shamir, and L. M. Adleman, "A Method for Obtaining Digital Signatures and Public-Key Cryptosystems," *Comm. ACM*, 21(2), 1978, pp. 120-126.

[2] S. Singh 著，薛密譯，周青松審定，費瑪最後定理，台灣商務印書館，1998。

[3] R. M. Karp and M. O. Rabin, "Efficient Randomized Pattern-Matching Algorithm," *IBM K. Res.* Dec. 31, 1987, pp. 249-260.

[4] T. H. Cormen, C. E. Leiserson, R. L. Rivest, and C. Stein, *Introduction to Algorithm*, 2nd Edition, The MIT Press, New York, 2001.

[5] P. Erdös and G. Szekeres, "A Combinatorial Problem in Geometry," *Composito Math.*, 2, 1935, pp. 464-470.

Chapter 15

代數與應用

15.1 前言
15.2 群與子群
15.3 拉格朗治定理與商群
15.4 環與體
15.5 結論
15.6 習題
15.7 參考文獻

15.1 前言

在這一章，我們主要介紹近世代數 (Modern Algebra)，而群、環和體又可說是其中三種最主要的代數結構 (Structure)。代數學對近代的電機資訊領域發展扮演了很重要的角色，尤其是在通訊和編碼方面上。我們先從群 (Group) 介紹起，接著再介紹子群 (Subgroup) 的觀念。有了群和子群的觀念後，我們進一步介紹陪集 (Coset) 的觀念，並且證明代數中非常重要的拉格朗治定理 (Lagrange Theorem)。在介紹環 (Ring) 與體 (Field) 的議題前，我們會先介紹群的映射與商群 (Quotient Group)。

15.2 群與子群

在這一節，我們主要介紹代數結構中的群 (Group) 和其相關性質。接著介紹子群 (Subgroup) 和循環群 (Cyclic Group) 的觀念。群在代數結構中是很重要的一種結構。

範例 15.2.1

何謂代數結構？

解答 代數結構可表示成 $(A, *)$，這裡 A 表示一集合，而 $*$ 表示某種運算，例如：$*$ 可表示加法，而 A 可表示某種數系。針對集合 A 和運算元 $*$，我們可檢查其中是否滿足某些性質，例如結合律 (Associative Law)、交換律、單位元素 (Unit) 和反元素 (Inverse) 等。有時 $*$ 還有可能含兩個運算元。根據某些性質的滿足與否，我們再將代數結構分成不同的種類，例如群、半群 (Semigroup)、環和體等。

範例 15.2.2

何謂群？

解答 令 A 為一集合，$*$ 為二元運算子，若滿足

(a) 結合律：$x, y, z \in A$，使得 $(x*y)*z = x*(y*z)$。
(b) 單位元素：對任一 $x \in A$，存在一單位元素 e，使得 $e*x = x*e = x$。
(c) 反元素：對任一 $x \in A$，存在一反元素 $x^{-1} \in A$，使得 $x*x^{-1} = x^{-1}*x = e$。

則 $(A, *)$ 稱為群。

例如：令 Z 為整數集，則 $(Z, +)$ 是一個群。令 N 為自然數集，則 $(N, +)$ 並不是一個群，因為不但單位元素不存在，而且反元素也不存在。

範例 15.2.3

在群中，單位元素到底有幾個？

解答 我們假設單位元素有兩個，這兩個不同的單位元素為 e_1 和 e_2，很容易得到 $e_1 * e_2 = e_2 = e_1$，於是推得 $e_1 = e_2$，所以在群中，單位元素只有一個。

範例 15.2.4

在群 $(A, *)$ 中，反元素是否也是唯一？

解答 在 A 中任取一元素 $a \in A$，假設 a 的反元素為 c 和 d，則

$$c = c*e = c*(a*d) = (c*a)*d = e*d = d$$

我們於是證得 c 和 d 原來是一樣的，故反元素是唯一的。

到目前為止，我們證得兩個重要的性質，那就是在一個群 $(A, *)$ 中，集合 A 存在唯一的單位元素 e；對任意 $a \in A$ 而言，反元素是唯一的。

範例 15.2.5

何謂單群 (monoid) 和半群 (Semigroup)？群和這兩者的關係為何？

解答 $(A, *)$ 的代數結構只保有群的單位元素和結合律兩個性質時，謂之單群；若 $(A, *)$ 只保有群的結合律性質，則謂之半群。換言之，將群的單位元素和反元素的

性質移除後的代數結構就謂之半群。群、單群和半群的集合關係可表示於圖 15.2.1。

我們可以說：若 $(A, *)$ 為一個群，那麼 $(A, *)$ 也可稱作單群或半群。

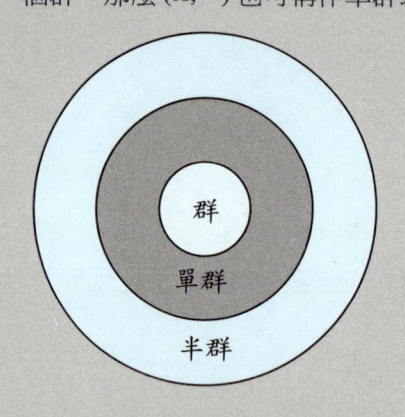

圖 15.2.1　半群、單群和群的關係

群需滿足前述的三個性質，若 $(A, *)$ 又滿足交換律 (Commutative Law)，也就是對 $x, y \in A$，滿足 $x*y = y*x$，則這種交換群又稱為 Abelian 群。在此特別強調一點，以上所介紹的四種性質皆滿足封閉性 (Closure Property)。

▶ 試題 15.2.5.1（台科大）

$(G, *)$ 為一群且 $\forall a \in G$，$a^2 = a*a = e$（G 的單位元素），證明 G 為交換群。

解答　對任意 $x, y \in G$，由給定條件可推得

$$x*y = x^{-1}*y^{-1} = (y*x)^{-1}$$
$$= (z)^{-1} = z = y*x$$

故交換律成立，也就是 G 為交換群。

▶ 試題 15.2.5.2（續上題）（台科大）

試證 $(a*b)^{-1} = b*a$。

解答　由上題可知對任意 $x \in G$，則 $x^{-1} = x$。令 $c = a*b$，則可得

$$(a*b)^{-1} = c^{-1} = c = a*b$$

由上題已知 G 為交換群，則 $a*b = b*a$，可證得

$$(a*b)^{-1} = a*b = b*a$$

試題 15.2.5.3（台大）

下列何者為交換群？(Which of the following defines an abelian group?)

(a)

∘	0	1	2	3
0	0	0	0	0
1	0	1	2	3
2	0	2	0	2
3	0	3	2	1

(b)

∘	0	1	2	3
0	0	0	0	0
1	0	1	2	3
2	0	2	3	1
3	0	3	1	2

(c)

∘	0	1	2	3
0	0	1	2	3
1	1	0	3	2
2	2	3	0	1
3	3	2	1	0

(d)

∘	0	1	2	3
0	0	1	3	2
1	1	0	2	3
2	2	3	1	0
3	3	2	0	1

(e)

∘	0	1	2	3
0	1	1	2	3
1	1	1	3	2
2	2	3	1	1
3	3	2	1	1

解答 答案選 (c)，均滿足群之性質，且具交換性，故為交換群。

(a)、(b) 不滿足群之性質：反元素不存在，故不為群，亦不為交換群。

(d)、(e) 不滿足群之性質：單位元素不存在，故不為群，亦不為交換群。

範例 15.2.6

何謂子群 (Subgroup)？

解答 一個群 $(G, *)$ 是否有子群 $(S, *)$？若 $(S, *)$ 中的 S 為 G 的子集且 $(S, *)$ 滿足群的三個性質，則 $(S, *)$ 稱為 $(G, *)$ 的子群。

通常來說，只要 $S \subseteq G$ 中的元素經 $*$ 的運算後，不滿足群的任一性質，$(S, *)$ 就不為一子群，原因很簡單，因為 $(S, *)$ 連封閉性都不具備了。例如：$(G, +)$ 為一整數群，令 $S(\subseteq G)$ 為 4 的倍數所形成的整數集，$S = \{4k | k \in Z\}$，則 $(S, +)$ 仍為一個子群。但是若 $S(\subseteq G)$ 為奇數所形成的整數集，則 $(S, +)$ 並不為一個子群。原因是 $x, y \in S$，但 $x + y \notin S$。

範例 15.2.7

有沒有較快的方式可檢定 $(S, *)$ 是否為一子群？

解答 結合律可不必檢驗，只需檢查 $(S, *)$ 中的單位元素 e 是否存在。另外再檢查若 $s \in S$，則 $s^{-1} \in S$ 是否成立。例如：$(G, *)$ 為一群，$S \subseteq G$ 且滿足 $S = \{c \in G | c * a = a * c, a \in G\}$，有時 S 也稱為 G 的中央集聚器 (Centralizer)。$(S, *)$ 是否為一子群呢？因為 $e * e = e * e$，所以 $e \in S$。又利用 $c_1 * a = a * c_1$ 和 $c_1 * a = a * c_1$，可推得

$$c_1 * c_2 * a = c_1 * a * c_2 = a * c_1 * c_2$$

(兩算元之間若無註明算子，可視為兩算元之間是透過運算元 $*$。) 所以在 $(S, *)$ 中，封閉性成立。再來證明 $c \in S$，則 $c^{-1} \in S$ 也會成立。由

$$ca = ac$$

及已知 $c^{-1} \in G$，故可得

$$c^{-1}cac^{-1} = c^{-1}acc^{-1}$$

簡化後可得

$$ac^{-1} = c^{-1}a$$

故證得 $c^{-1} \in S$。我們證得 $(S, *)$ 為一子群。

循環群是很特別的一種群，它只需一個元素再透過運算子的運算而產生新元素，如此不斷地重複，最終這些元素集可構成群內的集合。

範例 15.2.8

何謂**循環群** (Cyclic Group)？

解答 所謂的循環群 $(G, *)$ 就是存在一個元素 $a \in G$，使得 G 中的每一個元素 x 皆可由 a^j 產生，也就是 $x = a^j$。這裡 a 可稱為**生成者** (Generator)，G 可表示成 $<a>$。

範例 15.2.9

令 $(G, *)$ 為一有限群且 a 為該循環群的生成者，是否存在 k 使得 $a^k = e$？

解答 因為 $(G, *)$ 為一有限群且假設 $|G| = n$，根據鴿籠定理，在 $a^1, a^2, a^3, \ldots$ 和 a^{n+1} 當中必存在 i 和 $j (j > i)$，使得 $a^i = a^j$。令 $x = a^i$，因為 $x \in G$，所以存在反元素 x^{-1}，使得 $x^{-1} * a^i = e = x^{-1} * a^i * a^{j-i} = e * a^{j-i} = a^{j-i}$，也就是 $a^{j-i} = a^k = e$。

例如 $G = \{1, 2, 4\}$，因為 $2^0 = 1$，$2^1 = 2$，$2^2 = 4$ 和 $2^3 = 1 (7)$，所以 $G_7 = <2>$。這裡 G_7 的下標 7 代表 2^i 先 mod 7 後再取餘數。

▶ 試題 15.2.9.1（中山）

元素個數為質數的群都不為循環群的命題是否恆真？

解答 舉一個循環群的小例子推翻原命題即可！因為 $1 +_2 1 = 0$ 和 $0 +_2 1 = 1$，所以 $(Z_2, +) = <1>$ 且 $|Z_2| = 2$ 為質數，所以原命題不為真。

▶試題 15.2.9.2（台大）

令 $(G, *)$ 為一循環群，請問 $(G, *)$ 有多少生成者？

解答 令 $(a, n) = 1$，可得到 $ax + ny = 1$，也就是可得到

$$ax \equiv 1 \ (n)$$

故 Z_n 中共有 $\varphi(n)$ 個元素，這裡 $\varphi(n)$ 代表小於 n 且大於 0 但和 n 互質的個數，$\varphi(n)$ 一般稱為尤拉 φ 函數 (Euler φ-function)。

▶試題 15.2.9.3（台大）

令 $\phi(n)$ 代表在集合 $\{1, 2, 3, ..., n\}$ 中滿足與 n 互質的元素個數，其中 $n \geq 2$。請求出 $\phi(970)$。

解答 將 970 質因數分解可得到 $970 = 2 \times 5 \times 97$，所以根據尤拉數 (Euler Number) 公式可得 $\phi(970) = 970\left(1 - \frac{1}{2}\right)\left(1 - \frac{1}{5}\right)\left(1 - \frac{1}{97}\right) = 384$。

15.3 拉格朗治定理與商群

本節主要介紹陪集 (Coset) 和拉格朗治 (Lagrange) 定理。這兩個重要的議題對解釋分割 (Partition) 群成為多個子群後，各子群的大小以及子群之間的相同大小的關係提供明晰的解釋。接下來，我們介紹一個群和另一個群的映射 (Homomorphism)、正規子群 (Normal Subgroup) 和商群 (Quotient Group) 等觀念。這些觀念在介紹環論 (Ring Theory) 時會被引用到。

範例 15.3.1

何謂陪集？

解答 令 $(G, *)$ 為一群，而 $(S, *)$ 為 $(G, *)$ 的某一個子群。定義

$$a * S = \{a * s | s \in S\}$$

則 $a*S$ 稱作 $(S, *)$ 在 $(G, *)$ 中的左陪集。同理，$S*a = \{s*a | s \in S\}$ 就稱作 $(S, *)$ 在 $(G, *)$ 中的右陪集。

　　陪集的觀念很適合用來解釋群的分割。例如：在第一章中，我們利用 mod 7 的運算將自然數系 N 分成 7 個子集，在這 7 個子集中的任一子集內的關係皆為等價關係。我們換個例子來說明陪集與分割的觀念。$(Z_6, +_6)$ 為一群，圖 15.3.1 可用來檢定其滿足群的三個性質。

$+_6$	0	1	2	3	4	5
0	0	1	2	3	4	5
1	1	2	3	4	5	0
2	2	3	4	5	0	1
3	3	4	5	0	1	2
4	4	5	0	1	2	3
5	5	0	1	2	3	4

圖 15.3.1　$(Z_6, +_6)$ 的例子

　　在圖 15.3.1 中，0 為 $(Z_6, +_6)$ 的單位元素，對 $i(0 \leq i \leq 5)$ 而言，$(6-i)$ 為其反元素。結合律的成立也不難檢定。令 $S = \{0, 2, 4\}$，則 $(S, +_6)$ 為一子群。讀者可檢定 $(S, +_6)$ 會滿足群的三個性質。$(S, +_6)$ 兩個可能的左陪集為：$1 +_6 S = \{1, 3, 5\}$ 和 $0 +_6 S = \{0, 2, 4\} = S$。我們可以說 $Z_6 = S \cup (1 +_6 S)$。換言之，Z_6 可分割成 S 和 $(1 +_6 S)$ 兩個左陪集。這裡，$S = 0 +_6 S$。陪集的觀念是證明著名的拉格朗治 (Lagrange) 定理之有力工具。

範例 15.3.2

什麼是拉格朗治定理？

解答　拉格朗治定理可敘述如下：

> 令 $(G, *)$ 為一有限群，而 $(S, *)$ 為 $(G, *)$ 的一子群，則 $|G|=|S|\times k$，這裡 k 為正整數。

如何證明拉格朗治定理是對的呢？由上述的定理敘述可知，只要證明下列三件事即可：

(a) G 中的任一陪集之大小恰等於 $|S|$。

(b) 不同的陪集是沒有交集的。

(c) G 中的任一元素皆落在某一陪集上。

首先證明第一個性質。假設 $x \in G$，$x*S = \{x*s | s \in S\}$，很明顯可推得 $|x*S| \leq |S|$。考慮 $|x*S| \leq |S|$ 的情況，則必然發生 $x*s_i = x*s_j$，$i \neq j$ 且 $s_i, s_j \in S$。由左消去律，我們可推得 $s_i = s_j$，這是矛盾的，所以 $|x*S| \leq |S|$，這證明了：G 中的任一陪集之大小恰等於 $|S|$。接下來證明第二個性質：不同的陪集是沒有交集的。假設兩個不同的陪集 $x*S$ 和 $y*S$ 有交集，也就是 $(x*S) \cap (y*S) \neq \phi$，且令 $(x*S) \cap (y*S) = z = x*s_1 = y*s_2$。在 $x*S$ 的陪集中，任挑一元素

$$s = x*s_3 = (y*s_2)*s_1^{-1}*s_3 = y*(s_2*s_1^{-1}*s_3) \in y*S \tag{15.3.1}$$

由式 (15.3.1)，我們推得 $x*S = y*S$。這證明了在群 $(G, *)$ 中，兩相異陪集之間是沒有交集的。最後，我們來證明 G 中的任一元素皆落在某一陪集上。我們在 $G \setminus S$ 中挑一元素 $g \in G \setminus S$，若 $(g*S) \cap S = \phi$ 且 $G = S \cup (g*S)$，則證得 $|G| = 2|S|$。假如 $G = S \cup (g*S)$ 不成立，但 $(g*S) \cap S = \phi$，則在 $(G \setminus S) \setminus (g*S)$ 中挑一元素 h，若 $(h*S) \cap (g*S) \cap S = \phi$ 且 $G = S \cup (g*S) \cup (h*S)$，則證得 $|G| = 3|S|$，依此方式，最終可證得 $|G| = k \times |S|$。

有了拉格朗治定理，可透過它證得其他許多的定理。例如：給一有限群 $(G, *)$，若 $|G|$ 為一質數，則因為 $|G| =$ 質數 $= p = 1 \times |G|$，可推得存在一生成者 g，使得由 $\{g^1, g^2, ..., g^p\} = \{g^1, g^2, ..., g^p = e\}$ 所建構的子群和原先的群是一樣大的，這意味著該有限群為循環群。

試題 15.3.2.1（暨大）

假若 G 為有限群且 $|G|=n$，G 有一子群 H 且 $|H|=m$，試證 $m|n$。

解答　利用拉格朗治定理，可證出 $m|n$。

試題 15.3.2.2（中山）

若 G 為有限群且 $|G|=n$，G 有一子群 H 且 $|H|=m$，則 $n|m$ 是否為真？

解答　利用拉格朗治定理，可得 $m|n$，故原命題不為真。

試題 15.3.2.3（台科大）

令 G 為一個群且 H 和 K 皆為其子群。若 $|G|=462$、$|K|=33$ 和 $K \subset H \subset G$，則 $|H|$ 的可能值為何？

解答　利用拉格朗治定理，可得

$$|H|\,|\,|G| \text{ 且 } |K|\,|\,|H| \Leftrightarrow |H|\,|\,462 \text{ 且 } 33\,|\,|H|$$

可解得 $|H|=66$ 或 231。

試題 15.3.2.4（中山）

在 Z_{1009} 中求出 $[17]^{-1}$ 且在 Z_{1024} 中求出 $[18]^{-1}$，這裡的運算子可為加法或乘法。

解答　若 $[17]^{-1}$ 為 $[17]$ 的加法反元素。因為 $[17]+_{1009}[992]=[0]$，所以加法反元素 $[17]^{-1}=992$。

若 $[17]^{-1}$ 為 $[17]$ 的乘法反元素。因為 $\gcd(17,1009)=1$，所以利用歐幾里得演算法將 1 寫成 17 和 1009 的線性組合

$$\begin{aligned}3\times 1009-178\times 17&=1\\-178\times 17&\equiv 1\ (1009)\end{aligned}$$

且 $-178\in[831]$，所以乘法反元素 $[17]^{-1}=831$。

若 $[18]^{-1}$ 為 $[18]$ 的加法反元素。因為 $[18]+_{1024}[1006]=[0]$，所以加法反元素

$[18]^{-1} = 1006$。

因為 gcd(18, 1024)=2，所以 [18] 在 Z_{1024} 中不存在乘法反元素。

▶試題 15.3.2.5（中山）

設 G 為一群且含有兩個子群 H 和 K。若子群的元素個數為 $|G|=660$ 和 $|K|=66$，且 $K \subset H \subset G$，則 $|H|$ 可能為何？(Let G be a group with subgroups H and K. If (the order of G) = 660, (the order of K) = 66, and $K \subset H \subset G$, what are the possible values for the order of H?)

解答 此題同試題 15.3.2.3，利用拉格朗治定理，可得

$$|H|\,|\,|G| \text{ 且 } |K|\,|\,|H| \Leftrightarrow |H|\,|\,660 \text{ 且 } 66\,|\,|H|$$

可解得 $|H| = 60$、132、330、660。

範例 15.3.3

什麼是一個群映射到另一個群？

解答 給定兩個群 $(G_1, *)$ 和 $(G_2, *)$，將 G_1 映射到 G_2，可如圖 15.3.2 所示。

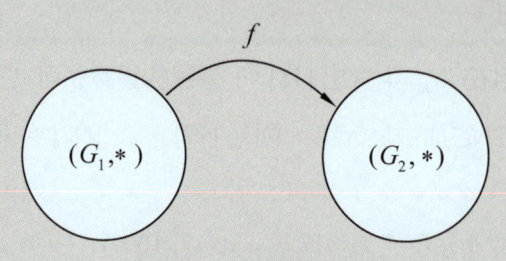

圖 15.3.2　群的映射

我們在 G_1 中任挑兩個元素 $x, y \in G_1$，若滿足

$$f(x*y) = f(x)*f(y)$$

這裡 $f(x)$，$f(y) \in G_2$，則 f 稱為將 $(G_1, *)$ 映射到 $(G_2, *)$。例如：$(G_1, \cdot)$ 為交換群，而 f 定義成 $f(x) = x^3$，則

$$f(xy) = (xy)^3 = (xy)^2(xy) = (x^2y^2)(yx) = x^2y^3x$$
$$= x^2xy^3 = x^3y^3 = f(x)f(y)$$

以此例而言，f 的確符合群映射的條件。

接下來，我們要介紹兩個很特別的子群結構：正規子群 (Normal Subgroup) 和商群 (Quotient Group)。

範例 15.3.4

什麼是一個群的正規子群？

解答 在定義正規子群前，先定義映射 f 的核心，$\text{Ker}(f)$，核心的定義如下所示：

$$\text{Ker}(f) = \{x \in G_1 \mid f(x) = e_2\}$$

這裡 e_2 為 G_2 的單位元素。$\text{Ker}(f)$ 可以圖 15.3.3 中群 G_1 的斜線區域表示。

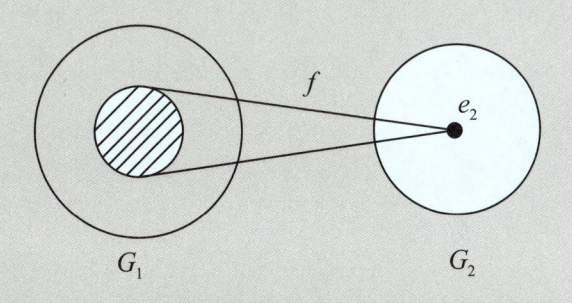

圖 15.3.3　$\text{Ker}(f)$

上面斜線區域所形成的 $\text{Ker}(f)$ 本身也是 G_1 的子群。因為若 $x, y \in \text{Ker}(f)$，則 $f(x) = f(y) = e_2$，也就是 $f(xy) = f(x)f(y) = e_2$，那意味著 $xy \in \text{Ker}(f)$。我們接下來證明一個很有趣的性質

$$g \in G，則 g^{-1}\text{Ker}(f)g \subset \text{Ker}(f)$$

令 $x \in \text{Ker}(f)$，則根據群映射的定義，可得

$$f(g^{-1}xg) = f(g^{-1})f(x)f(g) = f(g^{-1})e_2 f(g)$$
$$= f(g^{-1})f(g) = f(g^{-1}g) = f(e_1)$$
$$= e_2$$

所以 $g^{-1}xg \in \mathrm{Ker}(f)$，故證得

$$g^{-1}\mathrm{Ker}(f)g \subset \mathrm{Ker}(f)$$

事實上，$\mathrm{Ker}(f)$ 也稱作 G_1 的正規子群。一般的正規子群可定義為

> G 的子群 S 可稱為 G 的正規子群，當 $g \in G$ 時，$g^{-1}Sg \in G$ 會成立。

範例 15.3.5

什麼是商群呢？

解答 商群是由一個群 $(G, *)$ 和該群的子群 $(S, *)$ 所產生的，此商群記為 $(G/S, *)$。例如：$S = pZ = \{0, p, 2p, 3p, ...\}$，利用 S，我們產生下列 p 個陪集：

$$0 + S$$
$$1 + S$$
$$2 + S$$
$$\vdots$$
$$(p-1) + S$$

在這 p 個陪集中，每個陪集提供一個陪集領頭者 (Coset Leader)，也就是 $i + S$ 的陪集提供 i。我們將這 p 個陪集領頭者收集起來成為集合 $Z/S = Z/pZ = Z_p$，$(Z_p, +)$ 也是 $(Z, +)$ 的子群，也稱作商群。

15.4 環與體

介紹完群的相關議題之後，接下來，我們介紹環 (Ring) 和體 (Field) 的定義以及相關的性質。

範例 15.4.1

何謂環？

解答 環為一種代數結構，可寫成 $(R, +, \cdot)$，這裡 R 代表集合，而 $+$ 和 $\cdot$ 代表不同的運算元。$(R, +, \cdot)$ 需滿足下列性質才能稱為環

(a) $(R, +)$ 為交換群且有單位元素。

(b) $(R, \cdot)$ 為半群，意即只保有結合律。

(c) （$+$ 對 $\cdot$）和（$\cdot$ 對 $+$）的分配律會成立，也就是 $x, y, z \in R$，則 $(x+y) \cdot z = x \cdot z + y \cdot z$ 和 $x \cdot (y+z) = x \cdot y + x \cdot z$ 會成立。

環除了滿足上述三個性質外，若對運算元 $\cdot$ 而言，也滿足交換律，則 $(R, +, \cdot)$ 稱為交換環。

假若一個交換環中的兩元素 x 和 y 滿足 $x \cdot y = 0$，則 $x = 0$ 或 $y = 0$ 會成立，這時該交換環就稱作<u>整域</u> (Integral Domain)。在環的原始定義中，對 $\cdot$ 運算元而言，反元素和單位元素並不一定存在。假若在 $(R, +, \cdot)$ 中，對 $\cdot$ 而言，任何 $x \in R$，必定存在 x^{-1}，使得 $x \cdot x^{-1} = x^{-1} \cdot x = 1 \in R$，這時 $(R, +, \cdot)$ 稱作<u>除環</u> (Division Ring)。

▶試題 15.4.1.1（中山）

如果 $(F, +, \circ)$ 為一個體，則它必定為一個整域？

解答 令 0 為 $+$ 之單位元素，1 為 $\circ$ 之單位元素。如果 $(F, +, \circ)$ 不是一個整域，則 $\exists x, y \in F$ 且 $x, y \neq 0$，使得 $x \times y = 0$。因為 $(F, +, \circ)$ 為體且 $x \neq 0$，則 $\exists z$ 使得 $x \times z = z \times x = 1$。故可得 $z \times (x \times y) = (z \times x) \times y = 1 \times y = y$ 且 $z \times (x \times y) = z \times 0 = 0$。所以得到 $y = 0$，矛盾。故原命題為真。

▶試題 15.4.1.2（台大）

一個環 $(R, +, \cdot)$ 有一非空子集 I，當滿足 $\forall a, b \in I$ 且 $\forall r \in R$ 將滿足 $a - b \in I$、$a \cdot r \in I$ 和 $r \cdot a \in I$，則稱 $(I, +, \cdot)$ 為一理想子環。若 $(R, +, \cdot)$ 甚至是一個群，則它

有多少個理想子環？

解答 令 0 為 + 的單位元素，則 $(\{0\}, +, \cdot)$ 為 $(R, +, \cdot)$ 的一理想子環。若 $\exists S \neq \{0\}$ 且 $(S, +, \cdot)$ 為 $(R, +, \cdot)$ 的一理想子環，則 $\exists x \in S$ 且 $x \neq 0$，因為 $(R, +, \cdot)$ 為一體，故 x 的乘法反元素 x^{-1} 存在。根據理想子環定義可得 $x \cdot x^{-1} = 1 \in S$，其中 1 為 $\cdot$ 的單位元素。故 $\forall r \in R$ 使得 $1 \cdot r = r \in S$，所以可推得 $S = R$。即 $(R, +, \cdot)$ 本身為一理想子環。所以 $(R, +, \cdot)$ 共有兩個理想子環，即 $(\{0\}, +, \cdot)$ 和 $(R, +, \cdot)$。

▶試題 15.4.1.3（中山）

任何無限的整域 $(D, +, \circ)$ 皆為體？

解答 舉一個小例子推翻之即可！因為 $(Z, +, \circ)$ 為一整域，但 $2 \in Z$ 且 2 沒有乘法反元素，所以 $(Z, +, \circ)$ 並不為一體，所以原命題不為真。

範例 15.4.2

何謂**體** (Field)？

解答 有交換律的除環就稱作體。在除環 $(R, +, \cdot)$ 中，對運算元 $\cdot$ 而言，並不具備交換律，若納入此交換律於除環中，$(R, +, \cdot)$ 就稱作體。例如（實數系，$+$，$\cdot$）可構成體。

體也可定義為：對 + 而言，$(R, +)$ 為交換群；對 $\cdot$ 而言，$(R, \cdot)$ 扣除零元素外，亦為交換群。$|R|$ 為有限，則 $(R, +, \cdot)$ 又稱 Galois 體。當 $|R|$ 為質數，又稱**質數體** (Prime Field)。質數體在編碼上頗有用處。

範例 15.4.3

何謂有限質數體？

解答 我們舉 Z_5 為例。對 $(Z_5, +)$ 而言，很容易可驗證 $(Z_5, +)$ 為交換群。對 $(Z_5, \cdot)$ 而言，$[2] \cdot [3] = [6] = [1]$、$[1] \cdot [1] = [1]$ 和 $[4] \cdot [4] = 1$，可得知 $[1]$ 的反元素為 $[1]$，$[2]$ 的

反元素為[3]，[3]的反元素為[2]，[4]的反元素為[4]。另外，對運算元·而言，也保有交換律。綜合上述的討論，$(Z_5, +, \cdot)$為一個體。現在來考慮一般的Z_p，這裡p代表質數。Z_p可分割成$\{[0], [1], ..., [p-1]\}$，對$[a]$而言，$[a] \neq [0]$且$a \nmid p$，利用費瑪小定理，可推得$[a]^{p-1} = [1]$，也就是$[a]^{p-2}(=[a^{p-2}])$為$[a]$的反元素。這證明了$(Z_p, \cdot)$有反元素。至於$(Z_p, +)$為交換群和$(Z_p, \cdot)$有交換律等也不難驗證。故$(Z_5, +, \cdot)$為一個體，也稱作質數體。

▶ 試題 15.4.3.1（中山）

令$n \in Z^+$且$n > 1$。$\mathbb{Z}_n$不是一個體若且唯若n是一個合成數？

解答 (a) 我們等同於證明$\sim q \rightarrow \sim p$成立即可。利用上述範例 3 的討論，可得知若$n$為質數，則$\mathbb{Z}_n$為一有限質數體。

(b) 若n為合成數，則令$n = x \times y$。可得到$(n, x) = x$以及$ax + bn | x$。由此可知x不存在乘法反元素，故$\mathbb{Z}_n$不為一個體。

故原命題成立。

每一個有限體都存在一個元素a，使得$F = <a>$。a也稱作**基本元素**(Primitive Element)。例如：$Z_5 = <2>$。令$(F, +, \cdot)$為一體，假設1為運算元·的單位元素，我們接下來要介紹$(F, +, \cdot)$的**特徵**(Characteristic)。

範例 15.4.4

何謂體$(F, +, \cdot)$的特徵？

解答 已知1為運算元·的單位元素，若有一最小的正整數n，使得$\underbrace{1+1+...+1}_{n} = 0$，則$n$稱為$(F, +, \cdot)$的特徵。假若$n \neq 0$，則$n$為何數呢？假設$n$為非質數且$n = p_1 \cdot p_2$，則$\left(\underbrace{1+1+...+1}_{p_1}\right) \cdot \left(\underbrace{1+1+...+1}_{p_2}\right) = 0$意味著$p_1$或$p_2$為$(F, +, \cdot)$更小的特徵，這是矛盾的。也就是說，在體$(F, +, \cdot)$中的特徵為一質數。

接下來，我們要介紹**多項式環** (Polynomial Ring) 的重要觀念。多項式環在**循環碼** (Cyclic Codes) 扮演了很核心的基礎。

範例 15.4.5

何謂多項式環？

解答 我們常用 $R[x]$ 表示多項式中的集合且 $R[x] = \left\{ \sum_{i=1}^{n} a_i x^i \mid a_i \in R \right\}$，這裡 x 為**未定數** (Indeterminate)。在編碼的應用上，因為 $a_i \in Z$，我們考慮的多項式環可寫成 $Z[x] = \left\{ \sum_{i=1}^{n} a_i x^i \mid a_i \in Z \right\}$。在 $(Z[x], +, \cdot)$ 的多項式環上的係數運算仍遵守環的特質。

例如，在 $(Z_2[x], +, \cdot)$ 的多項式環上，我們有下列一個多項式運算的例子：

$$(x+1)^3 + x + 1 = (x+1)^2(x+1) + x + 1$$
$$= (x^2 + (1+1)x + 1)(x+1) + x + 1$$
$$= (x^2 + 1)(x+1) + x + 1$$
$$= x^3 + x^2 + x + 1 + x + 1$$
$$= x^2(x+1)$$

在上面的多項式運算中，$x + x = (1+1)x = 0x$ 和 $1 + 1 = 0$ 會成立，是因為這裡的加法必須遵守 mod 2 的規則所致。由於在編碼的應用中，常牽涉到兩個多項式的相除，故接下來談的多項式都是建立在體上來說的。

範例 15.4.6

何謂多項式的**零點** (Zeros)？

解答 令含未定數 x 的多項式為 $f(x)$，若存在一個常數 c，使得 $f(c) = 0$，則該常數 c 稱為 $f(x)$ 的零點。這時 $f(x)$ 可改寫成

$$f(x) = (x - c)g(x)$$

在前述的多項式例子 $f(x) = (x+1)^3 + x + 1 = x^2(x+1)$ 中，1 為多項式的零點，因為 $f(1) = 0$。如此一來，我們得到

$$\begin{array}{r} x^2 \\ x-1\overline{)x^3 + x^2} \\ \underline{x^3 - x^2} \\ 0 \end{array}$$

所以也可將 $f(x)$ 分解成 $f(x) = (x-1)x^2$。很明顯地，上述的多項式除法仍遵守了在 Z_2 的運算規定。

多項式可否分解和在什麼樣的數系有關。有時候，$f(x)$ 在某個數系可分解，但在另一個數系就無法分解了。不能分解的多項式稱為 不可分解 (Irreducible) 多項式。欲驗證一個多項式是否為不可分解，可檢查常數項的各個因數。例如：$x^2 - 3$ 在 Z 的數系上，我們經檢查 1、-1、3、-3 後，發現它們都不是 $x^2 - 3$ 的零點，所以 $x^2 - 3$ 為一不可分解多項式。不可分解多項式在將體轉換到 擴展體 (Extension Field) 時扮演很重要的角色。

範例 15.4.7

何謂擴展體？

解答 在 $(Z_2, +, \cdot)$ 的體上，我們引入一個不可分解多項式 $f(x) = x^3 + x + 1$。接下來，我們打算驗證 $Z_3 / <x^3 + x + 1>$ 為一個擴展體，也稱作 $GF(p^n) = GF(2^3) = GF(q)$，這裡 GF 為 Galois Field 的縮寫。由 $f(x)$ 中，假設 c 為 $f(x)$ 的零點，則滿足

$$c^3 + c + 1 = 0$$

到目前為止，擴展體上有三個元素：0、1 和 c。接下來，我們來建構出擴展體中的另外五個元素，由

$$c^2 = c^2$$
$$c^3 = c+1$$
$$c^4 = c^2+c$$
$$c^5 = c^2+c+1$$
$$c^6 = c^2+1$$

所以 $\{0, 1, c, c^2, c^3, c^4, c^5, c^6\}$ 構成了 GF(8) 的八個元素。來驗證一下 $c^4 \cdot c^5 = c^2$ 吧！因為

$$c^4 \cdot c^5 = (c^2+c)(c^2+c+1) = 3c^2 + 4c + 2 = c^2$$

所以 $c^9 = c^2$ 會成立。其實 GF(8) 中的八個元素恰好是下列的八種組合。

	c^2	c	1
0	0	0	0
1	0	0	1
c	0	1	0
c^2	1	0	0
c^3	0	1	1
c^4	1	1	0
c^5	1	1	1
c^6	1	0	1

15.5 結論

本章介紹近世代數的許多重要素材，相較於前面的章節，本章是較抽象的一章，近世代數在資訊領域的通訊編碼這一部分是很有用的數學。

15.6 習題

1. Compute F^{1001}, where F is defined as the following permutation:　（100 交大）

$$\begin{bmatrix} a & b & c & d & e & f & g & h \\ d & f & a & c & g & e & h & b \end{bmatrix}$$

2. Suppose that $f: G \to H$ is a group homomorphism and f is onto. Prove that if G is abelian, then H is abelian.　（100 台大）

3. 以下敘述何者為正確？請清楚標示答案，不需說明：

   (a) Suppose that $(G, \cdot)$ and $(H, *)$ are two groups. A mapping $f: G \to H$ is a group isomorphism, if $f(a \cdot b) = f(a) * f(b)$ for all $a, b \in G$.

   (b) If $(G, \cdot)$ is a group and $a \in G$, then $(\{a^i \mid i \in Z\}, \cdot)$ is also a group, where Z is a set of integers.　（99 台大）

4. 以下敘述何者為正確？請清楚標示答案，不需說明：

   (a) Suppose that $(R, +, \cdot)$ is a ring. If $a \cdot b = a \cdot c$, where $a, b, c \in R$ and a is not the identity for $+$, then $b = c$.

   (b) Suppose that $(R, +, \cdot)$ is a ring and $S \subset R$ is not empty. If $a + b, a \cdot b \in S$ for all $a, b \in S$ and $-c \in S$ for all $c \in S$, where $-c$ denotes the inverse of c under $+$, then $(S, +, \cdot)$ is also a ring.

   (c) If $(R, +, \cdot)$ is a field, then $(R, +, \cdot)$ is also an integral domain.　（99 台大）

5. Find all generators of the cyclic group $(Z_8, +)$.　（102 中山）

6. Find all generators of the cyclic group $(Z_5 - \{0\}, *)$.　（102 中山）

7. If G is a cyclic group of order n, how many distinct generators does it have?　（102 中山）

15.7 參考文獻

[1] 曹錫華，抽象代數概貌，亞東書局，台北，1991。
[2] I. N. Herstein, *Topics in Algebra*, 2nd Edition, Xeron Cor., Toronto, 1975.
[3] 莫宗堅，代數學（上）（下），聯經出版，台北，1984。
[4] I. N. Herstein, *Abstract Algebra*, 2nd Edition, Macmillan Pub., New York, 1990.

[5] R. P. Grimaldi, *Discrete and Combinatorial Mathematics: An Applied Introduction*, 4th Edition, Addison-Wesley, 1999.

[6] R. F. Lax, *Modern Algebra and Discrete Structure*, Harper Collins, New York, 1991.

習題詳解

第一章

1. 投擲了 12 次，總共有 6^{12} 種可能，其中點數和為 30 的方法數為 $x_1+x_2+x_3+\cdots+x_{12}=30$，$1 \leq x_i \leq 6$ 的整數解個數。即 $y_1+y_2+y_3+\cdots+y_{12}=18$，$0 \leq y_i \leq 5$ 的整數解個數，得
$$\binom{18+11}{11}-12\times\binom{23}{11}+\binom{12}{2}\times\binom{17}{11}-\binom{12}{3}\times\binom{11}{11}$$ 種解法，故所求機率為
$$\frac{1}{6^{12}}\left[\binom{29}{11}-12\times\binom{23}{11}+\binom{12}{2}\times\binom{17}{11}-\binom{12}{3}\times\binom{11}{11}\right]。$$

2. $\binom{8}{3}\times 5!$。

3. $r(m,n)=\binom{m}{2}\binom{n}{2}$。

4. (a) $(2w+x+3y+z)^{12}=((2w+x)+(3y+z))^{12}$，所以 $w^2x^3y^2z^5$ 的係數 $=\binom{12}{5}\binom{5}{2}\binom{7}{2}\times 2^2\times 3^2$。

   (b) 可以看成 $(a+x)^2(a+x)^3$ 展開式的 a^2x^3 係數，即 $(a+x)^5$ 的 a^2x^3 係數，所以 $\binom{5}{2}=10$。

5. (a) $\binom{16}{4}\binom{12}{4}\binom{8}{4}\binom{4}{4}$；(b) $\binom{16}{5}\binom{11}{5}\binom{6}{3}\binom{3}{3}$。

6. $x_1+x_2+\cdots+x_r=18$，$x_i\geq 1$ 之整數解個數為 $\binom{18-r+r-1}{r-1}=\binom{17}{r-1}$，故 18 的分割方式有 $\sum_{r=1}^{18}\binom{17}{r-1}=2^{17}$ 種。其中，每項為 3 的倍數，即 $y_1+y_2+\cdots+y_r=18$，$y_i\geq 3$，且 y_i 為 3 的倍數之整數解個數 $\binom{6-r+r-1}{r-1}=\binom{5}{r-1}$，故 18 的分割方式有 $\sum_{r=1}^{6}\binom{5}{r-1}=2^5$ 種。解答為 $\frac{2^5}{2^{17}}=\frac{1}{2^{12}}$，故選 (d)。

7. 假設 $x_1=a-1$，$x_2=b-a$，$x_3=c-b$，$x_4=d-c$，$x_5=12-d$，
   則 $x_1+x_2+x_3+x_4+x_5=12-1=11$，其中 x_1、$x_5\geq 0$。
   因為不含連續整數，所以 x_2、x_3、$x_4\geq 2$，因此解本題相當於上述問題的整數解個數，
   令 $y_1=x_1$，$y_2=x_2-2$，$y_3=x_3-2$，$y_4=x_4-2$，$y_5=x_5$，
   則 $y_1+y_2+y_3+y_4+y_5=(x_1+x_2+x_3+x_4+x_5)-6=11-6=5$，
   它的整數解個數為 $\binom{5+5-1}{5}=126$。

383

8. $x+y+z<20$ 相當於 $x+y+z\leq 19$。

   令 $u=19-x-y-z$，則 $x+y+z+u=19$，x、y、z、$u\geq 0$，

   整數解個數為 $\binom{4+19-1}{19}=\binom{22}{19}=\binom{22}{4}$。

9. (a) $\dfrac{\binom{4}{1}\binom{48}{12}}{\binom{52}{13}}$ ；(b) $\dfrac{\binom{4}{3}\binom{48}{10}+\binom{4}{4}\binom{48}{9}}{\binom{52}{13}}$。

10. $\binom{4}{1}\binom{13}{3}3!49!$。

第二章

1. 假設最少人數為 $n\,(\leq 7)$，則任兩個人生日皆不在同一週同一天的機率為

   $\dfrac{7\times 6\times 5\times\cdots\times(7-n+1)}{7^n}=\dfrac{P_n^7}{7^n}$。推得至少兩個人在同週同一天的機率即為 $1-\dfrac{P_n^7}{7^n}$，又我們

   希望這機率至少 0.8，所以 $1-\dfrac{P_n^7}{7^n}\geq 0.8$，亦即 $\dfrac{P_n^7}{7^n}<0.2$，可解得 $n=5$。

2. 當六場比賽贏與輸的場數一樣，機率為 $\binom{6}{3}\left(\dfrac{2}{5}\right)^3\left(\dfrac{3}{5}\right)^3$。

3. (a) $\dfrac{4}{11}\times\dfrac{5}{12}+\dfrac{5}{11}\times\dfrac{7}{12}=\dfrac{5}{12}$ ；

   (b) 選到藍色球數為 1 的機率為 $\dfrac{5}{12}\times\dfrac{7}{11}+\dfrac{7}{12}\times\dfrac{5}{11}=\dfrac{35}{66}$，選到藍色球數為 2 的機率為

   $\dfrac{5}{12}\times\dfrac{4}{11}=\dfrac{5}{33}$，所以期望值為 $1\times\dfrac{35}{66}+2\times\dfrac{5}{33}=\dfrac{5}{6}$。

4. 令 E 為 computer 有 TH 的事件，F 為 THS 為 positive 的事件。由題意得知 $P(E)=0.15$，

   $P(F|E)=0.95$ 和 $P(F|\overline{E})=0.02$，則所求為

   $P(E|F)=\dfrac{P(E\cap F)}{P(F)}=\dfrac{P(F|E)P(E)}{P(F|E)P(E)+P(F|\overline{E})P(\overline{E})}=\dfrac{(0.95)(0.15)}{(0.95)(0.15)+(0.02)(0.85)}=0.893417$。

5. 三個人任取箱子的總方法數為 $12\times 11\times 10$。取出箱子的編號為連號的情形有 [1, 2, 3]，[2, 3, 4]，…，[9, 10, 11]，[10, 11, 12]，共有 $10\times 3!$ 種，故所求機率為 $\dfrac{10\times 6}{12\times 11\times 10}=\dfrac{1}{22}$。

6. $\because P(E|F_1)=\dfrac{P(E\cap F_1)}{P(F_1)}=\dfrac{P(E\cap F_1)}{\frac{1}{6}}=\dfrac{2}{7}$，則 $P(E\cap F_1)=\dfrac{1}{21}$。

$$P(E|F_2) = \frac{P(E \cap F_2)}{P(F_2)} = \frac{P(E \cap F_2)}{\frac{1}{2}} = \frac{3}{8}\text{，則 } P(E \cap F_2) = \frac{3}{16}\text{。}$$

$$P(E|F_3) = \frac{P(E \cap F_3)}{P(F_3)} = \frac{P(E \cap F_3)}{\frac{1}{3}} = \frac{1}{2}\text{，則 } P(E \cap F_3) = \frac{1}{6}\text{。}$$

所以 $P(E) = P(E \cap F_1) + P(E \cap F_2) + P(E \cap F_3) = \frac{1}{21} + \frac{3}{16} + \frac{1}{6} = \frac{45}{112}$，

得 $P(F_2 | E) = \frac{P(F_2 \cap E)}{P(E)} = \frac{7}{15}$。

7. 令 X、Y 分別為有與無 training 的情況，Z 為 fail to detect 的情況。

得 $P(X) = 0.9$，$P(Y) = 0.1$，$P(Z|X) = 0.005$，$P(Z|Y) = 0.03$。

可推得 $P(Z) = P(Z \cap X) + P(Z \cap Y) = P(Z|X)P(X) + P(Z|Y)P(Y) = 0.0045 + 0.003 = 0.0075$；

$P(X|Z) = \frac{P(X \cap Z)}{P(Z)} = \frac{P(X|Z)P(Z)}{P(Z)} = \frac{0.0045}{0.0075} = 0.6$。

8. (a) $\frac{1}{2}$；

(b) 可能出現的情況有 8 種：1234，1243，2134，2143，2314，2413，2341，2431，所以機率為 $\frac{8}{4!} = \frac{1}{3}$；

(c) 可能的情況有 6 種：4321，2431，2143，4231，4213，2413，所以機率為 $\frac{6}{4!} = \frac{1}{4}$。

9. (a) 52 張牌中取 13 張牌的方法有 $\binom{52}{13} \times (13!)$ 種，

恰含 1 張 queen 的方法有 $\binom{4}{1}\binom{48}{12} \times (13!)$ 種，機率為 $\frac{\binom{4}{1}\binom{48}{12}(13!)}{\binom{52}{13}(13!)} = \frac{\binom{4}{1}\binom{48}{12}}{\binom{52}{13}}$；

(b) 恰含 3 張 kings 的方法有 $\binom{4}{3}\binom{48}{10} \times (13!)$ 種，

恰含 4 張 kings 的方法有 $\binom{4}{4}\binom{48}{9} \times (13!)$ 種，

所以至少 3 張 kings 機率為 $\dfrac{\binom{4}{3}\binom{48}{10} + \binom{4}{4}\binom{48}{9}}{\binom{52}{13}}$。

10. 令 A 為 spam 的事件，B 為不是 spam 的事件，C 為 message 中包含 "Linsanity" 的事件，

$$P(A) = P(B) = 0.5 , P(C \mid A) = \frac{100}{2000} , P(C \mid B) = \frac{15}{1000} ,$$

$$P(C) = P(C \cap A) P(C \cap B) = P(C \mid A)P(A) + P(C \mid B)P(B) = 0.05 \times 0.5 + 0.015 \times 0.5 = 0.0325 ,$$

$$P(A \mid C) = \frac{P(C \cap A)}{P(C)} = \frac{P(C \mid A)P(A)}{P(C)} = \frac{0.05 \times 0.5}{0.0325} = \frac{10}{13} = 0.77 < 0.8 ,$$

所以，在 threshold 為 0.8 的情況下會接受此 message。

第三章

1. 令 A 為投 decrease the deficit 人數且 $|A|=1542$，B 為投 environmental issues 人數且 $|B|=569$，C 為投 not to increase taxes 人數且 $|C|=1197$。
   依據題意 $|U|=2300$，且 $|A \cap B|=327$，$|B \cap C|=92$，$|A \cap C|=839$ 和 $|A \cap B \cap C|=50$。
   (a) 沒有投票的人數為 $|U-(A+B+C)+((A \cap B)+(B \cap C)+(A \cap C))-(A \cap B \cap C)|$
   $= 2300-(1542+569+1197)+(327+92+839)-50 = 200$；
   (b) 等於求 $|C-((B \cap C)+(A \cap C))+(A \cap B \cap C)| = 1197-(92+839)+50 = 316$。

2. 6 個全為 TRUE，故選 (d)。

3. 已知 $A \cup B = (A \cap B) \cup (A \setminus B) \cup (B \setminus A)$。
   因為 $A \cup B = A \cap B$，所以 $A \setminus B = \phi = B \setminus A$，亦即 $A=B$。

4. (a) $(0, 0)$ 到 $(8, 4)$ 需要走 12 步，故有 $\frac{12!}{8!4!} = \binom{12}{4}$ 不同走法；
   (b) 需經過 $(2, 2)$、$(6, 6)$ 兩點，因為只能向右或向上走，所以不可能經過 $(6, 6)$；

5. (a) True；(b) True；(c) True；(d) False，因為 $\phi \cup \{\phi\} = \{\phi\}$；(e) False，因為 $\{\phi\} - \phi = \{\phi\}$。

6. 令 E 為會 English 的人集，G 為會 German 的人集，F 為會 French 的人集，x 為三種語言都會的人集。
   由題意得知 $|E|=10$，$|F|=6$，$|G|=7$，$|E \cap F|=4$，$|F \cap G|=3$，$|E \cap G|=5$，$|E \cap F \cap G|=x$。
   (a) 令 $|E|+|F|+|G|-|E \cap F|-|F \cap G|-|E \cap G|+x=13$，
   亦得 $10+6+7-4-3-5+x=13$，得 $x=2$；
   (b) 恰只會兩種語言的人數，$|E \cap F|+|F \cap G|+|E \cap G|-3x$，可得 $4+3+5-6=6$；
   (c) 只會 English 人數 $=|E|-|E \cap F|-|E \cap G|+x$，可得 $10-4-5+2=3$。

7. 取 $A=\{a, ab\}$，$B=\{bc\}$，$C=\{c\}$，則 $AB \cap AC = \{abc, abbc\} \cap \{ac, abc\} = \{abc\}$，
   但 $(A \cap B)C = \phi$，故不為真。

8. 因為 $XOR(A, B) = (A \cup B) - (A \cap B) = \{\{\}, (x, y), (y, x)\}$，
   所以 $P(XOR(A, B)) = \{\{\}, \{\{\}\}, \{(x, y)\}, \{(y, x)\}, \{\{\}, (x, y)\}$

{{}, (y, x)}, {(x, y), (y, x)}, {{}, (x, y), (y, x)}}。

9. $\dfrac{10!}{2!\,1!\,7!}$。

10. 因為 $S = \{x \in Z^+ \mid x \leq 8,\ \gcd(x, x+10) = 1\} = \{1, 3, 7\}$，

    所以 $P(S) = \{\phi, \{1\}, \{3\}, \{7\}, \{1, 3\}, \{1, 7\}, \{3, 7\}, \{1, 3, 7\}\}$。

11. (a) $\dfrac{12!}{5!\,3!\,4!}$；

    (b) 求全路徑數扣掉經過 (5, 8) 的路徑數，得 $\dfrac{16!}{4!\,12!} - \dfrac{8!}{2!\,6!} \times \dfrac{8!}{2!\,6!}$；

    (c) 求全路徑數扣掉經過 (23, 45)、(45, 67) 和 (67, 89) 的路徑數，

    可得 $\dfrac{198!}{99!\,99!} - \dfrac{66!}{22!\,44!} \times \dfrac{44!}{22!\,22!} \times \dfrac{44!}{22!\,22!} \times \dfrac{44!}{33!\,11!}$。

第四章

1. A 為 reflexive，所以矩陣中的對角項都是 1，非對角項 0 或 1 都可以，所以方法數為 2^{12}。

2. (a) True。

   假設 $\forall a, b \in A, (a, b) \in R_1 \cup R_2$，表示 $(a, b) \in R_1$ 或 $(a, b) \in R_2$。

   因為 R_1 與 R_2 為 symmetric，所以 $(b, a) \in R_1$ 或 $(b, a) \in R_2$，亦即 $(b, a) \in R_1 \cup R_2$，

   證明了 $R_1 \cup R_2$ 具 symmetric 性質。

   (b) False。

   舉一反例。取 $A = \{1, 2, 3\}$ 且 $R_1 = \{(1, 1), (1, 2), (2, 1), (2, 2)\}$ 與 $R_2 = \{(2, 3), (3, 2), (3, 3)\}$；

   R_1 和 R_2 具有 symmetric 和 transitive 性質，但 $R_1 \cup R_2 = \{(1, 1), (1, 2), (2, 1),$
   $(2, 2), (2, 3), (3, 2), (3, 3)\}$ 不具 transitive 性質，因為少了 (1, 3)。

3. 假設 $A = \{1, 2, \cdots, N\}$ 且 R 為 A 上的 relation，因為 R 不具 reflexive 性質，所以矩陣中對角項不全為 1。

   又因 R 不具 irreflexive 性質，所以對角項不全為 0，故對角項關係數為 $2^n - 2$。非對角項可以為 0 或 1，所以非對角項關係數為 2^{n^2-n}。綜合起來，關係數為 $(2^n - 2)2^{n^2-n}$。

4. 假設 $A = \{1, 2, \cdots, N\}$ 且 R 為 A 上 relation。

   因為對角項可以為 0 或 1，所以對角項關係數為 2^n。

   又因為 R 為 anti-symmetric，所以 $a, b \in A$，$a \neq b$ 時，(a, b) 和 (b, a) 不能同時 $\in R$，所以不能有 (1, 1) 的關係，則非對角項的關係數為 $3^{\frac{n^2-n}{2}} = 3^{\binom{n}{2}}$。總關係數為 $2^n 3^{\binom{n}{2}}$。

5. (a) $A_1 = \begin{bmatrix} 1 & 0 \\ 1 & 1 \\ 0 & 1 \end{bmatrix}$ ；

   (b) $A_2 = \begin{bmatrix} 1 & 1 & 0 \\ 1 & 0 & 1 \end{bmatrix}$ ；

   (c) $A_1 A_2 = \begin{bmatrix} 1 & 0 \\ 1 & 1 \\ 0 & 1 \end{bmatrix} \begin{bmatrix} 1 & 1 & 0 \\ 1 & 0 & 1 \end{bmatrix} = \begin{bmatrix} 1 & 1 & 0 \\ 1 & 1 & 1 \\ 1 & 0 & 1 \end{bmatrix}$ 。

   (d) $A_1 A_2 = R_2 \circ R_1 = \{(1, a), (1, b), (2, a), (2, b), (2, c), (3, a), (3, c)\}$ 遞移關係。

6. 有兩個等價類：[1] = {1, 2} = [2] 和 [3] = {3, 4} = [4]。

7. (a) False。例如：$f(2, 4) = 16 = f(5, 2)$，但 f 不為 one-to-one。

   (b) True。因為不存在 $f(n, m) = 1$，f 不為 onto。

   且 $f(1, 15) = 344 = f(23, 1)$，所以 f 不為 one-to-one。

   (c) True。例如：$f(1, 1) = f(-1, -1)$，f 不為 one-to-one。又因為不存在 $f(n, m) = 4$，故 f 不為 onto。

   (d) False。例如：$f(1, 2) = \left\lfloor \dfrac{1}{2} \right\rfloor + 1 = 1 = f(1, 4)$，$f$ 不為 one-to-one。

8. 30 的正因數集合為 {1, 2, 3, 5, 6, 10, 15, 30}，則 Hasse diagram 如右圖所示。

9. (a) False。例如：$A = \{1, 2, 3, 12\}$，$(A, |)$ 為 lattice，但 $(A, |)$ 不具 total order 性質，因為 2 | 3、3 | 2 都不成立。

   (b) True。R 為 equivalence relation，且對應的三個分割為：
   {1, 4, 7}、{2, 5} 和 {3, 6}。

   (c) False。例如：$A = \{\phi, \{1\}, \{2\}, \{1, 2\}\}$ 則 $(A, \subseteq)$ 不為 total order，因為 $\{1\} \subseteq \{2\}$、$\{2\} \subseteq \{1\}$ 皆不成立。

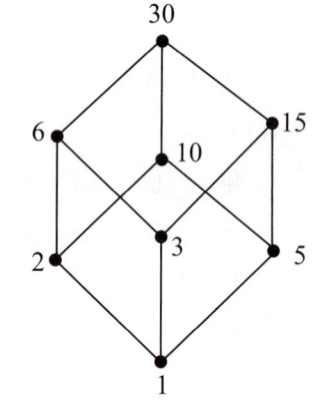

10. 假設 $\forall a, b, c \in S$

    (a) $a = 2^0 \times a$，所以 R 具自身性 (也稱為反身性)。

    (b) 假設 aRb，即 $a = 2^x b$，$x \in Z$，可得 $b = 2^y a$，$y = -x$、$y \in Z$，所以 R 具對稱性。

    (c) 假設 aRb、bRc，即 $a = 2^x b$、$b = 2^y c$，$x, y \in Z$，可得 $a = 2^x 2^y c = 2^{x+y} c$，$x + y \in Z$，所以 R 具遞移性。

    由 (a)(b)(c) 可知，R 為一個等價關係。

第五章

1. 因為 $f(n) = O(n^2)$，所以存在 $n_0 \in Z^+$、$c \in R^+$，使得 $|f(n)| \le cn^2$，$\forall n \ge n_0$，可推得 $|f(n)| \le cn^3$，$\forall n \ge n_0$，因此 $f(n) = O(n^3)$。

2. False。
$$f(n) = o(g(n)) \equiv \lim_{n \to \infty} \frac{f(n)}{g(n)} = 0$$，所以 "f is $o(g)$" 為 "f is $O(g)$ but not $\Theta(g)$" 的充分且必要條件。

3. (d)。
因為 $\lim_{n \to \infty} \dfrac{(n^5 + 3n^3 + 2)}{(7n^2 + 2n + 100)} = \lim_{n \to \infty} \dfrac{(n^3 + n + \frac{2}{n^2})}{(7 + \frac{2}{n} + \frac{100}{n^2})} \in \Theta(n^3)$ 或 $O(n^d)$，$d \ge 3$。

4. (a) $a = 5 + 10 + 15 + \cdots + 5n = 5(1 + 2 + \cdots + n) = 5 \times \dfrac{(1+n)n}{2} = O(n^2)$。

    (b) 此為調和數列，故 $b = O(\log n)$。

    (c) $\lim_{n \to \infty} \dfrac{(n^2 + \log n)(n+9)}{n + n^2} = \lim_{n \to \infty} \dfrac{(n^3 + 9n^2 + n \log n + 9 \log n)}{n + n^2} = O(n)$。

    (d) $O(n \log n)$。

5. $\log n! = \log 1 + \log 2 + \log 3 + \cdots + \log n \le \log n + \log n + \log n + \cdots + \log n \le n \log n$

    $\log n! = \log n + \cdots + \log \left\lceil \dfrac{n}{2} \right\rceil + \cdots + \log 1 \ge \log \dfrac{n}{2} + \cdots + \log \dfrac{n}{2} + 0 + \cdots + 0 \ge \dfrac{n}{2} \log \dfrac{n}{2}$

    $= \dfrac{n}{2}(\log n - \log 2) \ge \dfrac{n}{2}(\dfrac{1}{2} \log n + \dfrac{1}{2} \log n - \log 2) \ge \dfrac{n}{4}(\log n)$。

    所以 $\dfrac{n}{4} \log n \le \log n! \le n \log n$，故 $\log n! = \Theta(n \log n)$。讀者亦可參考 5.3 節的證法。

6. 請參見 5.2 節範例 5.2.3。

7. False。
Bubble sort 的 complexity 為 $O(n^2)$。

8. (a) $f(x) = 3x! + x^2 = O(x!)$；(b) $(G + F)(x) = \Omega(x!)$。

9. 請參見 5.4 節。只證明歸納法的第三步驟。考慮 $n = k + 1$，接著

    $1 \times 2 + 2 \times 3 + \cdots + k(k+1) + (k+1)(k+2) = \dfrac{k(k+1)(k+2)}{3} + (k+1)(k+2)$

    $= (k+1)(k+2)(\dfrac{k}{3} + 1) = \dfrac{(k+1)(k+2)(k+3)}{3}$，

    證明完畢。

10. 假設此式可寫成 $1^3 + 2^3 + 3^3 + \cdots + n^3 = \dfrac{n^2(n+1)^2}{4}$ 歸納證明如下：

    當 $n = 1$ 時，$1^3 = \dfrac{1^2(1+1)^2}{4}$ 成立。令 $n = k$ 時命題成立，即 $1^3 + 2^3 + 3^3 + \cdots + k^3 = \dfrac{k^2(k+1)^2}{4}$。

接著考慮 $n = k+1$，可得

$$1^3 + 2^3 + \cdots + k^3 + (k+1)^3 = (1+2+\cdots+k)^2 + (k+1)^3 = \frac{k^2(k+1)^2}{4} + (k+1)^3$$

$$= \frac{1}{4}(k+1)^2[k^2 + 4(k+1)] = \frac{(k+1)^2(k+2)^2}{4},$$

證明完畢。

第六章

1. 仿 6.3 節，令特徵方程式為 $r^2 - 3r - 10 = 0$，解得 $r = 5$、-2。
   令 $a_n = c_1 5^n + c_2(-2)^n$，利用邊界條件可解得 $c_1 = 3$ 和 $c_2 = 1$，最終解為 $a_n = 3(5^n) + (-2)^n$，$n \geq 0$。

2. 令特徵方程式為 $r^2 - 10r + 25 = 0$，解得 $r = 5$、5。
   令 $s_n = (a_1 + a_2 n)5^n$，利用邊界條件可解得 $a_1 = -7$、$a_2 = 4$，最終解為 $s_n = (-7 + 4n)5^n$，$n \geq 0$。

3. (a) 特徵方程式為 $r^2 - 1 = 0 \Rightarrow r = 1$、$-1$
   令 $a_n = c_1 \times 1^n + c_2 \times (-1)^n$，利用邊界條件可解得 $c_1 = 1$，$c_2 = -1$，
   最終解為 $a_n = 1^n - (-1)^n$，$n \geq 1$。
   (b) 類似解 6.2 節範例 6.4.2，可得 $a_n = 1 + \frac{n(n-1)}{2}$，$n \geq 1$。

4. 類似於解 6.4 節範例 6.4.2，可得 $r = \frac{-1}{2}$，$x_n^{(h)} = (c_0 + c_1 n)(\frac{-1}{2})^n$，及 $x_n^{(p)} = d(\frac{1}{4})^n$。

   代入原式得 $d(\frac{1}{4})^n + d(\frac{1}{4})^{n-1} + (\frac{1}{4})d(\frac{1}{4})^{n-2} = (\frac{1}{4})^n$，同除以 $(\frac{1}{4})^n$ 得 $d + 4d + 4d = 1$，

   得 $d = \frac{1}{9}$，$x_n^{(p)} = \frac{1}{9}(\frac{1}{4})^n$。

   利用邊界條件，解得 $x_n = (\frac{8}{9} - \frac{17}{6}n)(\frac{-1}{2})^n + \frac{1}{9}(\frac{1}{4})^n$，$n \geq 0$。

5. 利用 6.2 節的疊代表，可得 $a_n^2 = 9 \times 5^n$，進而得 $a_{16} = \pm 3 \times 5^8$。

6. 仿 6.4 節範例 6.4.1，可解得 $a_n = 1 + 2^n + 2n$，$n \geq 0$。

7. True。

8. 仿 6.3 節試題 6.3.3.5，可得特徵方程式為 $r^3 - 3r^2 + 3r - 1 = 0$，求出其特徵根為 $1, 1, 1$。
   令 $y_n = c_1 1^n + c_2 1^n n + c_3 1^n n^2 = c_1 + c_2 n + c_3 n^2$。

利用邊界條件可解得 $y_n = \dfrac{1}{2}(-n+n^2)$，$\forall n \geq 0$。

9. 仿 6.3 節範例 6.3.1，可解得 $b_n = 7-2^n$，$n \geq 1$。

10. 由題意知 $a_r - 2a_{r-1} = 2(a_{r-1} - 2a_{r-2})$，所以 $a_r - 4a_{r-1} + 4a_{r-2} = 0$。
    特徵方程式為 $r^2 - 4r + 4 = 0$，則 $r = 2, 2$。
    利用 $a_0 = 1$，可解出 $a_r = (1 + c_1 r)2^r$，其中 c_1 為常數。

第七章

1. $x = 2$ 代入 $(1+x)^n = \sum_{k=0}^{n} C(n, k) 2^k$，可得 $3^n = \sum_{k=0}^{n} C(n, k) 2^k = \sum_{k=0}^{n-1} C(n, k) 2^k + C(n, n) 2^n$，
   移項得 $\sum_{k=0}^{n-1} C(n, k) 2^k = 3^n - C(n, n) 2^n = 3^n - 2^n$。

2. (a) 參考 7.4 節範例 7.4.1，得 $f(x) = (1-2x)^{-7} = \sum_{r=0}^{\infty} \binom{7+r-1}{r}(2x)^r$，
    x^5 的係數為 $\binom{7+5-1}{5} 2^5 = 32 \binom{11}{5}$，故命題為真。

   (b) $[(x/2) + y - 3z]^5 = \sum_{\substack{n_1+n_2+n_3=5 \\ 0 \leq n_1, n_2, n_3}} \binom{5}{n_1, n_2, n_3} (\tfrac{x}{2})^{n_1} y^{n_2} (-3z)^{n_3}$，
   所以 $x^2 y z^2$ 的係數 $\binom{5}{2,1,2}(\tfrac{1}{2})^2 1^1 (-3)^2 = \dfrac{135}{2}$，故命題不為真。

3. (a) 參考 7.2 節，得 $G(x) = \sum_{n=0}^{\infty} a_n x^n = -x^0 - x^1 - x^2 - x^3 - x^4 - x^5 - x^6 = \dfrac{-1-x^7}{1-x}$。

   (b) $G(x) = \sum_{n=0}^{\infty} a_n x^n = \sum_{n=0}^{\infty} ((-1)^{n+1} 3) x^n = \sum_{n=0}^{\infty} (-3)(-x)^n = -3 \sum_{n=0}^{\infty} (-x)^n = \dfrac{-3}{1+x}$。

4. 因為 p 的值可為 $2, 3, 5, 7, \cdots$，其對應的生成函數為 $x^2 + x^3 + x^5 + x^7 + \cdots$，同理，$q$ 所對應的生成函數亦為 $x^2 + x^3 + x^5 + x^7 + \cdots$，
   所以 $f(x) = \sum_{r=2}^{\infty} a_r x^r = (x^2 + x^3 + x^5 + x^7 + \cdots)^2$。

5. $x = -2$ 代入 $(1+x)^{100} = \sum_{k=0}^{100} \binom{100}{k} x^k$，得 $(1-2)^{100} = \sum_{k=0}^{100} \binom{100}{k}(-2)^k = \sum_{k=0}^{100} (-1)^k \binom{100}{k} 2^k$，
   所以 $\sum_{k=1}^{100} (-1)^k \binom{100}{k} 2^k = (1-2)^{100} - (-1)^0 \binom{100}{0} 2^0 = 1 - 1 = 0$。

6. 令 $G(x) = \sum_{n=0}^{\infty} a_n x^n$ 為數列 $0, 0, 1, 0, 0, 1, 0, 0, 1, \cdots$ 之生成函數，則

$$G(x) = \sum_{n=0}^{\infty} a_n x^n = x^2 + x^5 + x^8 + \cdots = x^2(1 + x^3 + x^6 + \cdots) = \frac{x^2}{1-x^3}$$ 。

7. $(2-x^3)^5 = \sum_{r=0}^{5} \binom{5}{r}(-x^3)^r 2^{5-r} = \sum_{r=0}^{5} \binom{5}{r}(-1)^r 2^{5-r} x^{3r}$，推得 x^6 的係數為 $\binom{5}{2}(-1)^2 2^3 = 80$ 。

8. (a) $(x+3)^2 = 9 + 6x + x^2$，所以數列的前 7 項為 $9, 6, 1, 0, 0, 0, 0$；

    (b) $(1+x)^5 = \binom{5}{0} + \binom{5}{1}x + \binom{5}{2}x^2 + \binom{5}{3}x^3 + \binom{5}{4}x^4 + \binom{5}{5}x^5$，

    所以數列的前 7 項為 $\binom{5}{0}, \binom{5}{1}, \binom{5}{2}, \binom{5}{3}, \binom{5}{4}, \binom{5}{5}, 0$；

    (c) $\frac{1}{1-3x} = \sum_{n=0}^{\infty} 3^n x^n$，所以數列的前 7 項為 $3^0, 3^1, 3^2, 3^3, 3^4, 3^5, 3^6$；

    (d) $\frac{x^2}{1-x} = x^2\left(\sum_{r=0}^{\infty} x^r\right) = \sum_{r=0}^{\infty} x^{r+2}$，所以數列的前 7 項為 $0, 0, 1, 1, 1, 1, 1$。

9. 假設數列為 a_n，且由 a_0 開始，a_n 的 generating function 為 $A(x)$

    (a) $G(x) = 4 + 8x + 16x^2 + \cdots = \frac{4}{1-2x}$；

    (b) $G(x) = 1 + x^2 + x^4 + \cdots = \frac{1}{1-x^2}$；

    (c) $G(x) = 2 + 2x^3 + 2x^6 + \cdots = \frac{2}{1-x^3}$；

    (d) $G(x) = \sum_{n=0}^{\infty} a_n x^n = \sum_{n=0}^{\infty}(2n+2)x^n$，已知 $\frac{1}{1-x} = \sum_{n=0}^{\infty} x^n$，兩邊對 x 微分得 $\frac{1}{(1-x)^2} = \sum_{n=1}^{\infty} nx^{n-1}$，

    兩邊同乘 x 得 $\frac{x}{(1-x)^2} = \sum_{n=1}^{\infty} nx^n = \sum_{n=0}^{\infty} nx^n$

    所以 $G(x) = \sum_{n=0}^{\infty}(2n+2)x^n = 2\left(\sum_{n=0}^{\infty} nx^n\right) + 2\left(\sum_{n=0}^{\infty} x^n\right) = \frac{2x}{(1-x)^2} + \frac{2}{1-x} = \frac{2}{(1-x)^2}$ 。

10. 等於下列問題求整數解個數：$x_1 + x_2 + x_3 = 11$，$2 \leq x_i \leq 5$，$i = 1, 2, 3$。
    對應的 generating function 為

    $$G(x) = (x^2 + x^3 + x^4 + x^5)^3 = x^6(1 + x + x^2 + x^3)^3 = x^6\left(\frac{1-x^4}{1-x}\right)^3 = x^6(1-x^4)^3(1-x)^{-3}$$

    $$= x^6(1 - 3x^4 + 3x^8 - x^{12})[\sum_{r=0}^{\infty}\binom{3+r-1}{r}x^r]$$，

    推得 x^{11} 的係數為 $\binom{3+5-1}{5} - 3\binom{3+1-1}{1} = \binom{7}{5} - 3\binom{3}{1} = 12$ 。

第八章

1. $[A \rightarrow ((B \rightarrow C) \wedge (\neg B \rightarrow D))] \wedge (\neg A \rightarrow E) \Leftrightarrow [A \rightarrow ((\neg B \vee C) \wedge (B \vee D))] \wedge (\neg A \rightarrow E)$
   $\Leftrightarrow [\neg A \vee ((\neg B \vee C) \wedge (B \vee D))] \wedge (A \vee E)$

2. $\neg (\forall x \ A(x) \rightarrow B(x) \vee C(x)) \Leftrightarrow \exists x \ A(x) \wedge \neg B(x) \wedge \neg C(x)$

3. 由題目得知 $p \rightarrow q$ 為假，得 $p = 1$，$q = 0$。
   故得 $\neg p \vee \neg q$ 為 1，且 $\neg q$ 為 1，推得 $(\neg p \vee \neg q) \rightarrow (\neg q)$ 為 True。

4. (a) $(p \uparrow p) \Leftrightarrow \neg (p \wedge p) \Leftrightarrow \neg p$
   (b) $(p \uparrow p) \uparrow (q \uparrow q) \Leftrightarrow [\neg (p \wedge p)] \uparrow [\neg (q \wedge q)] \Leftrightarrow \neg (\neg p \wedge \neg q) \Leftrightarrow (p \vee q)$
   (c) $(p \uparrow q) \uparrow (p \uparrow q) \Leftrightarrow [\neg (p \wedge q)] \uparrow [\neg (p \wedge q)] \Leftrightarrow \neg [(\neg p \vee \neg q) \wedge (\neg p \vee \neg q)] \Leftrightarrow (p \wedge q)$
   (d) $p \uparrow (p \uparrow q) \Leftrightarrow p \uparrow \neg (p \wedge q) \Leftrightarrow p \uparrow (\neg p \vee \neg q)$
   $\Leftrightarrow \neg [p \wedge (\neg p \vee \neg q)] \Leftrightarrow \neg p \vee (p \wedge q) \Leftrightarrow \neg p \wedge q$
   $\Leftrightarrow p \rightarrow q$
   故 (a)(b)(c)(d) 全為 True。

5. (a) True。
   (b) False。
   左式 $\Leftrightarrow \neg [(p \rightarrow q) \wedge (q \rightarrow p)] \Leftrightarrow \neg (p \rightarrow q) \vee \neg (q \rightarrow p)$
   $\Leftrightarrow \neg (\neg p \vee q) \vee \neg (\neg q \vee p) \Leftrightarrow (p \wedge \neg q) \vee (q \wedge \neg p)$
   右式 $\Leftrightarrow (\neg p \rightarrow q) \wedge (\neg q \rightarrow \neg p) \Leftrightarrow (p \vee \neg q) \wedge (q \vee \neg p)$
   $\Leftrightarrow \neg [(\neg p \wedge q) \vee (\neg q \wedge p)]$
   左式≠右式。
   (c) True。
   $\neg \exists x \ (Q(x) \wedge R(x)) \Leftrightarrow \forall x \ (\neg Q(x) \vee \neg R(x))$。
   (d) True。可推得為恆真句。

6. (b) $\exists x \ (p(x) \rightarrow q(x))$。
   (c) $\forall x \ (p(x) \rightarrow q(x))$。
   (d) 原式 $\Leftrightarrow \forall x \ (q(x) \vee \neg p(x)) \Leftrightarrow \forall x \ (p(x) \rightarrow q(x))$。
   (e) 原式 $\Leftrightarrow \forall x \ (q(x) \rightarrow p(x))$。
   得 (a) 和 (e) 等價；(c) 和 (d) 等價。

7. 令 P 為 You cannot ride the roller coaster，Q 為 you are under 4 feet tall，R 為 you are older than 16 years old，得 $\neg R \rightarrow (Q \rightarrow P)$。

8. 令 C 為班級同學，U 為全校同學，Q 為 has studied Discrete Mathematices，(a) $\forall x \in C$，$Q(x)$；(b) $\forall x \in U$，$Q(x)$。

9. (a) $\exists x \ \neg f(x)$；(b) $\neg p \vee \neg q$。

第九章

1. True。因為 $\exists x\,[p(x)\vee q(x)] \Leftrightarrow [\exists x\,p(x)\vee \exists x\,q(x)]$

   所以 $\neg\,\exists x\,[p(x)\vee q(x)] \Leftrightarrow \neg\,[(\exists x\,p(x)\vee \exists x\,q(x))]$
   $$\Leftrightarrow [\forall x\,\neg p(x)\wedge \forall x\,\neg q(x)]\,\text{。}$$

2. 請參見 9.2 節試題 9.2.2.1，
   $$(f+g+h)(f+\bar{g}+\bar{h})(f+\bar{g}+h) = \neg\,(\overline{fgh})\vee(\overline{f\bar{g}h})\vee(\overline{f\bar{g}\bar{h}})$$

   卡諾圖如下所示：

	$\bar{g}\bar{h}$	$\bar{g}h$	gh	$g\bar{h}$
$\bar{f}$	0	0	1	0
f	1	1	1	1

   化簡得 $(f+h)(f+g) = f+gh$。

3. $F(x,y,z) = xyz + xy\bar{z} + \bar{x}yz + \bar{x}\bar{y}z + x\bar{y}z = xy + \bar{x}y + yz$。

4. 由卡諾圖：

	$y'z'$	$y'z$	yz	yz'
x'	1	1	0	0
x	1	0	1	1

   可化簡得到 $F = \bar{x}\bar{y} + \bar{y}\bar{z} + xy = \bar{y}(\bar{x}+\bar{z}) + xy = \bar{y}(\overline{xz}) + xy = \overline{y+xz} + xy$。

   Nand 與常用邏輯符號的互換：

   為了表示方便，在此定義符號 ↑ 為 Nand 閘。得

   $\bar{p} \equiv p\uparrow p$；$p+q = (p\uparrow p)\uparrow(q\uparrow q)$；$pq \equiv (p\uparrow q)\uparrow(p\uparrow q)$。

   $F = \overline{y+xz} + xy = \overline{(y+xz}\uparrow\overline{y+xz})\uparrow(xy\uparrow xy) = (y+xz)\uparrow(x\uparrow y)$
   $= [(y\uparrow y)\uparrow(xz\uparrow xz)]\uparrow(x\uparrow y) = [(y\uparrow y)\uparrow(x\uparrow z)]\uparrow(x\uparrow y)$。

5.

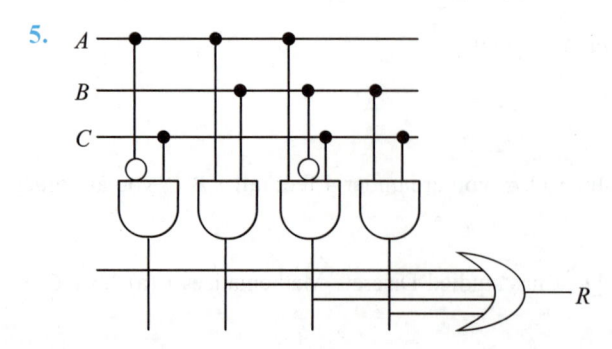

6. 為了簡化，在此省去卡諾圖，可得

$F = wxy(z+z') + wxy'(z+z') + w'xz(y+y') = wxy + wxy' + w'xz = wx(y+y') + w'xz$
$= wx + w'xz = x(w+w'z) = x(w+z)$。

7. 卡諾圖如下所示：

	$y'z'$	$y'z$	yz	yz'
x'	0	1	1	0
x	0	1	0	0

化簡得 $(x'z)+(y'z) = z(x'+y')$。

8. (a) $(x+y')+xz$。

(b) 其 truth table 如下所示：

x	y	z	$x+y'$	xz	$(x+y')+xz$
0	0	0	1	0	1
0	0	1	1	0	1
0	1	0	0	0	0
1	0	0	1	0	1
0	1	1	0	0	0
1	0	1	1	1	1
1	1	0	1	0	1
1	1	1	1	1	1

9. 對應的 Boolean expression 為 $\Sigma\,(0, 2, 5, 7, 8, 10, 12, 14)$，其卡諾圖如下所示：

	$R'S'$	$R'S$	RS	RS'
$P'Q'$	1	0	0	1
$P'Q$	0	1	1	0
PQ	1	0	0	1
PQ'	1	0	0	1

可化簡為 $Q'S' + P'QS + PS'$。

第十章

1. 請參見 10.3 節範例 10.3.1，因為 $f(1) = 4$，$f(2) = 1$，$f(3) = 5$，$f(4) = 3$ 和 $f(5) = 2$，故 (b) (c) 同構；考慮 (c)(d)，因為 $f(1) = 2$，$f(2) = 3$，$f(3) = 4$，$f(4) = 5$ 和 $f(5) = 1$，故 (c)(d) 同構。由遞移率知 (b)(d) 亦同構。

2. (a) $|E| = \dfrac{mn}{2}$；

   (b) 假設 $\overline{G} = (\overline{V}, \overline{E}) = (V, \overline{E})$，因為 $|E| + |\overline{E}| = \binom{n}{2}$，所以 $|\overline{E}| = \binom{n}{2} - |E| = \binom{n}{2} - \dfrac{mn}{2}$；

   (c) 一個 connected graph $G = (V, E)$ 具有 Euler circuit 的充要條件為它的所有點 degree 皆為偶數，因此當 G 為 connected 且 m 為偶數時，G 具有 Euler circuit。

3. False。$K_{3,3}$ 中有 6 個點 degree 為奇數 3，所以 $K_{3,3}$ 不具 Euler path。

4. G 有四個 connected components，它們的點集分別為 $\{v_1, v_2, v_7, v_8\}$，$\{v_3, v_4, v_6, v_{10}\}$，$\{v_5, v_9\}$，$\{v_{11}\}$。

5. 假設 $G = (V, E)$ 且 $|V| = n$，分成兩種情況討論：

   (a) 若 G 中有一節點其 degree 為 $n - 1$，所以 G 中不存在點其 degree 為 0，因此 G 中 n 個點的 degree 範圍為 1 到 $n - 1$，根據鴿籠原理，G 中存在兩個點具有相同 degree。

   (b) 否則，G 中 n 個點的 degree 範圍介於 0 到 $n - 2$，根據鴿籠原理，G 中存在兩個點具有相同 degree。

6. True。一個 connected graph 中所有點的 degree 均為偶數是具有 Euler circuit 的充要條件。

7. (a) 1 ●   ● 2

       3 ● —— ● 4

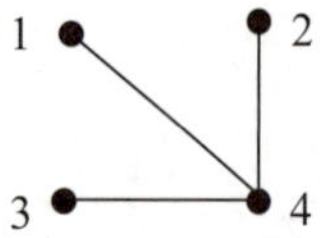

   (b) 以 W 為點集的 induced subgraph 如下所示：
   1 ●　　● 2

   3 ●

   (c) 節點 2 到節點 3 的距離為 2。

   (d) 節點集可分成兩個子集合：{1, 2, 3} 和 {4}。這兩個子集合間沒有任何連線，所以 G is bipartite。

8. (a)   (b)

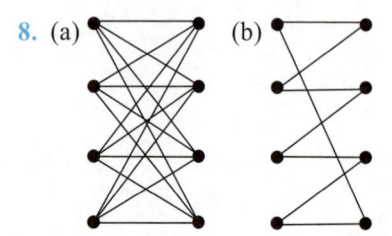

9. False。因為一個 connected graph 中,要具有 Euler circuit 的充要條件為所有點的 degree 皆為偶數,但 K_6 中所有點的 degree 皆為 5,因此 K_6 不具 Euler circuit。

第十一章

1. 請參見 11.3.2 節範例 11.3.2.1。已知 K_5 有 10 個邊,其可轉變的 bipartite graphs 有 $K_{1,4}$ 和 $K_{2,3}$。K_5 移走 $\binom{4}{2}=6$ 個邊可變成 $K_{1,4}$;K_5 移走 $1+3=4$ 個邊可變成 $K_{2,3}$,故 K_5 最少需移去 4 個邊可轉變出二分圖。

2. $K_{3,7}$ 的點集合分兩個部分 V_1 和 V_2;$|V_1|=3$ 和 $|V_2|=7$。
   因為 6 個點形成 5 個邊,故長度為 5 的路徑必包含 V_1 和 V_2 中的 3 個節點,推得所有路徑數為 $3 \times 7 \times 2 \times 6 \times 1 \times 5 = 1260$。

3. (a) 請參見 11.4.2 節範例 11.4.2.3 與範例 11.4.2.4。

   對應的 Graph G 如下所示:

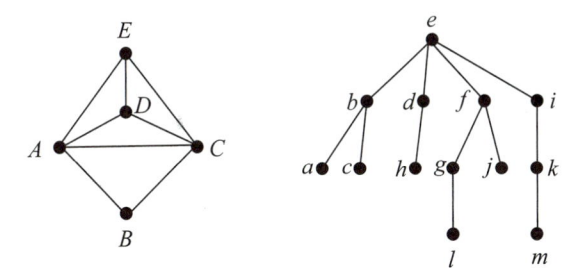

   (b) 由上圖知 $C(G) = 4$。

   (c) A, C, D, E 形成一個 K_4,則多項式為 $n(n-1)(n-2)(n-3)$,另 B 與 A、C 不同色,所以 $P(G,n) = n(n-1)(n-2)^2(n-3)$。

   (d) $n=6$ 時,$P(G,6) = 6 \times 5 \times 4^2 \times 3$。

4. (a) 請參見 11.2 節。

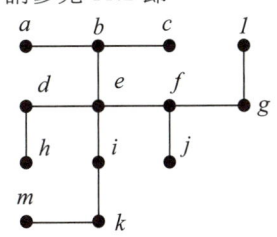

   (b)(i) yes 且 $m=4$;(ii) 因所有分支具有 level 2 或 3,所以此樹為 balanced tree;(iii) 3。

5. (a) 因樹中任兩點間有一條 path,所以有 $\binom{n}{2}$ 條相異 paths。

(b) 假設 T 中 degree 1 的節點數為 x。已知 $|E|=|V|-1=(9+x)-1=x+8$。

因 $2|E|=\sum_{v\in V}\deg(v)=x\times 1+3\times 2+2\times 3+4\times 4=x+28$，則 $|E|=x+8=\dfrac{x+28}{2}$，

解得 $x=12$。

6. 請參見 11.2 節中的 Kruskal 法，可得如下 MST：

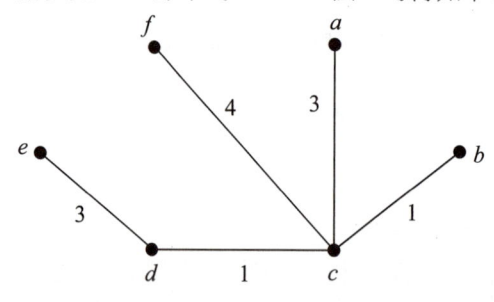

由上圖知 minimum cost 為 $1+1+3+3+4=12$。

7. 當每層只有一個內部節點時有最少的 leaves 數；T 為完整樹時有最多的 leaves 數，所以 $x+y=5+2^4=21$。

8. (a) T 有 $n^0+n^1+n^2+\cdots+n^h=\dfrac{n^{h+1}-1}{n-1}$ 個節點數；(b) 因為樹的邊數比節點數量少 1，所以邊數為 $\dfrac{n^{h+1}-1}{n-1}-1$。

9. (a) 右圖為對應的 binary tree，其 inorder traversal 為 BGFACED。
(b) ABCFDGE。

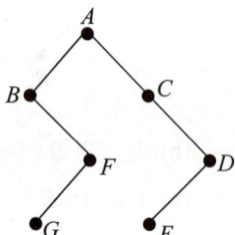

第十二章

1. (a)(b)(d)(e) 皆為 True；(c) 為 False。

舉一反例如下：

令 $A=\{a, aa\}$，$B=\{b, \lambda\}$，$C=\{ab, \lambda\}$，則 $AB=\{ab, a, aab, aa\}$，

$AC=\{aab, a, aaab, aa\}$ 和 $B\cap C=\{\lambda\}$，但 $AB\cap AC=\{a, aa, ab\}\neq (B\cap C)=\{\lambda\}$，

原式不成立。

2. 請參見 12.2 節範例 12.2.4：NFA 轉換成 DFA 的內容。

依 G_1 可得如下狀態表和 NFA：

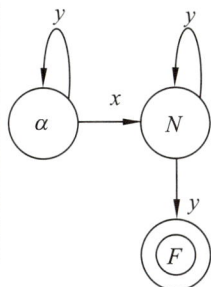

	Next state		output
	x	y	
α	N	α	0
N	ϕ	N, F	0
F	ϕ	ϕ	1

令 $A = \{\alpha\}$、$B = \{N\}$ 和 $C = \{N, F\}$，則得如下 DFA

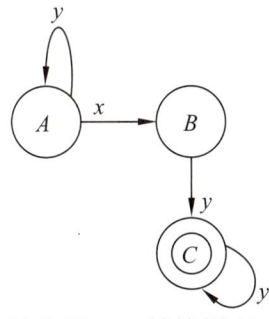

3. 請參見 12.3 節範例 12.3.6。

False。regular languages 其對應的文法為 regular grammar，而 regular grammar 有可以被 context-free grammar 所推演出來。

4. (a) $|\Sigma^2| = |\Sigma|^2 = 25$; $|\Sigma^3| = |\Sigma|^3 = 125$;

(b) $|\Sigma^0| + |\Sigma^1| + |\Sigma^2| + |\Sigma^3| + |\Sigma^4| + |\Sigma^5| = \dfrac{5^6 - 1}{4} = 3906$。

5. 請參見 12.3 節範例 12.3.1。

(c) $S \to SS0 \to SSS00 \to 11100$。

6. 請參見 12.4 節範例 12.4.2.4，

$X_0 = \{\{S_1, S_3, S_4\}\{S_2, S_5, S_6\}\}$

$X_1 = \{\{S_1\}\{S_3, S_4\}\{S_2, S_5, S_6\}\}$

$X_2 = \{\{S_1\}\{S_3, S_4\}\{S_2, S_5\}\{S_6\}\}$

令 $\{S_1\} = A$，$\{S_3, S_4\} = B$，$\{S_2, S_5\} = C$ 和 $\{S_6\} = D$，得下圖：

	Next state		Output	
	0	1	0	1
A	B	B	0	0
B	C	B	0	0
C	C	C	1	0
D	A	D	1	0

7. 請參見 12.4 節試題 12.4.2.2(a)，可得

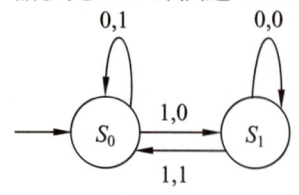

```
       0,1           0,0
      ↺             ↺
          1,0
  →  S₀  ⇌  S₁
          1,1
```

8. G 所生成的語言為 $L(G) = \{a^x b^{x+y} a^y \mid x \geq 0, y \geq 0\}$。

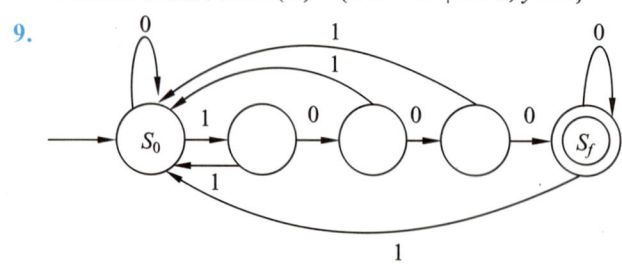

9.
```
       0        1              0
      ↺                       ↺
              1
  → S₀  →  ○  →  ○  →  ○  →  Sf
       1
              1
```

10. 請參見 12.2 節範例 12.2.4，可得到

	a	b	c
S_0	S_1	ϕ	ϕ
S_1	S_0	S_2	S_0, S_2
S_2	S_0, S_1, S_2	S_0	S_0
S_0, S_2	S_0, S_1, S_2	S_0	S_0
S_0, S_1, S_2	S_0, S_1, S_2	S_0, S_2	S_0, S_2
ϕ	ϕ	ϕ	ϕ

令 $A = \{S_0\}$，$B = \{S_1\}$，$C = \{S_2\}$，$D = \{S_0, S_2\}$ 和 $E = \{S_0, S_1, S_2\}$，可得如下有限狀態

	a	b	c
A	B	ϕ	ϕ
B	A	C	D
C	E	A	A
D	E	A	A
E	E	D	D

第十三章

1. 利用第三章簡易排容概念，得 $\left\lfloor \dfrac{250}{5} \right\rfloor - \left\lfloor \dfrac{250}{3\times 5} \right\rfloor - \left\lfloor \dfrac{250}{5\times 7} \right\rfloor + \left\lfloor \dfrac{250}{3\times 5\times 7} \right\rfloor = 50 - 16 - 7 + 2 = 29$。

2. $100! = 1 \times 2 \times 3 \times 4 \times \cdots \times 99 \times 100$。

利用 $2\times 5\times 10 = 100$ 和 $4\times 25 = 100$ 兩個特性，得 100! 共有 $\left\lfloor\dfrac{100}{5}\right\rfloor + \left\lfloor\dfrac{100}{5^2}\right\rfloor = 20 + 4 = 24$ 個零。

3. 利用 13.2 節範例 13.2.1 的質數定義，推得 $9n^3 - 9n^2 + n - 1 = (n-1)(9n^2 + 1)$，則（$n-1 = 1$ 且 $9n^2 + 1$ 為質數）或（$n-1$ 為質數且 $9n^2 + 1 = 1$），解得 $n = 2$。

4. 結合 5.4 節歸納法證明法和 13.2 節試題 13.2.4.4，

    當 $n = 0$ 時，$133 | 121 + 12 = 133$ 成立。

    設 $n = k$ 時，令 $133 | 11^{k+2} + 12^{2k+1}$ 成立且 $11^{k+2} + 12^{2k+1} = 133m$。

    當 $n = k+1$ 時，$11^{k+3} + 12^{2(k+1)+1} = 11\times 11^{k+2} + 12^2\times 12^{2k+1} = 11\times 11^{k+2} + 144\times 12^{2k+1}$
    $= 11\times 11^{k+2} + (11\times 12^{2k+1} + 133\times 12^{2k+1})$
    $= 11\times (11^{k+2} + 12^{2k+1}) + 133\times 12^{2k+1}$
    $= 11\times 133m + 133n$。

    推得 $133 | 11^{n+2} + 12^{2n+1}$。

5. 仿上題歸納證明技巧，

    當 $n = 0$ 時，$9 | 0^3 + 1^3 + 2^3 = 9$ 成立。

    假設 $n = k$ 時，令 $9 | k^3 + (k+1)^3 + (k+2)^3$ 成立。

    當 $n = k+1$ 時，$(k+1)^3 + (k+2)^3 + (k+3)^3 = (k+1)^3 + (k+2)^3 + (k^3 + 9k^2 + 27k + 27)$
    $= k^3 + (k+1)^3 + (k+2)^3 + 9k^2 + 27k + 27$
    $= k^3 + (k+1)^3 + (k+2)^3 + 9(k^2 + 3k + 3)$

    因為 $9 | k^3 + (k+1)^3 + (k+2)^3$ 且 $9 | 9(k^2 + 3k + 3)$，所以 $9 | n^3 + (n+1)^3 + (n+2)^3$。

6. 請參見 13.3 節試題 13.3.7.1 的解法

    $396 = 1\times 312 + 84$

    $312 = 3\times 84 + 60$

    $84 = 1\times 60 + 24$

    $60 = 2\times 24 + 12$

    $24 = 1\times 12 + 0$

    倒推回去，可得

    $12 = 60 - 2\times 24 = 60 - 2\times (84-60) = -2\times 84 + 3\times 60 = -2\times 84 + 3\times (312 - 3\times 84)$
    $= 3\times 312 - 11\times 84 = 3\times 312 - 11\times (396 - 312) = -11\times 396 + 14\times 312$

    兩邊同乘 19，得

    $228 = 396\times (-11\times 19) + 312\times (14\times 19) = 396\times (-209) + 312\times (266)$
    $= 396\times \left(-209 + \dfrac{312}{12}k\right) + 312\times \left(266 - \dfrac{396}{12}k\right) = 396\times (-209 + 26k) + 312\times (266 - 33k)$

解得 $x = -209 + 26k$ 和 $y = 266 - 33k$，這裡 $k \in Z$。

7. 解法同上題。

$$11 = -11 \times 539 + 15 \times 396$$

兩邊乘以 14，得 $154 = 539 \times (-154 + 396k) + 396 \times (210 - 539k)$

解得 $x = (-154 + 396k)$ 和 $y = (210 - 539k)$，$k \in Z$。

8. 仿第 6 題的解法。因為

$$1326 = 252 \times 5 + 66$$
$$252 = 66 \times 3 + 54$$
$$66 = 54 \times 1 + 12$$
$$54 = 12 \times 4 + 6$$
$$12 = 6 \times 2 + 0，$$

所以 $\gcd(1326, 252) = 6 = 54 - 12 \times 4 = 54 - (66 - 54) \times 4 = 54 \times 5 - 66 \times 4$
$$= (252 - 66 \times 3) \times 5 - 66 \times 4 = 252 \times 5 - 66 \times 19$$
$$= 252 \times 5 - (1326 - 252 \times 5) \times 19 = 252 \times 100 - 1326 \times 19 \text{。}$$

9. 非常類似於 13.4 節試題 13.4.2.5。

$$x \equiv 5 \pmod{6} \Leftrightarrow \begin{cases} x \equiv 1 \pmod{2} \\ x \equiv 2 \pmod{3} \end{cases}$$

$$x \equiv 3 \pmod{10} \Leftrightarrow \begin{cases} x \equiv 1 \pmod{2} \\ x \equiv 3 \pmod{5} \end{cases} \Leftrightarrow \begin{cases} x \equiv 1 \pmod{2} \\ x \equiv 2 \pmod{3} \\ x \equiv 3 \pmod{5} \end{cases}$$

$$x \equiv 8 \pmod{15} \Leftrightarrow \begin{cases} x \equiv 2 \pmod{3} \\ x \equiv 3 \pmod{5} \end{cases}$$

根據 13.4 節範例 13.4.1，可得解為

$$x = (15 + 20 + 18) + 30k = 53 + 30k \equiv 23 \pmod{30} \text{。}$$

10. 參考 13.4 節範例 13.4.1 和試題 13.4.2.5。得

$$y \equiv 4 \pmod{12} \Leftrightarrow \begin{cases} y \equiv 1 \pmod{3} \\ y \equiv 0 \pmod{4} \end{cases} \Leftrightarrow \begin{cases} y \equiv 7 \pmod{9} \\ y \equiv 0 \pmod{4} \\ y \equiv 2 \pmod{7} \end{cases}$$

$$x \equiv 16 \pmod{21} \Leftrightarrow \begin{cases} y \equiv 1 \pmod{3} \\ y \equiv 2 \pmod{7} \end{cases}$$

可解出

$$x = 262 + 252k \equiv 16 \pmod{252} \text{。}$$

第十四章

1. 請參見 14.2 節範例 14.2.1，本題乃求解 $19x \equiv 1 \pmod{141}$。
   利用輾轉相除法，得
   $141 = 7 \times 19 + 8$
   $19 = 2 \times 8 + 3$
   $8 = 2 \times 3 + 2$
   $3 = 1 \times 2 + 1$
   及 $1 = 3 - (1 \times 2) = 3 - (8 - 2 \times 3)$
   $= 3 \times 3 - 1 \times 8 = 3 \times (19 - 8 \times 2) - 1 \times 8$
   $= 3 \times 19 - 7 \times 8 = 3 \times 19 - 7 \times (141 - 7 \times 19)$
   $= 52 \times 19 - 7 \times 141$，

   解得 $x \equiv 52 \pmod{141}$，故最小正整數解為 52。

2. 請參見 14.2 節範例 14.2.1。利用輾轉相除法，得
   $96 = 2 \times 43 + 10$
   $43 = 4 \times 10 + 3$
   $10 = 3 \times 3 + 1$
   及 $1 = 10 - 3 \times 3 = 10 - 3 \times (43 - 4 \times 10) = 13 \times 10 - 3 \times 43$
   $= 13 \times (96 - 2 \times 43) - 3 \times 43 = 13 \times 96 - 29 \times 43$，

   解得 $x \equiv -29 \equiv 67 \pmod{96}$，故最小正整數解為 67。

3. 利用 $(37)^4 \equiv 1 \pmod{0}$ 和 $(27)^4 \equiv 1 \pmod{10}$，
   可推得 $37^{100} \equiv 1 \pmod{10}$ 和 $27^{20} \equiv 1 \pmod{10}$，故 $37^{100} - 27^{20} \equiv 0 \pmod{10}$，
   證得 $10 \mid 37^{100} - 27^{20}$。

4. $123412 \times 45325 \equiv 4 \times 1 \equiv 4 \pmod 9$。

5. 類似於習題 2。
   (a) 解 $47 = 5 \times 9 + 2$; $5 = 2 \times 2 + 1$，
       及 $1 = 5 - (2 \times 2) = 5 - 2 \times (47 - 5 \times 9) = 5 \times 19 - 2 \times 47$
       解得 $x \equiv 19 \pmod{47}$，故最小正整數解為 19。
   (b) 利用 (a) 得到的 $5 \times 19 \equiv 1 \pmod{47}$，故 $x \equiv 7 \times 9 \equiv 39 \pmod{47}$。

6. 利用 14.2 節範例 14.2.3 之費瑪小定理，可得 $13^{23-1} \equiv 13^{22} \equiv 1 \pmod{23}$，
   故 $13^{23} \equiv 13 \pmod{23}$。

7. 利用 14.2 節中的指數模運算，得
   $7^0 \equiv 1 \pmod{29}$
   $7^1 \equiv 7 \pmod{29}$
   $7^2 \equiv 20 \pmod{29}$
   $7^3 \equiv 7^2 \times 7 \equiv 24 \pmod{29}$

$7^4 \equiv 7^3 \times 7 \equiv 23 \pmod{29}$

$7^5 \equiv 7^4 \times 7 \equiv 16 \pmod{29}$

$7^6 \equiv 7^5 \times 7 \equiv 25 \pmod{29}$

$7^7 \equiv 7^6 \times 7 \equiv 1 \pmod{29}$，

故解得 $x = 7k$，$k \in Z$。

8. $144^4 \equiv 59^2 \equiv 629 \pmod{713}$。

9. (a) 因 $3 \equiv -1 \pmod 4$，所以 $3^{100} \equiv (-1)^{100} \equiv 1 \pmod 4$。

   (b) 因 $1 \equiv 1 \pmod 4$；$3 \equiv -1 \pmod 4$；$3^2 \equiv 1 \pmod 4$；$3^3 \equiv -1 \pmod 4$，

   推得 $1 + 3 + 3^2 + \cdots + 3^{100} \equiv 1 \pmod 4$。

第十五章

1. 將 F 分成 $F_1 = \begin{bmatrix} a & d & c \\ d & c & a \end{bmatrix}$ 和 $F_2 = \begin{bmatrix} b & f & e & g & h \\ f & e & g & h & b \end{bmatrix}$。

   F_1 的週期為 3 且 F_2 的週期為 5。因為 $lcm(3, 5) = 15$，所以 F 的週期為 15。

   得 $F^{1001} = F^{11} = F_1^2 \circ F_2^1$，故 $F^{1001} = \begin{bmatrix} a & b & c & d & e & f & g & h \\ c & f & d & a & g & e & h & b \end{bmatrix}$。

2. 參考 15.2 節的交換性介紹及 15.3 節範例 15.3.3，

   令 G 中的運算子為 #，而 H 中的運算為 &。

   因為 f 為 onto，對所有的 $a, b \in H$，存在 $x, y \in G$ 使得 $f(x) = a$ 和 $f(y) = b$

   可推得 $a \& b = f(x) \& f(y) = f(x \# y) = f(y \# x) = f(y) \& f(x) = b \& a$。

3. (a) False。

   f 還需要 1-1 和 onto 的關係。

   (b) True。請參見 15.2 節範例 15.2.8 有關循環群的介紹。

4. (a) False。

   請參見 15.4 節範例 15.4.1。因 $(R, \cdot)$ 為半群 (只有結合率)，故 a 不具乘法反元素，消去性不成立。

   (b) True。

   (c) True。(類似於 15.4 節試題 15.4.1.1。)

5. 參閱 15.2 節範例 15.2.9 及試題 15.2.9.2

   本題等於求尤拉函數 $\varphi(8)$。

   因為 $\varphi(8) = \{m | \gcd(m, 8) = 1\} = \{1, 3, 5, 7\}$，所以 $(Z_8, +)$ 所有的 generators 為 $\{1, 3, 5, 7\}$

6. 參考 15.2 節範例 15.2.8。

   因為 $G = (Z_5 - \{0\}, *) = <2> = <3>$，故 G 所有的 generators 為 $\{2, 3\}$。

7. 參考 15.2 節試題 15.2.9.2，G 共有 $\varphi(n)$ 個生成者。

索引

CNF (Conjunctive Normal Form) 206
DNF (Disjunctive Normal Form) 206
PDF (Probability Density Function) 35
PNF (Prenix Normal Form) 206
Quine-McCluskey 法 220
TOSET (Total Order Set) 111

一劃

一階 (First Order) 135
一對一 (One-to-One 或 Injective) 93
一對一且映成 (Bijective) 93, 97

二劃

二分搜尋樹 (Binary Search Tree) 251
二分樹 (Binary Tree) 158
二分圖 (Bipartite Graph) 282, 284
二進位 (Binary Representation) 350
二階 (Second Order) 135
二項式分佈 (Binomial Distribution) 36
二項展開式 (Binomial Expansion) 16, 56

三劃

三角化 (Triangulation) 286
上限 (Upper Bound) 116
下限 (Lower Bound) 116
下推自動機 (Pushdown Automata) 309
子句 (Clause) 207, 209
子字串 (Substring) 355
子群 (Subgroup) 362, 366
子圖 (Subgraph) 242
工作排程 (Job Schedule) 111
已編號端點集 (Labeled Node Set, LNS) 260

干擾法 (Perturbation Method) 116

四劃

不可分解 (Irreducible) 379
不可決定式有限狀態機(Nondeterministic，簡稱 NFA) 299
不可數性 (Uncountable) 54, 64
不同的 (Distinct) 2
中序拜訪 (Inorder Traversal) 252
中國餘式定理 (Chinese Remainder Theorem) 320
互斥聯集 (Exclusive OR) 190
元素 (Element) 54
公正的骰子 (Fair Dice) 29
公用鑰 (Public Keys) 354
分佈 (Distribution) 35
分配律 (Distributive Law) 211
分割 (Partition) 368
分割與克服 (Dicide-and-Conquen) 336
反元素 (Inverse) 346, 362
反身性 (Reflexive) 90
反身碼 (Reflected Code) 220
反函數 (Inverse Function) 97
反對稱性 (Antisymmetric) 102
反證法 (Prove by Contradiction) 68, 322
尤拉式 (Euler Formula) 228, 235
尤拉φ函數 (Euler φ-function) 368
尤拉迴圈 (Eulerian Cycle) 228
尤拉數 (Euler Number) 356, 368
尤拉鏈 (Eulerian Chain) 230
文法 (Grammar) 296
水平 (Horizontal) 72

切成 (Cut) 276
切量 (Cut Capacity) 276

五劃

且 (AND) 186
凸多邊形 (Convex Polygon) 285
凹五邊形 (Five Concave Polygon) 285
出現空間 (Outcome Space) 28
加密法 (Encryption) 346
半加器 (Half Adder) 215
半群 (Semigroup) 362, 363
卡諾圖 (Karnaugh Map) 215
可決定式有限狀態機 (Deterministic FA) 297
可到達性 (Reachability) 249
可到達性檢定 (Reachability Testing) 228, 244
可數性 (Countable) 54, 64
四個輸入 (Four Inputs) 213
外顯形式 (Explicit Form) 130
左孩子 (Left Son) 120
巨集步驟 (Macro Step) 132
布林函數 (Boolean Function) 206, 211, 213
布林表示式 (Boolean Expression) 210
平行處理 (Parallel Processing) 270
未定數 (Indeterminate) 378
未編號端點集 (Unlabeled Node Set, UNS) 260
本文 (Text) 355
正反器 (Flip Flop) 218
正規子群 (Normal Subgroup) 368, 373
正規形式 (Normal Form) 206
正規表式 (Regular Expression) 301

正規語言 (Formal Language) 296
正確 (Valid) 186
生成函數 (Generating Function) 84, 158
生成者 (Generator) 367
目標端點 (Target Node) 255

六劃

交換性 (Communication) 212
交換律 (Commutative Law) 364
交集∩ (Intersection) 57
全加器 (Full Adder) 213
全序關係集 (Toset) 242
全域 (Global Domain) 201
全部的 (Universal) 198
列舉 (List) 54
合成函數 (Composition Function) 99
合成數 (Composite Number) 320
同胚 (Homeomorphic) 243
同構 (Isomorphism) 228, 244
同構函數 (Isomorphism) 245
同餘 (Congruent) 91
地圖的著色 (Coloring) 268
多處理機 (Multiprocessor) 320
多項式環 (Polynomial Ring) 378
多邊情形 (Multiple Edges) 229
字母集 (Alphabet Set) 296
字串 (String) 296
字串匹配 (String Matching) 346
存在有 (Existential) 198
宇集 (Universal Set) 57
安全 (Security) 320
安放 (Arrange) 2
成長率 (Growth Rate) 321
有向圖 (Directed Graph) 89, 248, 274

有次序的 (Ordered) 178
有序集 (Ordered Set) 54, 72
有限狀態自動機 (Finite State Automata) 296
有限狀態語言 (Finite State Language) 306
有理數 (Rational Numbers) 65
次序配對集 (Ordered Pairs) 90

七劃

伯努利分佈 (Bernoulli Distribution) 35
估計值 (Estimates) 28
位址 (Address) 247
吸收定律 (Absorption Law) 62
均勻分佈 (Uniform Distribution) 45
夾擊法 (Squeeze Method) 116
完全次序 (Total Order) 110
完全圖 (Complete Graph) 240, 242
完全二分圖 (Complete Bipartite Graph) 284
尾 (Tail) 29
局部域 (Local Domain) 201
希耳伯特旅館 (Hilbert Hotel) 64
序列 (Sequence) 75
快速排序法 (Quicksort) 121
杜林機 (Turing Machine) 309
決策樹 (Decision Tree) 120
良序性原理 (Well Order Principle) 329

八劃

函數 (Function) 88
到達 (Reach) 248
刻劃 (Characterize) 90
命題邏輯 (Proposition Logic) 186
定義域 (Domain) 88, 93

定數 (Indeterminate) 378
或 (OR) 186
所有配對 (All Pairs) 257
抽樣動作 (Sampling) 28
拉格朗治 (Lagrange) 368, 369
拉格朗治定理 (Lagrange Theorem) 362
拉梅 (Lamé) 329
拉斯維加式隨機演算法 (Las Vegas Randomized Algorithm) 355
拓撲排序 (Topological Sort) 111
析取正規形式 (DNF) 209
河內塔 (Hanoi Tower) 130
狀態集 (Set of States) 296
空集合 (Empty Set) 55
表示法 (Representation) 228
表格 (Table) 311
近世代數 (Modern Algebra) 362
金鑰 (Private Keys) 351
非 (NOT) 186
非反身性 (Irreflexive) 104
非負整數解 (Nonnegative Integer Solutions) 2
非限制形文法 (Unrestricted Grammar, UG) 308
非終結符號集 (Nonterminal Symbols) 303
非齊次 (Nonhomogeneous) 130
非齊次遞迴式 (Nonhomogeneous Recurrence) 147
和輸出的答案有關 (Sensitive to Output) 280

九劃

冒泡法 (Bubble Sort) 117
則 (Imply) 186

前序拜訪 (Preorder Traversal) 252
前置和 (Prefix Sum) 73, 161
前提 (Premise) 186, 191
垂直 (Vertical) 72
型樣 (Pattern) 355
城堡多項式 (Rook Polynomial) 54, 78
封密性 (Closure 或 Closure Property) 300, 364
封閉形式 (Closed Form) 56, 130
度數 (Degree) 229, 262
後序拜訪 (Postorder Traversal) 252
恆真 (Tautology) 186, 192
恆假 (Inconsistent) 196
指數生成函數 (Exponential Generating Function) 174
指數模運算 (Exponentiation Modulo) 349
映成 (Onto 或 Subjective) 93, 97
映射 (Homomorphism) 368
相對頻率 (Relatively Frequency) 28
若且唯若 (If and Only If) 186
范氏圖 (Venn Diagram) 57
計算 (Counting) 62
計數 (Counting) 158
負二項分佈 (Negative Binomial Distribution) 36
迪摩根定律 (DeMorgan's Law) 62, 211
述語 (Predicate) 186, 198
述語邏輯 (Predicate Logic) 186
重根 (Double Roots) 143
重複排列 (Permutation with Repetition) 8
流量 (Flow) 275
流量守恆 (Flow Conservation) 275

十劃

值域 (Image; Range) 89, 93
埃拉托森 (Eratosthenes) 321
差集 \ (Difference) 57
旅行銷售員問題 (Traveling Salesman's Problem) 233
柴比雪夫不等式 (Chebyshev Inequality) 28, 46
泰勒展開式 (Taylor Expansion) 71
消息理論 (Information Theory) 213
特解 (Particular Solution) 148
特徵 (Characteristic) 377
特徵方程式 (Characteristic Equation) 141
真 (True) 186
真值表 (Truth Table) 187
矩陣 (Matrix) 89
矩陣連乘鏈 (Matrix-Multiplication-Chain) 181
訊息 (Message) 351
起始狀態 (Initial State) 296
起始符號集 (Start Symbols) 304
起始端點 (Source Node) 255
迴文 (Palindrome) 9
除環 (Division Ring) 375
高斯分佈 (Gaussian Distribution) 36
容量 (Capaciy) 275

十一劃

假 (False) 186
偶數等價的生成機 (Even Parity Generator) 314
區塊 (Block) 351

商群 (Quotient Group) 362, 368, 373
域 (Domain) 206
基本元素 (Primitive Element) 377
密碼 (Encryption) 320
常態分佈 (Normal Distribution) 36
常數項 (Constant Term) 147
排列 (Permutation) 2, 70
排序 (Sorting) 116
排容原理 (Exclusion-Inclusion Principle) 54, 62
接受 (Accept) 296
推演 (Derivation) 304
推論 (Inference) 186
深度 (Depth) 120
深先搜尋 (Depth-First Search) 279
猜測 (Conjecture) 300, 349
產生規則集 (Production Rules) 304
笛卡兒乘積 (Cartesian Product) 90
第二類型 (Type II) 308
第三類型 (Type III) 303
終結符號集 (Terminal Symbols) 304
組合 (Combination) 2
組合等式 (Combinatorial Identity) 162
組合數 (Number of Combinations) 10
組態 (Configuration) 306
貪婪法 (Greedy Method) 270
連加項 (Summation Term) 163
連接詞 (Connectives) 186
連通圖 (Connected Graph) 230, 241
部分有序集 (Partial Order Set) 88, 101
陪集 (Coset) 362, 368
陪集領頭者 (Coset Leader) 374
堆積樹結構 (Heap Tree Structure) 270
瓶頸 (Bottleneck) 276

十二劃

單一值分解 (Singular Value Decomposition) 270
單位元素 (Unit) 362
單程函數 (One-way Function) 354
單群 (monoid) 363
幾何分佈 (Geometric Distribution) 36
循環群 (Cyclic Group) 362, 367
循環碼 (Cyclic Codes) 378
描述 (Description) 54
插入法 (Insertion Sort) 117
最大下界 (Greatest Lower Bound, GLB) 108
最大元素 (Maximum) 108
最大公因數 (Greatest Common Divisor) 324
最大網流 (Maximum Flow) 268
最小上界 (Least Upper Bound, LUB) 108
最小元素 (Minimum/Least Element) 108
最小擴展樹 (Minimum Spanning Tree) 268
最佳排序法 (Optimal Sorter) 121
最長共同子字串 (Longest Common Subsequence) 357
最終狀態 (Final State) 296
最終端點 (Sink) 255
最短路徑 (Shortest Path) 228, 255
最壞的情況 (Worst Case) 120
期望值 (Expectation Value) 28, 29
無向 (Undirected) 230
無限的 (Infinite) 64
無限集 (Infinite Set) 54, 64
等價關係 (Equivalence Relation) 90

等價類 (Equivalence Class)　92
等冪律 (Idempotent Law)　211
結合正規形式 (CNF)　207
結合律 (Association /Associative Law)　181, 362
結構 (Structure)　362
結論 (Conclusion)　191
詞組結構 (Phrase-Structure)　305
費氏數列 (Fibonacci Sequence)　136
費瑪小定理 (Fermat Little Theorem)　346
費瑪最後定理 (Fermat Last Theorem)　349
超立方體 (Hypercube)　222
超級電腦 (Supercomputer)　320
進位 (Carry)　213
量詞 (Quantifier)　186, 198
階乘 (Factorial)　3
集合 (Set)　54
殘餘圖 (Residual Graph)　277

十三劃

黃金數 (Golden Number)　142
黑箱 (Black Box)　302
會員表 (Membership Table)　61
極大元素 (Maximal Element)　108
溢位 (Overflow)　355
群 (Group)　13, 362
葛雷碼 (Gray Code)　220
補集 (Complement)　57
資料結構 (Data Structure)　116
解碼 (Decode)　291
零點 (Zeros)　378
路徑 (Path)　120, 234

十四劃

圖的表示法 (Graph Representation)　244, 246
圖論 (Graph Theory)　228
對角化證明法 (Diagonalization Method)　69
對稱性 (Symmetric)　90
對稱差集 (Symmetric Difference)　57
對應函數 (Mapping Function)　244
演算法 (Algorithm)　116
漢明距離 (Hamming Distance)　221
漢彌頓迴圈 (Hamiltonian Cycle)　228
漢彌頓鏈 (Hamiltonian Chain)　234
端點 (Node)　222, 229
端點的集合 (Node Set)　229
算子 (Operator)　54
網路 (Network)　320
緊緻 (Tight)　121
語言 (Language)　296, 297
語境自由文法 (Context-Free Grammar, CFG)　308
語境限定文法 (Context-Sensitive Grammar, CSG)　308
赫斯 (Hasse)　107
遞迴 (Recursion)　130
遞迴式 (Recurrence)　125, 130
遞移性 (Transitive)　90
遞移封密性 (Transitive Closure)　89, 249

十五劃

齊次 (Homogeneous)　130
齊次遞迴式 (Homogeneous Recurrence)　140
數字串 (Number Stream)　351

數論 (Number Theory) 320
標準差 (Standard Deviation) 33
模 7 (mod 7) 91
模式化 (Modeling) 228
模的指數運算 (Modular Exponentiation) 346
模數 (Modulus) 335
樣本 (Sample) 29
樣本平均數 (Sample Mean) 29
歐幾里得演算法 (Euclid Algorithm) 320, 327
碼表 (Codebook) 31
線性同構式 (Linear Congrunce) 335
線性有限自動機 (Linear Bounded Automata) 309
線性組合 (Linear Combination) 332
編碼 (Coding) 355
編碼 (Encode) 290
複合命題 (Compound Proposition) 186
複雜度 (Complexity) 116
調和數 (Harmonic Number) 123
論域 (Universe of Discourse) 200
質數 (Prime) 64, 320
質數體 (Prime Field) 376
鄰近串列 (Adjacency List) 246
鄰近矩陣 (Adjacency Matrix) 246

十六劃

冪集合 (Power Set) 55
整域 (Integral Domain) 375
整數分割 (Integer Partition) 169
樹 (Tree) 228, 232, 233, 236, 251
樹根 (Rooted) 178
樹葉 (Leaf) 120
機率分佈 (Probabilistic Distribution) 28
機率演算法 (Probabilistic Algorithm) 357
機率論 (Probability) 28
積 (Product) 323
積之和 (Sum of Products) 211
輸入的大小 (Input Size) 116
輸出功能 (Output Capability) 296
鋸齒 (Zig-Zag) 66
隨機擲骰子的實驗 (Random Dice-Tossing Experiment) 28
隨機變數 (Randan Variable) 28, 29
霍夫曼編碼法 (Huffman Coding) 30
霍夫曼樹 (Huffman Tree) 30
增量路徑 (Augmenting Pah) 277
葛雷碼 (Gray Code) 220

十七劃

頭 (Head) 29
壓縮式 (Compressed) 254
環 (Ring) 362, 374
環論 (Ring Theory) 368
環邊 (Loop Edge) 230
聯集∪ (Union) 57
總個數 (Cardinality) 55

十八劃

擲骰子 (Tossing Dice) 28
擴展體 (Extension Field) 379
歸納 (Induction) 126
歸納法 (Induction Method) 116
禮物問題 (Gift Problem) 54

簡單平面圖 (Simple Planar Graph) 228, 237
簡單命題 (Primitive Proposition) 186
簡單連通圖 (Simple Connected Graph) 230
簡單圖 (Simple Graph) 230

十九劃

轉換函數 (Transition Function) 296
邊的集合 (Edge Set) 229
藝廊問題 (Art Gallery Problem) 287

二十劃

懸吊點 (Pendant Vertices) 241
競賽圖 (Tournament) 242
警衛配置 (Guard Allocation) 268

二十一劃

屬性關係 (Attribute Relation) 88

二十二劃

疊代式 (Iterative) 140
疊代法 (Substitution Method) 130
疊代法 (Substitution) 130

二十三劃

變異數 (Variance) 28, 32
變數 (Literal) 209
邏輯推論 (Logic Inference) 191
邏輯設計 (Logic Design) 206, 213
邊界條件 (Boundary Condition) 132
關係 (Relation) 88
體 (Field) 362, 374, 376